大学计算机基础与计算思维

◎ 赵锋 王诚 主编

清华大学出版社

北京

内 容 简 介

本书从计算思维的概念入手,围绕艺术思维和计算思维教育的内涵、特征及融合对比分析,创新地提出以计算思维为核心的教学特色,探讨了艺术作品创作中的计算思想,摆脱了传统计算机基础教学中以计算机应用为主线的教学模式,突出数字媒体作品创作过程中所体现出来的计算思维理念,既兼顾了传统计算机应用教育,又重点结合音频、图像、动画及视频制作软件阐述了计算思维对艺术创作过程的渗透和提升。同时,本书还介绍了计算机基础知识、操作系统和常用办公应用软件,并从基本概念、网络应用、网络安全与道德、网络资源及文献检索四个方面对网络应用进行了介绍,最后介绍了有关网页设计与制作方面的相关知识。

本书内容丰富,特色鲜明,图文并茂,讲解清晰,深入浅出,适合作为艺术类院校各专业及综合类院校文科专业大学计算机基础课程教材,也适合作为其他相关专业大学计算机教育的入门教程。

图书在版编目(CIP)数据

大学计算机基础与计算思维/赵锋,王诚主编.--北京:清华大学出版社,2016 (2018.8重印)

21世纪普通高校计算机公共课程规划教材

ISBN 978-7-302-43471-9

Ⅰ.①大…　Ⅱ.①赵…②王…　Ⅲ.①电子计算机-高等学校-教材 ②计算方法-思维方法-高等学校-教材　Ⅳ.①TP3 ②O241

中国版本图书馆 CIP 数据核字(2016)第 071414 号

责任编辑:刘　星　战晓雷
封面设计:刘　键
责任校对:时翠兰
责任印制:刘海龙

出版发行:清华大学出版社
　　网　　　址:http://www.tup.com.cn, http://www.wqbook.com
　　地　　　址:北京清华大学学研大厦 A 座　　邮　　编:100084
　　社 总 机:010-62770175　　　　　　　　邮　　购:010-62786544
　　投稿与读者服务:010-62776969, c-service@tup.tsinghua.edu.cn
　　质 量 反 馈:010-62772015, zhiliang@tup.tsinghua.edu.cn
　　课 件 下 载:http://www.tup.com.cn,010-62795954
印 刷 者:北京富博印刷有限公司
装 订 者:北京市密云县京文制本装订厂
经　销:全国新华书店
开　　本:185mm×260mm　　印　张:18.75　　字　　数:458千字
版　　次:2016年7月第1版　　　　　　　印　　次:2018年8月第2次印刷
印　　数:2501~4200
定　　价:49.50元

产品编号:066303-02

前　言

　　高等院校的计算机基础教育是大学新生入学以后所接触到的第一门计算机学科知识教育,是大学通识教育的基础课程之一,对于引导学生深入了解计算机常识、熟悉计算机应用、培养计算思维、助力专业技能教育以及衔接后续信息技术课程等均具有非常重要的意义。

　　目前,针对高校计算机基础教育的教材主要分为两类:一类是以计算机基本概念、操作系统、办公软件和计算机网络为主要内容,强调计算机基础应用和与信息技术课程的衔接;另一类则以计算机组成、操作系统、数据结构和算法、数据库、网络与信息安全以及高级语言等为主要内容,偏向纯粹计算机学科的认识,对文科类或非计算机专业学生则缺乏吸引力。但无论哪一类组织方式,都缺乏对信息素养层面的全面教育和对计算科学计算思维能力的培养,学生难以有效利用所学计算机知识、技能、思想和方法来解决专业学习过程中所遇到的问题。

　　随着社会信息化进程的突飞猛进和网络应用的飞速发展,搞好计算机基础教育已成为各类高校综合素养教育中的重要一环。2010年陈国良院士在第六届大学计算机课程报告论坛上第一次正式提出将"计算思维能力培养"作为计算机基础课程教学改革切入点的倡议。2012年和2013年前后两年相继举办的第一、二届"计算思维与大学计算机课程教学改革研讨会"中展现了许多对计算思维的深入研究成果。计算思维教育风生水起,席卷了包括工学、医学、农学、生物学、经济学、化学等在内的多个学科方向的计算机教育领域,但对于计算思维在艺术领域的影响和应用研究却极为罕见。国内有关计算思维和其他非艺术类学科的学科交叉教育类教材也颇有一些,但艺术类计算思维教育方向的相关书籍及出版物凤毛麟角,教材更是一本难求。一方面原因在于国内艺术院校相对较少,艺术类学生的计算机教育问题并没有得到足够重视;另一方面就是艺术教育所强调的以直觉、抽象和想象为特征的艺术思维模式和基于抽象、自动化的计算思维之间的和谐关系尚未获得深入发掘,有待进一步的研究。因此,以贴近艺术类学生特点的计算机教育为定位的教材出版也迫在眉睫。

　　艺术和科学本是同源,相辅相成。以逻辑思维为主的理性思考及创作需要和以形象思维为主的感性思考及创作相结合,艺术利用科学更好地通过艺术品来表达情感,科学借助艺术创作来说明世界。艺术思维和计算思维为我们提供了观察世界和生活不同的视角,为艺术类学生提供了把握世界和生活的一个独特的支点,因此,为艺术类学生出版一本具有科学思维内涵的学科交叉教材,将具有非常广阔的应用意义和市场前景。本书以《高等学校文科专业大学计算机教学基本要求(2011年版)》规定的计算机基础教学大纲为基础,紧跟计算机信息技术发展的步伐并结合自身院校的特点,适当扩展教学内容,重点传授学生利用计算机工具和计算思维方法寻求解决专业问题的技巧和能力。

全书共分为 7 章,其中:

第 1 章阐述思维的概念与科学思维的方法和内涵,通过分析计算思维与计算机之间的关系,深入探讨艺术思维与计算思维两者在内涵与发展、特征与方法、交叉与融合等多方面的异同点,并概要地叙述艺术创作中的计算思想。

第 2 章介绍计算机软件和硬件系统在不同抽象层次上提供的问题求解的计算环境,重点介绍计算机的发展与应用领域、计算机系统的组成、计算机内部的数制与信息编码等。

第 3 章介绍计算机操作系统的应用技巧,理解计算机解决实际问题的方式。

第 4 章探讨多媒体技术与多媒体艺术的问题,介绍了多媒体系统的构成及数字音频、数字图像、动画处理及数字视频处理技术,并依托四款专业工具软件进行了艺术实践。

第 5 章介绍目前广泛应用于各领域办公自动化的文字处理软件 Word、电子表格软件 Excel 和演示文稿软件 PowerPoint。

第 6 章探讨基于互联网的应用及其常用工具软件,介绍网络安全及防范措施,网络文明及网络道德,最后针对网络文献检索知识和技巧进行详细阐述。

第 7 章介绍网页基本组成元素、网页设计的基本原则和网页布局知识。

本书的特色在于通过艺术思维和计算思维的对比探讨二者的交叉和融合,展现了艺术与科学之间的和谐之美,有利于艺术类专业学生的科学能力和非艺术类专业学生的艺术修养培养。大学生的公共基础教育离不开科学和艺术,本教材就完美地兼容了两者,为艺术类学生提供了多维的视角进行作品的创作和解读,又为日常计算机和网络工具的应用提供了很好的学习基础,必将大大提升学生利用计算机解决专业问题的能力。

本书由赵锋、王诚主编,其中第 1 章和第 4~7 章由赵锋编写,第 2、3 章由王诚编写,全书由赵锋负责组织统稿。作者在编写本书过程中,所在单位和部门领导给予了大力支持,在此一并表示感谢。书中所有实例、课件及所涉及的素材均可在清华大学出版社网站下载,也可登录 http://multi.ys168.com/网站共同学习探讨,或直接与作者联系(10035154@qq.com)。由于时间关系和作者水平有限,书中疏漏和不足之处在所难免,敬请广大读者朋友和专家批评指正。

作　者

2016 年 1 月

目　　录

第1章　计算思维概论 ………………………………………………………………… 1

　1.1　思维与科学思维 ……………………………………………………………… 1

　　1.1.1　什么是思维 ……………………………………………………………… 1

　　1.1.2　什么是科学思维 ………………………………………………………… 3

　　1.1.3　科学思维与科学方法 …………………………………………………… 4

　1.2　计算思维概念 ………………………………………………………………… 6

　　1.2.1　计算思维的来源和定义 ………………………………………………… 6

　　1.2.2　计算思维的本质及特征 ………………………………………………… 7

　　1.2.3　计算机与计算思维关系 ………………………………………………… 8

　1.3　计算思维应用领域 …………………………………………………………… 10

　　1.3.1　生物学 …………………………………………………………………… 10

　　1.3.2　化学 ……………………………………………………………………… 11

　　1.3.3　艺术学 …………………………………………………………………… 12

　1.4　艺术思维与计算思维 ………………………………………………………… 14

　　1.4.1　内涵与发展 ……………………………………………………………… 14

　　1.4.2　特征与方法 ……………………………………………………………… 15

　　1.4.3　交叉与融合 ……………………………………………………………… 16

　1.5　艺术创作中的计算思想 ……………………………………………………… 18

　　1.5.1　黄金比例与黄金矩形 …………………………………………………… 18

　　1.5.2　图形艺术与分形 ………………………………………………………… 19

　　1.5.3　算法设计 ………………………………………………………………… 21

　习题 ………………………………………………………………………………… 22

第2章　计算机基础知识 ……………………………………………………………… 24

　2.1　计算机发展与应用 …………………………………………………………… 24

　　2.1.1　计算机的发展与分类 …………………………………………………… 26

　　2.1.2　计算机的主要用途 ……………………………………………………… 32

　2.2　计算机系统 …………………………………………………………………… 40

　　2.2.1　计算机系统组成 ………………………………………………………… 40

　　2.2.2　计算机硬件系统 ………………………………………………………… 41

2.2.3 计算机软件系统 ……………………………………………… 43

2.3 进制与编码 ………………………………………………………… 47

    2.3.1 进位记数制 …………………………………………………… 47

    2.3.2 不同进制之间的换算 ………………………………………… 49

    2.3.3 计算机常用信息编码 ………………………………………… 51

    2.3.4 二维码 ………………………………………………………… 57

2.4 微型计算机硬件系统 ……………………………………………… 59

    2.4.1 主机 …………………………………………………………… 59

    2.4.2 外部设备 ……………………………………………………… 60

习题 …………………………………………………………………………… 64

第3章 Windows 操作系统 ……………………………………………… 66

3.1 Windows 系统安装与启动 ………………………………………… 66

    3.1.1 Windows 7 系统的安装 ……………………………………… 67

    3.1.2 Windows 7 操作系统快速恢复(系统还原) ………………… 68

    3.1.3 BIOS 启动与 EFI 启动对比 ………………………………… 69

3.2 Windows 7 的基本操作 …………………………………………… 70

    3.2.1 Windows 7 的窗口基本操作 ………………………………… 70

    3.2.2 Windows 7 的快捷键 ………………………………………… 70

    3.2.3 Windows 7 任务栏 …………………………………………… 72

3.3 Windows 文件和文件夹管理 ……………………………………… 74

    3.3.1 文件及文件夹的基本概念 …………………………………… 74

    3.3.2 Windows 7 系统文件夹 ……………………………………… 76

    3.3.3 Windows 7 文件与文件夹操作 ……………………………… 76

3.4 Windows 应用程序管理 …………………………………………… 79

    3.4.1 应用程序的概念 ……………………………………………… 79

    3.4.2 应用程序的快捷方式 ………………………………………… 80

    3.4.3 应用程序的安装 ……………………………………………… 80

    3.4.4 应用程序的运行 ……………………………………………… 80

    3.4.5 应用程序的删除 ……………………………………………… 80

    3.4.6 Windows 7 自带功能的添加和删除 ………………………… 81

    3.4.7 任务管理器 …………………………………………………… 82

3.5 Windows 磁盘管理 ………………………………………………… 82

    3.5.1 文件系统 ……………………………………………………… 82

    3.5.2 磁盘管理 ……………………………………………………… 83

    3.5.3 磁盘整理 ……………………………………………………… 83

3.6 Windows 7 系统安全管理 ………………………………………… 84

    3.6.1 关闭默认共享 ………………………………………………… 84

    3.6.2 修改组策略 …………………………………………………… 85

3.6.3　注册表的维护 ……………………………………… 85

3.6.4　用户账户设置 ……………………………………… 86

3.6.5　检测并更新系统 …………………………………… 88

3.6.6　安装并更新杀毒软件 ……………………………… 89

3.7　Windows 7 常用工具 ……………………………………… 89

3.7.1　画图软件 …………………………………………… 89

3.7.2　截屏软件 …………………………………………… 90

3.7.3　计算器软件 ………………………………………… 90

习题 …………………………………………………………………… 91

第 4 章　多媒体技术与应用 ……………………………………………… 93

4.1　多媒体技术概述 …………………………………………… 93

4.1.1　多媒体技术基本概念 ……………………………… 93

4.1.2　多媒体技术的发展及应用 ………………………… 94

4.1.3　多媒体信息的组织 ………………………………… 94

4.2　数字音频处理 ……………………………………………… 95

4.2.1　音频的数字化 ……………………………………… 95

4.2.2　声音文件格式 ……………………………………… 96

4.2.3　常用音频编辑软件 ………………………………… 96

4.2.4　Adobe Audition …………………………………… 98

4.3　数字图像处理 ……………………………………………… 101

4.3.1　图形与图像 ………………………………………… 101

4.3.2　数字图像属性 ……………………………………… 103

4.3.3　数字图像文件格式 ………………………………… 105

4.3.4　常用图像处理软件 ………………………………… 106

4.3.5　Adobe Photoshop ………………………………… 107

4.4　数字动画制作 ……………………………………………… 125

4.4.1　数字动画基础 ……………………………………… 125

4.4.2　计算机动画常用文件格式及制作软件 …………… 126

4.4.3　Adobe Flash ……………………………………… 127

4.5　数字视频处理 ……………………………………………… 145

4.5.1　视频处理过程 ……………………………………… 146

4.5.2　视频文件格式 ……………………………………… 146

4.5.3　Adobe Premiere …………………………………… 147

习题 …………………………………………………………………… 150

第 5 章　计算机应用基础 ………………………………………………… 152

5.1　文字处理软件 Word ……………………………………… 152

5.1.1　文档基本编辑与操作 ……………………………… 154

5.1.2　图文混排及表格 ……………………………………… 161

5.1.3　页面布局、引用及文档打印 ………………………… 165

5.1.4　邮件合并及审阅 ……………………………………… 170

5.2　电子表格软件 Excel ……………………………………… 173

5.2.1　电子表格基本操作 …………………………………… 174

5.2.2　工作表管理和格式化 ………………………………… 177

5.2.3　公式及函数 …………………………………………… 179

5.2.4　数据图表 ……………………………………………… 182

5.2.5　数据管理 ……………………………………………… 184

5.3　演示文稿软件 PowerPoint ……………………………… 191

5.3.1　演示文稿基本操作 …………………………………… 192

5.3.2　母版设置 ……………………………………………… 194

5.3.3　多媒体元素操作 ……………………………………… 195

5.3.4　动画效果 ……………………………………………… 198

5.3.5　放映设置及打包 ……………………………………… 199

习题 …………………………………………………………… 202

第 6 章　计算机网络应用 ……………………………………… 204

6.1　网络基本概念 …………………………………………… 204

6.1.1　计算机网络定义 ……………………………………… 204

6.1.2　网络分类 ……………………………………………… 206

6.1.3　网络协议及域名系统 ………………………………… 207

6.1.4　局域网及其典型应用 ………………………………… 209

6.2　网络应用服务 …………………………………………… 213

6.2.1　WWW 服务 …………………………………………… 213

6.2.2　FTP 应用及软件 ……………………………………… 216

6.2.3　Email 应用及软件(Foxmail) ………………………… 219

6.2.4　搜索引擎应用 ………………………………………… 223

6.2.5　网络云 ………………………………………………… 227

6.3　网络安全与网络道德 …………………………………… 230

6.3.1　计算机病毒与防范 …………………………………… 230

6.3.2　信息安全与知识产权 ………………………………… 233

6.3.3　网络文明与道德 ……………………………………… 235

6.4　网络资源及文献检索 …………………………………… 236

6.4.1　网络资源类型 ………………………………………… 236

6.4.2　网络资源获取途径 …………………………………… 240

6.4.3　网络资源检索技巧 …………………………………… 240

6.4.4　常用数据库及特种文献检索 ………………………… 242

习题 …………………………………………………………… 243

第 7 章　网页设计与制作 ……………………………………………………………………… 245

　7.1　网页设计原则与布局 ……………………………………………………………… 245

　　7.1.1　网页的本质 …………………………………………………………………… 245

　　7.1.2　网页组成元素 ………………………………………………………………… 246

　　7.1.3　网页布局方法与工具 ………………………………………………………… 249

　　7.1.4　网页设计原则与色彩 ………………………………………………………… 251

　7.2　超文本标记语言 HTML ……………………………………………………………… 251

　　7.2.1　简单 HTML 网页 ……………………………………………………………… 251

　　7.2.2　HTML 文档结构 ……………………………………………………………… 254

　　7.2.3　HTML 语法规则 ……………………………………………………………… 254

　　7.2.4　常用 HTML 标签 ……………………………………………………………… 255

　7.3　网页制作工具 ……………………………………………………………………… 262

　　7.3.1　Photoshop ……………………………………………………………………… 262

　　7.3.2　Dreamweaver …………………………………………………………………… 267

　7.4　网站重构 DIV＋CSS ………………………………………………………………… 276

　　7.4.1　布局思考方式 ………………………………………………………………… 276

　　7.4.2　CSS 样式表应用 ……………………………………………………………… 279

　　7.4.3　CSS 选择器 …………………………………………………………………… 281

　　7.4.4　DIV＋CSS 网页设计 ………………………………………………………… 282

　7.5　HTML 5 构建页面 …………………………………………………………………… 285

　习题 …………………………………………………………………………………………… 287

参考文献 ………………………………………………………………………………………… 288

第 1 章　　　　计算思维概论

　　科学和艺术本是同源。艺术思维和计算思维,为我们提供了不同的视角来观察世界和生活。以逻辑思维为主的理性思考及创作需要和以形象思维为主的感性思考及创作相结合,艺术利用科学更好地通过艺术品来表达情感,科学借助艺术创作来说明世界,二者相辅相成,提供了把握世界和生活的不同支点。本章首先阐述思维的概念与科学思维的方法和内涵,通过分析计算思维与计算机之间的关系,详细介绍计算思维的提出、定义、本质、特征和应用领域,并深入探讨艺术思维与计算思维两者在内涵与发展、特征与方法、交叉与融合等多方面的异同点。

1.1　思维与科学思维

1.1.1　什么是思维

　　思维,作为人和动物最明显和最本质的区别,是人脑对客观事物的一般特性和规律性的一种概括的、间接的反映,是对客观事物本质和规律的一种抽象和高级认知,它运用分析和综合、抽象和概括等智力操作对所感知的信息进行加工,以存储记忆中的知识为媒介,以概念、判断和推理的形式反映事物的共同本质和规律性联系。

　　人类通过感觉媒体认知世界,通过记忆来组合世界,感觉和知觉是当前事物在人头脑中的直接印象,而记忆是过去经历过的事物的印迹在人头脑中的再现。如果说记忆对应人类的过去,那么感知则对应人类的现在,通过对记忆和感知的分析和比较,进而形成抽象和概括的思维过程则对应人类的未来。人们在生活实践中常常遇到许多仅靠感觉、知觉和记忆解决不了的问题,实践要求人们在已有的知识经验的基础上能预见到事物的未来变化和发展,通过迂回、间接的途径去寻找问题的答案。这种通过迂回、间接的途径去寻找问题的答案的认识活动就是思维活动。如农民依据光照、温度和作物生长周期判断作物大概的成熟日期并做出收割计划,医生依据医学知识、临床经验和一定的辅助检查判断病人的病因、病情并做出治疗方案,艺术家依据大众的审美水平、社会背景和典型的艺术形象来传达自己的情感并创作艺术作品,数学家依据人体上下结构的最优比例和艺术作品的几何尺寸发现黄金分割并为体型的优劣提供了科学依据等。直观的感觉和知觉只能反映事物的个别属性,而思维则能够反映事物的本质和事物之间的规律性联系。例如,人类通过感觉和知觉,能感知苹果从树上掉落,而月亮却能一直悬挂于星空,思维活动则能揭示这种现象背后万有引力的本质。

　　思维以感知为基础又超越感知的界限,它既包含理性的判断、推理、想象,又包含非理性的直觉、灵感和幻想，是人们认识客观世界的高级阶段。人们的思维过程是一种对客观事物的概括的、间接的反映过程，因此间接性、概括性是思维的两个重要特征。

思维这两个重要特征在实践中处处存在。例如，两把从外观看几乎一模一样的菜刀，我们要知道它们哪一把更坚硬。看，看不出；摸，摸不清；闻，也闻不到。直观的感知都无法得到精确的答案，只能通过思维活动去想办法。可以让两把菜刀以同样的初始速度和角度相互对砍，就会发现其中一把有豁口或者两把有不同的豁口。根据这个结果，就可以推断出哪一把刀具更为坚硬。感知不能直接告诉我们结果，但根据两者相互作用的结果可以间接地推断出来。任何一门学科都可以找到给予我们间接认知的例证，与区别两把刀具的硬度问题相比，认知自然界或社会上更为复杂的现象就需要更为复杂的思维活动，需要更为深入的对感性材料进行加工抽象的间接认知过程。这种通过事物相互作用结果或通过其他媒介间接认知事物的活动，就体现了思维的间接特征。

然而，这种间接认知之所以可能，首先有赖于人们对事物的概括的认识，有赖于人们对事物的一般特性的认识。例如，为什么推断没有豁口或者豁口小的刀具比有豁口或者豁口大的刀具更硬一些呢？这是因为人们在生活实践中概括地知道金属的相对硬度和刀具豁口之间的关系。人们概括了所观察的诸如此类现象，并由此得出这类现象的一般特性，发现这类现象之间的规律性的联系和关系，即当两个硬度不同的刀具相互对撞时，其中较硬的一方往往没有豁口或者豁口更小一些。这种规律和关系并不只存在于某一两个物体对撞中，而且具有一般特性，它存在于任何具有不同硬度的两个物体对撞中，如鸡蛋碰石头、斧头砍木头等。这种事物的概括性，对事物一般特性和规律性的联系和关系的认识，是思维过程的第二个重要特征。

图 1-1　蝙蝠与雷达

人的思维虽然决定于客观世界，但客观世界并不是直接地、机械地决定着思维，而是通过人的改造，通过人脑对感知材料进行加工后间接地决定着思维的。因此，思维具有一定的能动性，能借助感知材料经过加工处理的方式与途径来改造客观世界。如人类通过研究飞鸟进而发明了飞机，通过研究蝙蝠进而发明了雷达（图 1-1），通过生物工程进而提高了作物产量等，都是借助思维改造客观世界的典型案例。

思维借以实现的形式称为思维形式，形象思维、抽象思维、灵感思维是三种普遍的思维形式。形象思维是借助于具体形象来展开的思维过程，亦称直感思维。由于艺术家、文学家在进行创造活动时较多地运用形象思维，所以也有人称之为艺术思维。抽象思维是运用概念、判断、推理等来反映现实的思维过程，亦称逻辑思维。灵感思维是在不知不觉之中突然迅速发生的特殊思维形式，亦称顿悟思维或直觉思维。具体人的思维在现实生活中不可能局限于哪一种。解决一个问题，做一项工作或某个思考过程，至少是两种思维并用，即抽象思维和形象思维，当然，偶然也会加上灵感思维。

根据思维的凭借物和解决问题的方式，可以把思维分为直观动作思维、具体形象思维和抽象逻辑思维；根据思维过程中是以日常经验还是以理论为指导来划分，可以把思维分为经验思维和理论思维；根据思维的形成和应用领域来划分，思维可分为科学思维和日常思维,科学思维比日常思维更具有严谨性和科学性。

1.1.2　什么是科学思维

要理解科学思维,还需要从科学抽象这个词入手。从对思维的理解可以发现,人类对自然、社会和意识活动的本质及其客观规律性的研究,都是基于具体的感知形象而存在的。思维活动经过分析和综合,从而能够将其抽象为经验或理论。抽象既与感性直观相区别,又是感性直观的发展。抽象过程的作用在于从客体的各种属性中区分并提取出它的一般属性,任何科学认识过程都是以获得对客体的这种具体认识为目标的。运用理性思维进行一番去伪存真、由表及里的改造制作,去掉感知形象非本质的、表面的、偶然的东西,抽取出事物本质的、内在的、必然的东西,从而揭示客观对象的本质和规律。科学抽象的作用更在于对对象的混沌表象进行"解剖",发现并析取其某些本质的属性、关系和联系,即对它的内在矛盾的诸方面及其关系和联系进行分别考察,并以概念、范畴和规律的形式使之确定化。历史上曾经有一些自然科学家认为,经验的方法是自然科学唯一正确的方法。但随着自然科学进一步发展,当需要对材料进行整理时,事实说明了这样一条真理:知识不能单从经验中得出,只能依靠理性思维的帮助,才能揭示自然的本质。因此,科学抽象是科学认识从感性认识阶段上升到理性阶段的飞跃的决定性环节(图 1-2)。

科学抽象的产物包括科学概念、科学符号、思想模型,广义上还包括科学判断、科学假说和理论等。科学概念是科学认识中人们对事物本质属性的认识,是科学思维的最基本的单元与形式。科学概念是通过抽象抽取共同点并经过辩证分析而得出来的,必须要有实践上的可检验性,随着认识的发展而深化、变化,甚至更新,但是在一定阶段和时段具有稳定性。科学符号是思想、意义的承载体,在方法上是推动科学研究不可缺少的有力

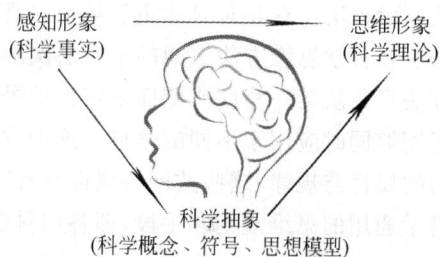

图 1-2　科学抽象

工具,如自然语言、科学术语中的元素符号、计算机语言等。思想模型则将对象的本质属性和基本过程以最纯粹的形式甚至以某种极限状态表现出来,如原子模型、3D 打印模型、DNA 模型等。科学理论研究的直接对象是思想模型,以实践为基础建立的思想模型,可间接地起到关于原型知识的真实性的判据作用,往往甚至可以超越现实条件,揭示研究对象在理想条件下可能出现的情况。

相对于艺术思维、宗教思维、情感思维等种种不同的思维形式,科学思维是指人类从事科学活动时的思维形式。因此,科学思维通常是指理性认知及其过程,是在科学研究中通过对各种经验材料的比较与分析,去其次要因素,抽取本质因素,形成科学抽象的成果——概念、符号和思想模型所进行的揭示研究对象的普遍规律和因果关系的思维方法,是主体对客体本质理性的、逻辑的、系统的认识过程,是人脑对客观事物能动的和科学的反映。科学思维具有逻辑思维、非逻辑思维(形象思维和直觉思维)两种基本类型。从西方的发展历程来看,科学思维的主要表现包括理性思维、逻辑思维、系统思维和创造性思维等几个方面,其中创造性思维是科学与艺术的灵魂和基础。以目前的认识,在科学思维的谱系中,真正具备了系统和完善的表达体系的思维模式只有三个,分别是理论思维、实验思维和计算思维。其中

4

计算思维是最晚一个被研究和整理的思维模式。一般来说,理论思维、实验思维和计算思维分别对应于理论科学、实验科学和计算科学。

理论思维又称逻辑思维,其推理源于数学,是通过定义、定理、证明和公理化方法,以推理和演绎为特征,利用抽象概括建立描述事物本质的概念,并应用科学的方法探寻概念之间联系的一种思维方法。理论思维以数学学科为代表,支撑着所有的学科领域。

实验思维又称实证思维,是通过观察和实验获取自然规律法则的一种思维方法,其先驱是意大利科学家伽利略。实证思维以观察和归纳自然规律为特征,往往借助特定设备来获取数据并进行分析,以物理学科为代表,其先驱是被誉为"近代科学之父"的意大利科学家伽利略。

计算思维由美国卡内基·梅隆大学周以真教授提出,是通过约简、抽象、转化和仿真等方法,利用计算机学科的基本概念把困难的问题重新阐释,或选择一个合适的方式去陈述问题,或对问题相关方面进行建模使其变得易于处理的思维方法。它以设计和构造为特征,以计算机学科为代表,其本质为抽象和自动化。

1.1.3 科学思维与科学方法

科学思维方法是各门具体科学通用的研究方法,是进行科学探索、科学实践、科学研究的一般方法。它是对只适用于某一门具体科学的专门方法的概括与总结,是具体科学思维方法和哲学思维方法之间的中介层次的方法,一般具有跨学科的特征。尽管一般科学思维方法只是从某一角度或侧面来审视世界,但由于它具有较高的概括力和较大的适用范围,因而能够同时应用于不同的学科。这种方法的客观基础是科学研究对象和科学本身存在着共同的属性与规律,这些共同的属性与规律通过客体向主体、客观向主观的转化,形成了各门科学通用的思维规则和手段,即各门科学共同的方法,这便是科学思维方法。

科学思维方法分逻辑方法和非逻辑方法两种。逻辑方法包括比较与分类、归纳与演绎、分析与综合、论证与反驳、抽象与具体等,非逻辑方法包括联想与类比、想象、灵感与直觉等。

比较用于确定对象之间的相同点和差异点,可同中求异,也可异中求同,还可以在同一对象的不同方面、不同部分之间进行。比较方法可以建立科学概念,也可以导致新的理论的诞生,如比较教育学。根据对象的相同点和不同点,也可以将对象划分为不同的分类。

归纳是从同类的个别事实推演出共同本质或一般原理的逻辑思维方法。它可以帮助我们发现自然界及人类活动的一些规律,我们甚至可以根据画家的一幅作品特征归纳出他在一段时间内的绘画风格,如毕加索 1907 年绘制的画作《亚威农少女》(图 1-3),是第一张被认为有立体主义倾向的作品,在以后的十几年中竟使法国的立体主义绘画得到空前的发展,甚而波及舞台设计、文学、音乐等其他领域,开创了法国立体主义的新局面,毕加索也成了这一画派的风云人物。

演绎则以科学理论为前提,通过提供逻辑证明把知识联系起来形成公理体系。如欧氏几何就是演绎系统的典范,欧几里得在《几何原本》(图 1-4)中以 23 个定义、5 条公设和 5 条公理作为出发点,推演出 467 个数学命题,将古代关于几何学的知识系统化为一个逻辑上完美、严密的体系。

分析就是在思想中把研究对象的整体分解成为多个部分、多个层次、多个方面和多个要素,或者把一个复杂的过程分解为多个阶段分别加以考察,把复杂的过程简单化,便于进行研究。而综合则把研究对象结合成为一个统一的整体加以考察，以便从整体上认识和把握研究对象。综合并不是简单的因素堆积，而是采用某种观点把它们联系起来。分析是综合的基础，综合是分析的结果。

图 1-3 《亚威农少女》（毕加索）

图 1-4 《几何原本》（欧几里得）

抽象通常指在认识上把事物的规定、属性、关系从原来有机联系的整体中孤立地抽取出来，具体是指尚未经过这种抽象的感性对象。人对客观事物的认识是在实践的基础上，由感性的具体上升为理性的抽象的过程。抽象的本质是一种归类行为，把类似的东西归为一类并寻找对这一类都适用的统一描述方法来描述它们。客观存在的东西具有物质特性，很多具体的形象特征放在一起，会发现或体现一定的客观规律，这些规律就是抽象的，是人们主观对客观规律的认识。这种抽象在艺术上也有体现，如图 1-5 所示，徐悲鸿先生绘制的奔马图，就是从千千万万马匹的形态特征中抽象出一个具体的艺术形态，这也是长年累月仔细观察形象主体的特征，然后提炼出来的结果。

图 1-5 《奔马图》（徐悲鸿）

联想是由于某种诱因导致不同表象之间发生联系的一种没有固定思维方向的自由思维活动。主要思维形式包括幻想、空想、玄想。其中，幻想，尤其是科学幻想，在人们的创造活动中具有重要的作用，诸如无线传电、手势操作控制等很多科幻电影中的科技产品均已实现。类比则是根据两类不同对象的部分属性相似，联想推论出两类对象的其他属性也可能相似的一种推理方法。

想象在于对艺术形象情感的联想，中国传统文化所强调的内在美，即意境，意义即在于此。想象能突破时间和空间的束缚，达到思接千载、神通万里的境域。灵感则是主体对于反复思考而尚未解决的问题，因某种偶然因素或潜意识信息启发而得到突然顿悟的心理状态。直觉思维是指思维对感性经验和已有知识进行思考时，不受某种固定的逻辑规则约束而直接领悟事物的本质的一种思维方式。

1.2 计算思维概念

1.2.1 计算思维的来源和定义

目前国际上广泛使用的计算思维的概念是由美国卡内基·梅隆大学周以真教授提出的,即计算思维是运用计算机科学的基础概念去求解问题、设计系统和理解人类行为的涵盖了计算机科学之广度的一系列思维活动。

如何去理解上述计算思维的定义呢?可以从三个方面进行阐述。

1. 计算思维方式求解问题

国际教育技术协会(ISTE)和计算机科学教师协会(CSTA)于 2011 年通过给计算思维的各要素作描述的方式下了一个操作性的定义,即计算思维是一个问题解决的过程,该过程包括以下特点:指定问题,并能够利用计算机和其他工具来帮助解决问题;要符合逻辑地组织和分析数据,并能通过抽象,如模型、仿真等,再现数据;通过算法思想(一系列有序的步骤),识别、分析和实施可能的解决方案,找到最有效的方案并支持自动化;有效结合这些步骤和资源,将该问题的求解过程进行推广并移植到更广泛的问题中。

求解问题依赖于常识性的过程、非规范的表示、朴素思想指导下的经验和科学合理的过程、形式化的描述、专家经验等。大学课堂常识性的知识不值得教,教了学生也觉得乏味,但求解问题需要的过程和方法,学生不自觉地能进行应用,也是大学课堂最值得传授的知识。

2. 计算思维方式设计系统

利用大的数据集来完成对复杂系统的建模、仿真、分析和验证。例如地球系统(地球科学),引力波(物理学),星系形成(天文学),高度复杂的动态系统仿真,健康检查,预测,设计和控制(工程领域),通信和网络控制及最优化(信息技术),人类和社会行为仿真(社会科学),灾难响应模拟及反恐预备(国土防御),采用自治响应技术的减轻外在威胁的智能系统设计(国土安全),多样的生态环境中的进化过程的预测(生物科学),软件开发(信息技术),以及风险分析等均依赖并最终转化为计算来完成。

计算科学是一门正在兴起的综合性学科,它依赖于先进的计算机及计算技术对理论科学、大型实验、观测数据、应用科学、国防以及社会科学进行模型化、模拟与仿真、计算等。特别是对极复杂系统进行模型与程序化,然后利用计算机给出严格理论及实验无法达到的过程数据或者直接模拟出整个复杂过程的演变或者预测过程的发展趋势。计算科学对基础科学、应用科学、国防科学、社会科学以及工程技术等的发展有着不可估量的科学作用与经济效益。

3. 计算思维方式理解人类行为

利用计算手段来研究人类的行为,可视为社会计算。社会计算涉及人们的交互方式、社会群体的形态及其演化规律等问题。目前人们广泛地以各种不同形式、方式生活在各种网络中,人们频繁地检查电子邮件和使用搜索引擎,随时随地拨打移动电话和发送短信,每天刷卡乘坐交通工具,经常使用信用卡购买商品,在朋友圈发微信,通过社交 APP 来维护人际关系。在公共场所,监视器可以记录人们的活动情况;在医院,人们的医疗记录以数字形式被保存;在互联网络,大数据把艺术家作为金融市场的"个股"来进行分析,从这个角度观察艺术品和艺术家成长的轨迹,并借助这些数据去分析艺术品的走向,为投资人提供艺术品投资市场的准确发展方向(图1-6)。以上的种种事情都留下了人们的数字印记。这些数据中蕴含的关于个人和群体行为的规律可能足以改变我们对个人生活、组织机构乃至整个社会的认知。

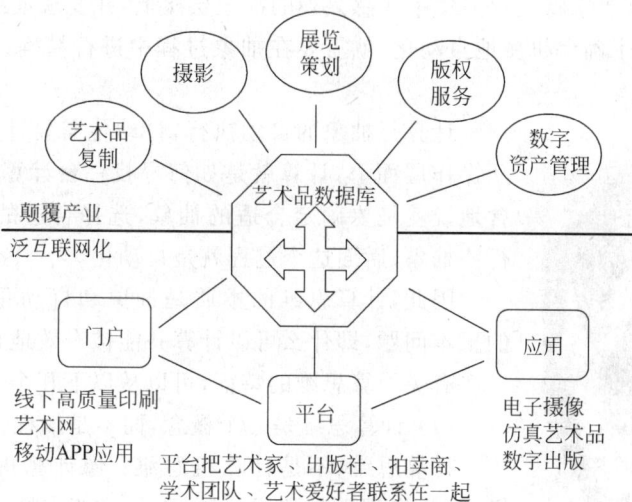

图 1-6　大数据与艺术产业

　　利用大规模数据收集和分析能力揭示个人和群体的行为模式,与传统社会科学通过问卷调查形式获得的数据不同,可以借助以上种种新技术获得长时间的、连续的、大量人群的各种行为和互动的数据。继计算与网络融合、计算与物理系统融合、计算与脑科学及认知科学即智能的融合之后,计算与社会科学融合形成计算社会科学已经是信息时代人类世界的必然趋势。

　　计算思维的详细描述是:计算思维就是通过约简、嵌入、转化和仿真等方法,把一个看来困难的问题重新诠释成一个人们已知其解决方案的问题。计算思维是一种递归思维,是一种并行处理,是数据与代码之间衔接与转译的媒介;计算思维是一种采用抽象和分解来控制繁杂的任务或进行巨大、复杂系统设计的方法,是一种选择合适的方式去陈述一个问题,或对一个问题的相关方面建模并使其易于处理的思维方法;计算思维是利用海量数据来加快计算,在时间和空间之间、在处理能力和存储容量之间折中的思维方法。在自然的、工程的、社会的和艺术的系统中,很多过程都是自然计算的,计算成为一种通用的思维方式。

　　需要特别指出的是,计算思维不是今天才有的,它早就存在于中国的古代数学之中,只不过周以真教授使之清晰化和系统化了。中国古代学者认为,当一个问题能够在算盘上解算的时候,这个问题就是可解的,这就是中国的"算法化"思想。吴文俊院士正是在这一基础上围绕几何定理的证明展开了研究,开拓了一个在国际上被称为"吴方法"的新领域——数学的机械化领域,并于2000年获得国家首届最高科学技术奖。

1.2.2　计算思维的本质及特征

　　当看到图1-7这幅画时,人类直觉上会直接识别出绘画的主体为一个人物,这是为什么呢?不难发现,这其实是人类对人类自身观察并经过简化后得到的一个模糊形象,是人类自

计算思维概论

身自然抽象能力的一个最好诠释。而计算思维中的抽象可以完全超越物理的时空观,可以完全用符号或者图案来表示,是比数学抽象更为丰富和复杂的一种思维活动。计算思维中的抽象不仅像数学思维那样抛开了现实事物的物理、化学和生物等特性,而且可以使人们根据不同的抽象层次,进而有选择地忽视某些细节,最终控制系统的复杂性。在分析并解决问题过程中,计算思维要求将注意力集中在感兴趣的抽象层次上,并要求最终能够机械地一步一步自动执行。为了确保机械地自动化,就需要在抽象过程中进行精确、严格的符号标记、建模和仿真。

图 1-7　计算思维的抽象本质

计算是抽象的自动执行,自动化需要计算机去解释抽象。从操作层面上,计算就是如何寻找一台计算机去求解问题,隐含地说就是要确定合适的抽象,选择合适的计算机去解释执行该抽象,后面这个过程就是自动化。

因此,计算思维的本质是抽象和自动化。它反映了计算的根本问题,即什么可以计算并能被有效地自动进行。

有关计算思维的特征,可以从以下几个方面进行总结:

(1) 计算思维是一个概念,而不是编程。

计算思维,不是计算机思维;像计算机科学家那样去思维,不是像程序员那样编程,而是能够在抽象的多个层面上思维。所以,计算机科学不是计算机编程,不能只关注计算机这一工具本身,就像绘画不能只关注画笔,唱歌不能只关注麦克风。可见,要真正理解这个特征,首先需要解决的就是"计算机工具论"误区的问题。

(2) 计算思维是人的思维,不是计算机的思维方式。

计算思维是人类解决问题的一条途径,其本质是人的思维,它的核心并非寻找什么技巧和公式,而是人类思维的一种模拟,但绝非要使人类像计算机那样去思考。计算机是一种枯燥且沉闷的机器,人类聪颖且富有想象力,正是人类发明并配置了计算设备,才赋予计算机智慧去解决那些计算时代之前不敢尝试的问题。反之,计算机也赋予了人类强大的计算能力,人类才能有力量去解决那些计算时代之前只能想却无力实现的想象。因此,说到底,计算思维还是人类的创作思维。

(3) 计算思维是数学和其他学科的交叉和融合。

计算机科学在本质上源自数学思维,像所有的科学一样,其形式化基础建筑于数学之上。计算机科学又从本质上源自工程思维,因为人们建造的是能够与实际世界互动的系统,基本计算设备的限制迫使计算机科学家必须计算性地思考,不能只是数学性地思考。构建虚拟世界的自由使人们能够设计超越物理世界的各种系统。数学与其他学科的交叉和融合,以及它在建筑、机械制造、计算机技术、商业贸易、生物学、音乐、哲学、宗教、美术等学科中的角色地位,都证明了数学是几乎所有科学艺术法则中不可或缺的重要成员。

1.2.3　计算机与计算思维关系

要理清计算机与计算思维的关系,首先需要对计算机学科有一个准确的定位认识。计算机学科即计算机科学与技术,包括科学和技术两个方面,计算机科学侧重研究现象与揭示规律；计算机技术则侧重研究使用计算机进行信息处理的方法和技术手段。科学和技术相辅相成、相互影响，两者高度融合是其突出的特点。计算机技术发展至今，源于其应用的广泛性和社会对它的强烈需求，使它逐步渗透到人类社会的各个领域，成为经济发展的倍增器以及科学文化和社会进步的催化剂。

但随着计算的技术进步，信息器件、设备与软件的变革性突破，计算机越来越变得平民化和傻瓜化，与核技术、化工技术、光电技术等相比，计算机完全没有了神秘感，大家对计算机功能都非常熟悉，每个人都将计算机作为工具使用，进而形成了一种看法："计算机只不过是工具。"这种看法不可避免地反映到了中小学信息技术教育以及高等院校计算机课程教学中。这种看法本身没有什么不对，事实上我们对计算机知识的学习多数情况下也都是从掌握和使用这个"计算机工具"开始的，但用它来作为计算机学科定位的出发点就会产生极大的误导。

南京大学陈道蓄教授提出过一个有名的"菜刀科学"问题。他说，即使是菜刀这样的工具，也会涉及科学、技术、工程和应用的各个层面。菜刀过于简单，其他学科的知识足够它的需要，因此没有什么"菜刀科学"。以色列学者哈雷尔在《算法学：计算的本质》一书中提出这样的问题：论技术的影响，电话的影响也很大，为什么没有电话科学？论技术的复杂性，人造卫星很复杂，为什么没有被广泛接受的人造卫星科学？他认为其实计算机是计算的工具，用计算机给这门科学命名，就像用"手术刀科学"给外科学命名一样不合适。

荷兰著名的计算机科学家狄克斯特拉(E. W. Dijkstra，1930—2002)有一句名言："我们所使用的工具影响着我们的思维方式和思维习惯，从而也将深刻地影响着我们的思维能力。"当今社会处于一个工具主义时代，工具主义思维主导下的思维方式往往会从工具性、技术性的角度去解决问题，会更多地考虑能不能用、可靠不可靠的问题，功利性色彩太过明显，会导致我们思维方式上的偏差，这就需要依靠艺术思维来进行弥补。计算机涉及了科学、技术、工程和艺术等众多复杂的内容。当计算机科学这门新学科出现时，主要内容就是"算法"和"形式系统"，是"程序设计的科学"，不是现在大众理解的"编程"。计算思维虽然带有很多计算机的特征，但其本身并不是计算机的专属。实际上，即便没有计算机，计算思维也会得到逐步发展，甚至有些内容与计算机没有关联。但是，正是由于计算机的出现，给计算思维的研究和发展带来了根本性的变化。随着以计算机科学为基础的信息技术的迅猛发展，计算思维的作用被极大地释放了。正像天文学有了望远镜，生物学有了显微镜，音乐产业有了麦克风一样，"计算思维"的力量正在随着计算机速度的快速增长而被加速地放大。尽管这种力量往往需要借助于计算机，但是计算机科学却不能说成是专注于计算机的学问，就像天文学依靠望远镜展开研究，但不能说成是关于望远镜的学科一样。

从思维的角度看，计算科学主要研究计算思维的概念、方法和内容，并发展成为解决问题的一种思维方式。在计算机和计算思维发展的过程中，计算思维的特点被逐步揭示出来，计算思维的内容得到不断的丰富和发展，其与理论思维、实验思维的差别越来越清晰化。什么是计算？什么是可计算？什么可以被自动地计算？计算思维的这些性质和计算机学科的终极问题都得到了前所未有的彻底研究。今天，我们对这些问题的答案仍是一知半解。

计算机科学分为理论计算机科学和应用计算机科学两个部分。理论计算机科学包括计算机理论、信息与编码理论、算法和数据结构、程序设计语言理论、形式化方法、并行和分布式计算系统、数据库及信息检索等。应用计算机科学包括人工智能、计算机系统结构与工程、计算机图形学、计算机视觉、计算机安全和密码学、信息科学以及软件工程等。计算机科学根植于数学、电子工程和语言学的土壤里,它是科学、工程和艺术的结晶。计算机科学是研究计算机以及它们能干什么的一门学科。它研究抽象计算机的能力与局限,真实计算机的构造与特征,以及用于求解问题的数不清的计算机应用。计算机科学的研究是基于图灵机和冯·诺依曼机,它们是绝大多数实际机器的计算模型。

对非计算机专业的人群如何进行计算思维能力的培养,是一个有待深入研究的问题,可以说是任重而道远。多年来,非计算机专业的计算机教育以学习基本知识、掌握基本工具为核心要求,一般并不有意识地强调计算思维能力的培养。如何在十分有限的学时中使学生既掌握必要的工具,也让计算思维诸要素融入他们的能力结构中,更好地帮助他们建立计算机问题求解意识,是对非计算机专业的计算机教育的挑战。

1.3 计算思维应用领域

计算思维代表着一种普遍的认识和一类普适的技能,它应该像"读、写、算"一样成为每个人的基本技能,而不仅仅是计算机科学家的专业知识,因此每一个人都应热心于对它的学习和运用。计算思维所采用的抽象和分解等新思想、新方法促进了自然科学、社会科学与工程技术等领域革命性的研究,计算思维也是创新人才、复合人才的基本要求和专业素质,其应用已渗透到不同学科研究领域的各个方面。

1.3.1 生物学

近年来,计算机科学家对生物学越来越感兴趣,因为他们坚信生物学家能够从计算思维中获益。生物学的"数据爆炸"为计算机科学带来了巨大的挑战和机遇,传统的计算机科学通常处理的数据量要远远小于这一规模,如何处理、存储、查询和检索这些巨大的数据并非易事。更为重要的是,生物系统比一般的工程系统要复杂得多,如何从各类数据中发现复杂的生物规律和机制,进而建立有效的计算模型就更加困难了。利用这样的模型进行快速模拟和预测,指导生物学的实验,辅助药物设计,改良物种用于造福人类,都是计算生物学中最富有挑战性并最有影响力的任务。

我们可以从最简单的植物研究中所看到的数学特征入手,来了解生物界所蕴含的计算思维因素。花瓣对称排列在花托边缘,叶子沿着植物茎秆相互叠起,有些植物的种子是圆的,有些是刺状,有些则是轻巧的伞状……所有这一切都向我们展示了很多富于魅力的计算模型。著名数学家笛卡儿很早以前就根据他所研究的一簇花瓣和叶形曲线特征,列出了曲线方程 $x^3+y^3-3axy=0$,即著名的"笛卡儿曲线"。后来不少学者研究三叶草、睡莲、垂柳、常青藤等植物的花和叶,又找到了描述其特征的曲线方程 $\rho=a\sin k\phi$,现代数学中,这类描绘花叶外部轮廓的曲线被统称为"玫瑰形线"(图1-8)。后来,研究者们又发现植物的花瓣、萼片、果实的数目等其他特征都符合一个奇特的数列,

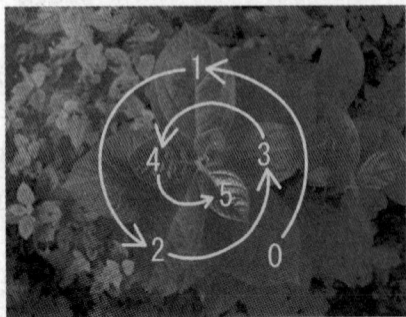

图1-8 三叶草上的玫瑰形线

即著名的斐波纳契数列：1,1,2,3,5,8,13,21……

可以看出，现代生物学的发展会产生大量的数据，这些数据蕴涵着许多自然的规律性的东西，但是传统的生物学主要是以实验为主，如何从这些海量数据中挖掘出一些重大的生物学规律是对数据挖掘的挑战。如果从各种生物的 DNA 数据中挖掘一些 DNA 序列自身的规律和 DNA 序列进化的规律，就可以帮助人们从分子层次上认识生命的本质及其进化规律。如分子遗传研究中的"鸟枪法"，是常用的一种使用基因组中的随机产生的片段作为模板进行克隆的方法，最初主要用于测定微生物基因组序列，近年来，美国塞莱拉公司利用改进的全基因组"鸟枪法"完成了人类基因组的测序工作，中国科学家甚至设计出了一种序列组装软件，能有效克服"鸟枪法"全基因组测序组装过程中的困难，并使之成为各种基因组测序的通用方法，大大降低了基因组测序的成本，提高了测序的速度。

生物计算机是人类期望在 21 世纪完成的伟大工程，它是计算机科学中最年轻的一个分支。目前的研究方向大致为：一是研制分子计算机，即制造有机分子元件去代替目前的半导体逻辑元件和存储元件；二是研究人脑结构和思维规律，再构想生物计算机的结构。

1.3.2　化学

计算化学是近年来快速发展的一门学科，主要以分子模拟为工具实现各种核心化学的计算问题，架起了理论化学和实验化学之间的桥梁。计算化学是化学、计算方法、统计学和程序设计等多个学科交叉融合的一个新兴学科，它利用数学、统计学和程序设计等方法，进行化学与化工的理论计算、实验设计、数据与信息处理、分析和预测等。其主要目标是利用有效的数学近似以及计算机程序计算分子的性质并用以解释一些具体的化学问题。图 1-9 为计算药物化学研究的实例。

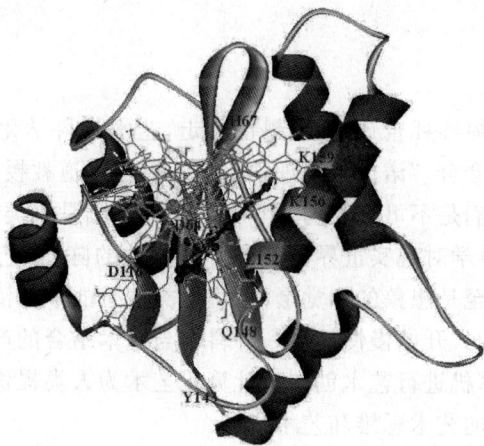

图 1-9　计算药物化学研究

其研究领域包括以下几个方面。

1. 数值计算

数值计算即利用计算数学方法，对化学各专业的数学模型进行数值计算或方程求解，例如，量子化学和结构化学中的演绎计算、分析化学中的条件预测、化工过程中的各种应用计算等。

2. 化学模拟

化学模拟包括以下几类：数值模拟，如用曲线拟合法模拟实测工作曲线；过程模拟，根据某一复杂过程的测试数据建立数学模型，预测反应效果；实验模拟，通过数学模型研究各种参数（如反应物浓度、温度、压力）对产量的影响，在屏幕上显示反应设备和反应现象的实体图形，或反应条件与反应结果的坐标图形。

3. 模式识别应用

最常用的方法是统计模式识别法，这是一种统计处理数据、按专业要求进行分类判别的方法，适于处理多因素的综合影响，例如，根据二元化合物的键参数（离子半径、元素电负性、原子的价径比等）对化合物进行分类，预报化合物的性质。模式识别广泛用于最优化设计，根据物性数据设计新的功能材料。

4. 数据库及检索

在化学数据库中，数据、常数、谱图、文摘、操作规程、有机合成路线、应用程序等都是数据。数据库能存储大量信息，并可根据不同需要进行检索。根据谱图数据库进行谱图检索，已成为有机分析的重要手段，首先将大量的谱图（红外、核磁、质谱等）存入数据库，作为标准谱图，然后由实验测出未知物的各种谱图，把它们和标准谱图进行对照，就可求得未知物的组成和结构。

5. 化学专家系统

化学专家系统是数据库与人工智能结合的产物，它把知识规则作为程序，让机器模拟专家的分析、推理过程，达到用机器代替专家的效果。如酸碱平衡专家系统，内容包括知识库和检索系统，当人向它提出问题时，它能自动查出数据，找到程序，进行计算、绘图、推理判断等处理，并用专业语言回答人的问题，如溶液 pH 值的计算，任意溶液用酸、碱进行滴定时操作规程的设计等。

1.3.3 艺术学

19 世纪法国文学家福楼拜曾说过："越往前走，艺术越科学化，同时科学越艺术化，两者在山麓分手，又在山顶会合。"诺贝尔物理学奖获得者李政道教授也曾说过："科学与艺术是一枚硬币的两个面，它们是不可分割的。它们共同的基础是人类的创造力，它们追求的目标都是真理的普遍性。"科学对现实世界做出富于概括性的陈述，艺术则创造出一种表现形式，如视觉、听觉、交互甚至是想象的知觉形式，将人类情感的本质清晰地呈现出来。人类发展到 21 世纪，越来越多的人开始慢慢接受一种科学与艺术结合的产物，即计算机艺术，很多艺术家也开始尝试用计算机进行艺术创作。计算机艺术为人类提供了一种全新的艺术创作手段，向人们展示了全新的艺术思维和艺术作品。

计算机艺术是科学和艺术相结合的新兴交叉学科，其发展最活跃的领域是计算机美术。其应用一方面体现在纯艺术类的绘画创作上，如模拟传统国画、书法、油画、版画以及由计算机控制的活动雕塑等，另一方面又体现在美术设计与造型艺术上，如计算机辅助设计、广告设计、服装设计、室内设计、建筑模型、影视动画等。艺术创作思维模拟是计算机美术理论与应用研究中的一项前沿课题，它的研究对推动思维科学、艺术创作和计算机模拟技术的发展有着重要的贡献。

在计算机美术创作中，除了绘画技法和色彩搭配上可以借助计算机交互辅助操作外，与计算思维应用联系更为紧密的是造型和构图的完成,所有造型和构图的过程都是对美术创作的规律、原理和法则的数学描述,其算法模型是计算思维集中体现的关键,是所有造型与构图功能的算法基础。算法艺术创作是指用一个公式或一个算法来直接产生一幅或一系列多媒体艺术作品。所谓一系列就是这一公式或者算法能够根据不同的参数而产生类似的多媒体艺术作品。利用该方法创作的艺术作品大多数主题比较抽象,大多数作品具有令人赏心悦目的图案和几何图形。这些抽象的几何图案不仅可以通过挂图或计算机屏保动画的方式供人欣赏,而且在服装设计、工业设计等领域也大有用武之地。目前最具有代表性的算法艺术创作是分形艺术(图1-10)。

分形艺术图案生成与设计的基本原理除了与普通艺术图案具有相同的规律和法则外,最重要的是运用分形的自相似性,在造型或构图过程中引入递归或迭代算法,以及对局部过程的随机扰动。从造型和构图算法方式出发,结合传统美术图案设计的原理的和方法,对分形图案创作提出了三种构图思维方法,即分形纹样的规则骨架构图、分形整体构造模型构图和纹样的分形分布构图。在造型或构图过程中引入递归或迭代算法还有著名的斐波纳契数列和德罗斯特效应,其中德罗斯特效应是递归算法的一种视觉形式,指一张图片的某个部分与整张图片相同,如此产生无限循环(图1-11)。唯一不同的是,照片中的情景好像是无限循环的,但算法中的递归则必须有终止计算的条件,否则就形成了死循环,与算法的有穷性不符。

图1-10 分形图案

图1-11 德罗斯特效应

计算机艺术是一门新兴交叉学科,还需要科学工作者和艺术工作者的共同努力。如何发展计算机艺术,如何处理它与传统艺术的关系,如何培养复合型的艺术人才,如何推动艺术品市场的规范化运作,以及如何形成有中国特色的计算机艺术等,这一系列问题都是亟待研讨的课题,许多的科学家和艺术家都关注着计算机艺术的成长。

除此之外,计算思维在其他研究领域也有不错的影响和应用。在医学领域,计算机科学也已从生理系统仿真建模、医院信息管理系统等逐步发展到电子健康档案、移动医疗、计算生物学、生物信息学、健康物联网等新型交叉学科以及更广泛深入的应用,并在医学发展和研究中发挥着越来越重要的作用。在经济学领域,计算博弈论正在改变着人们的思维,"囚徒困境"是博弈论专家设计的典型示例,其博弈模型可以用来描述两个企业的"价格大战"等许多经济现象。2005年度的诺贝尔经济学奖就授予了两位博弈论专家,更有很多世界一流大学的计算机科学博士在华尔街做金融分析师。计算社会科学更是近年学术界研讨的热门话题,社交网络是社交类 APP 应用发展壮大的重要原因之一,而统计机器学习则被用于推荐和声誉排名系统。其他如艺术 3D 喷绘机器人(图 1-12)、阿姆斯特朗的自行车载计算机追踪人车统计数据、基于高性能计算机用计算科学模拟飓风等,计算思维对其他学科的影响和应用数不胜数。

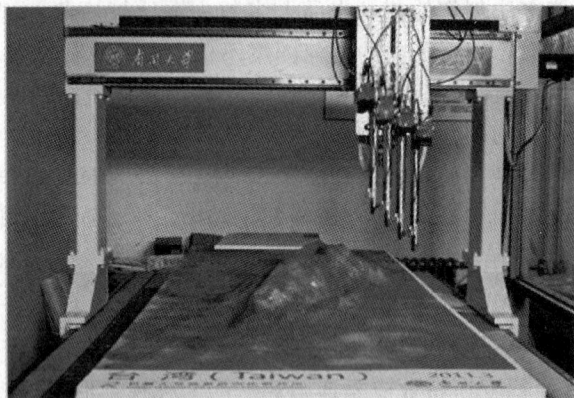

图 1-12　3D 喷绘机器人

1.4　艺术思维与计算思维

1.4.1　内涵与发展

艺术思维就是指在艺术创作活动中,想象与联想、灵感与直觉、理智与情感、意识与无意识、形象思维与抽象思维经过复杂的辩证关系构成的思维方式,它们彼此渗透,相互影响,共同构成了艺术思维。其中形象思维是主体,起主要作用。艺术思维的方式,是指艺术家在艺术体验的基础上,以特定的创作动机为引导,以各种心理活动和艺术表现方式为中介,对生活素材进行加工、提炼和组合,形成艺术意象,并将其物化为艺术形象或艺术情境的整个过程中所采取的一种主要的思维方式。

艺术思维的主体元素是情感和形象这些非理性的元素,其本质是探讨人们的情感和形象的关系的问题,是从艺术的、审美的态度去观察生活。艺术思维的方式具体表现在三个方面:一是对形象的直觉,在物理和心理上从一定距离之外去感觉形象;二是对形象情感的想象,这是从文化底蕴、文化氛围及文化传播的角度去解释和处理对形象主体的情感;三是对形象的灵感的领悟,是一种潜在意识的被激发态,是人类在科学、文学、艺术等活动中经过研究、探索、实践积累,在思维高度集中时突然产生的富有创意的思路。艺术思维发展的巅峰是人生的艺术化,是对生活的一种美丽的精神,是对美的生活的精益求精。用艺术思维方式来把握人生,人的情趣和自然、社会、世界进行往复的交流,这样人生才会有艺术化的感觉。

计算思维则旨在倡导一种所谓的"计算机科学家的思维方式",以区别"逻辑(抽象)思维""数学思维"和"工程化思维"等这些已为学术界普遍认同的思维方式,从而提高社会、学生及家长对学科的认同。其实,人们甚至还没有了解计算思维的时候就已经开始计算思维般地进行思考。例如,当我们正在做饭的时候,采用并行处理的方式来确保自己的蔬菜不冷而米饭正在烹饪。从 20 世纪 70 年代中期开始,在诺贝尔物理学奖得主 Ken Wilson 等人的积极倡导下,基于大规模并行数值计算与模拟的计算科学(Computing Science)开创了科学研究的第三种范例,即理论、实验、计算机模拟。计算科学协同其他科学领域取得了一系列重要的突破性进展,受到传统科学界的重视和接纳,于是出现了大数据、可视化及云计算等新技术和"信息与计算"等新学科。但由于相对片面地理解和宣扬所谓的"计算科学",也带来很多副作用,至今学术界仍有相当多的人将"计算科学"与"计算机科学"混为一谈。

朴素的计算思维可以说是"计算机科学之计算思维",以面向计算机科学学科人群的研究、开发活动为主,包括了计算思维最基础和最本质的内容;而狭义的计算思维是指"计算学科之计算思维",以面向计算机专业人群的生产、生活等活动为主。是基于计算机以及以计算机为核心的系统的研究、设计、开发、利用活动中所需要的一种适应计算机自动计算的思维方式。今天的计算机早已走出计算学科,甚至与其他学科形成新的学科,例如计算社会科学、计算物理、计算化学、计算生物学等。计算思维也随之走出计算学科。所以,广义的计算思维是指"走出计算学科之计算思维",适应更大范围的广大人群的研究、生产、生活活动,甚至追求在人脑和计算机的有效结合中取长补短,以获得更强大的问题求解能力,是人们对于现实世界进行信息抽象并利用工具实现信息转换的一种思维方式。我们同样可以用两种说法加以描述:"有效利用计算机(工具)、相关思想、方法和技术以及计算环境和资源,以增强能力,提高效率",或者"有效地利用计算技术进行问题求解,包括在科学研究与系统实现中有效地利用计算学科典型的思想与方法进行问题求解"。这里突出的是计算机不仅作为工具,还可以有效利用与之相适应的意识、思想、方法、技术、环境和资源等。

1.4.2　特征与方法

不同的艺术种类、风格、流派都是艺术思想的传达。高尔基说:"艺术靠想象而生存。"每件艺术设计作品,无论是感性还是理性,都传达着作者的思想情感。也许这就是艺术思维的共性和特征。也许我们不懂凡高的《向日葵》,不懂田崴的《开拓者》,只有他们自己才能对自己作品传达的思想真正了解。这个思维过程将受到各种因素的制约。如日本的浮世绘,最初以"美人绘"和"役者绘"(戏剧人物画)为主要题材,后来逐渐出现了以相扑、风景、花鸟以及历史故事等为题材的作品,都是审美的传达。

艺术思维是对现象和本质两方面进行双重加工,加工的重点在感性形式上,遵循的是个性的情感逻辑。前者用共性概括个性,后者用个性显示共性。对现象的加工是自然作用于人的精神,对本质的加工是人的精神作用于自然。艺术思维特有的双重加工使感性形式和理性内容均发生变化,从而形成新的审美形象统一,结果是新的艺术形象、艺术品的诞生。艺术思维方式可以分为形象思维、抽象思维、灵感思维三种。在科学传统上,西方重"学"唯"实",是一种科学智慧,讲求学者传统,强调经过实证,在怀疑和批判中进步,崇尚思维工具的锻炼,以"数"和"逻辑思维"为其精髓;东方重"术"论"虚",是一种诗意智慧,讲求工匠传统,乐于思辨玄想,在继承中发展,倡导用心悟道,以"格物致知"和"心外无物"为其精髓。

计算思维的典型特征是概念化和抽象化,"像计算机科学家一样思考"不仅仅是指计算机编程,其含义比编程更深刻,需要不同抽象层面的思考,是现代社会中每个人都需要具备的基本技能。计算思维不是试图让人类像计算机一样思考,而恰恰相反,计算思维是人的而不是计算机的思维方式,是人们用以处理和求解问题、管理日常事务、与他人通信及交互的计算概念,是数学和工程思维的互补与融合。计算思维虽然是人类思维,但在利用计算机的生产实践活动中,又创造了许多适合计算机解决问题的方法,我们学习计算机思维的目的,就是要了解计算机可以解决哪类问题,并且是如何解决这些问题的,最终能充分利用这些来深入学习计算思维。

计算思维不是人造物,通过约简、嵌入、转化和仿真等方法,把一个看来困难的问题重新阐释成一个我们知道问题怎样解决的思维方法;是一种递归思维,是一种并行处理,是选择合适的方式去陈述一个问题,或对一个问题的相关方面建模使其易于处理的一种思维方法,是利用海量数据来加快计算,在时间和空间之间、在处理能力和存储容量之间进行折中的思维方法。计算思维的另一个特征是面向所有的人,所有地方。当计算思维真正融入人类活动的整体以致不再表现为一种显式之哲学的时候,它就将成为现实。就教学而言,计算思维作为一个解决问题的有效工具,应当在所有地方、所有学校的课堂教学中得到应用。在中国,从小学到大学教育,计算思维经常被朦朦胧胧地使用却一直没有提升到思维的高度,相对于国外强调学科的思维方式,国内研究的重点都放在学科方法论上,两者具有较高的互补性。

1.4.3 交叉与融合

科学是思想,艺术是感情,二者如车之两轮、鸟之两翼,既相互独立又相互联系,密不可分。

科学和艺术活动的创作过程一般都分为准备期、酝酿期、顿悟期和验证期四个阶段,仔细观察文学和艺术作品的创作过程不难发现,文学艺术创作者们,无论是有意还是无意的,都在观察他周围的形象,并且特别关注其中某一个形象,同时还关注若干相似和不相似的形象,将相似形象加以综合,将不相似形象加以比对,依据这些综合和比对的结果,最终找到其规律和相关法则,在作品中构成一个综合的新形象。在新形象中,文学艺术家们或全面地进行描绘,或专注于所考察的诸多形象的优点和弱点而创作出全新的艺术典型。这种通过考察的诸多形象的规律和特征进而创作出全新艺术形象的过程相当于技术科学领域的设计过程,这个过程经历了形象分解、简化变形和抽象定型等多个阶段,由此可见,艺术创作与科学创造在具体方式和表现手法上虽然不尽相同,甚至可以说是千姿百态,但在过程上从模糊到清晰,再到更大的模糊,不断修正原有想法和开拓新想法的创作历程却是同出一脉。艺术创作有时候又会反哺科学创作。如1979年美国百路驰(BFGoodrich)公司把传送带做成莫比乌斯带(图1-13),从而避免了普通传送带单面磨损的情况,使其寿命延长了一倍。

针对艺术思维教育环境,计算思维无法离开艺术活动谈突破,计算思维的培养可以从艺术品的鉴赏入手。正如美学家宗白华所说:"我们心中不可没有诗意、诗境,但却不必定要做诗。"计算思维通过抽象符号和数构建虚拟世界,而毕达哥拉斯则声称"万物皆数",计算思维在中外艺术史很多名作中都有所显现。如中国绘画都讲究笔不到意到,此乃留白的艺术手法,齐白石画虾随着其艺术造诣的不断深厚,虾腿的数目不断减

图 1-13 莫比乌斯带

少，但其意境愈发凝练，堪称艺术化简的最高境界（图1-14），这其实是想象思维，是提纲挈领，直面本质，而这正好和计算思维中有时候为了简化问题而进行抽象的思维方式不谋而合。

巴伯罗·毕加索一生中画法和风格几经变化，前面所提到的《亚威农少女》是美术史上第一件立体主义的作品，这幅画无论形象还是背景都作了高度抽象化的处理，都可被分解为带角的几何面，《格尔尼卡》更是广泛应用了寓意和象征的形象，这些都正好验证了计算思维中的分解、简化、抽象、综合的思维方法。

计算思维对设计及造型动画的影响，最常见的莫过于黄金分割和黄金数、图形艺术和镶嵌艺术等，例如达·芬奇的人体黄金分割比例（图1-15），尺寸比例多处符合黄金分割的《维纳斯》雕像，与黄金矩形精确吻合的巴特农神殿等。雕刻家和建筑艺术家们都深谙计算思维在艺术创作中的应用技巧，计算机在计算思维培养过程中也可以工具论身份出现，通过软件和程序来模拟和仿真艺术作品成型效果。

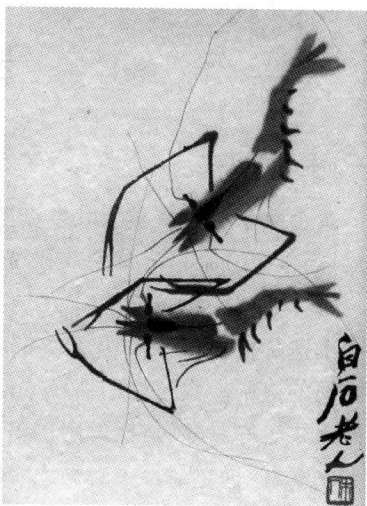

图 1-14　齐白石画的虾

分形艺术更是计算机编程艺术的典范，几何分形都可以通过借助计算机利用数学公式进行再现（图1-16）。微分和不定积分的互逆运算在自然科学和艺术领域的应用比比皆是，莫比乌斯带和平面镶嵌艺术是计算思维的直接体现。许多艺术家开始用计算机来武装自己，更多的科学家也通过艺术来寻求灵感。

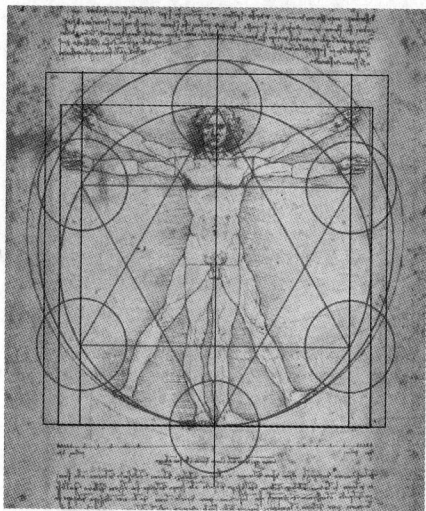

图 1-15　达芬奇的《维特鲁威人》

图 1-16　分形艺术

艺术思维和计算思维在创作中都遵循着美的规律，艺术美和科学美相辅相成，艺术家需要利用科学更好地通过艺术品来表达情感，科学家需要借助艺术创作来说明世界。我们在学习过程中，以逻辑思维为主的理性思考及创作需要和以形象思维为主的感性思考及创作相结合,寻求艺术创作中的规律,利用抽象的或概念性的思想来描述对象,同时,理性和感性的思考及创作成果需要通过感性的表达方式体现出来,以形象、想象、联想为主要思考方式,抓住逻辑规律,运用图形、图像等形式语言来体现计算思维。

1.5 艺术创作中的计算思想

1.5.1 黄金比例与黄金矩形

黄金数是希腊数学家欧多克斯(Eudoxus)发现的,由意大利著名科学家、艺术家达·芬奇冠以"黄金"的美称,黄金数和黄金比例从此被当作美的信条,统治着当时的建筑和艺术,并一直影响到现在。用 $\phi=0.618033618\cdots$ 和 $\phi=1.618033618\cdots$ 表示两个黄金数。

毕达哥拉斯认为:"凡是美的东西,都具有共同的特性,这就是部分与部分和部分与整体之间的协调一致。"维纳斯(Venus)女神是美的象征,在美术文献中,著名的断臂维纳斯雕像的正式名称是《米洛斯的阿佛洛狄忒》,有时也把她叫作《米洛斯的维纳斯》。这座雕像虽然不见双臂,仍然显得美丽动人,姿态万千,一个重要的原因就是其优美的姿态和高雅的气质通过形体表现出来。对《米洛斯的维纳斯》雕像进行几何尺寸分析,人们发现这座雕像从脚尖到肚脐占身高比例、肚脐到头顶与肚脐以下身高比例、头部高度与颈根到肚脐比例等多处符合黄金比例。古代希腊人认为,如果形态符合数字上的黄金比例,就会显得特别美丽。如图 1-17 所示,维纳斯的美是一种理想的美,其雕像中的黄金比是理想的身体比例。

同样,在书法写作中,如果字的笔画很多位于黄金矩形四个顶点时,写出来的字会更加对称、沉稳。在埃及古老的金字塔中,在达·芬奇的名画《蒙娜丽莎》和我们日常所见的理想面容中,也存在着几何中的黄金比例,甚至在生物骨骼中也存在着和谐的黄金比例,如图 1-18 至图 1-20 所示。

图 1-17 《米洛斯的维纳斯》雕像

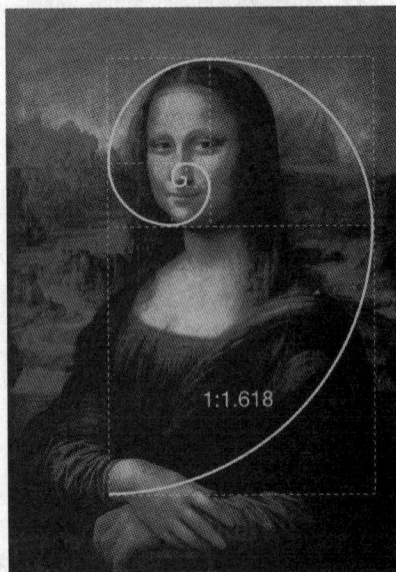

图 1-18 《蒙娜丽莎》与黄金比例

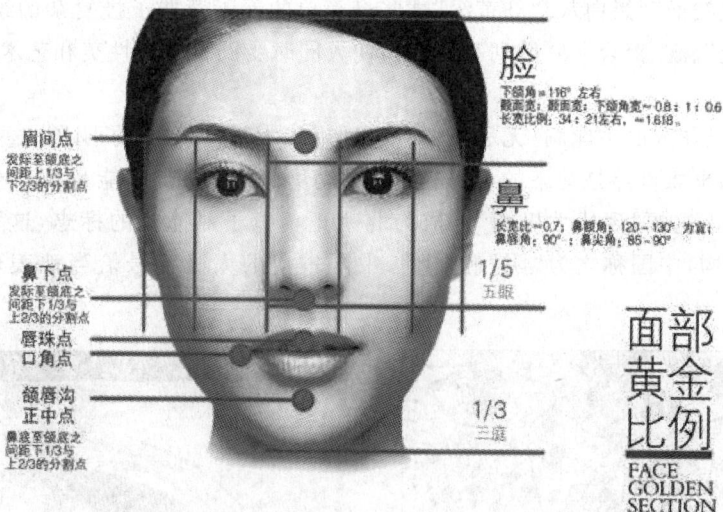

图 1-19 面部黄金比例

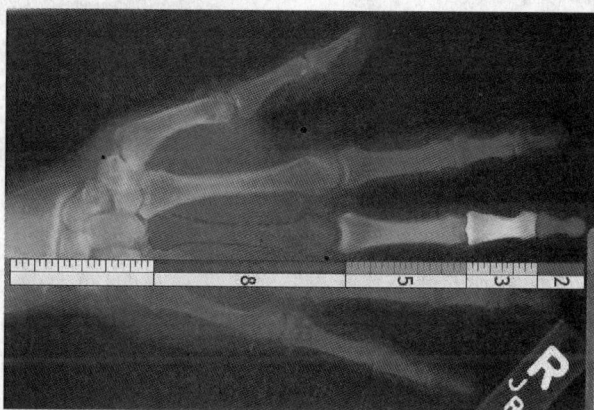

图 1-20 指关节骨骼比例

美是一种感觉,因人而异,也因时而异。黄金比例是一种数量关系,放之四海而皆准,但形式上的美的比例并非仅仅是黄金比例。从本质上说,艺术行为不是一定要服从科学道理的。符合黄金分割原理的绘画是艺术,反其道而行之的绘画也是艺术。

1.5.2 图形艺术与分形

图形处处可见,千变万化的图形可以分为两类:一类是仿真的,另一类是示意的。人们对示意图往往较难理解,示意图不仅与创作者的构思紧密相关,而且与读者的逻辑推理能力紧密相关。当人们欣赏抽象派的美术作品时,如果不了解作者的意图,是很难理解抽象画的杰作的。

在数学中,人们可以根据函数的单调性、极值以及函数图像的凸凹性描绘函数的图形。然而,艺术家凭借自身的艺术功底可以画出各种图案。在中国高等科学技术中心举办的国际科学学术研讨会上,著名画家吴冠中作了一幅具有现代风格的招贴画《流光》,如图 1-21

所示。他以"点线面""黑白灰""红黄绿"这些最简单的元素营造了极复杂的绘画,体现了既"分形"又"混沌"、既"聚合"又"散列"的神韵,使人同时受到科学理性美和艺术感性美的双重感染。

著名画家吴作人的主题画《无尽无极》则以"现代太极图"展现了阴阳二重性,如图1-22所示,这幅作品寓意世界是动态的,宇宙的全部动力、所有物质和能量都产生于静态的阴阳二极的对峙。这幅"现代太极图"已成为北京正负电子对撞机的标志,这种正电荷与负电荷的对偶结构,中国称之为"阴"和"阳",中国古代的太极符号恰当地表现出阴和阳的关系。

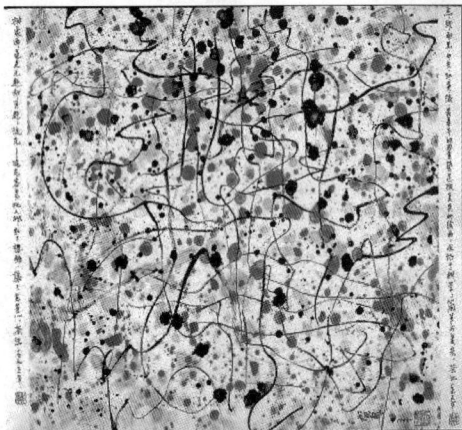

图1-21　吴冠中的《流光》

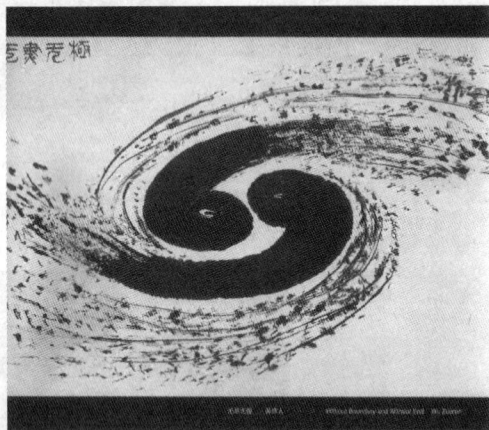

图1-22　吴作人的《无尽无极》

而在视幻觉领域,人们看到的并不意味着它是真实存在的,重要的是要凭借实际测量确定,而不是基于感觉的结论。人们对这种视幻觉的产生解释为设置在平行线段上不同方向锐角构成差异,或者它是由视网膜的曲率造成的。值得指出的是,公元前5世纪的古希腊建筑师们就发现,一个完全笔直的建筑结构在人们眼睛看来未必显得是笔直的,这种歪斜是由于视网膜曲率造成的。当一条直线落在特殊角度的范围内时,人们用眼睛看它就会是弯曲的。古代建筑师对这种弯曲进行补偿,巴特农神殿成排的圆形柱子实际上是向外弯曲的,神殿的矩形底座的边也是这样做的,如图1-23所示,从而使得巴特农神殿美不胜收。

图1-23　巴特农神殿

分形是以无限多的形状呈现出来的美妙物体。分形是一种对象，即将其细微部分放大后，其结构看起来仍与原来一样。分形分为两种：一种是几何分形，另一种是随机分形。当今计算机已经能够把这些分形描绘出来，显示出它们的形状、艺术图案及背后的微分、积分运算原理。

在一定的艺术和数学范畴内，人们发现，数学能使艺术产生灵感，同样，艺术也能使数学产生灵感。M. C. Escher 运用拓扑变形思想创作了变形镶嵌。将二维推广到三维，三维空间也能被立体图形镶嵌，空间的镶嵌艺术常用于建筑的内部装饰、商品包装和艺术设计等方面。

1.5.3　算法设计

算法在我国古代文献中称为"术"或者"算术"，最早出现在《周髀算经》及《九章算术》中。算法是对特定问题求解步骤的一种描述，由有限个操作组成。从算法视角也可以看出算法设计中的艺术效应。下面以算法设计中最典型的递归算法为例为读者作介绍。

美国电影《盗梦空间》中所讲述的从现实进入第一层梦境，从第一层梦境进入第二层梦境，直到进入第四层梦境；再从第四层梦境返回第三层梦境，从第三层梦境返回第二层梦境，故事其实就是一个递归的算法过程。递归是直接或者间接调用自身的算法，也是用自己的简单情况来定义自己。

德罗斯特效应是递归的一种视觉形式，一张图片的某个部分与整张图片相同，如此产生无限循环，图 1-24 即为德罗斯特效应的一个例子。如果想体会德罗斯特效应，可以走在相互平行摆放的两面镜子中间，在镜子里会看到相同的、无限循环的场景。德罗斯特效应图片是人们通过名为 Mathmap 的数学软件制作出来的。

现实世界的任何事物，若要进入计算系统世界进行计算，首先需要将其语义符号化。所谓语义符号化，是指将现实世界的语义用符号表达，进而进行基于符号的计算的一种思维。

语义符号化过程是一个理解与抽象的过程，通过对现实世界现象的深入理解，抽象出普适的概念，进而将概念符号化，进行各种排列和计算，再将符号

图 1-24　德罗斯特效应

赋予不同语义，从而可以处理不同问题。我国上古时期的伏羲八卦可以说是语义符号化的典型案例，如图 1-25 所示。伏羲八卦后来演化成《周易》，是一部占卜和历史相混杂的著作。八卦受到重视，在于其计数方式，它通过阴（两短线）和阳（一长线）来表示 0 和 1。当把语义符号化后，便可考虑符号的位置和组合关系，也能够进行演算或计算。六画阴阳的一个组合便可形成一卦，可表示一种语义，总计可形成 64 种组合，表示 64 种语义，即六十四卦。

从计算学科角度讲，八卦其实是一种人工编码系统，是由符号集合及符号变换规则集合构成的系统，是目前所知上古文明中层次最复杂、结构最严密的符号语义系统，它体现出逻辑思维的最基本表现形式：命题与推理。

八卦符号	卦名	意义	二进制数	十进制数
	坤	地	000	0
	震	雷	001	1
	坎	水	010	2
	兑	泽	011	3
	艮	山	100	4
	离	火	101	5
	巽	风	110	6
	乾	天	111	7

图 1-25　周易八卦与二进制

对于每个想要在自己领域有一定成就的人来说,计算思维必不可少。一支笔、一张纸的时代已经结束,现在的研究不再仅仅是通过现象或需求研究其本质。通过抽象,可以建立模型;通过自动化,可以模拟随机性。科学研究已经不再是简单地对规律进行概括,在限定范围内进行推演;艺术也不再是一味地临摹和师从,更可以创造,可以"无中生有",可以凭借计算机的可大量重复的高效优势预测所有可能结果。

习　题

一、单选题

1. 以下( )不是普遍的思维形式。

 A. 形象思维　　　　B. 灵感思维　　　　C. 直观思维　　　　D. 抽象思维

2. 计算思维的本质是( )。

 A. 收集与分析　　　B. 抽象和自动化　　C. 比较与分析　　　D. 联想与对比

3. ( )是在认识上把事物从规定、属性和关系从原来有机联系的整体中孤立地抽取出来的过程。

 A. 分析　　　　　　B. 归纳　　　　　　C. 抽象　　　　　　D. 联想

4. 有关计算思维,下列说法错误的是( )。

 A. 是一个概念,不是编程　　　　　　B. 是人的思维,像计算机科学家的思维

 C. 是计算机思维,像计算机那样编程　　D. 是数学与其他学科的交叉和融合

5. 以下( )不是艺术思维方式的具体表现。

 A. 对形象的直觉　　　　　　　　　　B. 对形象情感的想象

 C. 对形象的抽象　　　　　　　　　　D. 对形象灵感的顿悟

二、填空题

1. _____是对客观事物本质和规律的一种抽象和高级认知。

2. _____是科学认识从感性认识阶段上升到理性阶级的飞跃的决定性环节。

3. 科学思维具有_____和_____两种基本类型。

4. 理论思维、实验思维和计算思维分别对应理论科学、_____和_____。

5. 计算机科学分为_____科学和_____科学两个部分,是研究计算机以及它们能干什么的一门学科。

三、简答题

1. 什么是思维？它有哪两个重要特征？

2. 理论思维、实验思维和计算思维有什么区别？

3. 计算思维的本质是什么？它有哪些应用领域？

4. 请根据自己所学，简要分析艺术思维和计算思维的区别和联系。

5. 黄金分割与黄金数在中外艺术史诸多名作中都有显现，请对自己所接触的艺术作品进行深入分析。这一法则还在哪些艺术作品中有所体现？

第 2 章　计算机基础知识

计算思维的本质是抽象和自动化,抽象层次是计算思维中一个重要概念,人们可以根据不同抽象层次选择忽视某些细节,把注意力集中在感兴趣的问题求解上。计算机软件和硬件系统在不同抽象层次上提供了问题求解的计算环境。本章主要介绍计算机的基础知识,包括计算机的发展与应用领域、计算机系统的组成、计算机内部的数制与信息编码等,最后介绍常见的计算机硬件设施。

2.1　计算机发展与应用

在计算机领域的发展过程中有两位十分著名的科学家,他们分别是英国科学家阿兰·图灵(图 2-1)和美籍匈牙利科学家冯·诺依曼(图 2-2)。早在 1936 年,图灵就在《论可计算数及其在判定问题中的应用》中建立了图灵机(Turing machine)的理论模型,发展了可计算性理论,并提出了定义机器智能的图灵测试。这些对于计算机发展具有重大意义。而冯·诺依曼的主要贡献则在于确立了现代计算机的基本机构,即冯·诺依曼式计算机体系结构,该体系结构一直沿用至今。

图 2-1　阿兰·图灵　　　　　　　　图 2-2　冯·诺依曼

所谓图灵机就是指一个抽象的机器,它有一条无限长的纸带,纸带分成了一个一个的小方格,每个方格有不同的颜色。有一个机器头在纸带上移来移去。机器头有一组内部状态,还有一些固定的程序。在每个时刻,机器头都要从当前纸带上读入一个方格信息,然后结合自己的内部状态查找程序表,根据程序输出信息到纸带方格上,并转换自己的内部状态,然后进行移动。其示意图如图 2-3 所示。

在图灵机中,数据用一串 0 和 1 表示,写在一条纸带上,作为输入放入机器,例如

000101101001。机器可以对输入的纸带执行一些基本操作,如"转换0为1""转换1为0""前移一位""停止"等。机器通过指令对基本操作进行控制,这里指令也可以用0和1来表示。如01表示"转换0为1",10表示"转换1为0",11表示"前移一位",00表示"停止"。机器可完成程序读取,按程序中的指令顺序逐条读取并执行指令,从而实现自动计算。

图灵机的构造思想及其运行原理简洁明了,通过图灵机的工作原理,不难理解如何实现一个复杂系统。系统可被认为是由一些基本操作(基本操作是容易实现的)和基本操作的各种组合所构成的(多变的、复杂的操作可

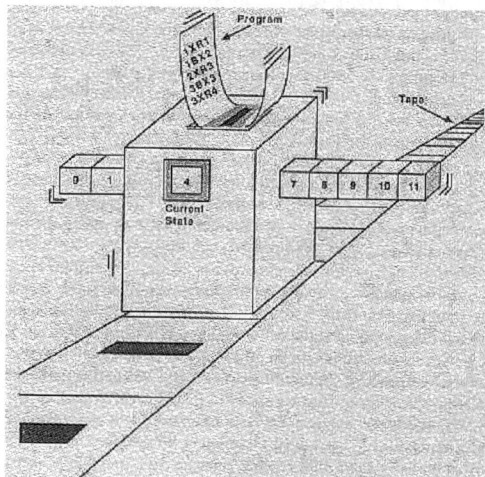

图 2-3　图灵机示意图

以通过基本操作的各种组合实现)。所以实现一个复杂系统就可转变为实现这些基本操作以及实现一个控制基本操作组合与执行次序的机构。对基本操作的控制就是指令,各种指令组合的序列就是程序。系统可按照程序控制基本操作执行的方式,实现复杂的功能。图灵又将程序看作一种把输入数据转换为输出数据的变换函数,这种变换函数可以由一步步的基本操作实现。这里数据、指令、程序都可以用0和1表示,因此图灵机能完成复杂的计算。

为纪念这位计算机科学的先驱,美国计算机协会(ACM)于1966年设立图灵奖。在一年一度的ACM年会上都要为计算机科学与技术领域作出杰出贡献的科学家颁发该奖项。由于图灵奖对获奖条件要求极高,评奖程序极严,一般每年只奖励一名计算机科学家,只有极少数年度有两名合作者或在同一方向作出贡献的多位科学家共享此奖,因此,它是计算机界最负盛名、最崇高的一个奖项,有"计算机界的诺贝尔奖"之称。2000年度的图灵奖颁发给了美国普林斯顿大学的华裔科学家姚期智,他是获得图灵奖的唯一一位华裔学者,目前执教于清华大学。

1945年,美籍匈牙利科学家冯·诺依曼(Von Neumann)与莫尔科研小组合作,提出了一种存储程序的通用电子数字计算机方案EDVAC(Electronic Discrete Variable Automatic Computer),即电子离散变量自动计算机。冯·诺依曼以《关于EDVAC的报告草案》为题,起草了长达101页的总结报告。该报告广泛而具体地介绍了制造电子计算机和程序设计的新思想。这份报告是计算机发展史上一个划时代的文献,它向世界宣告:电子计算机的时代开始了。

冯·诺依曼在《关于EDVAC的报告草案》中指出了数字计算机应采用的体系结构。即冯·诺依曼计算机体系结构。该计算机体系结构主要有以下三个方面的特征:

(1)计算机处理的数据和指令一律使用二进制数表示。

(2)顺序执行程序。在计算机运行过程中,把要执行的程序和处理的数据首先存入主存储器(内存),计算机执行程序时,将自动地按顺序从主存储器中取出指令一条一条地执行。

（3）计算机硬件由运算器、控制器、存储器、输入设备和输出设备五大部分组成。

其中，计算机数据和指令采用二进制表示和存储程序的概念是冯·诺依曼式计算机的两大基本特征。几十年来，计算机制造技术发生了巨大变化，但冯·诺依曼体系结构仍然沿用至今，人们把冯·诺依曼称为"计算机之父"。

2.1.1 计算机的发展与分类

1. 计算的发展历程

自古以来，人类就在不断地发明和改进计算工具，从古老的"结绳记事"，到算盘、计算尺、差分机，直到1946年第一台电子计算机诞生，计算工具经历了从简单到复杂、从低级到高级、从手动到自动的发展过程，而且还在不断发展。回顾计算工具的发展历史，从中可以得到许多有益的启示。

1）手动式计算工具

人类最初用手指进行计算。人有两只手，十个手指，所以，自然而然地习惯用手指记数并采用十进制记数法。用手指进行计算虽然很方便，但计算范围有限，计算结果也无法存储，于是人们用绳子、石子等作为工具来扩展手指的计算能力，如中国古书中记载"上古结绳而治"，拉丁文中 Calculus 的本意是用于计算的小石子。我国春秋时期出现了世界上最古老的计算工具——算筹。到了公元15世纪，算盘已经在我国广泛使用，后来流传到日本、朝鲜等国。除中国外，其他国家亦有各式各样的计算工具，例如罗马人的算盘、古希腊人的算板、印度人的沙盘以及英国人的刻齿木片等。这些计算工具的原理基本上是相同的，同样是通过某种具体的物体来代表数，并利用对物体的手动操作来进行运算。

2）机械式计算工具

17世纪，欧洲出现了利用齿轮技术的计算工具。1642年，法国数学家帕斯卡（Blaise Pascal）发明了帕斯卡加法器（图2-4），这是人类历史上第一台机械式计算工具，其原理对后来的计算工具产生了持久的影响。帕斯卡加法器是由齿轮组成，以发条为动力，通过转动齿轮来实现加减运算，用连杆实现进位的计算装置。帕斯卡从加法器的成功中得出结论：人的某些思维过程与机械过程没有差别，因此可以设想用机械来模拟人的思维活动。

1673年，德国数学家莱布尼茨（G. W. Leibnitz）研制了一台能进行四则运算的机械式计算器，称为莱布尼兹四则运算器，如图2-5所示。这台机器在进行乘法运算时采用进位-加的方法，后来演化为二进制，被现代计算机采用。

图 2-4　帕斯卡加法器　　　　　图 2-5　莱布尼兹四则运算器

1822 年，英国数学家查尔斯·巴贝奇（Charles Babbage）开始研制差分机，专门用于航海和天文计算，在英国政府的支持下，差分机历时 10 年研制成功，这是最早采用寄存器来存储数据的计算工具，体现了早期程序设计思想的萌芽，使计算工具从手动机械跃入自动机械的新时代（图 2-6）。

3）机电式计算机

1886 年，美国统计学家赫尔曼·霍勒瑞斯（Herman Hollerith）借鉴了雅各织布机的穿孔卡片原理，用穿孔卡片存储数据，采用机电技术取代了纯机械装置，制造了第一台可以自动进行加减四则运算、累计存档、制作报表的制表机，这台制表机参与了美国 1890 年的人口普查工作，使预计需要 10 年的统计工作仅用 1 年零 7 个月就完成了，是人类历史上第一次利用计算机进行大规模的数据处理。霍勒瑞斯于 1896 年创建了制表机公司（TMC），这就是赫赫有名的 IBM 公司的前身。此后德国工程师朱斯（K. Zuse）和美国哈佛大学应用数学教授霍华德·艾肯（Howard Aiken）相继研制出以继电器作为开关元件的机电式计算机。

4）电子计算机

1939 年，美国数学物理学教授约翰·阿塔纳索夫（John Atanasoff）和他的研究生贝利（Clifford Berry）一起研制了一台称为 ABC（Atanasoff Berry Computer）的电子计算机（图 2-7）。在阿塔纳索夫的设计方案中，第一次提出采用电子技术来提高计算机的运算速度。

1945 年 6 月，冯·诺依曼教授发表了 EDVAC 方案，确立了现代计算机的基本体系结构（图 2-8）。

图 2-6　差分机

图 2-7　ABC Atanasoff Berry 计算机

图 2-8　EDVAC

第二次世界大战中，美国宾夕法尼亚大学物理学教授约翰·莫克利（John Mauchly）和他的研究生普雷斯帕·埃克特（Presper Eckert）受军械部的委托，为计算弹道和射击表启动了研制 ENIAC（Electronic Numerical Integrator and Computer，电子数值积分器和计算机）

的计划,1946 年 2 月 15 日,这台标志人类计算工具历史性变革的巨型机器宣告竣工。ENIAC 的最大特点就是采用电子器件代替机械齿轮或电动机械来执行算术运算、逻辑运算和存储信息。ENIAC 是世界上第一台能真正运转的大型电子计算机,ENIAC 的出现标志着电子计算机时代的到来。

2. 电子计算机的元件发展历程

由图灵的图灵机设想和冯·诺依曼的计算机体系结构容易发现,他们在自动化计算的研究探索中都不约而同地引入了二进制数。这是因为人们熟悉的十进制数有 10 个不同的字符,需要有能够进行 10 种不同状态变化的元器件才能表示各个字符。而存储二进制数则只需要一种可以进行两种状态变化的元器件,并且二进制运算规则与逻辑运算一致且相对简单,所以电子自动化计算的发展由能表示二进制的元器件开始并沿用至今。

1883 年,爱迪生在发明灯泡的过程中发现了一个奇特的现象:如果在真空电灯泡内部碳丝附近安装一段铜丝,碳丝和铜丝之间就会产生微弱的电流。1895 年,英国电气工程师弗莱明对上述"爱迪生效应"展开了深入研究,最终发明了人类第一只电子管。即真空二极管,它是一种使电流单向流动的元器件。1907 年,美国人德弗雷斯(无线电之父)通过在二极管的灯丝和板极之间增加一块栅板使得电子流动的方向可控,发明了真空三极管,这使得电子管进入到普及和应用阶段。由于电子管这一元器件可进行二进制数的存储和控制,在随后的电子计算机研究中,人们开始使用电子管研制自动计算工具。其中最著名的成果就是 1946 年美国宾夕法尼亚大学研制的埃尼阿克(ENIAC),它被公认为世界第一台电子计算机(图 2-9)。

图 2-9 世界第一台电子计算机 ENIAC

ENIAC 是一个庞然大物,长 30.48m,宽 6m,高 2.4m,占地面积约 170m²,30 个操作台,重达 27t,耗电量 150kW,造价 48 万美元。它包含了 17 468 个真空管、7200 个晶体二极管、70 000 个电阻器、10 000 个电容器、1500 个继电器、6000 多个开关。同以往的计算机相比,ENIAC 最突出的优点就是高速度,它每秒执行 5000 次加法或 400 次乘法,是继电器计算机的 1000 倍,手工计算的 20 万倍。它的成功为二进制和电子元器件作为计算机核心技术奠定了坚实的基础。值得注意的是,ENIAC 占地面积大且耗电量大,这是由于电子管体积庞大、功耗大、可靠性低等缺点造成的。为了克服这些问题,人类努力寻找性能更好的电子元器件以替代电子管。

1947年,美国贝尔实验室的肖克莱、巴丁和布拉顿发明了点接触晶体管,此后肖克莱进一步发明了可量产的结型晶体管,他们于1956年因发明晶体管共同获得诺贝尔物理学奖。1954年,美国德州仪器公司的迪尔发明了以硅作为材料制造晶体管的方法,此后制造晶体管的成本逐年下降。到了20世纪50年代末,这种廉价的元器件被广泛使用,计算机进入了以晶体管为主要元器件的发展阶段。虽然晶体管较电子管有了许多改进,但是同样需要通过电路将各个元件连接起来。电路设计人员能够用电线连接起来的电子元器件的数量是有限的,当元器件数量过大时,连接很难实现。而当时一台计算机可能需要25 000个晶体管、10万个二极管以及大量的电阻和电容,这给设计人员带来了极大的挑战,而且复杂的电路结构也会大大降低系统的可靠性。

1958年,美国费尔柴尔德(仙童)半导体公司的诺伊斯和德州仪器公司的基尔提出了集成电路的构想:在一层保护性的氧化硅薄片下面,用同一种材料(硅)制造晶体管、二极管、电阻、电容,再采用氧化硅绝缘层的平面渗透技术以及将细小的金属线直接蚀刻在这些薄片表面上的方法把这些元件相互连接起来,这样就可以将几千个元件紧密地排列在一块小薄片上,封装成集成电路,以实现一些复杂功能。集成电路成为功能更为强大的元件,通过连接不同的集成电路可以制造体积更小、功耗更低的计算机。至此计算机进入了微电子时代。

随后的数十年,通过人们不懈努力,集成电路的制造工艺有了巨大突破,从光刻技术、微刻技术发展到如今的纳米刻技术。这些技术使得集成电路的规模越来越大,形成了超大规模集成电路。此后,集成电路的规模基本按照英特尔公司创始人之一的戈登·摩尔提出的摩尔定律预测的那样发展,即当价格不变时,集成电路上可容纳的元器件的数目约每18～24个月便会增加一倍,性能也将提升一倍。

纵观电子计算机的发展,每一次重大的进步无不与电子技术的重大发明有关。根据电子计算机所采用的电子元器件不同,经典电子计算机的发展可分为电子管、晶体管、集成电路和超大规模集成电路四个阶段,各阶段的特点如表2-1所示。

表2-1　电子计算机四个发展阶段比较

时　间	电子元器件	主存储器	辅存储器	运算速度(次每秒)	应用领域
第一阶段(1946—1956年)	电子管	磁芯、磁鼓	磁带、磁鼓	5000至4万	军事研究和科学计算
第二阶段(1957—1964年)	晶体管	磁芯、磁鼓	磁带、磁鼓、磁盘	几十万至一百万	科学计算、事务处理和工业控制
第三阶段(1965—1970年)	中、小规模集成电路	磁芯、磁鼓、半导体存储器	磁带、磁鼓、磁盘	一百万至几百万	文字处理和图形图像处理
第四阶段(1970年至今)	大规模、超大规模集成电路	半导体存储器	磁盘、U盘、光盘、磁带	几百万至数亿亿	社会生活各个领域

3. 未来新型计算机发展方向

到了2005年,当主频接近4GHz时,英特尔公司和AMD公司发现,随着功率增大,散热问题越来越成为一个无法逾越的障碍。据测算,主频每增加1GHz,功耗将上升25W,而在芯片功耗超过150W后,现有的风冷散热系统将无法满足散热的需要。能耗导致计算机中的芯片发热,极大地影响了芯片的集成度,从而限制了计算机的运行速度。就连戈登·摩尔本人似乎也依稀看到了"主频为王"这条路的尽头——2005年4月,他曾公开表示,引领半导体市场接近40年的摩尔定律在未来10年至20年内可能失效。近几年来,超大规模集成电路在制造工艺上的发展已经放缓,发展的潜力似乎已接近尾声。科学家认为,由于硅材料分子结构的限制,传统的电子技术在未来几年后的某个时候将会达到物理极限。因此,此后工程师将更多的研究投入到多线程、多核心等处理技术,他们研制出双核、四核、八核等多核心的芯片。一方面,一个程序如果采用了线程级并行编程,那么这个程序在运行时可以把并行的线程同时交付给多个核心分别处理,因而程序运行速度得到极大提高。另一方面,当在多核处理器上同时运行多个单线程程序的时候,操作系统会把多个程序的指令分别发送给多个核心,从而使得同时完成多个程序的速度大大加快。但是,要想让多核完全发挥效力,需要硬件业和软件业更多革命性的更新。其中,可编程性是多核处理器面临的最大问题。一旦核心超过8个,就需要执行程序能够并行处理。尽管在并行计算上,人类已经探索了超过40年,但编写、调试、优化并行处理程序的能力还非常弱。而且当CPU的核心超过100个时,程序就很难编写。然而人类对于计算的追求和探索是永不停歇的,科学家和工程师正在研究新型的计算机体系结构,同时也在寻求新的替代技术,包括超导计算机、量子计算机、光计算机、神经网络计算机、生物计算机等。

超导计算机是利用某些材料冷却到接近$-273.15℃$时会失去电阻的超导技术生产的计算机。超导计算机运算速度是现在的电子计算机的100倍,而电能消耗仅是现在的计算机的千分之一。但是,现在超导计算机的电路一定要在低温下工作。若将来发明了常温超导材料,计算机的整个世界将改变。

量子计算机是一类遵循量子力学规律进行高速数学和逻辑运算、存储及处理量子信息的物理实现方案。当某个装置处理和计算的是量子信息,运行的是量子算法时,它就是量子计算机。量子计算机的概念源于对可逆计算机的研究。研究可逆计算机的目的是为了解决计算机中的能耗问题。

光计算机利用光束表示、存储数据以及进行数据计算,它以不同波长的光代表不同的数据,用大量的透镜、棱镜和反射镜将数据从一个芯片传送到另一个芯片。与经典电子计算机采用电信号不同,光计算机采用光内连技术,用光代替电子或电流,在运算部分与存储部分之间进行光连接,运算部分可直接对存储部分进行并行存取。它突破了传统的用总线将运算器、存储器、输入和输出设备相连接的体系结构,运算速度极高,耗电极低。光计算机目前尚处于研制阶段。

神经网络计算机是以人类神经系统的工作原理为基础建立的计算机系统。它具有模仿人的大脑判断能力和适应能力、可并行处理多种数据的功能,可以判断对象的性质与状态,并能采取相应的行动,而且可同时并行处理实时变化的大量数据,并引出结论。神经网络计算机除有许多处理器外,还有类似神经的节点,每个节点与许多点相连。若把每一步运算分配给每台微处理器,它们同时运算,其信息处理速度和智能会大大提高。神经网络计算机的信息不是存在存储器中,而是存储在神经元之间的联络网中。若有节点断裂,计算机仍有重建资料的能力,它还具有联想记忆、视觉和声音识别能力。

生物计算机的主要原材料是生物工程技术产生的蛋白质分子,并以此作为生物芯片来替代半导体硅片,利用有机化合物存储数据。信息以波的形式传播,当波沿着蛋白质分子链传播时,会引起蛋白质分子链中单键、双键结构的顺序发生变化。其运算速度是目前最新一代计算机的10万倍,且具有很强的抗电磁干扰能力,能彻底消除电路间的干扰。能量消耗仅相当于普通计算机的十亿分之一,并具有巨大的存储能力。生物计算机具有生物体的一些特点,如能发挥生物本身的调节机能,自动修复芯片上发生的故障,还能模仿人脑的机制等。

展望未来,计算机将是半导体技术、超导技术、光学技术、仿生技术相互结合的产物。从发展上看,计算机将向着巨型化和微型化发展;从应用上看,计算机将向着系统化、网络化、智能化方向发展。

4. 计算机的分类

计算机根据不同的侧重点可以有多种分类标准。通常以计算机的用途和性能作为其分类标准。

按用途可将计算机分为专用计算机和通用计算机。专用计算机配备了解决特定问题的软件和硬件,如医疗检测、生成过程控制、航天航空设备的控制等。专用计算机一般只适用于某一特殊领域的任务,功能较为单一。通用计算机的通用性、扩张性、兼容性较强,通过安装具体应用软件以及硬件设备可以实现各种不同的功能,其应用范围更广。但是其执行效率和运行速度较专用计算机低。对于普通用户而言,一般所说的计算机就是通用计算机。

按照计算机的性能,依据美国电气和电子工程师协会(IEEE)在 1989 年提出的标准可将计算机分为巨型机、大型机、中型机、小型机、微型机和工作站。然而,计算机技术发展迅速,各类计算机性能指标都在不断地改进和提高,以至于如今的一台普通微型计算机的运算速度、字长、存储容量等综合性能指标很可能早已超越多年前的一台大型机。因此,传统的根据精确的性能指标将计算机分为巨型机、大型机、中型机、小型机、微型机和工作站的分类标准有一定的时间局限性。这里可以根据计算机的综合性能指标,并结合计算机应用领域的分布,将其分为如下 5 大类。

1)高性能计算机

高性能计算机也就是俗称的超级计算机,或者以前说的巨型机。这类计算机只有少数国家能够研发生产。目前国际上对高性能计算机最为权威的评测是世界计算机排名(即TOP500),通过测评的计算机是目前世界上运算速度和处理能力均堪称一流的计算机。我国已成为继美国、日本之后第 3 个在高性能计算机研究领域进入世界前十位的国家。2009年,我国研制的第一台千万亿次超级计算机"天河一号"落户湖南长沙。2010 年 11 月 14日,"天河一号"创世界纪录协会最快的计算机世界纪录。同年,在国际 TOP500 组织公布的最新全球超级计算机 500 强排行榜中"天河一号"位列世界第一。在德国举行的 2015 年国际超级计算机大会上发布了全球超级计算机 500 强最新榜单,中国"天河二号"(图 2-10)以每秒 33.86 千万亿次的浮点运算速度第五次蝉联冠军。

图 2-10　天河二号

计算机基础知识

2) 微型计算机

大规模集成电路及超大规模集成电路的发展是微型计算机得以产生的前提。通过集成电路技术将计算机的核心部件——运算器和控制器集成在一块大规模或超大规模集成电路芯片上,统称为中央处理器(CPU,Central Processing Unit)。中央处理器是微型计算机的核心部件,是微型计算机的心脏。目前微型计算机已广泛应用于办公、学习、娱乐等社会生活的方方面面,是发展最快、应用最为普及的计算机。微型计算机也就是通常所说的个人电脑,我们日常使用的台式计算机、笔记本计算机、掌上型计算机等都是微型计算机。

3) 工作站

工作站是一种高档的微型计算机,通常配有高分辨率的大屏幕显示器及容量很大的内存储器和外部存储器,主要面向专业应用领域,具备强大的数据运算与图形、图像处理能力。工作站主要是为满足工程设计、动画制作、科学研究、软件开发、金融管理、信息服务、模拟仿真等专业领域而设计开发的高性能微型计算机。需要指出的是,这里所说的工作站不同于计算机网络系统中的工作站概念,计算机网络系统中的工作站仅是网络中的任何一台普通微型机或终端,只是网络中的任一用户节点。

4) 服务器

服务器是指在网络环境下为网上多个用户提供共享信息资源和各种服务的一种高性能计算机,在服务器上需要安装网络操作系统、网络协议和各种网络服务软件。服务器主要为网络用户提供文件、数据库、应用及通信方面的服务。

5) 嵌入式计算机

嵌入式计算机是指嵌入到对象体系中,实现对象体系智能化控制的专用计算机系统。嵌入式计算机系统是以应用为中心,以计算机技术为基础,并且软硬件可裁剪,适用于应用系统对功能、可靠性、成本、体积、功耗有严格要求的专用计算机系统。它一般由嵌入式微处理器、外围硬件设备、嵌入式操作系统以及用户的应用程序 4 个部分组成,用于实现对其他设备的控制、监视或管理等功能。例如,日常生活中使用的电冰箱、全自动洗衣机、空调、电饭煲、数码产品等都采用嵌入式计算机技术。

2.1.2 计算机的主要用途

如今,我们已经进入了以微电子技术、通信技术、计算机技术、网络技术和多媒体技术为主要特征的信息社会。这些技术的发展正在改变人们分析问题的思维方式和解决问题的方法。在当今社会中,各学科交叉融合日益密切,基于计算机科学的学科交叉应用尤为突出,计算机的用途早已不再仅仅是为人们提供数值计算。计算机的应用早已渗透到社会的各行各业,正在使人们的学习、工作及生活发生巨大改变,促进社会的发展。

1. 科学计算

科学计算即数值计算,是指应用计算机处理科学研究和工程技术中所遇到的数学计算问题。在现代科学和工程技术中,经常会遇到大量复杂的数学计算问题,这些计算问题在尖端科学领域尤为突出。由于计算量大、数据量多、计算时间长等特点,这些问题用一般的计算工具来解决非常困难,而用计算机来处理却非常容易。由于计算机具有高运算速度和精度以及逻辑判断能力,因此出现了计算力学、计算物理、计算化学、生物控制论等新的学科。

2. 信息处理

据统计有超过 80% 的计算机应用都与信息处理有关，这方面的工作量大且涉及的面广，尤其是科研、工程和商业等领域。信息处理主要是指对任何形式的数据资料加工、管理与操作，其中主要包括信息的采集、分类、排序、整理、合并、存储、计算等操作。如图书馆的图书借阅信息管理、购物网站的商品及交易信息管理、学校的学生及成绩信息管理都是信息处理的典型应用。

信息处理从简单到复杂经历了 3 个阶段。

(1) 以文件系统为基础的电子数据处理，主要实现某一单项管理，如超市的商品信息管理。

(2) 以数据库为基础的管理信息系统，主要实现某一部门的全面管理，如超市的销售、进货、库存等多个环节的信息管理。

(3) 以数据库、模型库为基础的决策支持系统，可以为决策者的决策提供数据支持，提高运营策略的正确性。例如分析超市某种商品不同时期的销售数据，可以对其进货量进行动态调节，确保该商品的供销平衡。

随着数字音频、数码图像以及视频等非结构化数据的出现，计算机处理的信息已不仅仅是原有的结构化数据，现在计算机的信息处理应用更为广泛，计算机图形图像处理、视频非线性编辑、视频后期特效制作都属于信息处理的范畴。

3. 过程控制

计算机对于生产过程的控制被广泛应用于各行各业，在工业生产领域尤为突出。例如，在工业生产中通常将温度、压力、流量、液位和成分等工艺参数作为被控变量。现代工业设备中多数都嵌入了计算机控制模块，利用设备的感应装置实时采集自动控制所需的参数数据，按最优值及时对设备的被控变量进行精确、有效的自动调节，相比传统的人工控制，能有效地缩短反应时间，并提高控制精度，如陶艺电窑炉的炉温控制。从广义上讲，无人机的飞行、跟踪导弹轨迹控制和人造卫星的发射都与计算机的过程控制息息相关。另外，计算机的过程控制还可以为所控制的过程提供故障监控、报警和诊断等功能。

4. 计算机辅助

计算机虽然有强大的计算功能和过程控制能力，但是与人类相比，在进行某些工作时，尤其是需要创造能力的工作时，目前的计算机还是无法独立完成的。当然，这并不影响人们将计算机作为一种学习、生活和工作的辅助工具，以帮助人们完成人工很难或者需要花大量时间才能做到的事情。因此，计算机辅助技术被众多领域广泛应用。

在艺术设计领域，进行建筑设计、机械设计、汽车设计、船舶设计、服装设计、产品设计的时候，通常借助于计算机辅助设计(Computer Aided Design，CAD)。它是利用计算机的计算、逻辑判断、数据处理能力和绘图功能，与人类的经验和判断能力结合，共同完成产品设计工作。

在工业生产领域，有计算机辅助制造(Computer Aided Manufacturing，CAM)，它是指利用计算机辅助人类完成工业产品的整个制造任务，包括利用计算机将产品的设计信息自动转换为制造信息、生产工艺流程控制、生产设备管理和操作等方面。利用 CAM 技术可以有效提高产品质量，降低生产成本，缩短制造周期，提高生产效率。计算机辅助工程(Computer Aided Engineering，CAE)通常是指用计算机及其相关的软件工具对工程、设备及产品进行功能、性能与安全可靠性进行分析计算、校核和量化评价,对其在给定工况下的工作状态进行模拟仿真和运行行为预测,发现设计缺陷,改进和优化设计方案,并证实未来工程、设备及产品的功能和性能的可用性和可靠性。

在医疗领域,有计算机辅助诊断(Computer Aided Diagnosis,CAD)系统,它是指通过影像学、医学图像处理技术以及其他可能的生理、生化手段,结合计算机的分析计算,辅助影像科医师发现病灶,提高诊断的准确率。

在教育领域,有计算机辅助教学(Computer Aided Instruction,CAI),它是指将计算机技术、多媒体技术、数据库技术和计算机网络技术相结合的辅助教学手段。它具有良好的交互性,能激发学生学习兴趣,并为不同学生提供不同的教学内容,实现因材施教,可以改进教学效果。

5. 人工智能

人工智能(Artificial Intelligence,AI)是指计算机对人类的自然智能进行模拟、扩展及应用的智能活动,包括模拟人脑学习、推理、判断、理解、问题求解等过程。此外,让计算机具有人类的思维能力,辅助人类进行决策也属于人工智能的范畴。

人工智能最初是由著名的计算机科学先驱艾伦·图灵在1947年提出的"智能机器"发展而来,他开创性地提出"与人脑的活动方式极为相似的机器是可以制造出来的"。1950年图灵发表了一篇名为《计算机器与智能》的论文,论文中提出了一种测试,以尝试制定一个判断机器是否能模拟人类智能的标准,这种测试被称为图灵测试。该测试的具体内容是,如果计算机能在5分钟内回答由人类测试者提出的一系列问题,且其超过30%的回答让测试者误认为是人类所答,则计算机通过测试,即表示计算机具有智能。

人工智能应用是计算机应用的最高境界,它追求计算机与人类深层次的一致。然而,关于人工智能的研究和应用与客观直接的数值计算、数据处理、过程控制、计算机辅助不尽相同,这主要是由于人类思维本身就具有相当的复杂性,涉及多学科、多领域。但是,人工智能历经多年的发展也取得了许多实际应用成果,如机器学习、专家系统、智能搜索引擎、计算机视觉和图像处理、机器翻译和自然语言理解、数据挖掘和知识发现等。

图2-11　玉兔号月球车

图2-11至图2-13是有关人工智能应用的成果。

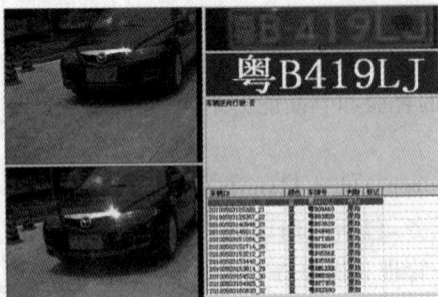

图2-12　车牌自动识别

图2-13　机器人舞蹈

6. 物联网

物联网(Internet of Things)是一个基于互联网、传统电信网等信息载体,让所有能够被独立寻址的普通物理对象实现互联互通的网络,简单说来就是"物物相连"的网络。它具有普通对象设备化、自治终端互联化和普适服务智能化3个重要特征。

物联网应用中包含三项关键性技术,分别是传感器技术、RFID标签和嵌入式系统技术。可以用一个形象的例子来描述传感器、嵌入式系统在物联网中的位置与作用。如果把人体比作物联网,传感器就相当于人的眼睛、鼻子、皮肤等感官,能感知外部信息,而网络就像人的神经系统,可以传递信息,嵌入式系统则是人的大脑,可对接收到的信息进行分析处理。

如今物联网的应用相当广泛,包括智能家居、智能交通、智能医疗、智能电网、智能物流、智能农业、智能安防、智慧城市、智能建筑、智能汽车、环境监测、智能消防、照明管控、食品溯源等多个领域。其中,智能家居已经成为各国物联网企业全力抢占的制高点。智能家居是将先进的计算机技术、物联网技术、通信技术与家庭生活的各种子系统有机地结合起来,通过统筹管理,实现网络远程控制、遥控器控制、触摸开关控制、自动报警和自动定时等功能,使得家居生活更舒适、方便、安全。智能家居系统如图2-14所示。

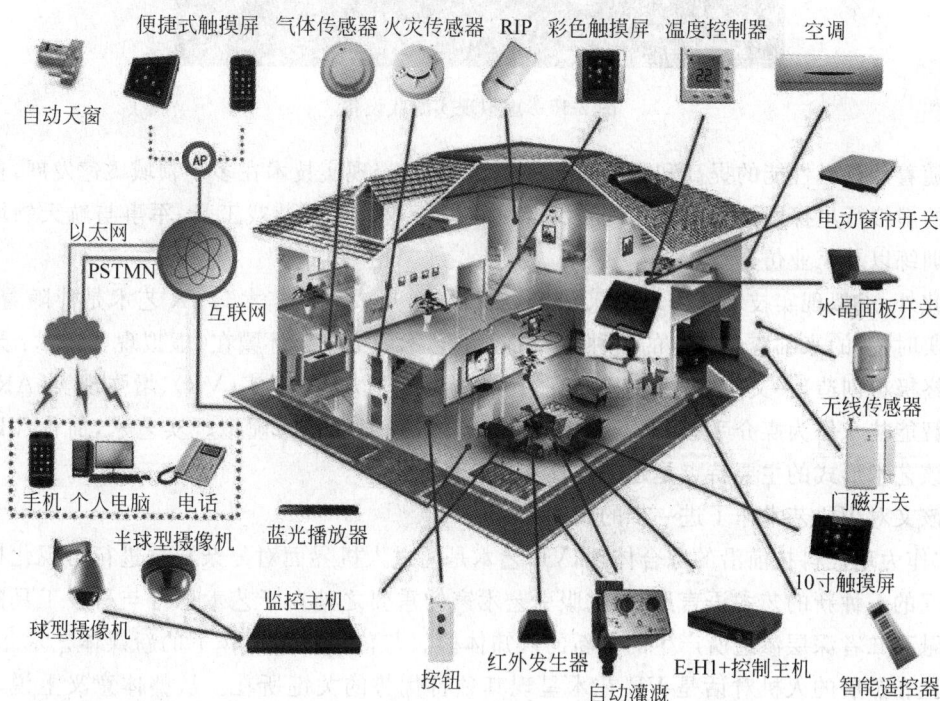

图2-14 智能家居系统示意图

7. 虚拟现实

虚拟现实(Virtual Reality,VR),也称为灵境技术,是近年来随着社会和科技发展出现的计算机应用技术。它是一种可以创建和体验虚拟世界的计算机仿真系统。它利用计算机生成一种模拟环境,是一种多源信息融合的交互式的三维动态视景和实体行为的系统仿真,使用户沉浸到该环境中。

计算机基础知识

虚拟现实技术主要包括模拟环境、感知、自然技能和传感设备等方面。模拟环境是由计算机生成的、实时动态的三维立体逼真图像。感知是指理想的 VR 应该具有一切人所具有的感知。除计算机图形技术所生成的视觉感知外，还有听觉、触觉、力觉、运动等感知，甚至还包括嗅觉和味觉等，也称为多感知。自然技能是指人的头部转动，眼睛、手势或其他人体行为动作，由计算机来处理与参与者的动作相适应的数据，并对用户的输入作出实时响应，分别反馈到用户的五官。传感设备是指三维交互设备，如图 2-15 所示。

图 2-15　虚拟现实游戏设备

随着计算机性能的提高和图形学研究的深入，虚拟现实技术在多个领域飞速发展，包括美国的虚拟行星探索计划、医学实验及训练、娱乐行业的视频游戏工具、军事与航天领域的模拟训练以及工业仿真等。

此外，虚拟现实技术还可以融入艺术表现之中，形成 VR 艺术。VR 艺术是伴随着"虚拟现实时代"的来临应运而生的一种新兴的独立艺术门类。李怀骧在《虚拟现实艺术：形而上的终极再创造》一文中，对 VR 艺术有如下的定义："以虚拟现实（VR）、增强现实（AR）等人工智能技术作为媒介手段加以运用的艺术形式，我们称之为虚拟现实艺术，简称 VR 艺术。该艺术形式的主要特点是超文本性和交互性。"

该文对 VR 艺术作了进一步的阐述：

"作为现代科技前沿的综合体现，VR 艺术是通过人机界面对复杂数据进行可视化操作与交互的一种新的艺术语言形式，它吸引艺术家的重要之处在于艺术思维与科技工具的密切交融和二者深层渗透所产生的全新的认知体验。与传统视窗操作下的新媒体艺术相比，交互性和扩展的人机对话是 VR 艺术呈现其独特优势的关键所在。从整体意义上说，VR 艺术是以新型人机对话为基础的交互性的艺术形式，其最大优势在于建构作品与参与者的对话，通过对话揭示意义生成的过程。

"艺术家通过对 VR、AR 等技术的应用，可以采用更为自然的人机交互手段控制作品的形式，塑造出更具沉浸感的艺术环境和现实情况下不能实现的梦想，并赋予创造的过程以新的含义。如具有 VR 性质的交互装置系统可以设置观众穿越多重感官的交互通道以及穿越装置的过程，艺术家可以借助软件和硬件的顺畅配合来促进参与者与作品之间的沟通与反馈，创造良好的参与性和可操控性；也可以通过视频界面进行动作捕捉，储存访问者的行为片段,以保持参与者的意识增强性为基础,同步放映增强效果和重新塑造、处理过的影像;通过增强现实、混合现实等形式,将数字世界和真实世界结合在一起,观众可以通过自身动作控制投影的文本,如数据手套可以提供力的反馈,可移动的场景、360°旋转的球体空间不仅增强了作品的沉浸感,而且可以使观众进入作品的内部,操纵它,观察它的过程,甚至赋予观众参与再创造的机会。"

8. 云计算

云计算这一概念是 Google 首席执行官埃里克·史密斯在 2006 年 8 月搜索引擎大会上首次提出的。在互联网高速发展的今天,用户所需的计算量和数据存储量日益增加。在这样的用户需求背景下,利用互联网高速的传输能力,将传统的由 PC 或服务器实现数据存储与处理转变为由互联网上的计算机集群来完成已是大势所趋。云计算就是这类方式的典型应用之一。

所谓云是对网络及互联网的一种比喻。过去在网络结构示意图中通常使用云来表示电信网络,随后也用来表示互联网和底层基础设施的抽象,如图 2-16 所示。云计算是从早期的网络计算、分布式计算、各个集群、网格计算等发展而来的。它是一种通过互联网提供动态可伸缩的虚拟化资源服务的计算模式,并按用户对资源的使用量计费。

图 2-16　云计算示意图

云计算平台连接了大量并发的网络计算和服务,利用虚拟化技术对每台服务器的性能进行扩展,将服务器资源整合,最终可以提供超强的计算和存储能力。因此,云计算甚至可以让用户体验每秒 10 万亿次的运算能力,这么强大的计算能力可以用来模拟核爆炸,预测气候变化和市场发展趋势。用户通过 PC、笔记本电脑、手机等方式接入云计算服务提供商的数据中心,按自己的需求进行运算。

云计算具有以下特点:

(1) 超大规模。云具有相当的规模,Google 云计算已经拥有 100 多万台服务器,Amazon、IBM、微软、Yahoo 等的云均拥有几十万台服务器。企业私有云一般拥有成百上千台服务器。云能赋予用户前所未有的计算能力。

(2) 虚拟化。云计算支持用户在任意位置、使用各种终端获取应用服务。所请求的资源来自云,而不是固定的、具体的某个计算机实体。应用在云中某处运行,但实际上用户无须了解,也不用担心应用运行的具体位置,只需要一个笔记本电脑、手机或平板电脑,甚至类似电视盒子这样的终端设备,就可以通过网络服务来实现人们需要的一切,甚至包括超级计算这样的任务。

(3) 高可靠性。云使用了数据多副本容错、计算节点同构可互换等措施来保障服务的高可靠性,使用云计算比使用本地计算机可靠。

(4) 通用性。云计算不针对特定的应用,在云的支撑下可以实现千变万化的各种应用,同一个云可以同时支撑不同的应用运行。

(5) 高可扩展性。云的规模可以动态伸缩,满足应用和用户规模增长的需要。

(6) 按需服务。云是一个庞大的资源池,用户可以按需购买。云中的计算和存储资源可以像自来水、电、天然气那样按量计费。

(7) 极其廉价。由于云的特殊容错措施,可以采用极其廉价的节点来构成云,云的自动化集中式管理使大量企业无须负担日益高昂的数据中心管理成本,云的通用性使资源的利用率较之传统系统大幅提升,因此用户可以充分享受云的低成本优势,经常只要花费几百美元、几天时间就能完成以前需要数万美元、数月时间才能完成的任务。这也使得企事业部门在构建自身的信息化系统时不再需要投入大量的资金购买硬件设备,同时也可以减少人力投入。

云计算也具有潜在的危险性。云计算服务不仅包括计算服务,也包括存储服务,即云存储。但是云计算服务当前垄断在私人机构(企业)手中,而他们仅仅能够提供商业信用。对于政府机构、商业机构(特别像银行这样持有敏感数据的商业机构)对于选择云计算服务应保持足够的警惕。一旦商业用户大规模使用私人机构提供的云计算服务,无论其技术优势有多强,都不可避免地让这些私人机构以"数据(信息)"的重要性挟制整个社会。对于信息社会而言,"信息"是至关重要的。另一方面,云计算中的数据对于数据所有者以外的其他云计算用户是保密的,但是对于提供云计算的商业机构而言确实毫无秘密可言。所有这些潜在的危险,是商业机构和政府机构选择云计算服务,特别是国外机构提供的云计算服务时,不得不考虑的一个重要的问题。

9. 大数据

2009 年,Google 通过分析 5000 万条美国人最频繁检索的词汇,将之和美国疾病中心在 2003—2008 年间季节性流感传播时期的数据进行比较,并建立一个特定的数学模型。最终 google 成功预测了 2009 年冬季流感的传播,甚至可以具体到特定的地区和州。2014 年,微软纽约研究院的经济学家大卫·罗斯柴尔德(David Rothschild)利用大数据成功预测了第 86 届奥斯卡金像奖颁奖典礼 24 个奖项中的 21 个,成为人们津津乐道的话题。这些应用案例神奇地展现了大数据的魔力。

对于"大数据"(big data),研究机构 Gartner 给出了这样的定义:大数据是需要新的处理模式才能具有更强的决策力、洞察发现力和流程优化能力的海量、高增长率和多样化的信息资源。随着手机设备和社交软件的日益普及,文字、图像、语音、视频等各类数据正在以惊人的速度增长。从人类文明开始到 2003 年共产生了 5EB 的数据,而在 2013 年,全球数据产生量到达 3.5ZB,这相当于 2003 年以前人类所产生数据总和的 700 倍。对于爆炸性增长的海量数据必然无法用单台计算机进行处理,必须采用分布式架构。大数据的特色在于对海量数据进行分布式数据挖掘,但它必须依托云计算的分布式处理、分布式数据库、云存储和虚拟化技术。因此,大数据通常与云计算密不可分,它们的关系就像一枚硬币的正反面一样。

维克托·迈尔-舍恩伯格及肯尼斯·库克耶在《大数据时代》一书中指出,大数据的核心就是预测。它通常被视为人工智能的一部分,或者更确切地说,被视为一种机器学习。大数据大大解放了人们的分析能力。一是可以分析更多的数据,甚至是相关的所有数据,而不再依赖于随机抽样(抽样调查)这样的捷径;二是研究数据如此之多,以至于人们不再热衷于追求精确度;三是不必拘泥于对因果关系的探究,而可以在相关关系中发现大数据的潜在价值。因此,当人们可以放弃寻找因果关系的传统偏好,开始挖掘相关关系的好处时,一个用数据进行预测的时代才会到来。大数据技术的战略意义不在于掌握庞大的数据信息,而在于对这些含有意义的数据进行专业化处理。换言之,如果把大数据比作一种产业,那么这种产业实现盈利的关键在于提高对数据的"加工能力",通过"加工"实现数据的增值。

大数据的特点可以归纳为 4 个 V,即数据规模大(Volume),数据种类多(Variety),数据要求处理速度快(Velocity),数据价值密度低(Value),即所谓的"四 V 特性"。这些特性使得大数据区别于传统的数据概念。

1) 数据规模大

根据 IDC 公司的定义,至少要有超过 100TB 的可供分析的数据,才能称为大数据。数据量大是大数据的基本属性。导致数据规模激增的原因有很多。首先是随着互联网络的广泛应用,使用网络的人、企业、机构增多,数据获取、分享变得相对容易。以前,只有少量的机构可以通过调查、取样的方法获取数据,同时发布数据的机构也很有限,人们难以短期内获取大量的数据。而现在用户可以通过网络非常方便地获取数据,同时用户有意的分享和无意的点击、浏览都可以快速地提供大量数据。其次是随着各种传感器数据获取能力的大幅提高,使得人们获取的数据越来越接近原始事物本身,描述同一事物的数据量激增。

2) 数据类型多样

数据类型繁多、复杂多变是大数据的重要特性。以往的数据尽管数量庞大,但通常是事先定义好的结构化数据。结构化数据是将事物向便于人类和计算机存储、处理、查询的方向抽象的结果。处理此类结构化数据,只需事先分析好数据的意义以及数据间的相关属性,构造表结构来表示数据的属性,一般不需要为新增的数据显著地更改数据聚集、处理、查询方法,限制数据处理能力的只是运算速度和存储空间。而随着互联网络与传感器的飞速发展,非结构化数据大量涌现,非结构化数据没有统一的结构属性,难以用表结构来表示,在记录数据数值的同时还需要存储数据的结构,增加了数据存储、处理的难度。

3) 数据处理速度快

要求数据的快速处理,是大数据区别于传统海量数据处理的重要特性之一。随着各种传感器和互联网络等信息获取、传播技术的飞速发展,数据的产生、发布越来越容易,产生数据的途径增多,数据呈爆炸式快速增长,新数据不断涌现,快速增长的数据量要求数据处理的速度也要相应地提升,才能使得大量的数据得到有效的利用。同时,数据不是静止不动的,在许多应用中要求能够实时处理新增的大量数据。例如,大量在线交互的电子商务应用就具有很强的时效性,如果数据尚未得到有效的处理,就失去了价值,大量的数据就没有意义。

4) 数据价值密度低

数据价值密度低是大数据关注的非结构化数据的重要属性。以当前广泛应用的监控视频为例,在连续不间断的监控过程中,大量的视频数据被存储下来,许多数据可能是无用,对于某一特定的应用,例如获取犯罪嫌疑人的体貌特征,有效的视频数据可能仅仅有一两秒。但是信息有效与否也是相对的,对于某些应用是无效的信息,对于另外一些应用则成为最关键的信息,数据的价值也是相对的。因此为了保证对于新产生的应用有足够的有效信息,通常必须保存所有数据,这样就使得一方面数据的绝对数量激增,另一方面数据包含有效信息量的比例不断减少,数据价值密度偏低。

2.2 计算机系统

人们常常有个误解,认为计算机就是主机、显示器、键盘、鼠标或者笔记本计算机这些实实在在的设备。其实计算机系统是一个整体的概念,不论大型机、小型机还是个人计算机,都是由硬件系统和软件系统两大部分组成的。

2.2.1 计算机系统组成

计算机硬件是计算机中由电子、机械和光电元件组成的各种计算机部件和设备的总称,是计算机完成各项工作的物质基础。而计算机软件则是在计算机硬件设备上运行的各种程序及其相关文档和数据的总称。硬件就如同人的躯体,而软件更像人的灵魂,没有软件的计算机就像没有灵魂的人的躯体,做不了任何有实际意义的事情。同理,没有软件的计算机是无法正常工作的。因而硬件和软件两者缺一不可。即硬件和软件相互依存、相互作用才能构成一个计算机系统。一方面,硬件的高速发展为软件的发展提供了技术支持空间,如果没有硬件的高速运算能力和大容量的存储空间,则需要进行海量计算的软件无法实现其功能。另一方面,软件的发展也对硬件提出了更高的要求,从而促使硬件不断更新发展。计算机系统组成结构如图 2-17 所示。

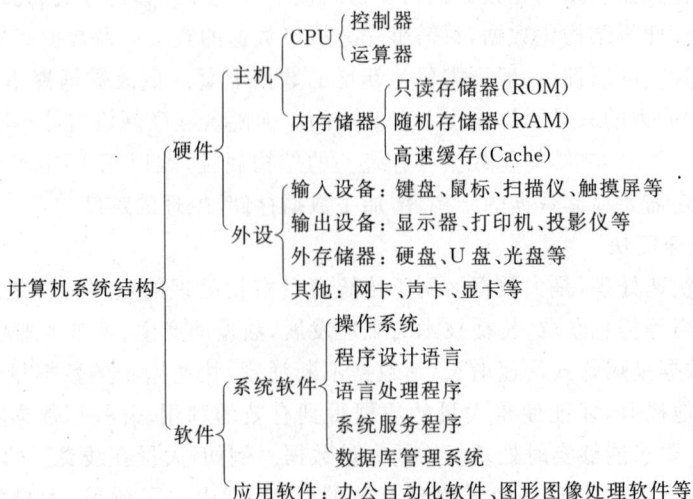

图 2-17　计算机系统组成结构

2.2.2 计算机硬件系统

虽然计算机的制造技术从计算机出现到今天已经发生了极大的变化,计算机已经形成了一个庞大的家族,但是计算机硬件组成结构及其基本工作原理仍然建立在冯·诺依曼提出的存储程序和程序控制的概念基础上,由此构成的计算机都称为冯·诺依曼型计算机。冯·诺依曼型计算机主要由运算器、控制器、存储器、输入设备和输出设备五大基本部件构成,其工作原理如图 2-18 所示。其中,输入设备负责把数据和程序输入计算机,存储器存储数据和程序(指令序列)以及程序运行过程中的中间结果,运算器执行算术逻辑运算,控制器控制各部分协调工作,输出设备负责将运算结果输出。

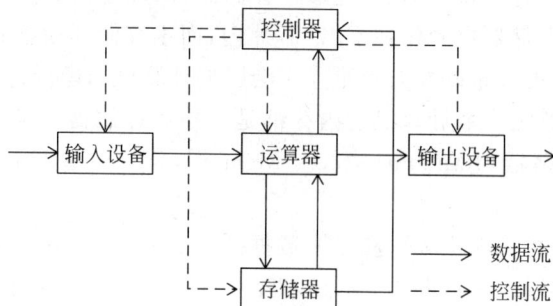

图 2-18 冯·诺依曼型计算机工作原理

1. 运算器

运算器(算术逻辑运算单元,Arithmetic Logic Unit,ALU)的基本功能为加、减、乘、除四则运算,与、或、非、异或等逻辑操作,以及移位、求补等操作。计算机运行时,运算器的操作和操作种类由控制器决定。运算器处理的数据来自存储器,处理后的结果数据通常送回存储器,或暂时寄存在运算器中。

运算器每一步只能做最简单的基本运算(算术运算或者逻辑运算),复杂的运算需要通过多个基本运算组合实现。由于运算器的运算速度非常快,所以计算机拥有高速处理信息的功能。运算器中的数据来自内存,运算结果返回给内存。控制器控制运算器对内存的读写操作。

2. 控制器

控制器(control unit)是指挥计算机的各个部件按照指令的功能要求协调工作的部件,是计算机的神经中枢和指挥中心,由指令寄存器、程序计数器和操作控制器三个部件组成,它根据指令的要求向计算机各个部件发出操作控制信号,使计算机的各个部件能高速、持续、稳定地工作,它对协调整个计算机有序工作极为重要。

控制器的基本功能是负责从内存取出指令和控制指令执行。控制器先从内存中取出指令,并对指令加以分析,然后根据指令的功能要求向有关部件发出操作控制命令,控制其执行该指令的功能。通常当部件执行完控制器发来的指令后会向控制器返回执行情况。所谓程序就是一系列的指令序列,控制器逐条读取并控制执行指令,就使计算机能按照程序设计的要求自动完成相应的任务。

3. 存储器

存储器(memory)是现代信息技术中用于保存信息的记忆设备。其概念的外延很广,有很多层次。计算机中的全部信息,包括输入的原始数据、计算机程序、中间运行结果和最终运行结果都保存在存储器中。对于计算机而言,存储器的容量越大、存取速度越快越好。计算机执行程序的过程会涉及运算器、控制器与存储器之间大量的信息交换,而存储器的工作速度与 CPU 相比要低很多,因此存储器的工作速度是制约计算机运行速度的一个主要因素。计算机的存储系统通由两级存储器构成:一类是内存储器,它们直接与 CPU 相连,容量较小,但存取速度较快,用于存放正在运行的程序和处理的数据;另一类是外存储器,它们通过总线与 CPU 间接相连,存取速度较慢,但存取容量大,价格低,用于大量存放暂时不用的数据。

1) 内存储器

内存储器简称内存,包括寄存器、高速缓冲存储器(Cache)和主存储器。寄存器在 CPU 芯片的内部,高速缓冲存储器也制作在 CPU 芯片内,而主存储器由插在主板内存插槽中的若干内存条组成。内存的质量好坏与容量大小会影响计算机的运行速度。存储器有磁芯存储器和半导体存储器,绝大多数计算机的内存都是半导体存储器。半导体存储器根据其使用功能可分为随机存储器(Random Access Memory,RAM)和只读存储器(Read Only Memory,ROM)。

随机存储器是一种可以随机读取和写入数据的存储器,故也称为读写存储器。其特点为只能用于暂时存放信息,一旦断电,存储内容立即消失,即具有易失性。RAM 通常由 MOS 型半导体存储器组成,根据其保存数据的机理又可分为动态(dynamic RAM)和静态(static RAM)两大类。DRAM 的特点是集成度高,主要用于大容量内存储器;SRAM 的特点是存取速度快,主要用于高速缓冲存储器。高速缓冲存储器是存在于主存与 CPU 之间的一级存储器,其容量通常较小,但速度更接近于 CPU,远高于主存储器的速度。

只读存储器,顾名思义,只能读出原有的内容,不能由用户再写入新内容。原来存储的内容是采用掩膜技术由厂家一次性写入的,并永久保存下来。它一般用来存放专用的固定的程序和数据。一旦写入信息后,无须外加电源来保存信息,不会因断电而丢失。ROM 按照是否可以进行在线改写来划分,又分为不可在线改写内容的 ROM 以及可在线改写内容的 ROM。不可在线改写内容的 ROM 包括掩膜 ROM(mask ROM)、可编程 ROM(PROM)和可擦除可编程 ROM(EPROM);可在线改写内容的 ROM 包括电可擦除可编程 ROM(EEPROM)和快擦除 ROM(flash ROM)。

此外,还有 CMOS 存储器(Complementary Metal Oxide Semiconductor Memory,互补金属氧化物半导体存储器),它是一种只需要极少电量就能存放数据的芯片。由于耗能极低,CMOS 可以由集成到主板上的一个小电池供电,所以即使在关机后,它也能保存有关计算机系统配置的重要数据。

2) 外储存器

内存由于价格较贵,故其存储容量受限,并且由于断电后信息丢失,绝大部分内存不能长期保存信息,所以需要引入能长时间保存大量信息的外存储器。外存储器是 CPU 不能直接访问的存储器,简称外存,也称辅助存储器或辅存。外存的容量一般较大,用于存放当前不需要立即使用的信息,如系统程序、数据文件和数据库等。外存通常只与内存进行数据交换,交换方式是批量进行的。如今主流的外存有磁盘存储器、光盘存储器和闪速存储器(U 盘和闪存卡)等。

3) 计算机存储系统的层次结构

计算机存储系统的层次结构包括主-辅存存储层次和 Cache 主存存储层次。

计算机在调用数据的时候,先查看该数据地址所对应的单元内容是否已经装入主存,如果在主存就进行访问,如果不在主存内就经辅助软件、硬件把它所在的那块程序和数据由辅存调入主存,而后进行访问。主-辅存层次解决了存储器大容量要求和低成本之间的矛盾。

在速度方面,计算机的主存和 CPU 有大约一个数量级的差距。显然这个差距限制了 CPU 速度潜力的发挥。为了解决它们之间的速度冲突问题,在 CPU 和内存之间引入了高速缓冲存储器(Cache)。Cache 中的内容是当前主存中使用最多的数据块。CPU 访问内存数据时,先在 Cache 中查找,若 Cache 中有 CPU 所需的数据,CPU 直接从 Cache 中读取;如果没有,CPU 则从主存中读取数据,并把与该数据以及与其相关的内容复制到 Cache 中,为下一次访问做好准备,从而提高工作效率。Cache 主存存储层次解决了主存速度跟不上 CPU 速度的问题。

4. 计算机中数据存储的单位

日常生活中,人们为了衡量物体的长度、面积、体积和质量会使用诸如米(m)、平方米(m^2)、立方米(m^3)、克(g)和千克(kg)等计量单位。那么,数据在计算机中存储时,通过磁介质(磁盘、内存、U 盘)或者光介质(光盘)作为存储介质,其数据储存量是如何衡量的呢?

在计算机中,根据存储介质的物理特性,数据都是采用二进制进行存储的。数据存储的最小单位是比特(bit,b),1 比特表示一个二进制位。由于 1 比特能表示的信息量太小,所以计算机中的基本存储单位是由 8 个二进制位组成的字节(Byte,B)。此外常用的信息量单位还有千字节(KB)、兆字节(MB)、吉字节(GB)、太字节(TB)等。这些单位的换算关系如下:

$$1KB = 2^{10}B = 1024B$$
$$1MB = 2^{10}KB = 2^{20}B$$
$$1GB = 2^{10}MB = 2^{20}KB = 2^{30}B$$
$$1TB = 2^{10}GB = 2^{20}MB = 2^{30}KB = 2^{40}B$$

随着信息技术的日益普及,数字化存储已经成为信息存储的一种普遍形式,字节(B)也成为人们熟知的衡量数据量的基本单位。但是,需要注意,通常所说的网速是以比特每秒(b/s)为单位的,所以 10M 带宽的网络其下载数据的理论速度不是 10MB/s,而是 10Mb/s,即 1.25MB/s。

2.2.3 计算机软件系统

通常提到"计算机"一词,人们想到的便是计算机的硬件设备。实际上计算机软件也是计算机正常工作必不可少的一部分。在 20 世纪 60 年代,程序设计技术有了长足进步,当时程序和数据都存放在柔软的纸带上,所以相对于硬生生的机器设备,人们把程序称为软件。软件源于程序,随着软件的发展,特别是在大型复杂程序的编写、使用和维护中,人们逐步认识到软件说明文档的重要性,进而将文档和程序一起称为软件。程序是让机器执行的,软件说明文档是给程序员看的,完善的软件说明文档才能确保软件开发者对软件进行调试、修改和维护。按照功能划分,计算机的软件一般分为系统软件和应用软件两类。

1. 系统软件

系统软件是计算机系统中最接近硬件的一类软件,与具体应用无关,它负责控制计算机的运行,管理计算机的各种资源,并为应用软件提供支持和服务。只有在系统软件的支持下,用户才能运行各种应用软件操作底层硬件。系统软件还为用户提供开发应用系统的平台。系统软件主要包括操作系统、程序设计语言、语言处理程序、各种服务性程序和数据库管理系统等。

1) 操作系统

操作系统(Operating System,OS),是保证计算机硬件正常工作的最基本、最重要的系统软件。它主要负责管理和控制计算机的所有软硬件资源,组织计算机各部件协同工作,为用户提供友好的操作界面。

在计算机硬件诞生之初并没有操作系统,它是随着计算机软硬件的不断发展,为提高计算机使用效率及性能才应运而生的。根据需要适应的硬件环境和应用需求的不同,操作系统通常可分为人工操作(无操作系统)、单用户操作系统、批处理操作系统、实时操作系统、分时操作系统、个人计算机操作系统、网络操作系统、分布式操作系统等。典型的操作系统主要包括以下几个:

(1) DOS 操作系统。DOS 是磁盘操作系统的缩写。从 20 世纪 80 年代到 90 年代中期,DOS 操作系统在 IBM 个人计算机及兼容机市场中占有举足轻重的地位。在个人计算机中最常见的 DOS 操作系统就是 MS-DOS。

(2) Windows 系统。Windows 操作系统是在 MS-DOS 的基础上创建的一个多任务的图形用户界面。第一个版本 Windows 1.0 于 1985 年问世。1987 年,微软公司推出了 Windows 2.0。1990 年推出的 Windows 3.0 是一个重要的里程碑,它以压倒性的优势确立了 Windows 系统在 PC 领域的垄断地位。1995 年 8 月以后,微软公司陆续推出了 Windows 95、Windows 98、Windows 2000 等版本的操作系统,2001 年 8 月 Windows XP 发布,它的特点是新的图形界面、即插即用功能、较强的多媒体支持、直接支持联网和网络通信、更高的安全性和稳定性。2009 年 10 月 Windows 7 发布,Windows 7 的功能更加强大,它的主要新特性有无线应用程序、实时缩略图预览、增强的视觉体验、高级网络支持(ad-hoc 无线网络和互联网连接支持 ICS)、多点触控等。2012 年 10 月 Windows 8 发布,系统为适应日益普及的触控设备引入了全新的 Metro 界面,并在性能、安全性、隐私性、系统稳定性方面都取得了长足的进步。在最新的 Windows 10 中"开始"菜单得以回归,通知中心功能日趋强化,并且提供了许多全新的功能,包括语音助手、Edge 浏览器、支持跨设备多平台以及提供多桌面操作等。

(3) UNIX 与 Linux 系统。UNIX 是 1969 年在 AT&T Bell 实验室诞生的一种分时计算机操作系统。UNIX 是一种多用户、多任务操作系统,并支持多种处理器架构。其具有的易理解、易扩充、易移植性使它能运行在从高档微机到大型机等各种具有不同处理能力的机器上。UNIX 在金融等行业得到广泛应用。

Linux 是一套免费多用户、多进程、多线程、实时性较好且稳定的操作系统,运行方式与 UNIX 系统很相似。Linux 的最大特色是它的源代码完全公开,即任何人皆可自由取得、传播甚至修改源代码。Linux 是一种可移植性很强的操作系统,手机、个人计算机、小型机、大型计算机上都可以运行 Linux。

（4）Mac OS。是由苹果公司开发的一款基于 UNIX 内核的图形化操作系统。该操作系统通常在普通个人计算机上无法安装运行，只能运行于苹果公司 Macintosh 系列计算机上。2011 年 7 月苹果公司正式将 Mac OS X 改名为 OS X，其最新版本为 10.10，发布于 2014 年 10 月。与基于 NT 内核的 Windows 系统相比，Mac OS 的系统可靠性更高。另外，在图形图像和视频处理等多媒体方面 Mac OS 的性能也优于 Windows 系统。

（5）移动操作系统。20 世纪 90 年代移动设备上采用的操作系统主要是 PocketPC 和 Palm OS。到了 2005 年，智能手机操作系统主要分为 Symbian、Windows Mobile、Palm OS、Linux 和 Blackberry OS 几大阵营，当时市场份额占有最多的操作系统是 Symbian 系统。如今手机操作系统由 iOS、Android、Windows Phone 三分天下。

操作系统作为计算机系统的管理者，其主要功能是对计算机系统的所有软、硬件资源进行有效而合理的管理和调度，提高计算机系统的整体性能。虽然实际的操作系统多种多样，其系统结构和内容存在很大差别，但是作为一个功能完善的操作系统应具有以下五大功能：处理器管理、存储器管理、设备管理、文件管理、作业管理功能。

下面主要介绍一下处理器管理。处理器管理的核心内容就是进程管理。进程是程序的一次执行过程，是系统进行调度和资源分配的独立单位。操作系统对每一个执行的程序都会创建一个进程，一个进程代表一个正在执行的程序。程序是一种静态的概念，是指存储在文件中的程序，包括源程序、可执行程序等。对于程序文件，可以进行创建、编辑、复制、删除等操作。而进程是一种动态的概念，当用户运行一个程序时，系统就为其建立一个进程，并为该进程分配内存、CPU 和其他资源，当程序结束时，为该程序本次执行的进程就消亡了，故进程有它自己的生命周期。对于进程（或者说一个正在执行的程序），有另一套不同于程序文件的操作。包括观察进程信息（查看当前有哪些程序正在执行、各程序占用系统资源的情况等），撤销一个进程（终止一个进程的执行），挂起一个进程（暂时停止一个程序的执行），进程之间的切换（各个程序之间的来回操作）。

操作系统的出现可谓是计算机软件和计算机系统发展史上的一个重大转折。它使得用户无须了解有关软、硬件的很多细节就能使用计算机。因此，在现代计算机系统中操作系统是必不可少的，并且操作系统的性能很大程度上直接决定了计算机系统的整体性能。

2）程序设计语言

编写计算机程序所用的语言是人与计算机进行交流的工具，程序设计语言经历了由低级向高级发展的三个阶段，分别是机器语言、汇编语言和高级语言。

（1）机器语言（machine language）。是计算机系统所能识别的、不需要翻译即可直接供机器使用的程序设计语言。机器语言中的每一条语句（机器指令）实际上是二进制形式（0 和 1）的指令代码，它由操作码的二进制编码和操作数的二进制编码组成。机器语言是一种低级语言，用它编写的程序不便于程序员记忆、阅读和理解。因此，通常不会直接使用机器语言编写程序。

（2）汇编语言（assemble language）。是一种面向机器的程序设计语言，它是为特定的计算机设计的。汇编语言采用一定的助记符号表示机器语言中的指令和数据，即用助记符号代替了二进制形式的机器指令。这种替代使得机器语言"符号化"，所以也称汇编语言为符号语言。一条汇编语言的指令对应一条机器语言的代码，不同型号的计算机系统一般有不同的汇编语言。它适用于编写直接控制机器操作的底层程序，由于它与具体机器密切相关,不容易掌握和使用。

（3）高级语言。从 20 世纪 50 年代中期开始到 70 年代陆续产生了许多高级算法语言，这些高级算法语言中的数据用十进制来表示，语句用较为接近自然语言的英文来表示。它们比较接近于人们习惯用的自然语言和数学表达式，因此称为高级语言。高级语言具有较大的通用性，尤其是一些标准版本的高级算法语言，在国际上都是通用的。常见的高级语言包括 FORTRAN、C、C++、VB、Java 等。

3）语言处理程序

由前文可知，除了机器语言编写的程序能被计算机直接理解并执行以外，其他的程序设计语言编写的程序都必须经过翻译才能转换为计算机能识别的机器语言程序，语言处理程序就是实现这一翻译过程的工具。不同的程序设计语言编写的程序需要不同的语言处理程序翻译。语言处理程序包括汇编程序、编译程序和解释程序。

计算机硬件只能识别和执行机器指令，汇编语言和高级语言是不能直接执行的。用汇编语言或高级语言编写的程序必须用一个程序翻译成机器语言程序才能执行，用汇编语言或高级语言编写的程序称为源程序，变换后得到的机器语言程序称为目标程序，用于翻译的程序就是汇编程序。

计算机将源程序翻译成机器指令时，通常分两种翻译方式，一种为编译方式，另一种为解释方式。所谓编译方式是首先把源程序翻译成等价的目标程序，然后再执行此目标程序。一般将高级语言程序翻译成汇编语言或机器语言的程序称为编译程序。而解释方式是把源程序逐句翻译，翻译一句执行一句，边翻译边执行。解释程序不产生目标程序，而是借助于解释程序直接执行源程序本身。

4）系统服务程序

系统服务程序完成一项与管理计算机系统资源及文件有关的任务。例如，诊断程序主要用于对计算机系统硬件的检测，它能对 CPU、内存、软硬驱动器、显示器、键盘及 I/O 接口的性能和故障进行检测。

5）数据库管理系统

数据库系统是 20 世纪 60 年代后期为适应数据处理的需要而发展起来的一种较为理想的数据处理系统，也是一个为实际可运行的存储、维护和应用系统提供数据的软件系统，是存储介质、处理对象和管理系统的集合体。数据库系统主要用来解决数据处理的非数值计算问题，目前主要用于数据量较大的档案管理、财务管理、图书资料管理及仓库管理等领域的数据存储、查询、修改、排序、分类处理。

数据库是按一定的方式组织起来的数据的集合，它具有数据冗余度小、可共享等特点。而数据库管理系统的作用是管理数据库，一般具有以下功能：建立数据库，数据维护（编辑、修改、增删数据库内容等）。常见的数据库管理系统可按大小划分为两类：大型数据库系统有 SQL Server、Oracle、DB2 等，中小型数据库系统有 FoxPro、Access、MySQL。

2. 应用软件

应用软件是为了解决计算机各类应用问题而编制的软件，具有很强的针对性和实用性。它是在系统软件支持下开发的，任何软件都是由程序开发人员编写的一系列程序和数据的集合（包括一系列技术文档和用户使用手册），通常以软件安装包的形式供用户购买、安装和使用。应用软件涉及的范围相当广，并随着计算机硬件技术（如互联网、大数据、云计算）的

发展和新的商业模式的产生,不断有新的应用软件被开发并投入使用。下面简单介绍几类应用软件:

1)办公软件

办公软件主要指可以进行文字处理、表格制作、幻灯片制作、简单数据库的处理等方面工作的软件。包括微软 Office 系列、金山 WPS 系列、永中 Office 系列、红旗 2000 RedOffice 等。目前办公软件朝着操作简单化、功能细化、存储网络化等方向发展。另外,政府用的电子政务系统、税务部门用的税务系统、企业用的协同办公软件也属于办公软件,它们不再局限于传统文字编辑和表格计算。

2)图形图像处理软件

图形图像这些形象化的信息能够表达更大的信息量,且传递过程更加直观,处理这类信息的软件就是图形图像处理软件。平面的图形图像处理软件主要有 Photoshop、Illustrator、CorelDRAW、AutoCAD。三维的图形图像处理软件包括 3ds Max、Maya、Rhino、LightWave 3D、ZBrush、ProE 等。

3)音视频媒体播放及编辑软件

媒体播放软件,又称媒体播放器,通常是指计算机中用来播放多媒体的播放软件,把解码器聚集在一起,产生播放的功能,例如 Windows Media Player 等。音视频媒体播放器种类繁多,支持的文件格式各异,这里不一一介绍。

视频编辑软件是对视频源进行非线性编辑的软件,通过对加入的图片、背景音乐、特效、场景等素材与视频进行重混合,对视频源进行切割、合并,通过二次编码,生成具有不同表现力的新视频。常见的视频编辑软件有 Premiere、EDIUS、Windows Movie Maker、会声会影等。音频编辑软件的功能与视频编辑软件类似,只是编辑的素材仅为音频文件。音频编辑软件有 Audition、GoldWave 等。

2.3 进制与编码

由前文可知电子计算机中采用二进制存储数据和程序,在计算机中还有其他的进制,有我们最熟悉的十进制,也有不太熟悉的八进制和十六进制。那么为什么要引入这些不同的进制呢?此外,如今的计算机的用途早已不仅仅局限于数值计算,它要处理的数据还包括文本、图像、声音、视频等多种不同类型的数据,仅仅依靠二进制的 0 和 1 是如何把这些数据记录下来的?

2.3.1 进位记数制

进位记数制即进制,它是利用一组固定的数字符号和统一的规则来记数的方法。在日常生活中常见的进制有广泛使用的十进制,表示时间换算的二十四进制,表示时间和角度换算的六十进制等。而在计算机领域最常用的进制是二进制,此外,还有八进制和十六进制。

先来看看我们最为熟悉的十进制。当早期人类需要记录物件时,他们发现五和七还是有区别的,于是产生了记数系统。当然,早期数字并没有书写的形式,而只有掰手指,人一共有十个手指,这就是为什么我们今天使用十进制的原因。渐渐地,人类发现十个指头不够用了,虽然最简单的办法就是把十个脚趾头也算上,但是这不能解决根本问题。于是人类发明了进位制,也就是今天说的"逢十进一"。这是人类在科学上的一大飞跃,从此人类知道对数量进行编码,不同位的数字代表不同的数量。

既然人们对十进制这么熟悉,为什么在计算机领域却要采用二进制记录和处理数据呢?这是由二进制以下几个特点决定的。

(1)采用二进制只需要表示0和1两个数字符号,即制造计算机时只需要找到能在两种状态之间变化的二值元件。而这种电子器件容易找到,如开关的接通和断开、晶体管的导通和截止、磁介质的正负磁极、电位电平的高与低等。且只有两种状态的元件抗干扰能力强,可靠性高。

(2)二进制数的运算规则少,运算简单,极大地简化了计算机运算器的硬件结构。例如十进制的九九乘法口诀表有55条公式,而二进制乘法只有4条。

(3)由于二进制的0和1正好可以与逻辑代数中的"假"和"真"相对应,因此,二进制运算可以实现与逻辑运算的统一。

下面我们来看看李开复博士在《对话》节目中现场面试清华博士生时提到的一个问题。问题是这样的,现在有1000个苹果,需要将它们放入10个箱子(假设箱子足够大)。客户如果要获得1到1000个苹果中的任意个数,箱子只能整箱搬,而不用拆开箱子。问是否有这样的装箱方法?这里箱子只能整箱搬,即要么拿这一箱苹果,要么不拿。这很容易让我们联想到二值元件,有10个箱子就相当于有10个二进制位,它们最多可以表示的数据是$2^{10} = 1024$,由于1024大于1000,所以有这种装箱的方法。具体的装箱方法就是在前9个箱子里分别放入$2^0, 2^1, \cdots, 2^8$,即$1, 2, \cdots, 256$个苹果,最后1个箱子放入剩下的489个苹果就可以了($1000 - 256 - 128 - 64 - 32 - 16 - 8 - 4 - 2 - 1 = 489$)。由这个问题的求解,我们应该能更深刻地感受到二进制的思维与我们生活是密切相关的。

二进制虽然有诸多优点,但是由于只有0和1两个数字符号,表示信息时通常需要使用一长串0和1实现,这带来了书写长、不便于阅读和记忆的问题。为此,人们引入了八进制和十六进制,这两个进制不但容易书写和阅读,便于记忆,而且与二进制相互转换十分简单。

进制的特点是表示数值大小的数码与它在数中所处的位置有关。一种进制包括一组数码符号以及三个基本元素:数位、基数和位权。

数码符号:用于表示数值的一组不同的数字符号,如十进制中有0~9共十个数码符号,而二进制中只有0和1两个数码符号。那么十六进制呢?它包含0~9以及A、B、C、D、E、F共十六个数码符号。

数位:即数码符号在一个数中所处的位置。

基数:是指某种进制中,每个数位上所能使用的数码符号的个数。例如十进制中可以使用0~9共十个数码符号,因此十进制的基数为10。当基数为r时,包含$0, 1, \cdots, r-1$共r个数码符号,进位规律遵循"逢r进一",即r进制。

位权:是指在某一种进制表示的数中,用于表示不同数位上数值大小的一个固定常数。不同数位有不同的位权,某一数位的数值等于在这个数位上的数码乘以该数位的位权。r进制数的位权是r的整数次幂。例如,十进制的位权是10的整数次幂,个位的位权是10^0,十位的位权是10^1。推广到一般,对于r进制而言,整数部分第i位的位权是r^{i-1},小数部分第j位的位权是r^{-j}。常用进制数值对照关系如表2-2所示。

表 2-2　二进制、八进制和十六进制数值对照关系

十进制	二进制	八进制	十六进制	十进制	二进制	八进制	十六进制
0	0	0	0	9	1001	11	9
1	1	1	1	10	1010	12	A
2	10	2	2	11	1011	13	B
3	11	3	3	12	1100	14	C
4	100	4	4	13	1101	15	D
5	101	5	5	14	1110	16	E
6	110	6	6	15	1111	17	F
7	111	7	7	16	10000	20	10
8	1000	10	8				

对于非十进制的数,通常可以用数字后面跟一个英文字符或者以 $(\cdots)_{进制}$ 的形式表示该数是多少进制的数。如十进制数字 32.5 可表示为 32.5D 或者 $(32.5)_{10}$,二进制数字 101.11 可表示为 101.11B 或者 $(101.11)_2$,八进制数字 36 可表示为 36O 或者 $(36)_8$,十六进制数字 4A 可表示为 4AH 或者 $(4A)_{16}$。

2.3.2　不同进制之间的换算

人们习惯使用十进制,所以在计算机网络中对于 IP 地址采用了点分十进制的方式书写,如 192.168.0.1,但是计算机网络中计算网络号和主机号以及子网划分时必须使用二进制数计算,这时必须将十进制数转换为二进制数。同样,在网页设计和图像处理的许多软件里采用十六进制表示颜色编码,如 color= # ffffff,表示红、绿、蓝三个颜色分量值都是 255,也就是白色。因此,在计算机中需要对各种进制进行相互转换。

1. 二、八、十六进制与十进制之间的转换

1) 二、八、十六进制转换为十进制

将二进制(八进制或者十六进制)的各个数位上的系数与其所在数位的位权的乘积求和就是该数对应的十进制数值。简单地说,就是按照位权展开求和。例如:

$$(1010111.1011)_2 = 1\times2^6 + 0\times2^5 + 1\times2^4 + 0\times2^3 + 1\times2^2 + 1\times2^1 + 1\times2^0$$
$$+1\times2^{-1} + 0\times2^{-2} + 1\times2^{-3} + 1\times2^{-4} = (87.6875)_{10}$$

$$(376)_8 = 3\times8^2 + 7\times8^1 + 6\times8^0 = (254)_{10}$$

$$(2FC)_{16} = 2\times16^2 + 15\times16^1 + 12\times16^0 = (764)_{10}$$

2) 十进制转换为二、八、十六进制

十进制转换为二、八、十六进制,需要分为整数部分和小数部分分别计算。

整数部分的计算方法是将十进制数不断地除以 2(8 或者 16),取余数,直到商为 0 停止计算。先得到的余数在低位,后得到的余数在高位(即先得到的靠近小数点)。

【例】 将十进制整数 215 转化为二进制整数。

$$215 \div 2 = 107 \cdots\cdots 1 \qquad 余数为 1,即 a_0 = 1 \qquad (低位)$$
$$107 \div 2 = 53 \cdots\cdots 1 \qquad 余数为 1,即 a_1 = 1$$
$$53 \div 2 = 26 \cdots\cdots 1 \qquad 余数为 1,即 a_2 = 1$$
$$26 \div 2 = 13 \qquad\qquad 余数为 0,即 a_3 = 0$$
$$13 \div 2 = 6 \cdots\cdots 1 \qquad 余数为 1,即 a_4 = 1$$
$$6 \div 2 = 3 \qquad\qquad 余数为 0,即 a_5 = 0$$
$$3 \div 2 = 1 \cdots\cdots 1 \qquad 余数为 1,即 a_6 = 1$$
$$1 \div 2 = 0 \cdots\cdots 1 \qquad 余数为 1,即 a_7 = 1 \qquad (高位)$$

最后结果为

$$(215)_{10} = (a_7 a_6 a_5 a_4 a_3 a_2 a_1 a_0)_2 = (11010111)_2$$

小数部分的计算方法是将十进制小数不断地乘以 2(8 或者 16),取整数,直到小数部分为 0 或者达到精度要求为止(小数部分可能永远不会得到 0,只要位数到达精度要求就可以停止计算),先得到的整数在高位,后得到的整数在低位(即先得到的靠近小数点)。

【例】 将十进制小数 0.627 转换为二进制小数(精确到小数点后 3 位)。

$$0.627 \times 2 = 1.254 \qquad 取整数 1 \qquad (高位)$$
$$0.254 \times 2 = 0.508 \qquad 取整数 0$$
$$0.508 \times 2 = 1.016 \qquad 取整数 1$$
$$0.016 \times 2 = 0.032 \qquad 取整数 0 \qquad (低位)$$

十进制小数 0.627 连续 4 次乘 2 后,其小数部分仍不为 0。由于要求精确到小数点后 3 位,因此计算到小数点后第 4 位即可。最后结果为

$$(0.627)_{10} \approx (0.101)_2$$

十进制数转换为八进制数和十六进制数的方法与转换为二进制数完全一致,只需要分别将整数部分的"除 2 取余"改为"除 8 取余"和"除 16 取余",将小数部分的"乘 2 取整"改为"乘 8 取整"和"乘 16 取整"即可。

2. 二、八、十六进制之间的相互转换

由表 2-2 容易发现二进制与八进制和十六进制之间存在着特殊的关系,即一个八进制的数可以采用 3 位二进制数表示,一个十六进制数可以采用 4 位二进制表示,这是由于 $2^3 = 8$,$2^4 = 16$。

1) 二进制数转换为八进制数、十六进制数

从二进制数转换为八进制数(十六进制数)只需要从小数点开始分别向左、右每 3 位(4 位)划分一组,不足 3 位(4 位)的组用 0 补足,然后将每一组 3 位(4 位)二进制数对应一个八进制数(十六进制数)即可。

【例】 将二进制数 $(11010111100.11011)_2$ 转换成八进制数和十六进制数。

$$(\underline{011} \quad \underline{010} \quad \underline{111} \quad \underline{100} \quad . \quad \underline{110} \quad \underline{110})_2$$
$$\downarrow \qquad \downarrow \qquad \downarrow \qquad \downarrow \qquad\qquad \downarrow \qquad \downarrow$$
$$3 \qquad 2 \qquad 7 \qquad 4 \quad . \quad 6 \qquad 6$$

转换为八进制时,结果为

$$(11010111100.11011)_2 = (3274.66)_8$$

$$(0110 \quad \underline{1011} \quad \underline{1100} \quad . \quad \underline{1101} \quad \underline{1000})_2$$

$$\downarrow \qquad \downarrow \qquad \downarrow \qquad \qquad \downarrow \qquad \downarrow$$

$$6 \qquad B \qquad C \qquad . \qquad D \qquad 8$$

转换为十六进制时,结果为

$$(11010111100.11011)_2 = (6BC.D8)_{16}$$

2) 八进制数、十六进制数转换为二进制

从八进制数(十六进制数)转换为二进制数的过程与二进制数转换为八进制数(十六进制数)相反,只需要将每一位八进制数(十六进制数)展开成对应的 3 位(4 位)二进制数即可。注意,整数最高位的和小数最低位的 0 可以略去。

【例】 将八进制数 $(315)_8$ 转换为二进制数。

$$3 \qquad 1 \qquad 5$$

$$\downarrow \qquad \downarrow \qquad \downarrow$$

$$\underline{011} \quad \underline{001} \quad \underline{101}$$

结果为

$$(315)_8 = (11001101)_2$$

【例】 将十六进制数 $(2BD)_{16}$ 转换为二进制数。

$$2 \qquad B \qquad D$$

$$\downarrow \qquad \downarrow \qquad \downarrow$$

$$\underline{0010} \quad \underline{1011} \quad \underline{1101}$$

结果为

$$(2BD)_{16} = (1010111101)_2$$

2.3.3 计算机常用信息编码

不同进制的数值之间可以采用进制换算的方法相互转换,而非数值的信息如何用二进制数表示呢?计算机中采用了各种信息编码来实现用二进制表示信息。所谓编码就是以若干位数码或符号的不同组合来表示非数值信息的方法,它是人为地给若干位数码或符号的每一种组合指定一种唯一的含义。

电影《火星救援》中宇航员沃特尼为了能与地球通信找到废弃的火星车,这使得他可以将图片信息传输到地球。然而在地球上的 NASA 人员只能操控火星车转动摄像头和拍照,不能将文字或者图片信息传送到火星。于是,沃特尼想到了利用摄像头的转动表示信息,但是直接使用 26 个字母表示会让每个字母分到的角度太小,不利于相机取景拍照,且无法表示数字和空格等符号。最终,他想到了采用两位十六进制表示一个 ASCII 码的方法(在 ASCII 码中,一个字符可以由一个字节,也就是 8 个二进制位表示。4 位二进制数可以由一个十六进制数表示,所以 1 个字节可以由两位十六进制表示)。由于信息传送只需要通过 16 个字符完成,使得每个字符分得的角度足够大。利用这种方法火星车每转动两次角度就可以表示一个字母,成功地解决了无法从地球上传送信息到火星的问题。我们通过电影中沃特尼获取地球信息的方法不难发现,字符的编码可以使用少量的基本符号(这里是十六进制的 16 个符号),通过一定的组合原则表示大量复杂的信息(数字、英文字母、西文标点等)。

编码具有三个主要特征:即唯一性、公共性和规律性。唯一性是指每一种组合都有确定的唯一性的含义；公共性是指所有相关者都认同、遵循和使用这种编码；规律性是指编码应有一定的规律，便于计算机和人能识别和使用它。例如，身份证的编码由 18 位构成，第 1、2 位表示所在的省份，第 3、4 位表示所在的市，第 5、6 位表示所在的区，从第 7 到 14 位表示出生年月日，第 15 和 16 位表示出生地所在派出所，第 17 位表示性别（奇数是男，偶数是女），第 18 位是校验码。根据这一编码规则，可以给每个人一个身份证号，从身份证号就可了解此人的出生地、生日、性别等信息。此外，编码还涉及信息容量的概念，如某市区的电话号码由 7 位升级到 8 位，某市区的车牌号的后 5 位出现了大写英文字母等。5 位的车牌最多可以表示 00000～99999，共计 10 万个不同的车牌信息，当该市机动车超过 10 万辆，则必须引入新的字符，这里在车牌编码中引入了大写的英文字母，这样理论上就可表示 $36^5 =$ 600 466 176 个车牌，能确保足够一个城市的车辆使用。

字符是计算机中使用最多的信息形式之一，是人与计算机进行通信、交互的重要媒介。在计算机中要为每个字符指定一个确定的编码，作为识别与使用这些字符的依据。我们接触的字符一般包括西文字符、阿拉伯数字、中文字符和基本的标点符号。下面简单介绍几种信息的编码方式。

1. ASCII 码

ASCII(American Standard Code for Information Interchange)，即美国标准信息交换代码，由美国国家标准学会(American National Standard Institute, ANSI)制定。它是基于拉丁字母的一套计算机编码系统，主要用于显示现代英语和其他西欧语言，是现今最通用的单字节编码系统。

用 0、1 组成表示字母与符号的编码体系，英文有 26 个大写字母、26 个小写字母，再加上 10 个数字及一些标点符号，因此只要 0、1 编码的信息容量能超过这些需要表示的字符数量即可。率先出现的 ASCII 码满足了这一需求，并已被国际标准化组织(ISO)认定为国际标准，它为计算机在世界范围的普及做出了重要贡献。ASCII 码分为 7 位版本和 8 位版本。通常所说的 ASCII 码是指其 7 位版本，由 7 位二进制数表示一个常用符号，总共可以表示 $2^7 = 128$ 个不同的符号，包括 26 个大写字母、26 个小写字母、10 个数字、32 个通用控制字符和 34 个专业字符（如标点符号等）。由于英文单词是由字母组合而成的，所以计算机中使用 ASCII 码足够英文的书写表达。标准 ASCII 码表如表 2-3 所示，其中字母 A 表示为 $b_6 b_5 b_4 b_3 b_2 b_1 b_0 = 1000001$，数字 8 表示为 $b_6 b_5 b_4 b_3 b_2 b_1 b_0 = 0111000$。

表 2-3　标准 ASCII 码表

$b_3 b_2 b_1 b_0$ ＼ $b_6 b_5 b_4$	000	001	010	011	100	101	110	111
0000	NUL	DLE	SP	0	@	P	`	p
0001	SOH	DC1	!	1	A	Q	a	q
0010	STX	DC2	"	2	B	R	b	r
0011	ETX	DC3	#	3	C	S	c	s
0100	EOT	DC4	$	4	D	T	d	t
0101	ENQ	NAK	%	5	E	U	e	u
0110	ACK	SYN	&	6	F	V	f	v
0111	BEL	ETB	'	7	G	W	g	w

$b_3 b_2 b_1 b_0$ \ $b_6 b_5 b_4$	000	001	010	011	100	101	110	111
1000	BS	CAN	(	8	H	X	h	x
1001	HT	EM	)	9	I	Y	i	y
1010	LF	SUB	*	:	J	Z	j	z
1011	VT	ESC	+	;	K	[	k	{
1100	FF	FS	,	<	L	\	l	|
1101	CR	GS	—	=	M	]	m	}
1110	SO	RS	.	>	N	^	n	~
1111	SI	US	/	?	O		o	DEL

由前文可知,二进制的书写和阅读并不方便,因此 ASCII 码可以转换为十六进制表示(这就是前文《火星救援》剧情中的情节)。例如,字母 A 表示为 $b_6 b_5 b_4 b_3 b_2 b_1 b_0 = 1000001$,转换为十六进制就是 41H,大写字母 A~Z 就可以表示为 41H~5AH。这里后缀 H 表示十六进制。一个 ASCII 码由 8 个二进制位组成,即 1 个字节,这与两位十六进制正好一致,它最多可以表示 $2^8 = 256$ 种不同的情况。当最高为 $b_7 = 0$ 时,表示的就是基本的 ASCII 码;当最高位 $b_7 = 1$ 时,表示的扩展的 ASCII 码,包括一些符号字符、图形符号以及希伯来语、希腊语和斯拉夫语字母等。

2. 汉字编码

计算机在处理字母符号时必须先将其编码。在计算机中如何对汉字进行编码?与英文不同,汉字是象形文字,无法通过少量的字母的组合表示。众所周知,仅常用汉字就有约3500 个,这远远超过一个字节的二进制编码所能表示的容量。由于汉字数量繁多,字形各异,且有同义字,因此,汉字的编码更加复杂,这使得汉字的输入、内部存储、显示输出都需要特定的编码,其中有用于汉字输入的输入码,用于计算机内部存储处理的机内码,用于显示输出或打印的字形码,如图 2-19 所示,通过这一系列的汉字编码实现汉字的输入、存储和显示。

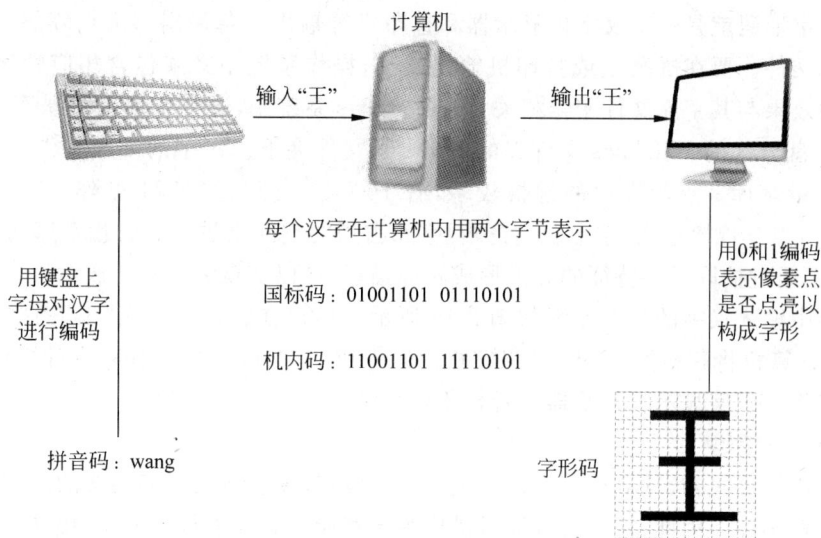

计算机

输入"王" → 输出"王"

每个汉字在计算机内用两个字节表示

国标码:01001101 01110101

机内码:11001101 11110101

用键盘上字母对汉字进行编码

用0和1编码表示像素点是否点亮以构成字形

拼音码:wang

字形码

图 2-19　汉字编码关系

1) 国标码

为了实现汉字的编码,中国国家标准总局于 1980 年发布了《信息交换汉字编码字符集——基本集》,即 GB 2312—1980。基本集收入了 6763 个汉字以及 682 个非汉字图形字符。整个字符集分为 94 个区,每个区又有 94 个位,每个区位上有唯一一个字符,用区和位的编号对汉字编码,所以又称之为区位码。

2) 机内码

国标码用两个字节表示一个汉字,其中每个字节的最高位为 0,例如"王"的国标码为 4D75H(01001101　01110101)。为了避免汉字国标码与 ASCII 码无法区分,汉字编码在机器内的表示是在国标码的基础上稍作变化,这就是常说的机内码(也称内码)。目前主流的汉字机内码是将国标码的每个字节的最高位设置为 1,例如"王"的机内码为 CDF5(11001101　11110101),这样汉字机内码的两个字节的最高位都是 1,与 ASCII 码很容易区分。

3) 输入码

有了机内码,人们实现了汉字的编码以及将汉字存储在计算机中的问题,那么如何将汉字输入到计算机中呢?由于汉字可以根据偏旁部首或者发音的不同分类。人们发明了多种汉字输入码,包括以汉字的拼音为基础的拼音码,以汉字的笔画与结构为基础的字形码,以汉字在国标码中的位置信息为基础的区位码等。因此,汉字的输入码实际上就是按照汉字的发音、字形或者区位编号制定一套编码规则,该规则是以键盘上符号的不同组合来为汉字编码,输入编码后按照相应的规则查找到对应汉字的内码。由于这是从外部输入到计算机的编码方式,因此也被称为外码。

同一个汉字在不同的输入法中的编码是完全不同的,例如,"王"字在拼音输入法中的输入码为 wang,而在五笔字型中的输入码为 gggg。此外,手写识别技术和语音识别技术已相当发达,也可以通过手写笔和录音设备实现汉字输入。

4) 字形码

输入码解决了汉字的输入问题,机内码解决了汉字的存储问题,最终汉字还要显示给用户看。汉字字形码就是一个汉字供显示器和打印机等输出设备输出字形点阵的代码,通常也称为字库文件。要在屏幕上或打印机输出汉字,操作系统中必须包含相应的字库文件。汉字显示的效果与其字库文件密切相关,在 Windows 系统中,通常字库文件被存放在操作系统所在磁盘分区的 Windows 文件夹的 Fonts 子文件夹下。汉字的字库文件一般分为点阵字库和矢量字库。点阵字库的规格较多,有 16×16 点阵、24×24 点阵、32×32 点阵、48×48 点阵,点阵规模越大,字形也越清晰,字库占用的空间也越大。矢量字库与点阵字库有所不同,它通过抽取汉字特征的方法形成轮廓描述,可以实现无失真的放缩。

计算机中输入汉字的整个流程如图 2-19 所示。用户在键盘上输入"王"的拼音输入码 wang,然后计算机将其转换为"王"的汉字机内码 11001101 11110101 保存在计算机中,最后根据字形码将"王"字显示在显示器或者打印到纸张上。

3. Unicode 编码

在计算机发展之初,计算机软件都是英文的,这给许多官方文字非英文的国家使用计算机带来了许多不便。因此,需要对计算机操作系统和应用软件进行本地化,使软件支持多国语言的输入、存储和输出。例如,在我国,国外开发的软件需要汉化才能支持汉字的输入输出。

在计算机系统中,编码与操作系统和应用软件是密切相关的。通过在汉字机内码编码方案中包含 ASCII 字符集,可以实现同时支持英文和汉字字符,但是无法同时支持多语言环境(即同时处理多种语言混合的情况)。由于不同国家和地区采用的字符集不一致,很可能出现编码系统冲突的问题,即两种编码可能使用相同的数字表示不同的字符,或者使用不同的数字表示相同的字符。这给计算机的数据处理带来很多麻烦。为了解决多语言统一编码这一难题,人们研制了 Unicode 编码。Unicode 编码能适用于绝大多数国家和地区的语言符号、标点符号及常用图形符号,它为每种语言中的每个字符设定了统一并且唯一的二进制编码,能满足跨语言、跨平台进行文本转换、处理的要求。

4. 多媒体信息的编码

多媒体信息主要指音频、图像、视频、文本等多种媒体信息及其相互关联的一种统一。上面介绍了计算机采用各种不同的编码表示文字符号。实际上,计算机也是通过各种编码来存储、处理和显示丰富多彩的多媒体信息的。

1) 声音的表示方法

图 2-20 显示的是一段声音信号在时间轴上的表示,由物理知识可知,声音是以声波的形式在传播介质中传播的,声波是连续的,这种连续的信号是模拟信号。计算机不能直接处理模拟信号,需要将其数字化。数字音频处理就是对声波采样、量化和编码的过程。所谓采样就是按某一采样频率对连续音频信号做时间上的离散化,即对连续信号每隔一定的周期获取一个信号值的过程。而量化是将所采集的信号点的数值区分成不同位数的离散数值的过程,区分的位数越多,数值的精度越高。编码则是将采集到的离散时间点的信号的离散数值按一定规则以 0、1 数据形式存储的过程。采样的时间间隔越小,或者采样频率越高,采样数值编码位数越高,则采样的质量就越高,数字化表示就越接近连续的声波,相应的数据量也越大。最常用的采样频率是 44.1kHz,它的意思是每秒取样 44100 次。低于这个值就会有较明显的质量损失,而高于这个值人的耳朵已经很难分辨,而且增大了数字音频所占用的空间。

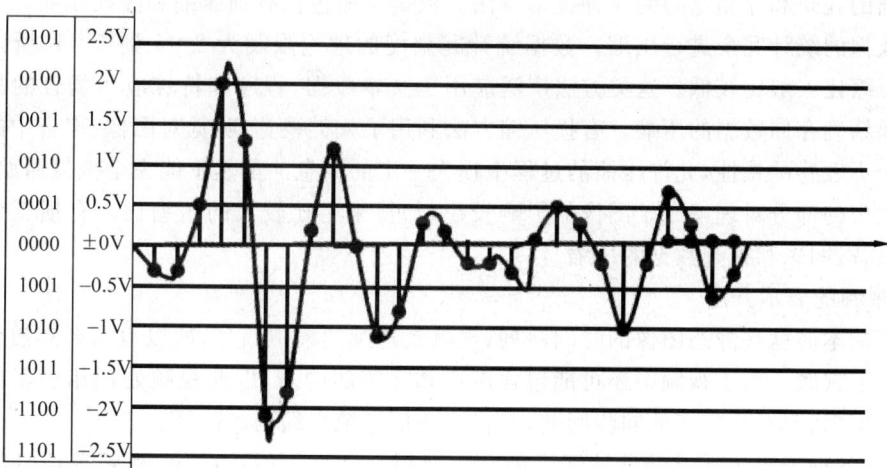

图 2-20 声音采样量化示意图

2）图像的表示方法

图 2-21 显示的是一幅图像，图像中的颜色信息是连续的光波信号，要进行数字图像处理就必须对信息离散化。将该图像水平和垂直均匀划分成若干个小格，每个小格称为一个像素，每个像素用的一个颜色值表示就实现了图像的离散化。对于黑白图像，每个点只有黑白两种颜色，所以只需要 1 个二进制位的 0 或 1 即可以表示颜色值；而对于灰度图像，通常采用 1 个字节的 8 位表示 256 级灰阶（$2^8=256$）；对于彩色图像，每个像素点可采取 3 个字节分别表示光的三原色：红、绿、蓝，能表示的颜色为 $2^{24}=16\,777\,216$ 种，这远大于人眼所能分辨的颜色种类，所以称为 24 位真彩色图像。数字图像的尺寸可以用"水平像素点×垂直像素点"来表示。通常将单位尺寸中的像素点数目称为分辨率，分辨率越高则图像越清晰。由此可见，一幅图像占用的存储空间为"图像包含的像素点×像素点的位数"，对于一台 800 万像素的数码相机拍摄的一张照片，其占用的空间为 800 万×24 位，约为 24MB。然而我们知道实际上一张 800 万像素的照片在数码相机中通常只占用 3～4MB 的空间，这是由于数码图像存储时进行了数据压缩。

图 2-21　图像的表示

所谓数据压缩也是一种对数据的编码。它是指在不丢失有用信息的前提下，缩减数据量以减少存储空间，提高其传输、存储和处理效率，或按照一定的算法对数据进行重新组织，减少数据的冗余和存储空间的一种技术方法。数据压缩包括有损压缩和无损压缩。无损压缩利用数据的统计冗余进行压缩。数据统计冗余度的理论限制为 2∶1 到 5∶1，所以无损压缩的压缩比一般比较低。这类方法广泛应用于文本数据、程序和特殊应用场合的图像数据等需要精确存储数据的压缩。有损压缩方法利用了人类视觉、听觉对图像、声音中的某些频率成分不敏感的特性，允许压缩的过程中损失一定的信息。虽然不能完全恢复原始数据，但是所损失的部分对理解原始图像的影响较小，却换来了比较大的压缩比。有损压缩广泛应用于语音、图像和视频数据的压缩。

3）视频的表示方法

视频的本质就是静态图像的时间序列，也就是连续的模拟信号，所以也需要离散化才能转换成数字视频。由于视频中还可能包含声音和文字的同步，因此视频处理相当于按时间序列处理图像、声音和文字的同步问题，并将这些信息统一编码。

因此，各种编码实际上就是计算机中 0、1 数据与文字、音频、图像、视频等信息的对应关系。

2.3.4 二维码

按照维基百科的解释，二维码（又叫二维条码）是指在一维条码的基础上扩展出另一维具有可读性的条码，使用黑白矩形图案表示二进制数据，被设备扫描后可获取其中所包含的信息。一维条码的宽度记载着数据，而其长度没有记载数据。二维码的长度、宽度均记载着数据。二维码具有信息容量大，纠错能力强，可靠性高，可表示字母、数字、汉字及图像多种信息，保密防伪性强等优点。

在目前的几十种二维码中，常用的码制有 PDF417、Datamatrix、Maxicode、QR Code、Code 49、Code 16K、Code one 等。除了这些常见的二维码之外，还有 Vericode 条码、CP 条码、CodablockF 条码、田字码、Ultra code 条码，Aztec 条码等。其中 QR Code 具有识别速度快、360°全方位识别的优点，是目前使用最为广泛的一种二维码，如图 2-22 所示。

如今二维码已被广泛应用于许多行业，由于各种行业有不同特点，二维码在不同行业中应用的工作流程也有所不同。下面简单介绍二维码在一些主流行业的具体应用。

图 2-22 普通 QR Code 二维码

1. 物流行业

二维码在物流行业中主要涉及四个环节。一是入库管理，即商品入库时通过读取商品的二维码标签，将入库商品的特征信息及存放信息记录到数据库中。二是出库管理，即通过扫描商品的二维码的方式，确认商品出库并修改商品在数据库中的库存数量。三是仓库内部管理，即实现库存管理中的存货盘点和出库备货。四是货物配送，即通过移动终端完成查看客户订单、准备订单货物以及客户确认收货等一系列流程。

2. 生产制造业

二维码在生产与流通环节可起到原材料信息录入与核实、生产配方信息录入与核实以及成品信息录入与查询的作用。

3. 安全防护

二维码可读取而不可改写，并且可以通过多种加密方式对数据进行加密。因此，可以将证件所有者的姓名、单位、证件号码、血型、照片、指纹等多种重要信息进行二维码编码，应用于证件防伪及其管理。

4. 商品比价

如今购物时只要使用"我查查"之类的二维码识别软件，通过手机摄像头扫描商品的二维码，商品的名称、产地、价格等信息就会显示在手机上，同时还可以看到该商品在天猫、京东商城等网上购物商城的价格。真正实现货比三家，从优选择。

5. 移动支付

国内最早推出二维码支付的是第三方在线支付平台支付宝，其二维码支付方案是一种基于账户体系的无线支付，即将消费者账户、商家账户、商品价格等交易信息编码成支付宝二维码，通过消费者扫码支付或者商家扫消费者付款码等多种方式实现移动支付。随着支持支付宝移动支付的商家数量的增长，基于二维码的移动支付正在改变传统的线下购物支付方式。

6. 食品溯源

食品安全是最受消费者关注的问题之一,如今二维码很好地解决了这一问题。例如,可以给牲畜佩戴二维码耳标,使得其饲养、运输、屠宰、加工、储藏、运输等各个环节的信息都可以追根溯源,从而解决了消费者获取食品溯源信息的障碍,有效保障消费者利益。

7. 个人名片

二维码名片能将个人的姓名、电话号码、电邮和公司地址等信息保存在一张二维码图片中,直接利用手机扫码,就可以把信息存入到手机通讯录中,免去了手动录入通讯录的麻烦。与传统纸质名片相比,二维码名片具有方便存储、携带的优点。

8. 电子凭证

将优惠券、门票、电影票以二维码图片的形式发送到手机客户端上,商家通过扫码设备直接扫描手机即可验证电子门票的信息,这种二维码凭证形式已被大量应用于团购 App 及电影票 App。用手机作为二维码的载体,即方便携带又减少传统纸质凭证的浪费和对环境的破坏。对于应用商家不仅可以降低产品成本,还可节省人力资源。

9. 信息加密

为了避免一些个人隐私或者不便公开的信息被泄露,二维码还可以进行加密,如新版火车票以及许多航空公司的机票上的二维码都应用了二维码的加密技术,加密后的票据只有对应机构的专门的解码软件才可解析出信息,可确保乘客的个人信息不会被普通的二维码识别软件直接读取。

10. 品牌营销

如今无论是在纸质媒体上还是户外广告,抑或手机分享链接中经常都会有二维码的身影。二维码能在有限空间内承载大量信息,受众只需利用照相手机内建的读码软件直接扫码或者长按手机显示的二维码图片,就可以进入公司主页或下载推广的 App,省去了烦琐的输入网址的过程,更便于用户访问其推广的网站或 App。二维码无疑为已成为新媒体的主要运营手段。

借助在线的二维码生成器或者专门的二维码制作工具可以打造个性化的二维码。由于QR 二维码具有纠错能力,表示相同的信息时,纠错等级越高,二维码包含的点就越多。因此,当纠错级别较高时,允许其中有部分点损失,企业可以将其 logo 图片放置在二维码中央,以起到彰显个性、引人注意的作用。在制作包含图片的二维码时,可根据实际情况设置纠错等级,生成二维码后,利用图片处理工具将 logo 放置在二维码中央,适当调整 logo 图片大小,并扫描二维码进行测试,确保信息能完整解析出来。图 2-23 是一些创意二维码图片。

图 2-23　创意二维码

2.4 微型计算机硬件系统

微型计算机简称微机,它主要面向个人用户,是人们日常接触和使用最多的一类计算机,台式机、笔记本电脑、工作站等都属于微型计算机,其普及程度和应用领域非常广。下面简要介绍它的硬件系统组成。

2.4.1 主机

1. 中央处理器

中央处理器(Central Processing Unit,CPU)是一块超大规模集成电路,主要包括运算器(算术逻辑运算单元,Arithmetic Logic Unit,ALU)、控制器(control unit)和高速缓冲存储器(cache)。它是一台计算机的运算核心和控制核心。它的功能主要是解释计算机指令以及处理计算机软件中的数据。目前的中央处理器供应商主要有英特尔、AMD 和威盛这三大巨头。随着我国自主研发的"龙芯"系列中央处理器的出现,这种局面有可能被打破,尽管现阶段"龙芯"处理器的性能指标还未达到世界先进水平,但发展迅速,有着广阔的市场前景。图 2-24 和图 2-25 是各类 CPU 的图片。

图 2-24 微机 CPU

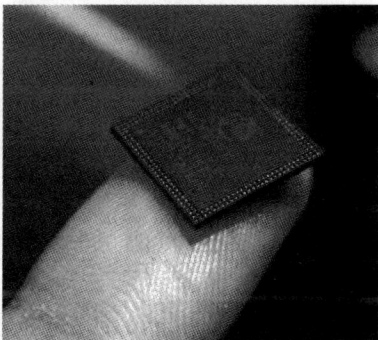

图 2-25 手机 CPU

计算机的性能在很大程度上由 CPU 的性能决定,下面介绍 CPU 的主要性能指标。

(1)主频,即中央处理器的时钟频率。它是 CPU 单位时间(s)内发出的脉冲数,CPU 通过若干步基本动作完成每条指令的执行。一般说来,主频越高,其工作速度越快。目前,主流的中央处理器主频为 3~4GHz。

(2)高速缓存。内置高速缓存可以提高中央处理器的运行效率,高速缓冲存储器均由静态随机存储器组成,结构较复杂,由于受 CPU 芯片面积和成本的限制,缓存都很小,通常只有几兆字节。

(3)字长。它是计算机信息处理中一次存取、传送和加工数据的长度。通常字长越长,计算机的计算精度越高,信息处理能力越强。目前主流的计算机都采用的是 64 位 CPU。

(4)工作电压。是指中央处理器正常工作所需的电压。随着中央处理器主频的提高,工作电压有下降的趋势。

(5)制造工艺。制造工艺的趋势是向密集度更高的方向发展。电路设计的密集度越高,意味着晶体管门电路越小,能耗越低,中央处理器越省电,极大地提高中央处理器的集成度和工作频率。目前,CPU 的制造工艺一般是 32nm、28nm。

2. 内存

在微机中,内存通常是指内存条,一般被插在微机的主板上,它的存取速度较快,但存储容量相对较小(智能手机中内存通常指手机的 RAM)。内存条的性能指标主要是其容量和内存频率,内存主频越高,在一定程度上代表着内存所能达到的速度越快。由于程序运行时会加载到内存中,因此内存容量越大,频率越高,通常微机的性能越好。目前主流内存的单条容量为 4GB、8GB 和 16GB,内存频率为 DDR3-1600MHz,DDR3-2133MHz,DDR3-2400MHz 和 DDR3-2666MHz 等,如图 2-26、图 2-27 所示。

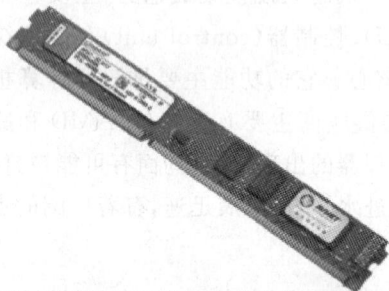

图 2-26　台式机内存条　　　　　图 2-27　笔记本内存条

3. 主板

主板(mainboard)是微机中的一个非常重要的部件(图 2-28),微机中的 CPU、内存条、声卡、显示卡、BIOS 芯片、输入输出接口都安装在主板上。其中,芯片组固化在主板上,这些芯片组为主板提供一个通用平台供不同设备连接,控制不同设备的沟通,它亦包含对不同扩充插槽的支持。因此,主板芯片组的型号以及主板包含的插槽决定了该主板可以支持的CPU 品牌和型号、内存条数量和单条最大容量、PCI/AGP/PCI-E 扩展设备的个数、外存设备的接口方式、USB 设备的版本和个数等。

图 2-28　主板

2.4.2　外部设备

1. 外存

外存储器是指除计算机内存及中央处理器缓存以外的存储器。目前,常见的外存有硬盘、光盘、USB 移动硬盘、U 盘以及各类闪存卡等。它们和内存一样，也是以字节为基本存储单位。与内存相比，外存的特点是存储容量大、成本低、存取速度慢，断电后信息不丢失。

1）硬盘

硬盘是最重要的外存储器，从工作原理上有机械硬盘和固态硬盘两种。

传统的机械硬盘由涂有磁性材料的铝合金圆盘片环绕一个共同的轴心组成，数据读取和写入由磁头完成，由于磁头物理结构的限制，其速度已达到一个瓶颈。常见的硬盘容量为500GB 到 2TB，转速为 5400 转/s 和 7200 转/s（图 2-29）。

固态硬盘（Solid State Disk，SSD）的存储介质分为闪存（flash 芯片）和动态随机存储器（DRAM）两种，没有机械结构，以区块写入和抹除的方式实现读写功能。它与机械硬盘相比有读取速度快、防震抗摔、低功耗、无噪声、小巧轻便等优点。常见的固态硬盘容量为64～256GB（图 2-30）。

图 2-29　机械硬盘　　　　　　　　图 2-30　固态硬盘

受到价格和容量的限制，目前微机采用的主流硬盘仍旧是传统的机械硬盘，未来几年内固态硬盘有从军工、航空及医疗等行业全面进军民用的趋势。

2）U 盘

U 盘，全称 USB 闪存盘，是一种使用 USB 接口的无需物理驱动器的微型高容量移动存储产品，通过 USB 接口与计算机连接，可以即插即用。由于 U 盘具有小巧便于携带、存储容量大、价格便宜、性能可靠、无需驱动器和额外电源等诸多优点，越来越受到用户的青睐。常见的闪存还包括 CF 卡、SD 卡、TF 卡等。

3）光盘

光盘存储器用聚焦的氢离子激光束处理记录介质的方法存储和再生信息，又称激光光盘。早期的光盘一般用于存放 CD 音频或者 VCD 视频，容量较小，一般在 700MB 左右，随着多媒体技术的发展，对于高清视频存储的需求促使人们发明了 DVD 光盘和蓝光 DVD 光盘。其中，普通 DVD 光盘可存储 4.7GB 的内容，而蓝光 DVD 的存储容量更是可以到数十吉字节之多。此外，光盘按照其读写性可以分为 3 类：只读光盘、一次性写入光盘和可擦写光盘。光盘驱动器简称光驱，是专门用于读取光盘中的数据的设备。光驱根据其读写速度快慢可以分为不同倍速，根据其读写能力又可分为 CD 光驱、DVD 光驱、CD 刻录机、DVD 刻录机等。

由于光盘携带不便，普通光盘不能反复擦写，读写都需要专门的驱动器等缺点，光盘的使用逐渐被 U 盘取代。

2. 输入设备

计算机能够接收各种各样的数据，既可以是数值型的数据，也可以是各种非数值型数据。对于这些信息形式，计算机往往不能直接处理，输入设备的功能是将需要计算机处理的字符、文字、图形、图像、音视频及程序等形式的数据信息转换为计算机可以接收和识别的二进制信息形式，存在计算机中。常用的输入设备有键盘、鼠标、扫描仪、操纵杆、条形码输入器、数位板、麦克风、数码相机、触摸屏等。其中最常见的输入设备是键盘(图 2-31)。

图 2-31 普通键盘

键盘(keyboard)是用户与计算机进行交流的主要工具，是计算机中最主要的输入设备。微机使用的标准键盘一般包含 104 个按键。下面介绍键盘中一些常用特殊按键的功能。

Esc：一般起退出或取消的作用。

Print Screen：在 Windows 系统中可以截取整个桌面作为图像保存到内存，以供使用。

Insert：编辑文本时插入状态和改写状态的切换。

Caps Lock：大写状态锁定的切换。对应的指示灯亮表示状态为锁定。

Num Lock：数字键盘区锁定的切换。对应的指示灯亮表示状态为锁定。

Shift：也叫换挡键，要临时输入大写字母或双符号键上部的符号时按住此键。

Tab：制表位键，用于制表时的光标移动。

Enter：回车键，用于光标切换到下一行。

Delete：删除键，用于向后方删除字符或删除文件。

Backspace：退格键，用于向前方删除字符。

PgUp/PgDn：翻页键，用于向上/向下翻页。

Ctrl 和 Alt：一般与其他按键组合成特殊功能的快捷键。

Win(Windows 图标键)：用于弹出开始菜单或与其他按键组合成特殊功能的快捷键。

对于笔记本电脑，其键盘(图 2-32)由于受到空间限制，通常没有数字键盘区。此外，有些特殊功能，如调整音量、调整亮度、WiFi 开关、屏幕输出控制等，都是由笔记本电脑键盘独有的 Fn 按键与其他按键组合实现的。

图 2-32 笔记本键盘

3. 输出设备

输出设备用于接收计算机数据,其功能是将存放在内存中的由计算机处理的结果转化为人或者其他机器设备所能接收和识别的信息形式。这些输出结果可以是用户视觉、听觉上能体验的,也可以是其他设备的输出。常见的输出设备有显示器、投影仪、打印机、耳机、音响等。其中最常用的是显示器和打印机。

1)显示器

显示器按照显示原理主要分为阴极射线管(CRT)显示器和液晶(LCD)显示器两类。液晶显示器由于其轻、薄、节省空间,且价格不高,已成为现在主流的微机显示器。显示器显示的内容以像素为单位,每个像素的亮度和颜色都由程序控制。屏幕上每行的像素数与行数的乘积称为屏幕的分辨率。对于液晶显示器而言,当系统设置的分辨率与液晶显示器包含的发光点一一对应时,其显示效果最好。目前,主流的 21.5 英寸的液晶显示器一般都可以达到 1920×1080 的分辨率,该分辨率可以满足高清视频输出的要求。

与显示相关的另一个重要设备就是显示卡,简称显卡(图 2-33)。它是显示器与主机的接口部件,通常以硬件插卡的形式插在主板上或集成在主板上。它的性能也决定了显示画面播放的流畅程度和清晰程度。

2)打印机

打印机可以将计算机处理的结果输出到纸张上。其种类和型号很多,按照工作原理可以分为击

图 2-33 显示卡

打式和非击打式打印机。击打式打印机有针式打印机,多用于票据打印。非击打式打印机有喷墨打印机和激光打印机,其中激光打印机打印分辨率高,打印速度快,是目前使用较多的一种打印机。为节约纸张,提倡环保,我们经常希望在打印时实现双面打印,然而一般的打印机通常只能通过手动方式实现双面打印,这种方式既烦琐又很容易出错。所以,若希望自动实现双面打印,可以选择带有自动双面打印功能的打印机,例如惠普 M401d,双面打印的打印机型号尾部通常包含字母 d。

此外,随着技术的发展,人们还发明了多种 3D 打印机(图 2-34)。3D 打印机是一种快速成形技术的机器,它是一种以数字模型文件为基础,运用特殊蜡材、粉末状金属或塑料等可粘合材料,通过打印一层层的粘合材料来制造三维物体的设备。3D 打印机及其作品如图 2-34、图 2-35 所示。

图 2-34 各式 3D 打印机

计算机基础知识

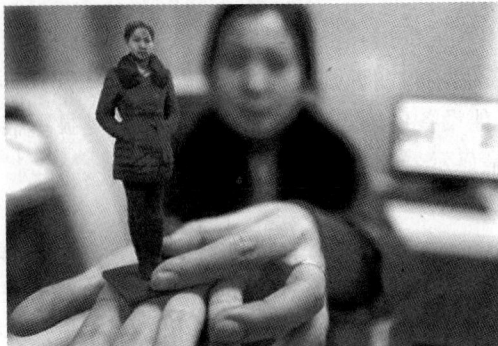

图 2-35　3D 打印的人物

习　　题

一、单选题

1. 系统软件的核心是（　　　），它用于管理和控制计算机的软、硬件资源。

　　A. 操作系统　　　　　　　　　　　　B. 程序设计语言

　　C. 语言处理程序　　　　　　　　　　D. 系统服务程序

2. 计算机中采用了各种（　　　）来实现用二进制表示信息。

　　A. 字符　　　　　　　B. 文字　　　　　　　C. 信息编码　　　　　　D. 图片

3. （　　　）具有识别速度快、360°全方位识别的优点，是目前使用最广泛的一种二维码。

　　A. Code one　　　　　B. Datamatrix　　　　C. QR Code　　　　　　D. PDF417

4. $(11011.01)_2$ 对应的八进制数是（　　　）。

　　A. 63.2　　　　　　　B. 33.2　　　　　　　C. 63.1　　　　　　　　D. 33.1

5. $(73.375)_{10}$ 对应的二进制数是（　　　）。

　　A. 1001001.011　　　B. 1001001.101　　　C. 1001011.011　　　D. 1001011.101

6. $(FF)_{16}$ 对应的十进制数是（　　　）。

　　A. 254　　　　　　　B. 255　　　　　　　C. 256　　　　　　　　D. 257

7. 下列单元中不包含于计算机中央处理器的是（　　　）。

　　A. 运算器　　　　　　　　　　　　　B. 传感器

　　C. 控制器　　　　　　　　　　　　　D. 高速缓冲存储器

8. 通常来说下列存储器中读写速度最快的是（　　　）。

　　A. 内存　　　　　　　B. 外存　　　　　　　C. 高速缓存　　　　　D. U 盘

9. 下列设备中只能作为输出设备的是（　　　）。

　　A. U 盘　　　　　　　B. 打印机　　　　　　C. 硬盘　　　　　　　D. 触控屏

10. 用英文输入文件时，大小写切换键是（　　　）。

　　A. Tab　　　　　　　B. CapsLock　　　　　C. Ctrl　　　　　　　D. Alt

11. 计算机系统包括（　　　）系统。

　　A. 硬件和软件　　　　　　　　　　　B. 硬件和程序

　　C. 显示器和主机　　　　　　　　　　D. 软件和 CPU

12. 下列操作系统中不属于移动操作系统的是(　　)。

    A. iOS   B. Android

    C. UNIX   D. Windows Phone

二、填空题

1. 1966 年美国计算机协会设立了＿＿＿＿＿＿＿奖,以表彰对计算机科学与技术领域作出杰出贡献的科学家,该奖项有"计算机界的诺贝尔奖"之称。

2. 计算机数据和指令采用＿＿＿＿＿＿＿和＿＿＿＿＿＿＿的概念是冯·诺依曼式计算机的两大基本特征。

3. 当价格不变时,集成电路上可容纳的元器件的数目约每 18～24 个月便会增加一倍,性能也将提升一倍。这一规律被称为＿＿＿＿＿＿＿。

4. 未来的计算机将是半导体技术、＿＿＿＿＿＿＿、＿＿＿＿＿＿＿、＿＿＿＿＿＿＿相互结合的产物。

5. 100M 带宽的网络,其下载数据的理论速度是＿＿＿＿＿＿＿ MB/s。

6. 计算机中,一个字节由＿＿＿＿＿＿＿个二进制位组成。其最大能表示的十进制数是＿＿＿＿＿＿＿。

7. 计算机中最常用的西文字符编码是美国标准信息交换代码,缩写是＿＿＿＿＿＿＿,该编码一个字符占用＿＿＿＿＿＿＿个字节。一个汉字由＿＿＿＿＿＿＿个字节组成。

8. 数据压缩包括有损压缩和无损压缩。无损压缩利用数据的＿＿＿＿＿＿＿进行压缩。

9. 编辑文本时若需要切换插入状态和改写状态,可以按下键盘上的＿＿＿＿＿＿＿键。

三、简答题

1. 云计算具有哪些特点?

2. 大数据的特点可以归纳为 4 个 V,这 4 个 V 具体是指什么?

3. 冯·诺依曼提出的计算机体系包括哪几个部分? 各部分的作用是什么?

4. 计算机的存储系统通常由两级存储器结构构成,它们分别是什么? 各自有何特点?

5. 电子计算机为什么要采用二值元件? 其元件发展经历了哪几个阶段?

6. 在计算机系统中,进程和程序有何区别?

7. 为实现汉字的输入、存储、输出,计算机中采用了哪些编码? 它们分别起到什么作用?

第 3 章　Windows 操作系统

　　单纯的计算并不会为人们的日常生活提供看得见摸得着的便利,但是计算机科学通过与其他学科的交叉融合,能产生许多有实际意义的应用,对人们的生活和国民经济发展都提供了诸多便利。学习计算机科学的基础知识,掌握计算机操作系统的工作原理,理解计算机解决实际问题的方式,对于将计算机科学与自己所学专业交叉,利用计算机技术促进本专业学习,开拓本专业新的研究领域都有十分重要的意义。本章重点介绍软件系统中操作系统的应用技巧。

3.1　Windows 系统安装与启动

　　通过第 2 章的学习可知,计算机的软件和硬件是密不可分、缺一不可的。而计算机操作系统作为计算机软件和硬件沟通的桥梁与纽带,是计算机系统中最重要的系统软件。因此,计算机必须安装一种操作系统才能保证其正常工作,计算机也可以安装多个不同的操作系统以满足实际使用的需要。

　　Windows 操作系统界面友好,使用方便,是目前个人计算机中应用较为广泛的操作系统。目前个人计算机中安装的 Windows 操作系统多为 Windows 7、Windows 8 和 Windows 10 等版本。由于 Windows 8 系统去掉了传统的"开始"菜单,并且不支持多窗口操作,使许多非触摸屏的 Windows 用户使用起来感到非常不适应,转而回到使用 Windows 7 系统。最新的 Windows 10 系统虽然能跨平台支持 PC、平板和手机多种终端,并提供了诸如"开始"菜单和 Metro 界面轻松切换、Cortana 语音助手、Edge 浏览器、多桌面等许多全新功能,但是暂时普及率还不高。因此,在本书中以 Windows 7 为主要应用讲解。

　　Windows 7 包含 6 个版本,分别为初级版(starter)、家庭普通版(home basic)、家庭高级版(home premium)、专业版(professional)、企业版(enterprise)以及旗舰版(ultimate)。

1. 初级版

　　初级版(Windows 7 starter)是功能最少的版本,缺乏 Aero 特效功能,没有 64 位支持,没有 Windows 媒体中心和移动中心等,对更换桌面背景有限制。它主要设计用于类似上网本的低端计算机,通过系统集成或者 OEM 计算机上预装获得,并限于某些特定类型的硬件。

2. 普通家庭版

　　普通家庭版(Windows 7 home basic)是简化的家庭版。支持多显示器,有移动中心,限制部分 Aero 特效,没有 Windows 媒体中心,缺乏 Tablet 支持,没有远程桌面,只能加入却不能创建家庭网络组(home group)等。它仅在新兴市场投放,例如中国、印度、巴西等。

3. 高级家庭版

高级家庭版(Windows 7 home premium)面向家庭用户,满足家庭娱乐需求,包含所有桌面增强和多媒体功能,如 Aero 特效、多点触控功能、媒体中心、建立家庭网络组、手写识别等,不支持 Windows 域、Windows XP 模式、多语言等。

4. 专业版

专业版(Windows 7 professional)面向爱好者和小企业用户,满足办公开发需求,包含加强的网络功能,如活动目录和域支持、远程桌面等,另外还有网络备份、位置感知打印、加密文件系统、演示模式、Windows XP 模式等功能。64 位可支持更大内存(192GB)。可以通过全球 OEM 厂商和零售商获得。

5. 企业版

企业版(Windows 7 enterprise)面向企业市场的高级版本,满足企业数据共享、管理、安全等需求。包含多语言包、UNIX 应用支持、BitLocker 驱动器加密、分支缓存(BranchCache)等,通过与微软有软件保证合同的公司进行批量许可出售。不通过 OEM 和零售市场发售。

6. 旗舰版

旗舰版(Windows 7 ultimate)拥有所有功能,与企业版基本是相同的产品,仅仅在授权方式及其相关应用及服务上有区别,面向高端用户和软件爱好者。专业版用户和家庭高级版用户可以付费通过 Windows 随时升级(WAU)服务升级到旗舰版。

在这 6 个版本中,Windows 7 家庭高级版和 Windows 7 专业版是两大主力版本,前者面向家庭用户,后者针对商业用户。此外,32 位版本和 64 位版本没有外观或者功能上的区别,但 64 位版本支持 16GB(最高至 192GB)内存,而 32 位版本只能支持最大 4GB 内存。目前所有新的和较新的中央处理器都是 64 位兼容的,均可使用 64 位版本。

3.1.1　Windows 7 系统的安装

Windows 7 的安装一般有两种方法:一种是正常安装,另一种是快速恢复(系统还原)安装。对于一台新计算机,通常应该用正常安装方法进行安装,安装成功后,做基本的系统优化及设置,再用一键还原软件制作恢复文件。恢复文件是一种系统备份文件,以后可以利用它来快速恢复计算机系统。

所谓安装操作系统,一般是指将光盘中的系统程序安装到计算机硬盘中。如果计算机是全新的,即第一次安装系统程序,首先要设置 BIOS 参数(大部分计算机只要在开机时长按 Del 或 F2 键,即可进入 BIOS 进行参数设置)。将第一个启动设备(1st Boot Device)设置为光盘,再将安装盘插入光驱,开机或重新启动计算机,计算机将启动自动安装程序。如果硬盘是第一次使用,系统会自动提示给硬盘分区。分区是将一个大硬盘划分为几个小的逻辑盘。第一逻辑硬盘计算机自动命名为"C:",其他逻辑盘命名为"D:""E:"等,依英文字母顺序排列。计算机默认"C:"分区为激活分区,该分区是当前操作系统的安装分区(用户也可以自选激活分区),后续操作系统软件将自动安装在该分区。分区完成后,计算机将自动提示硬盘格式化。硬盘格式化后,操作系统开始安装。虽然 Windows 7 的安装过程基本不需要人工干预,但是有时计算机会自动提示用户在安装中进行设置或输入,例如输入序列号、设置时间、网络、管理员密码、用户设置等。

随着大容量 U 盘的普及,光盘的使用量明显减少,许多计算机都没有配备光驱。因此,在安装系统的时候需要使用 U 盘启动盘制作工具将 U 盘制作成启动盘,并将光盘镜像 ISO 文件的内容复制到 U 盘。设置 BIOS 参数时将第一个启动设备设置为 U 盘即可,后续安装步骤与光盘安装相同。

3.1.2 Windows 7 操作系统快速恢复(系统还原)

用户第一次安装完成计算机软件系统后,为了防止今后使用过程中病毒破坏计算机系统,造成计算机无法正常工作,可以在第一次装好计算机系统后安装"一键还原"程序,例如"一键还原精灵(装机版)"程序。该程序安装完成后,选择"一键备份 C 盘",单击"备份"按钮,程序自动启动 GHOST 将系统 C 盘备份到当前硬盘的最后一个盘符中。以后当这台计算机系统被破坏而无法工作时,只要在开机时选择"一键还原"项,就可以用备份的计算机系统镜像覆盖已被破坏的系统,从而使计算机又能正常工作。

在进行系统备份之前应注意修改两个重要文件夹的位置,这两个文件夹是"我的文档"和"桌面"文件夹。这是因为大多数软件默认保存文件的位置通常是"我的文档"。另外,用户在使用计算机时一般习惯将文件放在"桌面"上。而这两个文件夹默认的位置都在系统盘下,如果不修改它们的位置就直接备份,则还原系统时会将在两个文件夹还原成系统刚刚安装时的状态,也就是说这两个文件夹下的文件都会丢失。这里"我的文档"的文件夹位置可以通过在"我的文档"文件夹上右击,选择"属性"命令,在"我的文档 属性"对话框(图 3-1)中

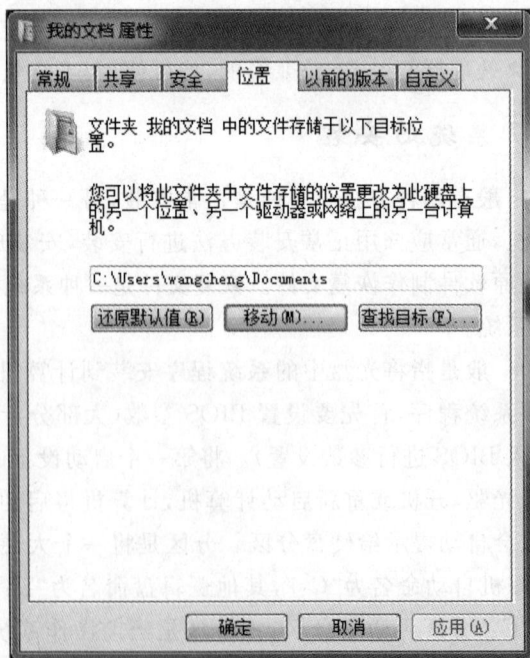

图 3-1 "我的文档 属性"对话框

选择"位置"选项卡,单击"移动"按钮功能可以将"我的文档"文件夹位置调整到非系统盘(对于只安装了一个操作系统的计算机,就是非 C 盘即可)。对于"桌面"文件夹位置的修改,可以通过注册表编辑器实现,打开注册表编辑器的方法可参考 3.6.3 节有关注册表维护的内容。在注册表编辑器(图 3-2)中选择 KEY_CURRENT_USER\Software\Microsoft\Windows\CurrentVersion\Explorer\User Shell Folders 目录下的 Desktop,打开"编辑字符串"对话框,在"数值数据"文本框中输入一个非系统盘文件夹位置即可。也可以通过安装"魔法兔子"等第三方系统管理工具直接修改。

图 3-2 "注册表编辑器"窗口

3.1.3 BIOS 启动与 EFI 启动对比

传统的 BIOS 启动过程是:先对设备加电,然后 BIOS 初始化并完成自检,接着 boot loader 引导,最终操作系统启动。近年来,虽然各大 BIOS 厂商努力对其进行改进,加入了许多新元素到产品中,如 ACPI、USB 支持等,但 BIOS 的根本性质没有得到任何改变,16 位的运行工作环境与程序的芯片最大不超过 256KB 是其最为致命的缺点。为此,在 2006 年的上半年,Intel 公司推出了全新的 EFI 启动模式。

EFI(Extensible Firmware Interface,可扩展固件接口)是 Intel 公司一个主导个人计算机技术研发的公司推出的一种在未来的类 PC 的计算机系统中替代 BIOS 的升级方案。EFI 在开机时的作用和 BIOS 一样,就是初始化 PC,但在细节上却又不一样。BIOS 对 PC 的初始化,只是按照一定的顺序对硬件通电,简单地检查硬件是否能工作;而 EFI 不但检查硬件的完好性,还会加载硬件在 EFI 中的驱动程序,不用操作系统负责驱动程序的加载工作。基于 EFI 的驱动模型可以使 EFI 系统接触到所有的硬件功能,在操作系统运行以前浏览网站不再是天方夜谭,甚至实现起来也非常简单,而这对基于传统 BIOS 的系统来说是件不可能的任务。此外，必须注意的是，要使用 EFI 系统，主板和操作系统都应支持 EFI 功能，并且硬盘第一个分区采用 GPT(GUID Partition Table)，即全局唯一标识磁盘分区表格式。目前支持 EFI 的 Windows 系统很多，如 Windows 7、Windows 8 和 Windows 10。由于 EFI 启动是 Windows 快速启动功能的必要条件，并且具有 BIOS 启动不具备的许多优点，许多品牌计算机、笔记本默认的安装系统中都采用了这种启动方式。不过使用 EFI 启动方式也会带来一个不便，就是不能直接使用 GHOST 的方式还原系统，还原后必须进行修复引导。

3.2 Windows 7 的基本操作

3.2.1 Windows 7 的窗口基本操作

Windows 操作系统的窗口就是图形用户界面(GUI)的基本元素之一。Windows 允许同时在屏幕上显示多个窗口，每一个窗口都有一些共同的组成元素。窗口通常主要包括标题栏、菜单栏、工具面板、地址栏、滚动条、工作区、状态栏等部分。

Windows 7 的窗口操作主要包括移动窗口，改变窗口大小，窗口最大化、最小化、还原和关闭，排列窗口，切换窗口等。其中排列窗口的方式有多种，右击任务栏空白处，从弹出的快捷菜单中选择"层叠窗口""堆叠显示窗口""并排显示窗口"命令，可以将窗口按不同方式排列，如图 3-3 至图 3-5 所示。

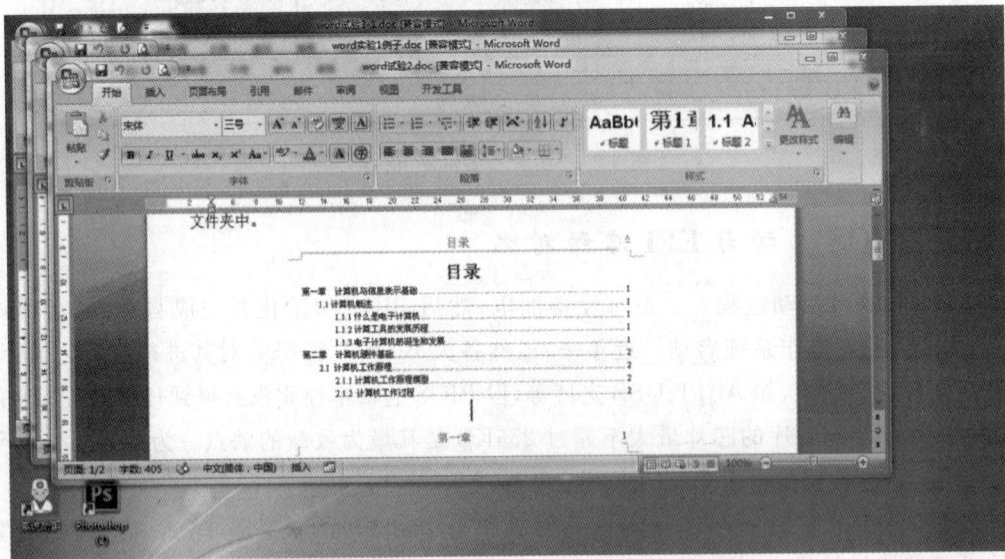

图 3-3 "层叠窗口"显示效果

3.2.2 Windows 7 的快捷键

为方便快速地操作 Windows 7 系统，了解一下系统常用快捷键是很有必要的，表 3-1 中列出了一些常用的快捷键及其功能。

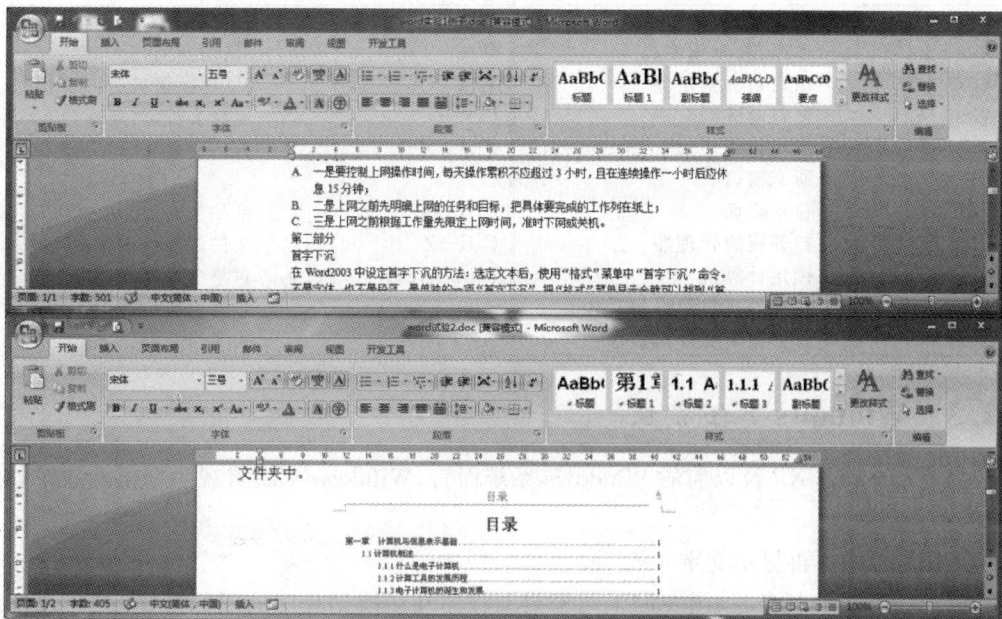

图 3-4 "堆叠显示窗口"效果

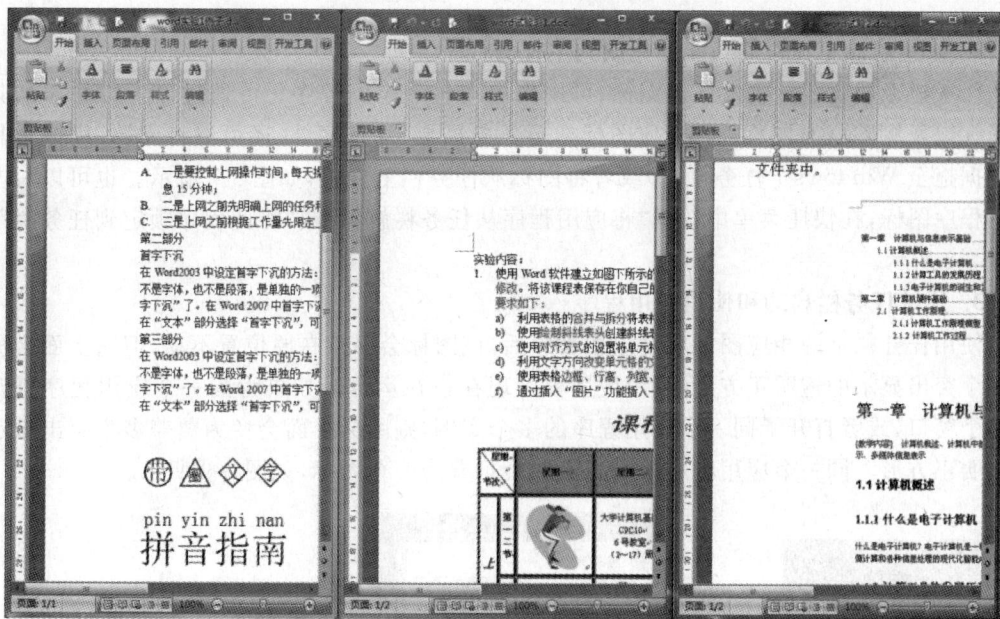

图 3-5 "并排显示窗口"效果

表 3-1　Windows 7 常用快捷键及其功能

快　捷　键	功　　能	快　捷　键	功　　能
Win+↑	最大化窗口	Win+R	打开运行对话框
Win+↓	还原/最小化窗口	Win+Tab	3D 切换窗口
Win+←	窗口对齐到左侧	Win+Ctrl+Tab	3D 切换窗口(可截图)
Win+→	窗口对齐到右侧	Ctrl+C	复制文件
Win+Home	最小化或还原当前窗口外的所有窗口	Ctrl+X	剪切文件
Win+D	显示桌面	Ctrl+V	粘贴文件
Win+E	打开资源管理器	Ctrl+Z	文件误操作的恢复
Win+L	锁定计算机	PrintScreen	对整个屏幕截图
Win+P	打开外接显示设备	Alt+PrintScreen	对当前窗口截图
Win+F	打开搜索文件对话框	Alt+F4	关闭当前窗口

3.2.3　Windows 7 任务栏

相对 Windows XP 及以前的 Windows 系统而言,Windows 7 最直观的变化就是任务栏的布局和默认配置。

1. 任务栏中不再显示文字

在默认情况下,任务栏(图 3-6)上用于启动程序和切换到程序的图标是统一的,并且任务栏上不会显示文字说明。之前版本中的快速启动栏在 Windows 7 中已不复存在。

图 3-6　Windows 7 任务栏

2. 快速启动工具栏的功能已集成到主任务栏中

任务栏上放置了一组默认的图标,可用来启动各个应用程序。可通过以下方法添加其他图标以及删除现有图标:将相应图标拖至任务栏上(除程序外,还可以将文档、媒体和其他数据拖至 Windows 7 任务栏上)或者将图标从任务栏上拖出,如图 3-7 所示。也可以右击应用程序图标,在快捷菜单中选择"将应用程序从任务栏解锁"或"将此程序锁定到任务栏",如图 3-8 所示。

3. 通过任务栏启动和使用应用程序

使用任务栏上的相应图标启动应用程序后,该图标会保持在原位置不动,但它上面会覆盖一个突出显示的透明正方形,表示应用程序现在正在运行。如果为同一个应用程序打开了多个窗口,或者打开了同一个应用程序的多个实例,则图标上面会变为覆盖多个突出显示的透明正方形。同一个应用程序的所有窗口会折叠为一个图标,如图 3-9 所示。

图 3-7　将程序锁定到任务栏　　图 3-8　将应用程序从任务栏解锁　　图 3-9　打开同一个应用程序的多个实例效果

Windows 7 还可以显示任务栏上打开的应用程序的缩略图预览,并且会为相应窗口提供文字说明,如图 3-10 所示。这样,可以根据窗口的内容直观地识别相应窗口,从而查看并选择所需窗口。

图 3-10　应用程序的缩略图预览

对于打开了多个窗口的应用程序而言,此功能显得尤为重要。若要选择某个特定的窗口,应首先在任务栏中单击相应的图标,然后再单击所需窗口的缩略图。

4. 缩略图工具栏

Windows 7 任务栏的许多方面都是开放式的,可通过应用程序进行自定义。缩略图工具栏便是一个很好的例子。应用程序可在其缩略图中提供工具栏,其中最多可包含应用程序的 7 个最常用按钮。图 3-11 中的 Windows Media Player 缩略图就是这方面的一个例子,其中提供了"播放/暂停"、"上一曲目"和"下一曲目" 3 个按钮。

图 3-11　Windows Media Player 缩略图

5. 通过任务栏将常用文件或文件夹固定

Windows 7 除了可以将常用的软件锁定到任务栏,还可以将常用文件或者文件夹锁定到对应的任务栏图标中,使再次打开这些常用文件和文件夹变得异常便捷。例如,可以在任务栏的"文件夹"图标上右击,在弹出的列表中找到希望锁定的文件夹,将鼠标移动到该文件夹列表右侧,单击"锁定到此列表"即可,如图 3-12 所示。下次访问该文件夹时,只需要直接在任务栏的"文件夹"图标上右击,便可在锁定的文件夹列表中找到该文件夹。取消固定的方式与此类似(图 3-13),这里不再赘述。

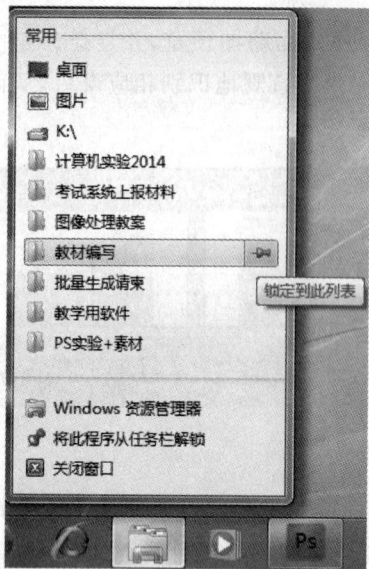

图 3-12　将文件夹锁定到此列表　　　　图 3-13　将文件夹从此列表解锁

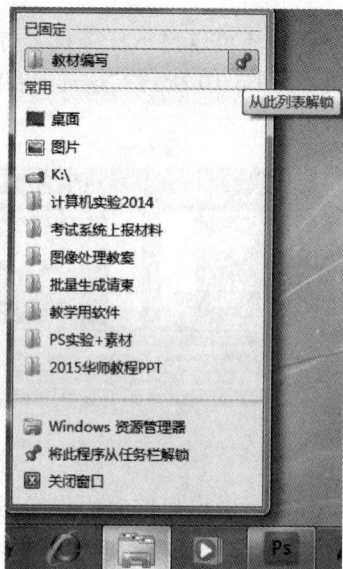

3.3　Windows 文件和文件夹管理

在计算机系统中,程序和数据是以文件的形式存储在存储器上的,如何有效、快速地对这些信息进行管理是操作系统的重要功能之一。在 Windows 7 中,常使用资源管理器来完成对文件资源的管理。

3.3.1　文件及文件夹的基本概念

文件是一组相关信息的集合,集合的名称就是文件名。任何程序和数据都以文件的形式存放在计算机的外存储器中。文件使得系统能够区分不同的信息集合,每个文件都有文件名。Windows 7 正是通过文件名来识别和访问文件的。文件夹是计算机磁盘空间里面为了分类储存电子文件而建立的目录,可以用来组织和管理磁盘文件。

1. 文件和文件夹的命名规则

Windows 7 中,文件和文件夹的命名有一定的规则。

(1) 文件和文件夹的命名最长可达 255 个西文字符,其中还可以包含空格。

(2) 文件名由主文件名和扩展名两部分组成。主文件名简称文件名,可以使用大写字母 A~Z、小写字母 a~z、数字 0~9、汉字和一些特殊符号,但不能包括下列字符:

$$\backslash \quad / \quad : \quad ? \quad * \quad " \quad < \quad > \quad |$$

(3) 文件的扩展名通常表示文件的类型。通常不同类型的文件在 Windows 窗口中用不同的图标显示,相同类型文件图标相同。但应当注意的是,文件的图标可以通过文件关联来修改,所以仅仅通过文件图片来辨别文件类型并不可靠。文件的扩展名通常由创建该文件的工具软件自动生成。下面是常用的文件扩展名:

EXE：可执行文件　　　　COM：命令文件　　　　ICO：图标文件

BAT：批处理文件　　　　BAK：备份文件　　　　DRV：驱动程序文件

TXT：纯文本文件	DOCX：Word 文档	XLSX：Excel 文件
PPTX：PowerPoint 文件	SYS：系统文件	DAT：数据文件
AVI：视频文件	WAV：声音文件	BMP：位图文件

在 Windows 7 系统默认的情况下，系统对于已知文件类型的文件不显示其扩展名，用户只需通过文件图标便可以分辨文件类型。这样可以避免用户在修改文件名时误将文件扩展名也作了修改，造成文件无法识别。但是有时候仅仅凭借文件图标来分辨文件类型并不可靠，例如，病毒程序伪装成 JPG 图片文件，实际则是可执行程序。因此，学习如何显示文件的扩展名对于分辨文件的类型是非常有必要的。显示文件的扩展名具体步骤如下：

（1）在资源管理器中选择"组织"→"文件夹和搜索选项"，可打开"文件夹选项"对话框，如图 3-14 所示。

（2）选择"查看"选项卡，如图 3-15 所示，将"隐藏已知文件类型的扩展名"选项前的对钩去掉。这样所有文件的扩展名就都可以显示了。

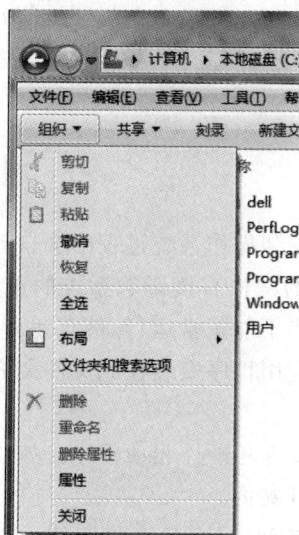

图 3-14　资源管理器"组织"菜单

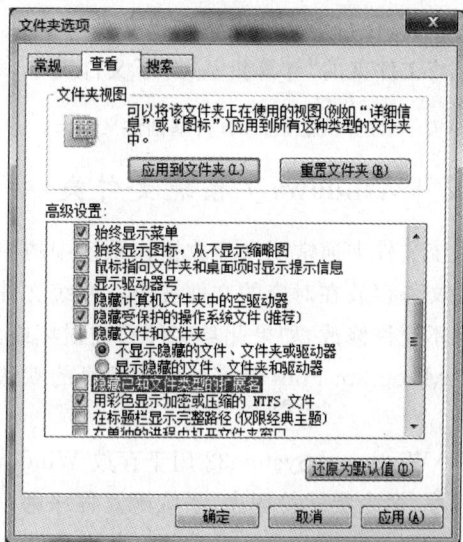

图 3-15　"文件夹选项"对话框

此外，对于未知文件类型的文件（图 3-16），由于无法直接通过文件图标方式分辨该文件类型，因此，只能从扩展名分析其文件类型，如果不清楚，可以在互联网上查询支持该文件

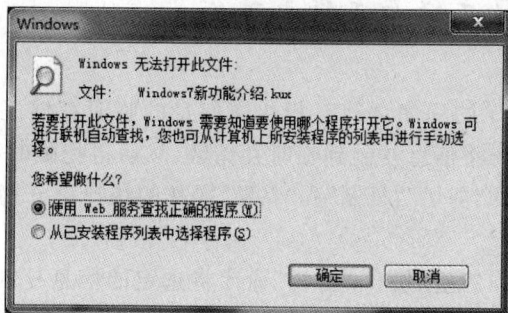

图 3-16　未知文件类型对话框

类型的应用程序并下载安装。如果确定该扩展名文件在本机上有对应的应用程序可以打开,可以选择该程序并建立文件关联即可。

(3) 文件和文件夹命名时不区分英文字母大小写。例如,FILE1. DAT 和 file1. dat 表示同一个文件。

(4) 文件夹和文件的命名规则相同,同一个文件夹中的文件或子文件夹不能同名。

2. 文件的路径

在 Windows 中的文件目录是一种树形目录结构。其中文件夹相对于树枝,下面可以包含文件夹和文件;而文件相对于树叶,下面不能再有分支。在此结构中,从根目录到任何文件或文件夹都有且只有一条路径。因此,文件路径可指明文件在树形目录中的位置。完整的路径表示方法如下:

<盘符:>\文件夹 1\文件夹 2…\文件名

一台计算机中可以有几个磁盘,如"C:""D:""E:"等。一个磁盘中又可以有若干个不同的文件夹,在每个文件夹中可以有多个文件。如"计算机基础讲义. docx"文件位于 D 盘的"教学"文件夹的"计算机基础"子文件夹中,完整路径表示为

D:\教学\计算机基础\计算机基础讲义. docx

3.3.2 Windows 7 系统文件夹

系统文件夹通常用来存放操作系统中的主要文件。安装操作系统过程中会自动创建并将相关文件存放在对应的文件夹中。系统文件夹所包含的文件直接影响系统的正常运行,多数都不允许修改,如果此类文件夹被损坏或丢失,系统将不能正常运行,甚至崩溃。

C:\Program Files 是安装应用程序的默认位置。将应用程序安装在此文件夹方便查找和管理。

C:\Windows\System32 用于存放 Windows 的系统文件和硬件驱动程序。如注册表编辑器程序、命令提示符程序、系统配置程序都存放在该文件夹内。

C:\Windows\Fonts 用于存放字体文件。如需安装某种字体,只要将字体文件复制到该目录下即可。

C:\Users 是 Windows 7 系统中用来存放用户账户的文件夹。包括 Administrator、公用账户、用户自己建立的账户的一些相关属性都保存在该文件夹下面。

3.3.3 Windows 7 文件与文件夹操作

1. Windows 剪贴板

剪贴板是 Windows 7 的程序之间互相传递信息的临时存储区(内存中的一块区域)。剪贴板的使用原理是:先将信息复制到临时存储区,然后再把临时存储区的信息插入到指定位置。文件和文件夹的"剪切""复制"和"粘贴"操作的快捷键分别是 Ctrl+X、Ctrl+C 和 Ctrl+V。

"剪切"和"复制"操作的差别是:"剪切"命令将选定的信息复制到剪贴板上,待"粘贴"命令执行后,该信息在内存中将被删除;"复制"命令可以将选定的信息复制到剪贴板上,待"粘贴"命令执行后,该信息还保存在内存中不变。

2. 重新命名文件或文件夹

重新命名文件或文件夹的方法有以下几种：

（1）选定要重命名的文件或文件夹，选择"文件"菜单中的"重命名"命令，或右击该文件或文件夹，在弹出的快捷菜单中选择"重命名"命令，然后在文件名框中输入新的文件名。

（2）选定要重命名的文件，在要修改的文件名上再次单击，这两次单击不能用双击代替，在文件名框中输入新的文件名。不要随意修改文件的扩展名，因为这可能造成文件关联错误致使文件无法正确打开。

需要注意的是，文件处于编辑状态时，通常是不能重新命名的；文件夹内若有文件处于编辑状态，则该文件夹也不能重新命名。另外，Windows 系统文件夹是不能重新命名的。

3. 文件的删除

删除文件的方法有以下几种：

（1）选定要删除的文件，在"文件"菜单中选择"删除"命令，或者右击要删除的文件，在弹出的快捷菜单中选择"删除"命令。

（2）先选定要删除的文件，然后直接按下 Del 键。

使用上述方法删除的文件将被放在回收站中。回收站是硬盘中的一块区域，它占用一定的磁盘空间。通过右击回收站图标，在弹出菜单中选择"属性"命令，可打开"回收站 属性"对话框（图 3-17），用户可以自己设置回收站空间大小。对于误删除的文件可以在回收站中恢复。打开回收站，然后在回收站中选定要恢复的文件，右击，在弹出的快捷菜单中选择"还原"命令，就可以将文件恢复到原来所在位置。如果选择"清空回收站"命令，则可以真正删除文件。

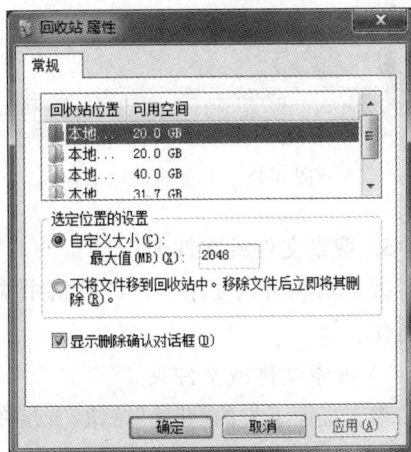

图 3-17 "回收站 属性"对话框

（3）先选定要删除的文件，然后直接按下 Shift＋Del 键，文件将不会被放入回收站，而是直接从硬盘中删除。如果删除后没有对该磁盘进行数据复制操作，使用 EasyRecovery 等数据恢复软件可以恢复删除的文件。

4. 显示或修改文件属性

选定要显示或修改的文件或文件夹，在"文件"菜单中选择"属性"命令，打开"属性"对话框。文件的常规属性包括文件的大小、位置、类型等。

Windows 文件和文件夹的属性设置有 3 种（图 3-18）：只读，即文件或文件夹只能读取而不能删除或修改；隐藏，即文件或文件夹在默认状态下不显示；存档，即标注文件需要备份。

在 Windows 7 系统中，对于十分重要的文件或系统文件夹，为了避免被误删除，可以将其设置为隐藏。因此，若要查看这些隐藏文件，必须修改系统的相关设置。具体步骤如下：

（1）在资源管理器中选择"组织"→"文件夹和搜索选项"，可打开"文件夹选项"对话框。

（2）选择"查看"选项卡，如图 3-19 所示，将"显示隐藏文件、文件夹和驱动器"选项前的圆点选上。这样就可以将隐藏文件、文件夹和驱动器显示出来了。对比 System32 文件夹在显示与不显示隐藏文件的设置下其属性栏显示的文件数量,计算该文件夹里包含多个隐藏文件。

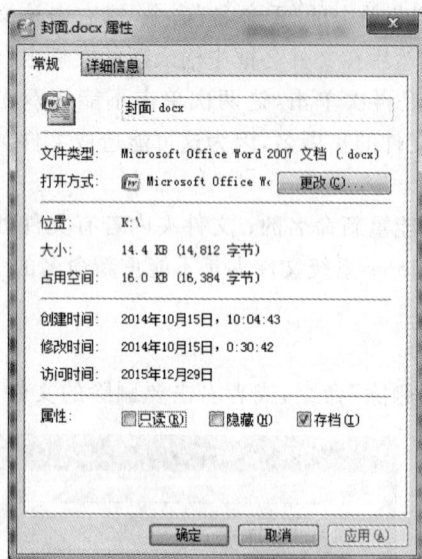

图 3-18　文件属性对话框

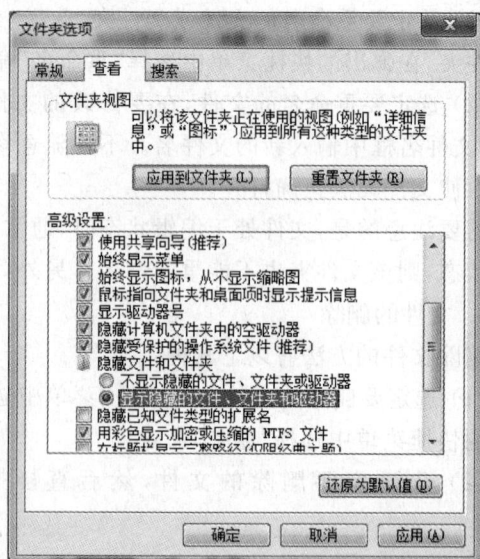

图 3-19　"文件夹选项"对话框

5. 搜索文件或文件夹

搜索功能可以使用户在计算机中快速搜索所需文件。Windows 7 中对搜索对话框进行了简化。

1) 搜索文件或文件夹

单击桌面下方的"开始"按钮,直接在"搜索程序和文件"文本框或在"资源管理器"右上角的"搜索计算机"文本框中输入文件中的一个字或词组或者文件中可能包含的文字或词组即可。还可以对搜索文件所在的文件夹以及文件大小、类型、修改日期等进行设置以缩小搜索范围。设置完毕,按 Enter 键或者单击"搜索"对话框右侧的"搜索"按钮,便可以得到搜索结果。

2) 通配符的使用

? 表示在该位置可以是一个任意合法字符(占一个字节)。

＊表示在该位置可以是若干个任意合法字符。

例如,"＊.exe"表示查找扩展名为 exe 的所有文件。

6. Windows 7 的库

库是 Windows 7 新的文件管理模式,它可以集中管理文档、音乐、图片和其他文件。在某些方面,库类似传统的文件夹,例如在库中查看文件的方式与文件夹完全一致。但与文件夹不同的是,库可以收集存储在任意位置的文件,这是一个细微但重要的差异。库实际上并没有真正存储数据,它只是采用索引文件的管理方式,监视其包含项目的文件夹,并允许用户以不同的方式访问和排列这些项目。并且库中的文件都会随着原始文件的变化而自动更新,还可以以同名的形式存在于文件库中。

所以根据 Windows 7 库的这个新特性,完全不需要按照 Windows XP 的模式将不同类型的文件放在不同的分区来进行管理,只需要将不同类型的文件放入不同的库中就行了。

因此,在 Windows 7 系统中,硬盘只需要分为两个分区,一个用于安装系统,另一个用作资料存储即可。

1) 库的创建

系统默认建立了"视频""图片""文档""音乐" 4 个库。若要为系统创建一个新的库"教学文件"。可选择"资源管理器"的"库",在"库"上右击,弹出菜单如图 3-20 所示,选择"新建"→"库"命令,然后修改新建的库名称为"教学文件",如图 3-21 所示。

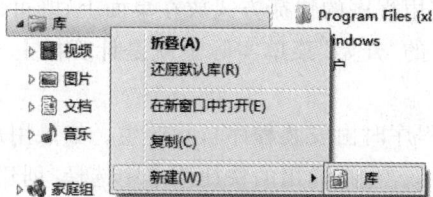

图 3-20　新建库菜单　　　　　　　　　　图 3-21　库新建完成效果

2) 将文件夹包含到库中

在磁盘分区中找到一个用于存放教学文件的文件夹,选中该文件夹,右击,弹出菜单如图 3-22 所示。选择"包含到库中"→"教学文件"命令,则该文件夹下的文件被包含到"教学文件"库中。下次访问该文件夹下的图片时,只需要在"资源管理器"中选择"库"→"教学文件"即可。

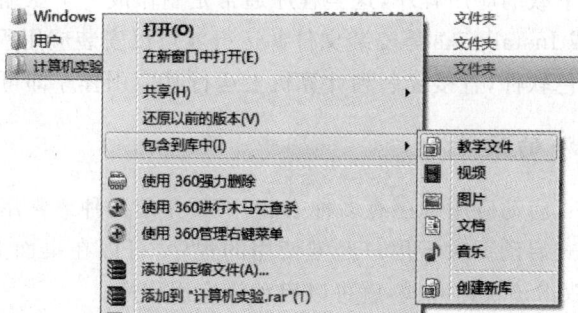

图 3-22　"包含到库中"菜单

3.4　Windows 应用程序管理

应用程序是设计者为计算机完成某一项或多项任务而开发的一系列语句和指令。它是运行于操作系统之上的计算机程序。应用程序是计算机中的一种特殊文件,下面讲解计算机中应用程序的管理方式。

3.4.1　应用程序的概念

在 Windows 系统中,应用程序的扩展名为".exe"或".com",每一个应用程序在运行时有独立的进程和地址空间。不同应用程序的分界线称为进程边界。大部分应用程序在管理时不是独立的,它必须和它的附属文件共同管理。例如,一个游戏软件包括应用程序文件、图片文件、音效文件等多个附属文件。除了绿色软件以外,大多数应用程序不能通过简单的文件复制、粘贴就能使用,而必须通过安装或"添加/删除程序"的方式安装后才能使用。其删除操作也不能用简单的文件删除方法,必须通过"添加/删除程序"方式删除。

3.4.2 应用程序的快捷方式

应用程序的快捷方式是应用程序的快速链接,其扩展名为".lnk",它通常比应用程序本身要小很多,几乎不占存储空间。通常将应用程序的快捷方式放在桌面上,既可以方便用户使用,又不占用桌面存储空间。在桌面下方的"开始"菜单实际上就是计算机上安装的各种应用软件的快捷方式的集合。

应用程序的快捷方式通常在安装应用程序时由安装程序自动产生。如果用户要创建某一个程序的快捷方式,也可以选定该程序后右击,在弹出的快捷菜单中选择"创建快捷方式"命令完成。

3.4.3 应用程序的安装

应用程序的安装除了将应用程序和其附属文件复制到磁盘的指定位置外,还包含设动态链接库(DLL)参数等操作。应用程序的安装有下列几种方式:

(1) 如果购买的是应用程序的安装盘,将安装盘插入计算机后,会自动提示安装,按提示信息可自动完成安装。

(2) 如果是网络下载的应用程序,这类程序通常是制作成一个压缩包文件,解压该压缩包,找到 Setup.exe 或 Install.exe 等安装文件并运行就可以安装应用程序了。

(3) 对于一些绿色软件,直接复制到计算机上运行其应用程序即可。

3.4.4 应用程序的运行

在 Windows 7 中,启动应用程序有多种方法,下面介绍几种最常用的方法:

(1) 使用快捷方式启动。对于用户经常使用的程序,可以在桌面上创建该应用程序的快捷方式,以后只要双击该快捷方式,就可以启动该应用程序。

(2) 使用"开始"菜单启动。单击"开始"按钮,在弹出的"开始"菜单中,将鼠标指针移至要启动的应用程序名上,然后再单击即可。

(3) 在文件夹窗口中启动。可以通过"我的电脑"或"资源管理器"打开应用程序所在的文件夹,找到该应用程序的图标后,双击该图标即可。

(4) 使用"搜索"命令启动。如果不清楚应用程序所在的文件夹,可以通过"开始"菜单中的"搜索"命令,直接查找该应用程序,找到后双击该图标即可。

(5) 使用"运行"命令启动。通过快捷键 Win+R 打开"运行"命令窗口,输入应用程序的文件名,然后按 Enter 键或单击"确定"按钮。对于一些系统工具如"注册表编辑器""系统配置""本地组策略编辑器"等,它们通常没有快捷方式,在"开始"菜单中也找不到,一般采用此方法启动应用程序。

3.4.5 应用程序的删除

大多数应用程序不能用直接删除文件的方式删除(直接解压运行的绿色软件除外),必须通过在控制面板打开"程序和功能"窗口的方式删除。在"程序和功能"窗口(图 3-23)中选择想要删除的应用程序,然后单击"卸载/更改"即可。

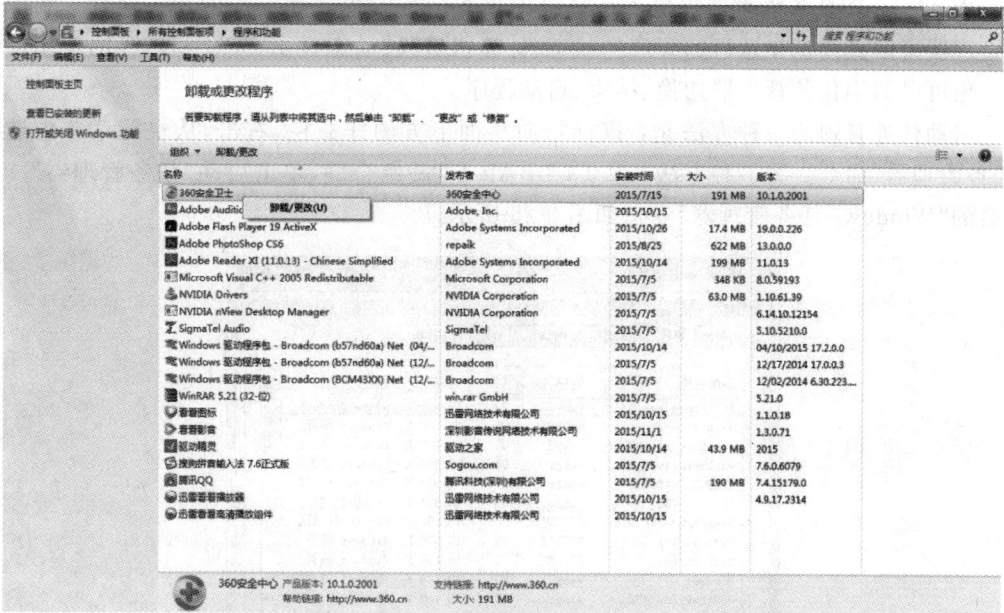

图 3-23　"程序和功能"窗口

3.4.6　Windows 7 自带功能的添加和删除

如果要对 Windows 7 添加和删除其自带的某些功能,必须通过控制面板打开"程序和功能"窗口(图 3-23),单击"打开或关闭 Windows 功能",打开"Windows 功能"对话框(图 3-24),通过勾选或者去掉勾选的方式添加或删除相应的系统功能。

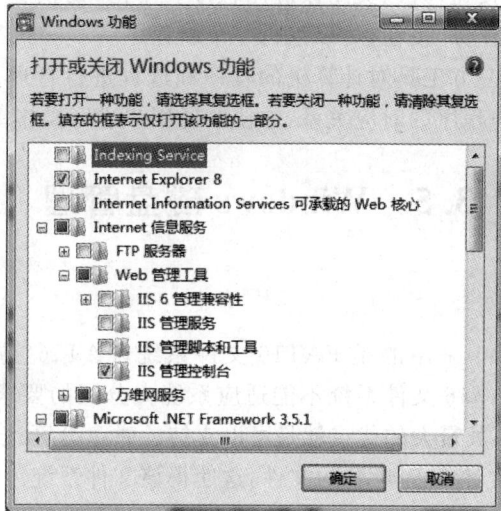

图 3-24　"Windows 功能"对话框

Windows 操作系统

3.4.7 任务管理器

Windows 的任务管理器提供了计算机中正在运行的程序和进程的相关信息。利用任务管理器可以查看正在运行的程序的状态、计算机进程、动态显示 CPU 和内存的使用情况等。也可以利用任务管理器切换、结束、启动程序。

启动任务管理的一种方法是：鼠标指向桌面下方的任务栏，右击，从快捷菜单中选择"任务管理器"命令。另一种方法是按 Ctrl＋Alt＋Del 组合键，单击启动"任务管理器"。打开后的"Windows 任务管理器"窗口如图 3-25 所示。

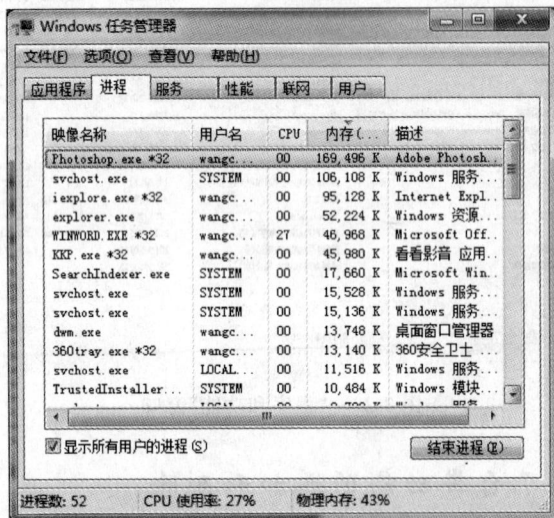

图 3-25 "Windows 任务管理器"窗口

在"应用程序"选项卡中，列出了计算机中正在运行的各个应用程序。选中列表中的一个程序，单击"结束任务"按钮，可以关闭该应用程序。单击"切换至"按钮，可以将该程序切换到前台运行。单击"新任务"按钮，可以运行一个新程序。

另外，也可以使用第三方工具对计算机的程序和进程进行管理。如 360 任务管理器就提供了更加直观的进程与程序的对应关系，方便普通用户进行操作。

3.5 Windows 磁盘管理

3.5.1 文件系统

在 Windows 98 系统中采用的是 FAT16 文件系统，FAT16 支持的分区最大为 2GB。随着硬盘容量的增加，FAT16 文件系统不能适应系统大分区的要求。因此，微软公司推出了新的文件系统 FAT32，其最大的优点就是可以支持的磁盘分区达到 32GB。然而 FAT32 文件系统无法支持单个文件大于 4GB 的文件，这使得该文件系统无法适应如今大数据文件的要求，基于 Windows NT 系统的 NTFS 文件系统较好地解决了这一问题。NTFS 可以支持的分区大小可以达到 2TB，并且它支持文件级的文件压缩和文件权限控制。它在安全性和减少磁盘占用量方面都有良好的表现。但是该文件系统的兼容性不是特别好，使用该文件系统的移动硬盘在 OS X 操作系统中可能出现文件只能读取而无法写入的问题。另外，由于该文件系统会经常对磁盘进行读写操作，所以不适合应用于 U 盘上。为了适应大容量 U 盘的发展，Windows 中引入了一种适合于闪存的文件系统 exFAT，它解决了 NTFS 不适用于闪存，FAT32 不支持 4G 以上大文件的问题。

在实际使用过程中，某些时候会遇到 U 盘的文件系统变成 RAW。RAW 文件系统是一种磁盘未经处理或者未经格式化产生的文件系统。通常情况下可能是由于 U 盘没有格式化、格式化过程中取消或感染病毒所致。解决 RAW 文件系统的方法是格式化 U 盘，并且使用杀毒软件对 U 盘杀毒。

3.5.2 磁盘管理

计算机的磁盘在使用前必须进行磁盘分区和格式化才能进行数据的读取和写入操作。在已经安装好 Windows 7 操作系统的情况下，可以使用"磁盘管理"功能来完成这些任务。

右击桌面上的计算机图标，在弹出菜单中选择"管理"命令，弹出"计算机管理"窗口，在该窗口的左侧单击"磁盘管理"功能，进入磁盘管理界面（图 3-26）。

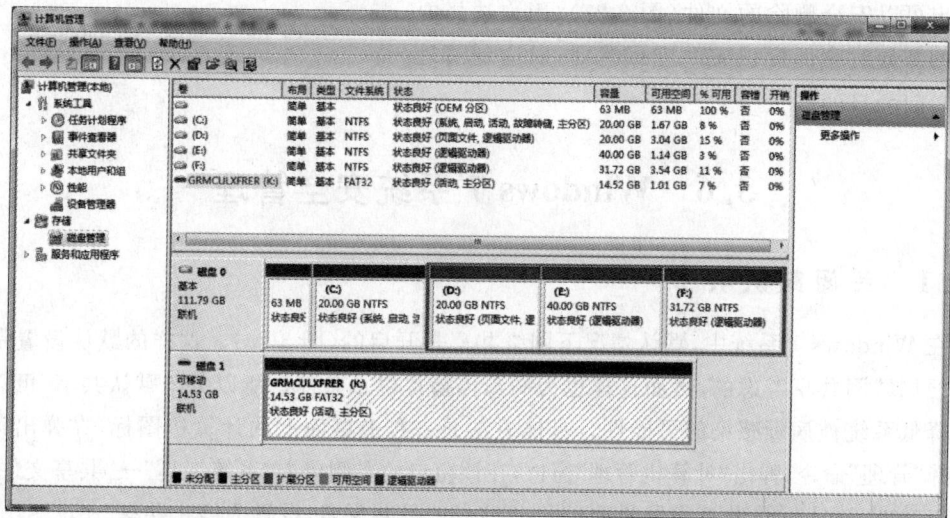

图 3-26　磁盘管理界面

由图 3-26 可知，共有一个 U 盘（磁盘 1）和 1 个物理硬盘（磁盘 0）。磁盘 0 分成 C、D、E、F 四个分区（对应于资源管理器中相应的磁盘驱动器）。在图中可以清楚地看到每个磁盘的大小、状态以及每个分区的大小和文件系统。为系统添加新硬盘可以直接通过移动硬盘的外接 USB 口的方式或者将硬盘安装到主机内部的方式实现。无论采用哪种方式，对于新硬盘而言，都需要在"磁盘管理"界面对该硬盘进行分区创建、指派驱动器号、选择文件系统、执行格式化等一系列操作。

3.5.3 磁盘整理

随着计算机硬件的快速发展，CPU 和内存的速度有大幅度的提升。硬盘由于其物理结构的制约，速度提升相对较慢。因此，硬盘的读取速度成为计算机运行的一大瓶颈。硬盘使用一段时间后,可存储的空间已经变得不连续。硬盘中的碎片越多,文件分布得越散乱。它会影响计算机的运行速度,因此有必要对计算机进行定期的磁盘碎片清理。具体方法是:单击桌面下方的"开始"命令,选择"所有程序"→"附件"→"系统工具"命令,运行其中的"磁碎片整理"程序。当磁盘碎片整理完成后,磁盘里基本没有不连续的文件,系统读取文件的速度变快,可以有效地提高系统运行的速度。

对一些不需要的文件,可以删除以免浪费磁盘空间。对重要的文件要做好备份,以免丢失。磁盘清理就是扫描出磁盘上一些临时文件和长期不使用的压缩文件并将它们从磁盘上清除的过程。具体方法与磁盘碎片整理相似,在"系统工具"命令中运行"磁盘清理"程序。运行磁盘清理程序后,该程序会标识出可以安全删除的文件(图 3-27),用户选择要删除的部分或全部标识文件进行清理,以达到清理磁盘空间的目的。

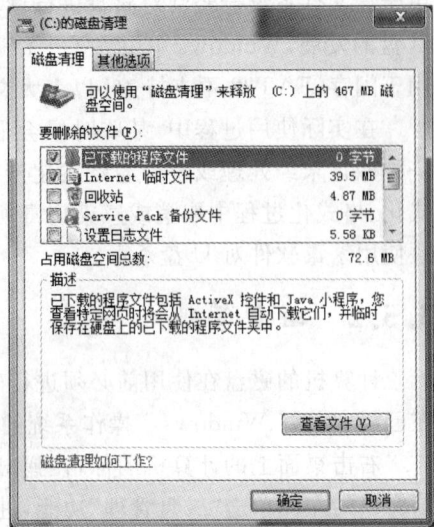

图 3-27 磁盘清理对话框

3.6 Windows 7 系统安全管理

3.6.1 关闭默认共享

在 Windows 7 系统中,默认情况下网络共享是开启的(图 3-28)。这样的默认设置是出于方便局域网共享考虑的,然而这样也为病毒传播提供了条件。所以关闭默认共享,可以有效地降低系统被病毒感染的可能性。具体方法是:右击桌面上的计算机图标,在弹出菜单中选择"管理"命令,弹出"计算机管理"窗口,在该窗口的左侧单击"系统工具"→"共享文件"→"共享"功能,进入默认共享设置界面(图 3-28)。选择共享名,设置为停止共享。

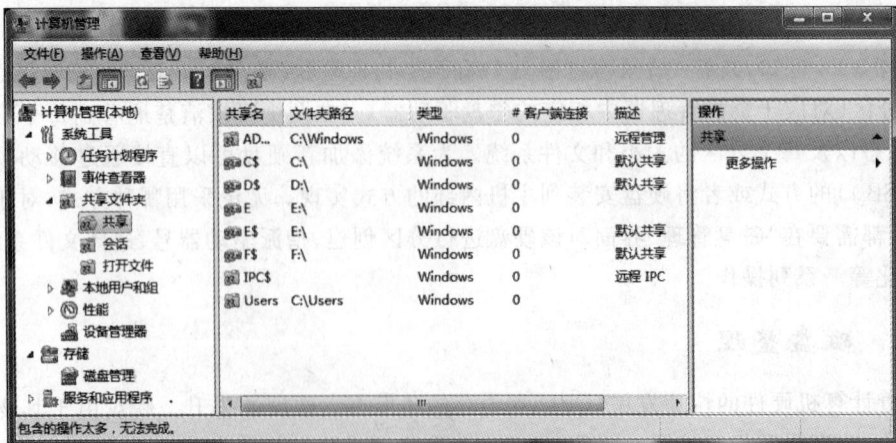

图 3-28 "计算机管理"窗口

3.6.2 修改组策略

利用 Windows 7 的组策略功能可以对系统进行更多的设置,包括对某些功能的禁用,隐藏某些功能选项卡或菜单等。通过在"开始"菜单的搜索框中输入 gpedit.msc,可搜索到组策略程序,按 Enter 键可打开"本地组策略编辑器"窗口(图 3-29)。在左侧窗口选择"计算机配置"→"Windows 设置"→"安全设置"→"本地策略"→"安全选项",可在右侧窗口找到"网络访问:可远程访问的注册表路径"和"网络访问:可远程访问的注册表路径和子路径",双击打开,将窗口中的注册表路径删除,则可远程访问注册表的路径为空。这样可以有效避免黑客利用扫描器通过远程注册表读取 Windows 7 的系统信息及其他信息。类似地,在左侧窗口选择"计算机配置"→"管理模板"→"Windows 组件"→"自动播放策略",可在右侧窗口找到"关闭自动播放",双击运行,点选"已启用",再选择选项中的"所有驱动器",单击确定,即可关闭自动播放功。在同一位置双击"自动运行的默认行为",选择"已启用",在选项中选择"不执行任何自动运行命令",单击确定,即可关闭自动运行功能。这样可以避免 U 盘和移动硬盘等移动存储设备中的恶意程序在用户没有察觉的情况下自动运行感染系统。

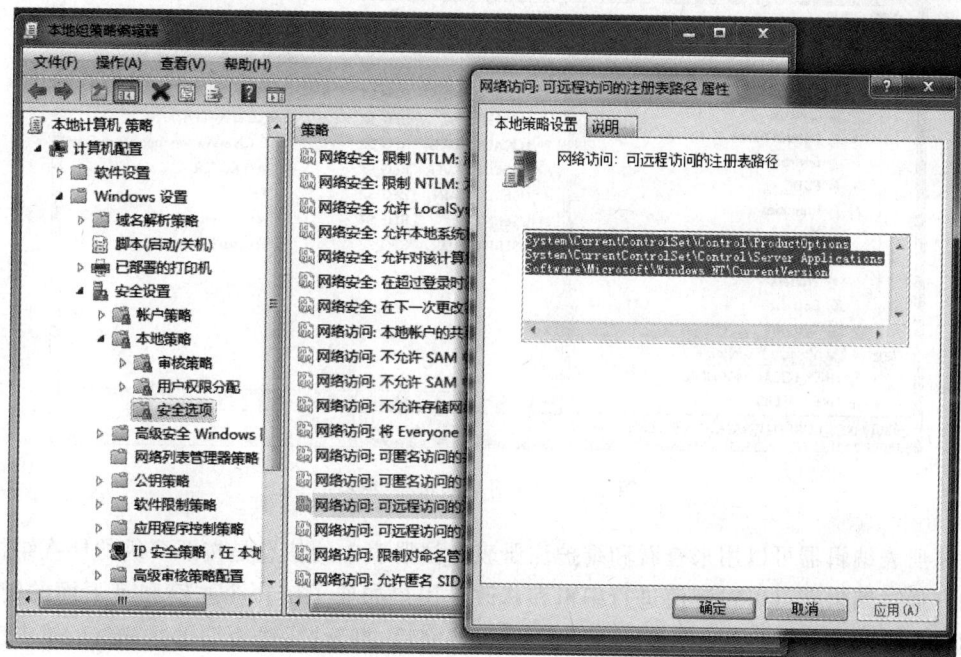

图 3-29 "本地组策略编辑器"窗口

3.6.3 注册表的维护

Windows 的注册表是一个庞大的数据库,存储了以下关于系统的重要信息:软、硬件的有关配置和状态信息;应用程序和资源管理器外壳的初始条件、首选项和卸载数据;计算机整个系统的设置和各种许可,文件扩展名与应用程序的关联;硬件的描述、状态和属性;计算机性能记录和底层的系统状态信息以及各类其他数据。如果注册表的信息发生错误,可能会导致计算机性能下降,严重时甚至可能造成计算机不能正常工作。用户可以通过注册表编辑器对注册表信息进行维护和管理。打开注册表编辑器的方法是：通过 Win＋R 快捷键打开"运行"对话框，在"运行"对话框中输入 regedit 并单击"确定"按钮（图 3-30），则打开"注册表编辑器"窗口（图 3-31）。

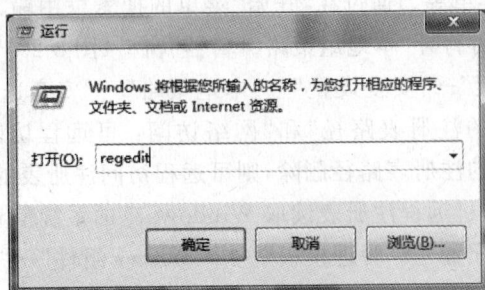

图 3-30 "运行"对话框

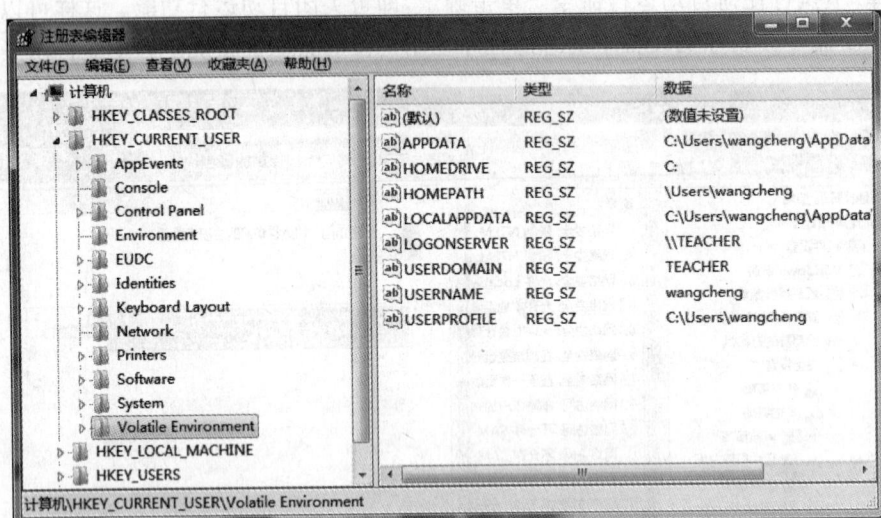

图 3-31 "注册表编辑器"窗口

注册表编辑器可以用来查看和维护注册表。注册表中的信息是按照多级的层次结构组织的。通过编辑器可以对键值进行编辑和修改。用户如要了解每个主键和其下面的键值，必须具备很强的计算机知识。当计算机系统安装完后，打开"注册表编辑器"窗口，单击窗口下的"文件"菜单，选择"导出"命令，可以将没有破坏的注册表信息导出到外存储器中保存。一旦计算机注册表信息发生错误，可以打开"注册表编辑器"窗口，执行"文件"下的"导入"命令，将存储器中的注册表信息重新导回到注册表中。

3.6.4 用户账户设置

Windows 7 是支持多用户的操作系统。通过建立不同的账户，一方面可以实现用户保留各自个性化的桌面、程序、文件配置信息的功能，另一方面可以对不同账户设置不同等级的系统控制权。在 Windows 7 中，账户根据权限的不同主要分为管理员账户、标准用户账户和来宾账户 3 类。

计算机的管理员账户拥有对计算机的完全访问权,可以做出任何需要的更改。这类账户可以改变系统设置,安装和删除程序,访问计算机上所有的文件。除此之外,该账户还拥有控制其他用户的权限。Windows 7 中至少要有一个管理员账户。在只有一个计算机管理员账户的情况下,该账户不能将自己改成标准用户账户。

标准用户账户是受到一定限制的账户,在系统中可以创建多个此类账户,也可以改变其账户类型。这类账户可以访问大多数已经安装在计算机上的程序以及更改不影响其他用户或计算机安全的系统设置。

来宾账户是给那些在计算机上没有用户账户的人一个临时账户。主要用于远程登录的网上用户访问计算机系统。来宾账户仅有最低的权限,没有密码,无法对系统做任何修改,只能查看计算机中的资料。

在 Windows 7 中,可以通过在"控制面板"中单击"用户账户"的方法打开用户账户设置界面(图 3-32),在此窗口中可以更改账户的密码、图片、名称、类型,删除密码,管理其他账户。

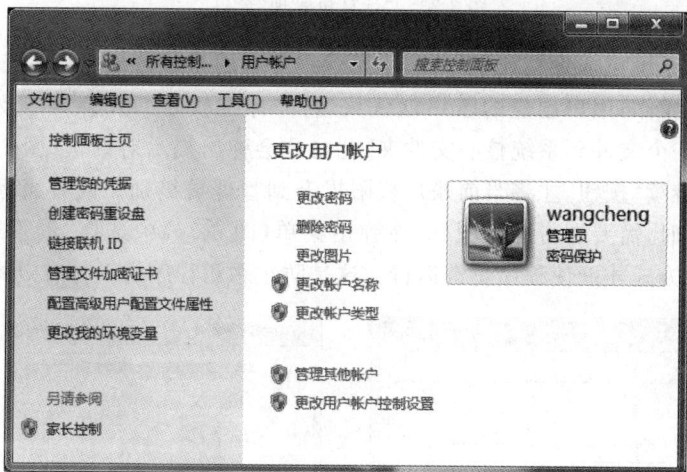

图 3-32 "用户账户"设置界面

在 Windows 7 中无论用户是否创建自己的用户账户,系统中都存在一个系统内置的管理员账户 Administrator,它拥有系统最高权限,可以完全控制 Windows 7 系统。由于该用户名任何人(包括黑客)都知道,其密码被暴力破解的风险很高,因此通常需要每隔一段时间对其密码进行修改。对于普通用户,可以采取自己创建管理员账户并停用 Administrator 账户的方法来降低被暴力破解的风险。具体做法是:在系统安装过程中建立一个用户账户,或者在 Administrator 账户登录的状态下新建一个用户账户,并设置该用户账户的权限为管理员账户。由于用户自己新建的账户名称黑客几乎不可能知道,而在既没有用户名也没有密码的情况下暴力破解系统要远比已知用户名的情况困难许多,所以这样可以有效地提高系统的安全性。值得注意的是,内置的 Administrator 账户的停用需要通过以下步骤才能实现。首先,要以除了 Administrator 账户以外的管理员账户登录系统。然后通过右击桌面"计算机"图标,在弹出菜单中选择"管理"命令,弹出"计算机管理"窗口(图 3-33),在该窗口的左侧单击"本地用户和组"下的"用户"功能,进入用户账户管理界面。最后,双击 Administrator 账户,进入"Administrator 属性"对话框(图 3-34),将"账户已禁用"项勾选上,才能停用

Administrator 账户。

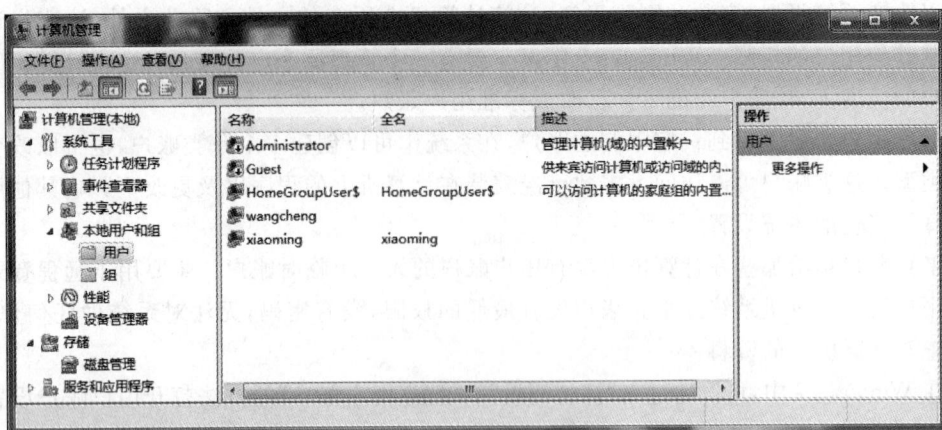

图 3-33　"计算机管理"窗口

Windows 7 系统更加重视安全,为防止恶意程序利用系统管理员账户权限随意对操作系统执行有害的操作,用户创建的账户默认只运行"标准权限",只有当涉及系统核心操作时,例如当复制一个文件到系统核心文件夹,此时才会弹出提示对话框(图 3-35),通知用户使用鼠标单击"继续"按钮,才将当前账户权限提升到管理员级别。或者当运行某些需要管理员权限的程序时,需要右击程序图标,在弹出菜单(图 3-36)中选择"以管理员身份运行"命令升级权限的方式才能使程序正常运行。这是防止恶意程序的一种有效机制。

图 3-34　"Administrator 属性"对话框

图 3-35　"目标文件夹访问被拒绝"对话框

图 3-36　以管理员身份运行

3.6.5　检测并更新系统

系统漏洞是应用软件或操作系统软件在逻辑设计上的缺陷或错误。计算机软件是由人编写的程序,所以不可能十全十美,它或多或少会存在一些系统漏洞。利用这些漏洞,不法者通过网络植入木马、病毒等方式来攻击或控制整个计算机,窃取计算机中的重要资料和信息,其至破坏系统。计算机用户可通过对"控制面板"中的 Windows Update 设置 Windows 检测更新的方式,及时通过更新打补丁的方式修复系统中存在的漏洞,以保障系统的安全运行。通常,如果安装了 360 安全卫士等安全工具,也会提示用户安装某些重要的系统更新。这里所谓的补丁实际上是开发公司为弥补软件系统在使用过程中暴露的问题(一般由黑客或病毒设计者发现)而发布的小程序,它可以修复这些软件原先存在的设计缺陷或错误。

3.6.6 安装并更新杀毒软件

大多数用户可以通过安装专业的防病毒杀毒软件维护和管理计算机系统。目前比较流行的杀毒软件有奇虎 360 安全卫士、瑞星杀毒软件、金山杀毒软件、Kaspersky(卡巴斯基)、NOD32 Antivirus System 等。由于杀毒软件通常是通过病毒库匹配的方式查杀病毒文件,因此,安装杀毒软件后的计算机并不能永远保证正常工作,用户还应及时更新杀毒软件的病毒库。

3.7 Windows 7 常用工具

3.7.1 画图软件

在 Windows 7 中,画图软件的界面较 Windows XP 版本中有了较大的改变,它采用了类似 Office 2010 的 Robin 界面,程序的各项功能都非常直观地以选项卡图标的方式呈现,使用户在操作过程中更容易找到自己所需的功能按钮。

在"开始"→"所用程序"→"附件"中找到"画图",单击该程序可以打开"画图"工具的窗口,如图 3-37 所示。通过鼠标拖动窗口中间白色画布四周的控制点可以调整画布大小,选择"主页"选项卡中的绘图工具可以实现用直线、椭圆、矩形、圆角矩形、多边形、喷枪、文字等来绘制图形。

图 3-37 "画图"窗口

绘制直线、矩形、椭圆时按住 Shift 键可以产生正交或 45°的直线、正方形以及圆形。

3.7.2 截屏软件

在 Windows 系统中，可以使用键盘的 Print Screen 键实现屏幕的截取。如果要截取整个屏幕的画面，可以直接按下 Print Screen 键，此时屏幕的内容被保存在剪切板里。打开"画图"程序，单击"粘贴"按钮即可创建一幅包含屏幕画面的文件。如果仅仅需要截取一个程序窗口的画面，可以选择该窗口使其变为当前窗口，同时按下 Alt＋ Print Screen 键，此时该窗口的画面被保存在剪切板里。打开"画图"程序，单击"粘贴"按钮即可创建一幅包含该窗口画面的文件。在 Windows 7 系统中单独提供了专门的"截图工具"，使得在 Windows 7 中截图更加便捷。

对于任意大小的画面，我们更习惯于使用鼠标框选的方式去截取图片。Windows 7 提供了专门的截图工具，可以在"开始"→"所用程序"→"附件"中找到"截图工具"，单击该程序

可打开"截图工具"对话框，如图 3-38 所示，单击"新建"按钮，按住鼠标左键不放，便可以在屏幕上任意位置以矩形框的方式框选需要截图的部分，释放鼠标左键，截图画面会直接显示在"截图工具"窗口中，保存文件到"库"→"图片"，默认保存文件为 png 格式。

图 3-38 "截图工具"对话框

3.7.3 计算器软件

"计算器"程序可以为用户完成日常生活中的许多计算任务。在"开始"→"所用程序"→"附件"中找到"计算器"，单击该程序可打开"计算器"对话框，如图 3-39 所示。

1. 进制转换

在"计算器"工具中，选择"查看"菜单中的"程序员型"命令，则"计算器"对话框变为如图 3-40 所示的效果。输入 255，选择二进制，可得到十进制数 255 对应的二进制数 11111111。

图 3-39 "计算器"对话框　　　　　　图 3-40 程序员型计算器

2. 房贷计算

在"计算器"工具中,选择"查看"菜单中的"工作表"→"抵押",则"计算器"对话框变为如图 3-41 所示的效果。在"采购价"输入 1000000(即房屋总价),"定金"输入 400000(即首付款),"期限(年)"输入 20(即贷款年限),"利率(％)"输入 5(即贷款年利率),单击"计算"按钮得到结果为 3959.73,就是每月应还的月供。

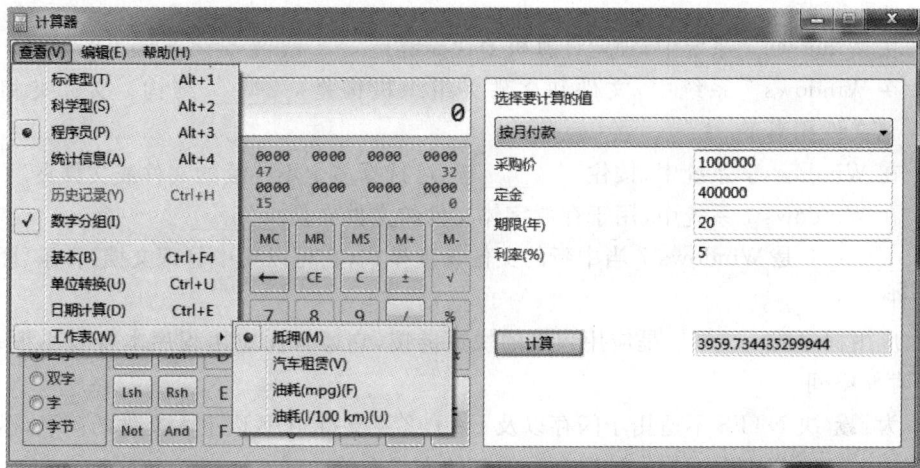

图 3-41 房贷计算

习 题

一、单选题

1. 在 Windows 7 系统中,可以显示桌面的快捷键是( )。
   A. Win+L 　　 B. Win+D 　　 C. Win+E 　　 D. Win+A

2. 如果需要搜索出文件名以"计算机"开头的电子表格文件,应在搜索框中输入( )。
   A. 计算机＊.docx 　　　　　　 B. 计算机?.docx
   C. 计算机＊.xlsx 　　　　　　 D. 计算机?.xlsx

3. 人们常说的手机下载 App 是指下载( )。
   A. 系统软件 　　 B. 杀毒软件 　　 C. 应用软件 　　 D. 电影视频

4. 在 Windows 环境下,不能将选定的对象放入剪贴板的操作是( )。
   A. Ctrl+C 　　　　　　　　　 B. Ctrl+X
   C. Ctrl+V 　　　　　　　　　 D. Alt+PrintScreen

5. 使用( )功能可以帮助用户释放硬盘空间,删除临时文件和不需要的文件,腾出它们占用的系统资源以提高系统性能。
   A. 格式化 　　 B. 磁盘清理 　　 C. 磁盘碎片整理 　　 D. 磁盘查错

6. 以下不属于 Windows 系统采用的文件系统是( )。
   A. FAT16 　　 B. FAT32 　　 C. HFS+ 　　 D. NTFS

7. 下列账户类型中,不属于在 Windows 7 系统用户账户的是( )。
   A. 系统账户 　　 B. 管理员账户 　　 C. 标准用户账户 　　 D. 来宾账户

8. 在 Windows 7 中,若需要通过"画图"程序绘制正方形,应选择"矩形"工具,并按住键盘上的(　　)键。

    A. Ctrl   B. Tab   C. Alt   D. Shift

二、填空题

1. 在 Windows 7 系统中,_____工具可以管理和控制进程,打开该工具的快捷键是_____。

2. 在 Windows 7 系统中,锁定计算机的快捷键是_____。

3. 在 Windows 7 系统中,文件和文件夹组织机构是_____结构。文件夹相当于_____,文件相当于_____。

4. 在 Windows 7 系统中,按住_____键,可选择多个不连续的文件或文件夹。

5. 在 Windows 7 系统中,用于存放字体文件的文件夹是_____。

6. _____是 Windows 7 当中新的文件管理模式,它可以集中管理文档、音乐、图片和其他文件。

7. 应用程序的_____是应用程序的快速链接,它通常比应用程序本身要小很多,几乎不占存储空间。

8. 为了解决 NTFS 不适用于闪存以及 FAT32 不支持 4GB 以上大文件的问题,微软公司在 Windows 系统中引入的一种适合于闪存的文件系统_____。

9. _____是应用软件或操作系统软件在逻辑设计上的缺陷或错误。

三、简答题

1. 简述使用安装光盘安装 Windows 7 系统的步骤。

2. 在 Windows 7 系统中,对文件进行剪切和删除(非彻底删除)操作,文件将会被放在系统的什么位置? 这些位置对应于哪些具体的计算机硬件? 从文件恢复的角度看,这两种操作的区别是什么?

3. 在 Windows 7 系统中,文件及文件夹的命名规则有哪些?

4. 在 Windows 7 系统中,关闭程序的方法有哪些?

5. 计算机中软件可以通过直接复制文件的方式安装吗? 如果可以,请说明哪类软件可以? 计算机中的应用软件可以通过直接删除的方式卸载吗? 如果不能,应如何卸载?

6. 如果 U 盘被格式化了,上面的文件能恢复吗? 为什么? 如果能恢复,应如何恢复? 如果希望数据彻底删除不被恢复,应该如何操作?

第4章 多媒体技术与应用

多媒体技术是当今信息技术领域最活跃、发展最快的技术之一,是新一代媒体艺术与电子技术发展和竞争的焦点。从其诞生至今,多媒体技术表现出了强大的生命力,越来越多的人投入到多媒体技术产品的使用和开发上来,越来越多的多媒体技术产品被广泛应用到咨询服务、教育展示、新闻通讯、图书旅游等行业中,并潜移默化地改变着人们的生活。本章重点探讨多媒体技术与多媒体艺术的问题,介绍多媒体系统的构成及数字音频、数字图像、动画处理及数字视频处理技术,并依托4款专业工具软件进行艺术实践。

4.1 多媒体技术概述

多媒体技术是基于计算机技术的综合技术,包括了数字音频、数字图像、数字视频及动画技术、计算机软件和硬件技术、人工智能和模式识别技术等,是一门处于不断发展中的跨学科高新技术。多媒体技术的发展和多媒体产品的不断推陈出新,使得计算机能够以多媒体形态和方便的交互进入人类的生产和生活各个领域,对人们的学习、工作、生活和娱乐产生了巨大的影响。

4.1.1 多媒体技术基本概念

多媒体的英文单词是 multimedia,它是由 multi 和 media 两部分组成。multi 是"多"的意思,而 media 在计算机领域有两层含义:一是用于存储信息的实体,如硬盘、光盘和半导体存储器等;二是指信息的载体,如数字、声音、文本、图形、图像等。多媒体技术中的媒体是指后者。

国际电信联盟(ITU)将媒体分作 5 类:

(1)感觉媒体。是指能直接作用于人的感官,使人产生感觉的媒体形式,如听觉、视觉、触觉、味觉、嗅觉等。

(2)表示媒体。是信息的存在形式和表现形式,包括数值、文字、图形、图像、声音、视频及动画等。

(3)显示媒体。是指用于输入和输出信息的设备,它分为两种:一种是输入设备,另一种是输出设备。

(4)存储媒体。用于存放数字化感觉媒体的载体,如硬盘、光盘、移动存储器等。计算机可以随时处理和调用存放在存储媒体中的信息编码。

(5)传输媒体。是能够传输数据信息的物理载体,如电话线、光纤、双绞线、红外线等,存储媒体不属于这类媒体。

一般来说,多媒体技术是指利用计算机技术综合处理多种媒体信息——文本、图形、图像、声音、动画和视频,使多种信息建立逻辑连接,集成为一个系统并具有交互性的技术。

多媒体技术的基本特征包括:

(1) 集成性。是指可对文本、图形、图像、声音、动画和视频等媒体信息综合处理,使各种媒体信息协调一致,形成一个整体。

(2) 交互性。是指人们可以通过多媒体系统设备,利用计算机程序对多媒体信息进行加工、处理并控制多媒体信息的输入、输出和播放。它有利于人对信息的主动探索而不是传统的被动接受。

(3) 实时性。多媒体技术中最重要的部分是和时间密切相关的媒体,如声音、运动的视频图像和动画,甚至是实况信息媒体,这就决定了多媒体系统必须满足严格的时序要求和很高的速度要求。

(4) 数字化。多媒体中的信息都是以数字形式存放在计算机中,与传统的模拟信号相比,数字信号只有 0 和 1 两种状态,因而具有抗干扰能力强的优势,更有利于提高信息的处理速度和安全性。

4.1.2 多媒体技术的发展及应用

多媒体技术的发展是一个不断完善的过程,经历了几个有代表性的阶段。

1984 年,美国 Apple 公司为了改善人机界面,在 Macintosh 机上引入了位图的概念对图进行处理,并使用了窗口和图标改善用户界面,一般认为 1984 年 Apple 公司引入位图概念标志多媒体技术的诞生。

1985 年,美国 Commodore 公司推出了世界上第一个真正的多媒体系统 Amigo,并不断完善形成了一个完整的多媒体计算机系列。

1986 年 Philips 和 Sony 共同研制和开发了交互式紧凑光盘系统 CD-I。1987 年美国无线电公司制定交互式数字视频光盘(DVI)技术标准。

1990 年 10 月,美国微软、飞利浦、NEC 等公司组成了"多媒体个人计算机市场委员会",并针对计算机多媒体技术进行了规范化管理和制定相应的标准,即"MPC 标准"。

1995 年 6 月,MPC 发布了 MPC3 标准。此后,随着计算机软件和硬件的迅猛发展和音、视频压缩技术的日趋成熟,多媒体技术得到了蓬勃发展。

总体来说,多媒体技术正向两个方面发展:一是网络化,二是多媒体终端的部件化、智能化和嵌入化。

由于多媒体技术具有直观、信息量大、易于接受和传播迅速等特点,使得多媒体技术应用领域扩展十分迅速,多媒体应用系统层出不穷。其应用领域以及从教育、培训、商业展示、信息咨询、电子出版等扩展到科学研究、家庭娱乐,特别是与通信、网络相结合的远程教育、远程医疗、视频会议系统等,给人类的生产生活带来了巨大变革。

4.1.3 多媒体信息的组织

多媒体信息的组织形式是基于非线性的超文本、超链接的组织结构。超文本是一种与传统线性方式组织文本不同的非线性组织结构文本,通过链接将相关内容组织在一起,其形式更接近人脑思维。当鼠标单击这些链接文本时就会发生跳转,如图 4-1 所示。

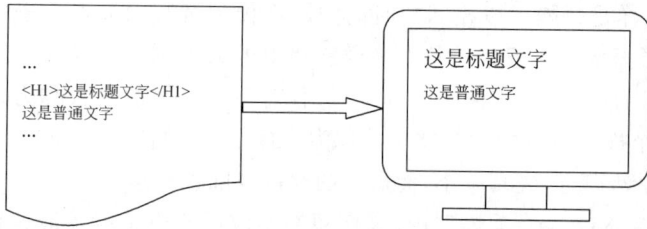

图 4-1　超文本与超链接

在超文本的"链接"基础之上,人们又进一步创立了"超链接"的组织方法。建立互相链接的这些对象不受空间位置的限制,它们可以在同一个文件内相互链接,也可以在不同的文件之间相互链接。

多媒体技术将图像、声音和视频等处理技术以及动画技术集成到计算机中,同时在它们之间建立密切的逻辑关系,称为超媒体。超媒体和超文本之间的不同之处在于,超文本主要以文字形式表示信息,建立的链接关系也主要是文本之间的链接关系。超媒体除了使用文本以外,还使用图形、图像、声音、视频和动画等多种媒体来表示信息,建立的链接关系也是这些媒体之间的链接关系。多媒体通常采用标记语言来组织多媒体信息,主要的标记语言包括超文本标记语言 HTML 和虚拟显示造型语言 VRML。

4.2　数字音频处理

人类获得信息的感官主要是视觉和听觉。在多媒体应用软件中,声音不一定是最主要的因素,但却有着它自身独特的性质和作用,在多媒体产品中也是不可或缺的对象。

声音是空气振动发出的,通常以模拟波的形式来表示。声音有 3 个基本参数:振幅、频率和周期,振幅反映声音信号的音量,频率反映声音信号的音调,周期是规则声波重复出现的时间间隔。声音信号的频率和周期互为倒数。频率在 20Hz～20kHz 的声波为人耳可听域,小于 20Hz 的声波为次声波,大于 20kHz 的声波为超声波。人说话的声音频率通常为 300Hz～3.4kHz,这种频率范围内的信号称为语音信号。

4.2.1　音频的数字化

自然界的声音是连续变化的模拟信号,而计算机只能处理数字信号,因此,要使计算机能够处理音频信号,必须把模拟音频信号转换成用 0、1 表示的数字信号,这就是音频的数字化。音频的数字化涉及采样、量化及编码等多种技术,其过程可用图 4-2 表示。

图 4-2　音频的数字化

数字化过程的流程为:首先输入模拟信号声音,然后按照固定的时间间隔截取信号振幅值。该振幅值采用若干二进制数来表示,从而将模拟信号变成数字音频信号。其中采样和量化是最主要的步骤,时间上离散为采样,幅度上离散为量化。随后按一定格式将离散数字信号记录下来并添加同步和纠错控制信号,即完成数字化过程。

(1) 采样。采样是每隔一段相同的时间间隔在模拟音频的波形上采取一个幅度值,将读取的时间和波形振幅记录下来。每次采样所获得的数据称为采样样本,将一连串采样样本连接起来,就可以描述一段声波了。其中,每秒对声波采样的次数称为采样频率,单位为Hz(赫)。对于每个样本所分配的存储位数称为采样精度,单位为b(位)。采样频率越高,数字音频就越接近原始声音,失真越小,而需要的存储空间也就越大。

根据奈奎斯特(Nyquist)采样理论,采样频率不应低于原始声音最高频率的 2 倍,才能还原数字声音。通常的采样频率包括 11.025kHz、22.05kHz、44.1kHz。

(2) 量化。量化过程是把整个振幅划分为有限个量化阶距,把落入同一个阶距内的采样值归为一类,并指定同一个量化值,通常采用二进制表示。表达量化值的二进制位数称为采样数据的比特数。采样数据的比特数越多,声音的质量越高,但所需要的存储空间就越大。

声道数是声音所使用的通道个数,它表明声音记录只产生一个波形还是两个波形,以此来划分单声道还是双声道。

4.2.2 声音文件格式

多媒体作品中的声音分为 3 种:音乐、音效和旁白解说。数字音频是模拟声音经过采样、量化和编码的过程得到的。不同的编码方式生成不同的数字音频格式。常用的音频文件格式主要有以下几种:

(1) WAV 格式。WAV 格式是微软公司开发的一种声音文件格式,也称波形文件,是最早的数字音频格式,被 Windows 平台及其应用程序广泛支持。它支持多种采用频率、量化位数和声道。标准格式的 WAV 文件和 CD 格式一样,采样频率为 44.1kHz,16 位量化位数,几乎所有的音频编辑软件都能识别 WAV 格式。但由于 WAV 文件由采样数据组成,数据量比较大,不适合长时间记录。

(2) MIDI 格式。MIDI 是数字化乐器接口的英文缩写,是数字音频/电子合成乐器的统一国际标准。该格式文件本身并不记载声音波形数据,而是按照 MIDI 数字化音乐的国际标准来记录和描述音符、音道、音长、音量和触键力度等音乐信息的指令。在演奏 MIDI 乐器时,将这些指令发送给声卡,由声卡按照指令将声音合成出来。

(3) MP3 格式。MP3 格式全称是 MPEG-1 Audio Layer3,于 1992 年合并至 MPEG 规范中。MP3 能够以高音质、低采样率对数字音频文件进行压缩,压缩比高达 10∶1,相同长度的音乐文件,用 MP3 格式存储,其大小一般只有 WAV 格式的 1/10。由于其文件尺寸小,音质好,使得 MP3 称为当今流行音频文件格式之一。由于采用有损压缩,MP3 的音质效果略低于 CD 格式或者 WAV 格式。

(4) WMA 格式。WMA 格式是微软公司在互联网音频领域的力作,其压缩比可达到18∶1,采用减少数据流量但保持音质的方法从而达到更高压缩比。现在大多数 MP3 播放器都支持 WMA,在相同音质情况下其文件大概只有 MP3 文件的一半大小。

4.2.3 常用音频编辑软件

音频编辑软件是一类专门对音频进行录制、合成、混音、音量调整、降噪、均衡处理、混响、延迟、变调、变速、淡入淡出处理等操作的多媒体音频处理软件。音频编辑软件的主要作用是实现音频的二次编辑，从而达到所需的音频效果。

常用的音频编辑软件有以下几个。

1. 录音机

录音机是 Windows 系统自带的小程序，位于"开始/所有程序/附件/娱乐/"菜单中。利用它可以不需要动用高级录音设备，也不需要安装专门的音频处理软件，就能实现对声音的简单录制和编辑。录音机的界面如图 4-3 所示。该软件有两个特点：一是自动录制时间只有一分钟；二是形成的声音文件只有 WAV 格式。虽然它的录音功能简单，但是其采样频率转换功能很强。

2. GoldWave

GoldWave 是一个集声音编辑、播放、录制和转换的音频工具，很小巧，功能却不弱，可打开的音频文件相当多，内含丰富的音频处理特效，从一般特效如多普勒、回声、混响、降噪到高级的公式计算等，功能齐全。GoldWave 可以不同的采样频率录制声音，录音时间不受限制。它的主界面如图 4-4 所示。

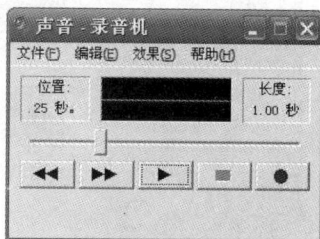

图 4-3　录音机界面

图 4-4　GoldWave 主界面

3. Adobe Audition

Adobe Audition 原名为 Cool Edit Pro，是 Syntrillium 出品的多音轨音频编辑软件，被 Adobe 收购后更改为现名。Adobe Audition 专为摄录、广播和后期制作方面工作的音频和视频专业人员设计，可支持先进的音频混合、编辑、控制和效果处理功能。它最多支持 128 条音轨，可支持 45 种以上数字信息处理效果和多种音频格式，是一个完善的多通道录音工作室，为音乐、视频、音频、声音设计专业人员提供了全面集成的音频编辑和混音解决方案。其工作主界面如图 4-5 所示。

多媒体技术与应用

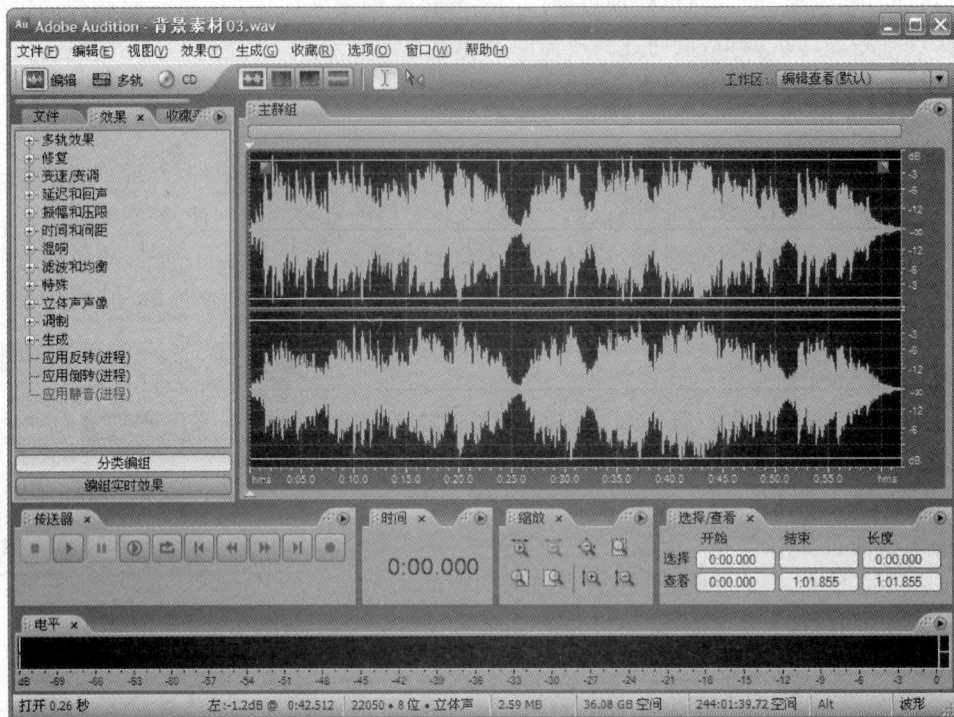

图 4-5　Adobe Audition 主界面

4.2.4　Adobe Audition

Adobe Audition CS6 界面可以大致分为标题栏、菜单栏、工作栏、文件面板、特效面板、主面板、历史面板和状态栏等,这些都是自由窗口,可以任意调整窗口大小、位置和组合等。

在 Audition 菜单栏中,包括文件、编辑、多轨混音、素材、效果、收藏夹、视图、窗口、帮助共 9 个菜单。Audition 在新建文件时提供了 3 种工作环境,分别是单轨迹编辑环境、多轨迹编辑环境和 CD 模式编辑环境。

(1) 单轨迹编辑环境。专门对单轨迹波形音频文件进行编辑设置的界面,比较适合处理单个的音频文件。

(2) 多轨迹编辑环境。可以对多个音频文件进行编辑,用于制作更具特殊效果的音频文件。

(3) CD 模式编辑环境。可以整理集合音频文件,并转化为 CD 音频。

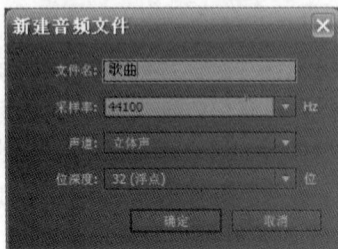

图 4-6　新建音频文件

Adobe Audition CS6 的编辑功能非常强大,本节给出几个实例,读者可以举一反三,学习软件的操作。

【例】　录制自己的歌曲片段,并保存为 MP3 文件格式。

(1) 打开 Adobe Audition CS6 软件,选择工具栏中的波形按钮,或者选择"文件"菜单下的"新建"→"音频文件"命令,弹出如图 4-6 所示"新建音频文件"对话框。更改新建文件名称,采样频率设置为 22 050Hz,声道为立体声,位深度为 32 位,单击"确定"按钮。

（2）单击播放控制器中的"录音"按钮 ![录音按钮],然后就可以对着麦克风开始录制声音,波形此时显示在从光标开始的编辑窗口中。录音完毕,单击播放控制器中的"停止"按钮,停止录音。

（3）使用播放控制器监听录制的音频质量。如果不满意,可以重新录制,直至满意为止。然后选择"文件"菜单中的"存储"命令,弹出如图 4-7 所示的"存储为"对话框。修改文件名称及文件保存位置,并选择格式为 MP3 音频,单击"确定"按钮。

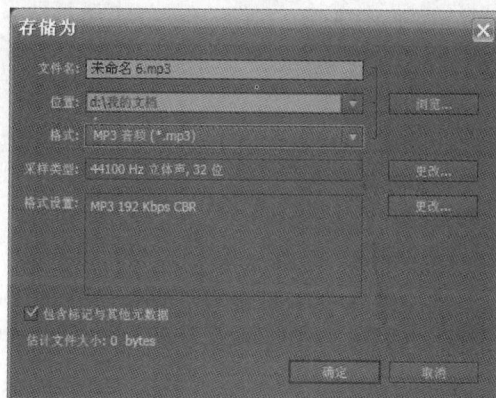

图 4-7 "存储为"对话框

尽管录音时非常仔细,但录制的声音中还有可能在局部音量过大或过小,整体上不一致。若使用已有的声音文件进行音乐合成,也需要调整整体或局部的音量。Adobe Audition 中调整音量可以选择"效果"菜单中的"振幅与压限"→"增幅"命令。

【例】 调整音量并清除噪声

（1）打开 Adobe Audition CS6 软件,在文件面板中选择打开文件。在菜单栏中选择"效果"→"振幅与压限"→"增幅"命令,弹出如图 4-8 所示的"效果-增幅"对话框。将"增益"中的左右声道分别增加 10dB,然后单击"应用"按钮。保存声音。播放声音,发现声音会有明显的增幅。

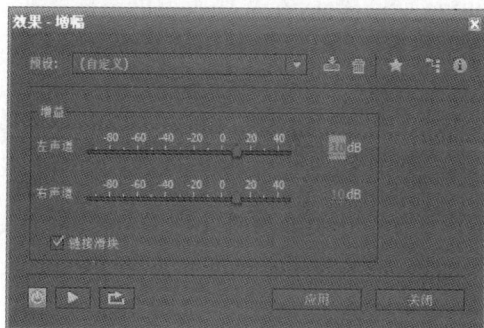

图 4-8 "效果-增幅"对话框

（2）在"文件"面板中右击保存的录音文件,在弹出的快捷菜单中选择"关闭所选择的文件"命令关闭音频。

（3）选择工具栏中的多轨混音按钮，弹出"新建多轨混音"对话框，设置好"混音项目名称"和保存混音文件的"文件夹位置"，采样率修改为 44 100Hz，位深度为 32 位，主控为立体声，单击"确定"按钮，如图 4-9 所示。

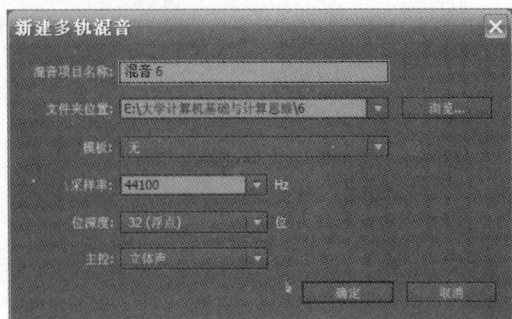

图 4-9 "新建多轨混音"对话框

（4）在文件面板中导入背景伴奏文件及录音文件。选择轨道1，将保存的录音文件拖入轨道1中。若录制的声音文件采样频率与新建的多轨混音文件不匹配，会弹出如图 4-10 所示的警告框。单击"确定"按钮可以制作一个匹配混音采样率的文件副本。

图 4-10 采样率不匹配警告

（5）选择轨道2，将背景伴奏文件拖入轨道2中。若两个音频时间相差太大，可通过工具栏中"选择素材剃刀工具"裁剪使之相匹配。最后保存并通过播放控制器监听声音，混音完成。

【例】 从"最初的梦想.MP3"歌曲中截取一段，分别为开始和结束制作淡入淡出效果。

（1）打开 Adobe Audition CS6 软件，在文件面板中选择打开文件"最初的梦想.MP3"歌曲，以单轨模式在编辑器中打开。利用工具栏中的时间选取工具截取一小段音频，并将其复制保存到一个新建音频文件中，命名为"最初的梦想片段.MP3"。

（2）以单轨模式在编辑器中打开"最初的梦想片段.MP3"，在编辑区中用鼠标按住左上角的"淡入"按钮■拖动鼠标，制作淡入效果，如图 4-11 所示。

（3）同理，在编辑区中用鼠标按住左上角的"淡出"按钮◣拖动鼠标，制作淡出效果。

【例】 回声效果制作

（1）打开 Adobe Audition CS6 软件，在文件面板中选择打开文件"史记简介.WAV"文件。

（2）按空格键播放音频文件，按快捷键 Ctrl+A 全选音频波形。

（3）在菜单栏中选择"效果"→"延迟与回声"→"回声"命令，将"预设"改为"右侧回声加强"，如图 4-12 所示。

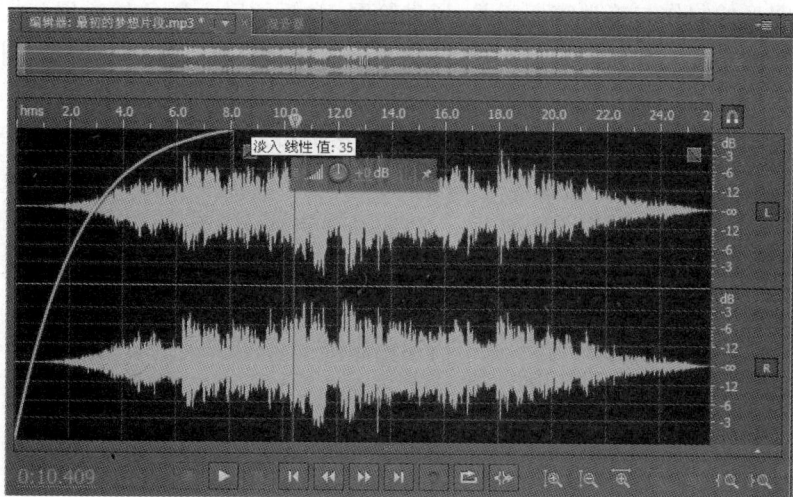

图 4-11 制作淡入效果

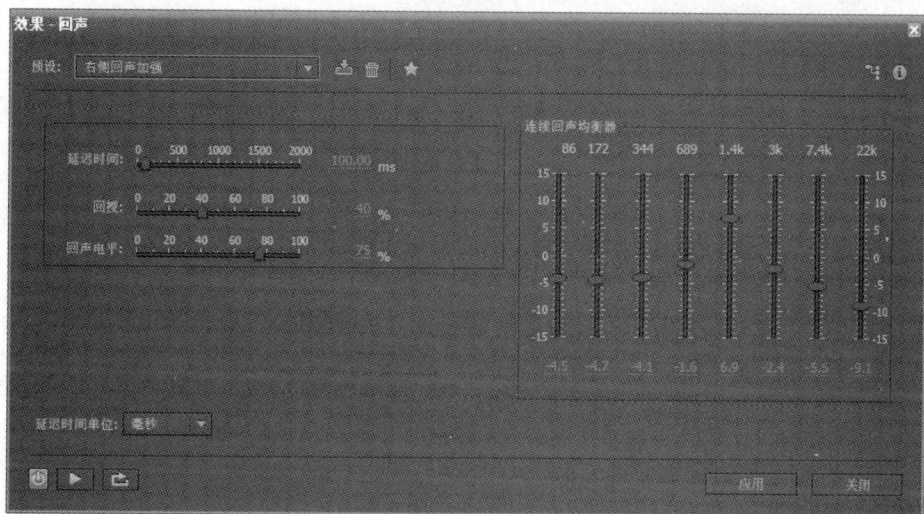

图 4-12 回声效果设置

（4）根据试听效果继续调整数值，修改左右声道的延迟时间和回声电平，多次调整直至对效果满意后，单击"应用"按钮。选择菜单栏中的"文件"→"导出"→"文件"命令，选择要保存的路径，单击"确定"按钮导出音频。

4.3 数字图像处理

4.3.1 图形与图像

1. 图形

图形是根据画面或场景中包含的几何要素如点、线、面、体等，和物体的颜色、明暗度、质地、空间位置这样一些术语来描述的。图形在数字图像处理中也称矢量图（vector graphics）。图形的制作与美学密切相关，通过绘画、对两种以上颜色的运用和搭配、设计多个对象在空间的摆放关系等艺术手段，可以使多媒体作品更具人性化和美感，因此，图形美学是多种元素构成的一项工程。

矢量图由叫作矢量的数学对象所定义的具有方向和长度的矢量线段组成，是经过计算机运算而形成的抽象化结果，如图 4-13 所示。图形使用坐标、运算关系以及颜色数据进行描述，其优势在于数据量小，便于编辑与修改，能准确表示 3D 图形，易于生成所需要的各种视图，与分辨率无关，不会因为显示比例的改变而改变图像质量。在输出设备上打印出来，也不会遗漏细节或者降低清晰度。其缺点是生成视图需要经过复杂计算。它适合表现内容规则、边界清晰、颜色分明的图形，不适于描述色彩丰富、影像复杂的图像等。

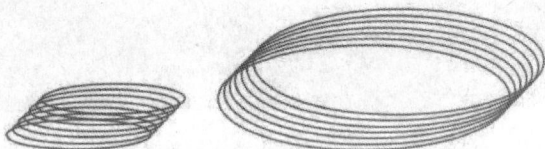

图 4-13　矢量图

图形有关的几何要素包括点、线、面和体。当一个图形元素叠加在另一个图形元素之上时，图形空间就有了深度感。一个较大的图形比一个较小的形状看起来离观看者更近，其实是空间感的一种体现。事实上，图形还与用户的观察位置有关。用户的观察位置不同，所表现的图形也不同。此外，通过联想，人们可以把分散的画面或图形元素联想成一个整体。图形设计需要考虑艺术与修饰、整体与协调、对称与均衡、对比和调和、节奏与变化、比例与分割等多种原则。

2. 图像

图像是若干像素点组成，每个像素点的信息用若干二进制位描述，并与显示像素对应，存在位映射的关系，因此也称为位图，如图 4-14 所示。图像中每个像素都具有特定的位置和颜色值。位图图像质量由分辨率决定，单位面积内的像素越多，分辨率越高，图像的质量就越好，位图图像放大到足够大的比例时就可以看到构成图像的方格状像素。

图 4-14　图像

图像适于表现含有大量细节的画面，如自然景观、人像、动植物和一切引起人类视觉感受的事物，并可直接、快速地显示和打印。用于多媒体的图像分辨率通常设置为 72ppi，而用于彩色印刷品的图像则需要设置为 300ppi 左右才会实现色彩的平滑过渡。由于位图图像是一种点阵图,本身的大小和精度是确定的,因此对图像进行放大会降低图像质量,使图像变得模糊不清。图像文件一般数据量较大,需要进行压缩。

有关图像的术语包括分辨率、灰度、真彩色、色度、对比度、模糊、锐化、噪声等。

4.3.2 数字图像属性

数字图像具有很多属性,例如分辨率、颜色数量、颜色深度、色彩模式等,这些属性对于数字图像的质量有重要影响。

1. 分辨率

分辨率是指单位长度上的像素数目。单位长度上像素越多,分辨率越高,图像就越清晰,但所需要的存储空间就越大。分辨率可分为图像分辨率和设备分辨率。

图像分辨率是组成一幅数字图像的像素点的密度,单位是像素/英寸(dot per inch,dpi),即每英寸包含的像素点数量。像素点密度越大,图像对细节的变现力就越强,清晰度越高。如图 4-15 所示的两幅尺寸相同的图像,前者图像分辨率为 300dpi,细节部分非常清晰;后者图像分辨率为 72dpi,细节部分则略显模糊。

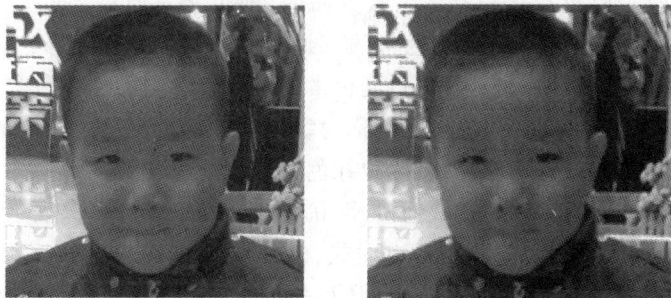

图 4-15 不同图像分辨率

设备分辨率包括显示分辨率、打印机分辨率、扫描仪分辨率、数码相机分辨率、数码摄像机分辨率等。

显示分辨率是指在显示器上能显示出的像素的数目,由水平方向和垂直方向的像素总数构成,如 1280×1024、1024×768、800×600 等。显示分辨率的大小与显示器的硬件指标、显卡的缓存容量密切相关。同样尺寸的显示器,显示分辨率越高,像素的密度越大,显示图像则越精细。

打印机分辨率代表着打印时的细致程度,扫描仪分辨率是指扫描仪辨别图像细节的能力,而数码设备的分辨率则取决于其成像器件如 CCD 和 CMOS 所含感光单元的数目。

我们应该注意区分图像分辨率和设备分辨率。图像分辨率反映了图像的清晰程度,它只取决于图像本身的内容,与处理它的硬件设备分辨率无关;而设备分辨率反映了硬件设备处理图像时的效果,图像的处理结果是否精细与处理它的硬件设备分辨率直接相关。

2. 颜色数量和深度

与自然界中的影像不同,数字化图像所包含的颜色数量有限,这是因为表示图像的二进制数位数是有限的。图像的颜色深度是指表示一个像素所需的二进制位数,以比特为单位,彩色或灰度图像的颜色一般用 4bit、8bit、16bit、32bit 表示。

颜色深度与颜色数量之间则存在 2^n 关系,即颜色深度为1,颜色数量则为 $2^1=2$,即图像为单色(二值)图像;颜色深度为8,颜色数量则为 $2^8=256$,即图像为索引256色图像;颜色深度为24,颜色数量则为 $2^{24}=16\,777\,216$,即图像为真彩色图像。从理论上讲,颜色数量越多,图像的色彩越丰富,表现力越强,数据量也越大。当图像的色彩深度达到或高于24bit时,其颜色数量已经足够多,且图像的色彩和表现力非常强,基本还原了自然影像,称为真彩色图像。

3. 色彩模式

色彩模式是指在计算机技术中运用软件分析的颜色思维空间。由于成色原理不同,使得显示器、投影仪、扫描仪这类靠色光直接合成颜色的颜色设备和打印机、印刷机这类靠使用颜料的印刷设备在生成颜色方式上存在区别。每一种色彩模式都有其各自的特点和使用范围,用户应该按照制作要求确定色彩模式,并可根据需要在不同的色彩模式之间进行转换。

色彩源于自然,是人类由光的刺激而对自然产生的一种视觉效应。光是产生色彩的起源,色是光感应的结果。原色是不能用其他色混合而成的色彩。原色有两个系统,一种是色光方面的,即光的三原色;另一种是色素方面的,即色素三原色。色光的三原色为红光(Red)、绿光(Green)、蓝光(Blue)。色素的三原色为青色(Cyan)、品红(Magenta)、黄色(Yellow)。光的三原色两两混合,可以得到色素的三原色。光的三原色与色素的三原色对应为互补色,即青色称为红色的补色,品红称为绿色的补色,黄色称为蓝色的补色。在白光中减去哪种颜色剩下的就是其补色,将两种补色相加会得到白色。

常见的色彩模式包括 HSB(表示色相、饱和度、亮度)模式、RGB(表示红、绿、蓝)模式、CMYK(表示青、品红、黄、黑)模式及 Lab 模式、位图模式、灰度模式、双色调模式、索引模式及多通道模式。这里就最常用的 HSB、RGB 和 CMYK 模式进行介绍。

HSB 色彩模式是基于人眼对色彩的感觉和观察来定义的,是最接近人类对色彩辨认的思考方式,所有的颜色都是由色相、饱和度和亮度来描述其特征。H 即色相,代表不同的颜色属性,取值范围为0~360,通常情况下由颜色名称标识;S 即颜色的强度或纯度,代表色彩的饱和度,取值范围为0~100%。在标准色轮上,从中心位置到边缘位置的饱和度递增。黑白色彩没有饱和度;B 即亮度,代表色彩的明暗程度,取值范围为0~100%,0代表黑色,100%代表白色。

RGB 模式是一种真彩色模式,主要用于视频等发光设备。该模式是由红、绿、蓝3种颜色按不同的比例混合而成的,每种颜色有256种,3种颜色混合可产生16 777 216种颜色。自然界中的绝大部分可见光都可以用红、绿、蓝三色光按不同比例和强度混合来表示。RGB 是一种加色模式,可以将 R、G、B 理解成三束灯光,通过控制灯光的开关和强弱来产生颜色,如图4-16所示。因此,RGB 模式通常用于光照、电视机、计算机显示器和屏幕投影设备,是目前运用最广泛的颜色模式之一。

CMYK 模式是一种减色模式,当光线照射到一个物体上时,这个物体将吸收一部分光线,并将剩下的光线进行反射,反射的光线就是我们所看到的物体颜色,如图4-16所示。CMYK 色彩模式以打印油墨在纸张上的光线吸收特性为基础,因此是常见的印刷模式,图像中的每个像素由 Cyan(青)、Magenta(品红)、Yellow(黄)和 Black(黑)4种色彩组成,每种颜色的取值范围为0~100%。由于在实际应用中颜料纯度等多方面问题,Cyan(青)、

Magenta(品红)、Yellow(黄)很难叠加形成真正的黑色,因此引入了 Black(黑)。黑色的作用是强化暗调,加深暗部色彩。为了避免和 RGB 模式中的 Blue(蓝色)发生混淆,其中的黑色用 K 来表示。每个像素的每种印刷油墨会被分配一个百分比值,当所有 4 种分量的值都是 0 时,就会产生纯白色。CMYK 模式是最佳的打印模式,常用于制作以印刷色打印的图像。

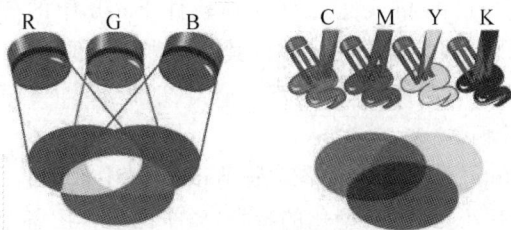

图 4-16 RGB 与 CMYK 色彩模式

4.3.3 数字图像文件格式

数字图像文件的格式很多,同一幅数字图像,采用不同的文件格式保存时,其图像的数据量、色彩数量和表现力会有所不同。常用的图像处理软件能够识别大多数图像文件并对其进行处理,只有少数文件格式需要经过格式转换后才能处理。

1. 常见位图文件格式

常见的位图文件格式包括 JPG、GIF、PNG、BMP、TIF、PSD 等。

JPG(Joint Photo expert Group)格式是目前最常用的图像文件格式,它采用有损压缩,且压缩比较高,通常在 10∶1 到 40∶1 之间。JPG 文件非常灵活,具有调节图像质量的功能,其压缩的主要是高频信息,对色彩的信息保留较好,适合应用于互联网,可减少图像的传输时间,可以支持 24bit 真彩色。

GIF(Graphics Interchange Format)格式为图像互换格式,主要用于在不同平台上进行图像交互,是一种无损压缩格式。其颜色深度从 1 位到 8 位,最多支持 256 种色彩的图像。其最大的特点是一个 GIF 文件中可以存放多幅彩色图像,逐幅读取并显示这些图像,就可构成一种最简单的动画效果。

PNG(Portable Network Format)格式是可移植的网络图像格式,适用于任何类型、任何颜色深度的图像。它采用无损压缩来减少图片的大小,同时保留图片中的透明区域,所以文件相对较大。

BMP(Bit Map Picture)格式是位图格式,是一种与硬件设备无关的图像文件格式,是 Windows 系统中最常见的图像格式之一,在 Windows 环境中运行的所有图像处理软件几乎都支持这种格式。位图文件不采用任何压缩,占用的存储空间较大。

TIF(Tagged Image File Format)格式是现存图像文件格式中最复杂的一种,被定义了 4 类不同格式,分别为适用于二值图像的 TIFF-B,适用于灰度图像的 TIFF-G,适用于带调色板的彩色图像的 TIFF-P 以及适用于 RGB 真彩色图像的 TIFF-R,它能把任何图像转换成二进制形式而不丢失任何属性。

PSD 格式是 Adobe Photoshop 图像处理软件的专用文件格式,可以支持图层、通道、蒙版和不同色彩模式的各种图像特征,是一种非压缩的原始文件格式,扫描仪等设备不能直接生成该格式的文件。PSD 文件可以保存所有原始信息,在图像处理中,对于尚未制作完成的图像,PSD 格式是最佳的选择。

2. 常见矢量图形文件格式

常见的矢量图形文件格式有 SWF、WMF、DXF、SVG 等。

SWF(Shockwave Format)格式是二维动画软件 Flash 中的矢量动画格式,主要用于 Web 页面上的动画发布。SWF 格式的文件以其高清晰度的画质和小巧的体积受到网页设计者的青睐。SWF 格式在图像传输时,用户不必等文件全部下载完成,而是可以边下载边看,因此特别适合网络传输。

WMF(Windows Metafile Format)格式是 Windows 中常见的图元文件格式,属于矢量文件格式。它具有文件短小、图案造型化的特点,整个图形常由各个独立的组成部分拼接而成,图形往往较粗糙。微软公司后期为了弥补其不足而开发了 32 位的扩展图元文件格式 EMF,也属于矢量文件格式。

DXF(Autodesk Drawing Exchange Format)格式是 AutoCAD 中的矢量文件格式,它以 ASCII 码方式存储文件,在表现图形的大小方面十分精确,很多矢量编辑软件都支持 DXF 格式的输入和输出。

4.3.4 常用图像处理软件

处理图像需要借助图像处理软件进行。在当前的图像处理领域,各类图像处理软件非常丰富,其功能、处理速度和侧重点也各有不同,其中常用的图像处理软件有以下几种。

1. Adobe 系列

Adobe 是一家创建于 1982 年 12 月的电脑软件公司,总部位于美国加州圣何塞。2005 年 4 月,Adobe 公司以 34 亿美元的价格收购了当时最大的竞争对手 Macromedia 公司,从而极大地丰富了 Adobe 旗下的产品线,提高了其在多媒体和网络出版业的能力。2012 年 4 月,Adobe 正式推出针对设计、网络和视频专业人士的 Creative Suite 6 套件。在图像处理软件方面,常用的 Adobe 产品主要有以下几种。

Adobe Photoshop:图像处理领域元老,Photoshop 是 Adobe 公司旗下最为出名的图像处理软件之一,其应用领域涉及图像、图形、文字、视频、出版等各个方面,其独到之处是利用图层进行图像编辑与合成,校色调色,利用蒙版、通道和滤镜制作图像特效等。

Adobe Illustrator:是 Adobe 公司推出的专业矢量绘图工具,是一套用来满足输出及网页制作多方面用途的功能强大且完善的绘图软件包。Adobe Illustrator 是出版、多媒体和在线图像的工业标准矢量插画软件,它以其强大的功能和体贴的用户界面占据了全球矢量编辑软件中的大部分份额。无论是生产印刷出版线稿的设计者和专业插画家、生产多媒体图像的艺术家还是互联网页或在线内容的制作者,都会发现 Illustrator 不仅仅是一个艺术产品工具。该软件为线稿提供无与伦比的精度和控制,适合任何小型设计到大型的复杂项目。

Adobe Fireworks:该软件原属于 Macromedia 公司,是一款网页图片的编辑与优化工具,可用于创建与优化 Web 图像和快速构建网站与 Web 界面原型。Fireworks 具备编辑矢量图形和位图图像的灵活性,并可与 Photoshop、Illustrator、Dreamweaver 及 Flash 软件进行集成。

2. CorelDRAW

CorelDRAW 是目前应用非常广泛的矢量绘图软件,是加拿大 Corel 公司出品的矢量图形制作工具软件,这个图形工具给设计师提供了矢量动画、页面设计、网站制作、位图编辑和网页动画等多种功能,并且集绘画、设计、制作、合成、输出等多项功能为一体,是一款名副其实的获奖软件。

3. AutoCAD

AutoCAD 是美国 Autodesk 公司开发的自动计算机辅助设计软件,用于二维绘图、详细绘制、设计文档和基本三维设计。经过不断完善,目前已成为国际上广为流行的绘图工具。AutoCAD 具有良好的用户界面,通过交互菜单或命令行方式可以进行各种操作,其多文档设计环境可以大大提高工作效率。同时,AutoCAD 具有广泛的适应性,能在各种操作系统环境下运行,并支持多种图形显示设备及数十种绘图仪和打印机。

4.3.5 Adobe Photoshop

Adobe Photoshop 是 Adobe 公司推出的专门用于图形图像处理的软件,其功能强大,集成度高,使用面广,操作简单,超强的图形处理能力可以提高用户的工作效率,并可方便地转换多种色彩模式,让用户尝试新的创作方式制作使用于打印、Web 和其他任何品质图像。

1. Photoshop 工作环境

启动 Photoshop 后,即可进入 Photoshop 的工作界面,如图 4-17 所示,主要包括菜单栏、工具选项栏、工具箱、图像编辑区、常用面板组及状态栏等。

图 4-17　Photoshop CS6 工作界面

菜单栏是软件中各种应用命令的集合处,通过鼠标先单击菜单项,然后在弹出的菜单或子菜单中选择菜单命令即可。Photoshop 菜单栏包括文件、编辑、图像、图层、文字、选择、滤镜、视图、窗口和帮助菜单。为了提高工作效率,Photoshop 中的大多数命令允许用户通过快捷键来是实现快速选择。

工具选项栏位于菜单栏的下方,其功能是设置各个工具被激活时的参数。在工具箱选

多媒体技术与应用

择不同工具后,选项栏中的各参数选项也会随着当前工具的改变而改变。

工具箱默认位于工作界面的左侧,如图 4-18 所示,它包含了 Photoshop 中所有的绘图及编辑工具。工具箱中的每一个按钮代表一个工具,单击工具箱中的某一按钮,当该按钮显示为白色时,表示该工具被选择。工具箱顶部有一个折叠按钮,可以将工具箱中的工具以紧凑形式排列。工具箱并不能显示出所有的工具,有些工具图标右下角可以看到一个小三角符号,这表明该工具拥有相关的子工具。在该工具按钮上按住鼠标左键不放,稍等片刻可以弹出一个含有隐藏工具的工具列,然后单击工具列中所需的工具,便可选择隐藏工具。

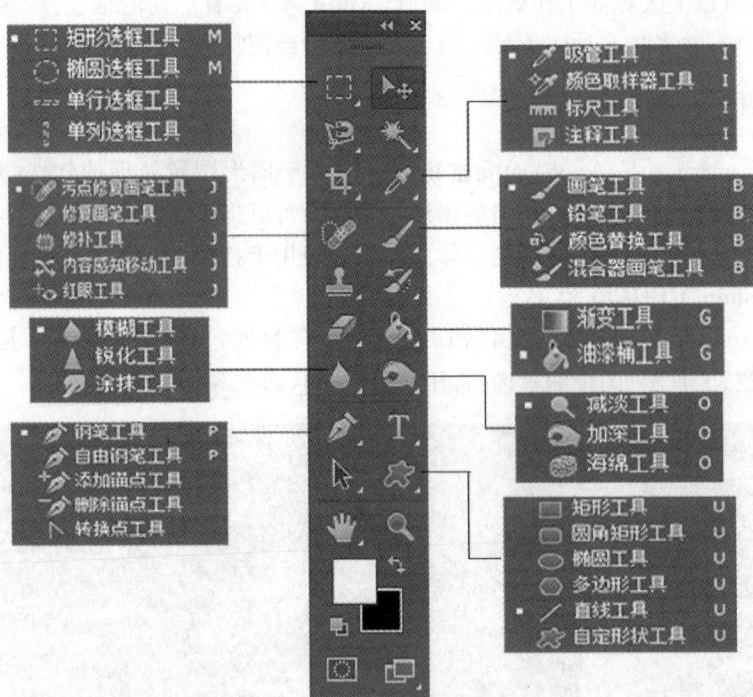

图 4-18　工具箱

图像编辑区是位于屏幕中央最大的一个区域,是 Photoshop 主要的编辑工作区。其窗口显示大小比例可以直接在其下方的百分比框内设置,也可以在"视图"菜单或导航器面板中调整,按照 Alt 再配合鼠标滚轮滑动也可以快捷地调节窗口显示比例。

浮动面板位于工作界面的右侧,利用它可以执行诸如显示信息、选择颜色、图层编辑、制作路径、录制动作等操作。作为 Photoshop 的一大特色,其种类也很多,如图层(Layers)面板、通道(Channels)面板、路径(Paths)面板、信息(Info)面板、导航者(Navigator)面板、历史(History)面板、动作(Actions)面板、颜色(Color)面板、色样(Swatches)面板、样式(Styles)面板、字符(Character)和段落(Paragraph)、画笔(Brushes)面板、工具(Tools)面板和文件浏览器(File Browser)面板,不同的面板设置不同的选项与信息。所有的面板都可以在"窗口"菜单中找到。

在面板组中,单击面板标签,可切换到所需的面板中。按键盘中的 Tab 键,可显示或隐藏浮动面板和工具箱。按键盘中的 Shift+Tab 键,可显示或隐藏浮动面板。将光标放置在面板标签上,按住鼠标左键的同时进行拖曳,可以将此面板从面板组中分离出来,用同样的方法,也可以将浮动面板重新组合。单击面板右上角的黑色小三角按钮,可弹出面板菜单。利用快捷键选择相应的浮动面板:F5键为画笔(Brushes)面板、F6键为颜色(Color)面板、F7键为图层(Layers)面板、F8键为信息(Info)面板、F9键为动作(Actions)面板。

系统默认下,状态栏位于界面窗口的底部(图4-17的左下部分),用于显示当前的工作信息。通过选择菜单栏中的"窗口"→"状态栏"命令控制它的显示或隐藏。状态栏由三部分组成,最左边的文本框用于控制图像窗口的显示比例;中间部分则通过单击黑色倒立小三角按钮,显示图像文件的相关信息;右侧部分提供了当前所用工具的操作信息。

2. Photoshop工具箱

Photoshop工具箱中的工具有60多个,下面简单按分类介绍。

1) 选择工具

在Photoshop中,选区是通过各种选区绘制工具在图像中提取的全部或部分图像区域,在图像中呈流动的蚂蚁线状显示。选区在图像处理时起着保护选取外图像的作用,约束各种操作只对选区内的图像有效,选区外的图像不受影响。创建选区是许多操作的基础,因为大多数操作都不是针对整幅图像,因此就必须指明是针对哪个部分,这个过程就是创建选区的过程。选择工具用于选择图像中某个规则或者不规则的选区,主要包括移动工具、选取工具、套索工具、切片工具、快速选择及魔棒工具、裁切工具等。

选框工具是选区最基本的方法,包括矩形选框工具、椭圆选框工具、单行选框工具和单列选框工具4种,可以用来创建规则的选区。通过选项栏的设置可以绘制固定大小的矩形选区、具有长宽比的矩形选区及羽化选区,还可以对已存在的选区进行添加、减去和交叉操作。矩形选区如图4-19所示。

套索工具组常用于创建不规则选区,包括套索工具、多边形套索工具及磁性套索工具3种。其中,在使用套索工具时,直接按住鼠标左键拖动直至回到起点,形成一个不规则形状范围松开鼠标即可;使用多边形套索工具要先确定选区的起始点,然后移动鼠标到要改变方向的位置单击,从而形成一个定位点,直到选中所有的范围并返回到起点的位置,此时鼠标右下角出现一个小圆圈,单击这个小圆圈即可封闭并选中该区域。在使用多边形套索创建选区的过程中,如果出现错误,可以按Del键删除最后选取的一条线段。磁性套索工具能够根据鼠标经过处不同像素值的差别,对边界进行分析,自动创建选区。其操作比较简单,只需沿着要选取的物体边缘移动鼠标且不需要按住鼠标左键,如图4-20所示。在"磁性套索工具"选项栏中还可以设定包括羽化、消除锯齿、边缘检测宽度、定位点频率、边对比度等属性参数。

图4-19　矩形选区

图4-20　磁性套索选区

魔棒工具组包括魔棒工具和快速选择工具。其中,魔棒工具是基于图像中相邻像素的颜色近似程度来进行选择的,其选项栏中可以设置颜色的容差值。容差的取值范围是0~55,默认值为32,输入的值越小,选择的颜色范围越近似,选择范围就越小。魔棒工具尤其适用于色彩和色调不很丰富,或者是仅包含某几种颜色的图像。例如,选择如图 4-21 所示图片中的柠檬片,如果使用选框工具或套索工具都十分烦琐,但如果使用魔棒工具选中背景蓝色,再反选一次即可得到所需要的选区。

图 4-21　魔棒工具创建选区

有些选区非常复杂,不一定一次就能得到所需要的选区,因此在建立选区后,通常都需要对选区进行各种调整操作,包括移动选区、增减选区、消除锯齿和羽化选区等基本操作。可以通过"选择"→"修改"菜单中的命令对选区边框进行调整,包括改变边界、平滑、扩展、收缩、羽化等,还可通过"选择"→"变换选区"菜单显示选区矩形框,拖动控制点来调整选区边框形状。

有时候,使用"选择"菜单中的"色彩范围"命令是比魔棒工具更具有弹性的创建选区的方法。利用此命令可以一边预览一边调整,还可以随心所欲地完善选取范围。在菜单中选择"选择"→"色彩范围"命令,弹出"色彩范围"对话框,如图 4-22 所示。在"选择"下拉列表

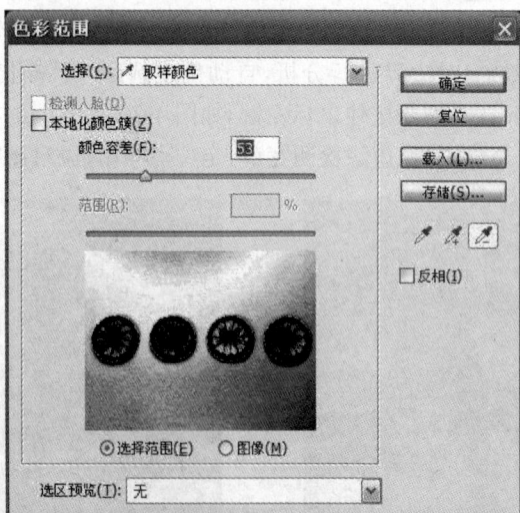

图 4-22　"色彩范围"对话框

中选择一种选取范围的颜色,右边的 3 个吸管工具可以增加或减少选取的颜色范围,"反相"复选框可在选取范围和非选取范围之间切换。设置完成后,单击"确定"按钮即可完成范围的选取。

2) 绘图与修饰工具

绘图与修饰是 Photoshop 中最基本的操作。这类工具很多,包括画笔工具、铅笔工具、历史记录画笔工具等,还包括渐变工具、油漆桶工具、图章工具、橡皮擦工具及图像修复工具等。Photoshop 图像的修饰工具包括涂抹工具、模糊工具、锐化工具、减淡工具、加深工具和海绵工具 6 种,使用这些工具可以方便地对图像的细节进行处理,可以调整清晰度、色调和饱和度等。

画笔工具可以创建边缘柔和的线条,而铅笔工具适用于徒手绘制硬质边界的线条。颜色替换工具可以将选定的颜色替换为新颜色。橡皮擦工具可以清除像素或者恢复背景色,背景橡皮擦可以通过拖动鼠标用各种笔刷擦拭选定区域为透明区域,魔术橡皮擦只需要单击一次即可将纯色区域擦抹为透明区域。渐变和油漆桶工具可以用来设置填充区域的颜色混合效果。图章工具分为仿制图章和图案图章工具,仿制图章工具可以把其他区域的图像纹理复制到指定区域,如图 4-23 所示。而图案图章工具所选的图案为自定义或库中的图案样本。

图 4-23　仿制图章

3) 其他工具

Photoshop 中还包括钢笔工具、文字工具、路径组件选取工具、矩形工具、吸管工具、注释工具、手形工具、缩放工具以及新增的 3D 物体创建和编辑工具等,这里不再逐一介绍,读者可自己尝试。

3. Photoshop 基本概念

在 Photoshop 图像处理过程中,涉及下列一些常用的基本概念。

1) 图层

图层是由英文单词 Layer 翻译而来,在 Photoshop 中图像的不同部分被分层存放,由所有的图层合成复合图像。一幅包含多个图层的图像,可以将其形象地理解为是叠放在一起的胶片,对其中的任何一个图层单独处理,不会影响到图像中的其他图层。如图 4-24 所示,图层在"图层"面板中依次自下而上排列,最先建的图层在最底层,最后建的图层在最上层,最上层图像不会被任何图层遮挡,而最底层的图像将被其上面的图层所遮挡。

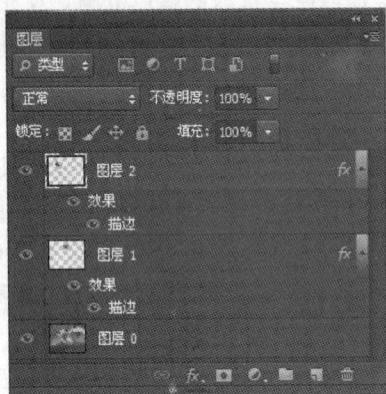

图 4-24　图层面板

2）路径

路径是组成矢量图形的基本要素。由于矢量图形由路径和点组成,计算机通过记录图形中各点的坐标值以及点与点之间的连接关系来描述路径,通过记录封闭路径中填充的颜色参数来表现图形。

在 Photoshop 中使用路径工具绘制的线条、矢量图形轮廓和形状均称为路径,由定位点、控制手柄和两点之间的连线组成。路径的实质是矢量线条,没有颜色,内容可以填充,不会因为放大或缩小图像而影响显示效果。

3）蒙版

蒙版实际上就是一个特殊的选择区域,记录为一个灰度图像,利用蒙版可以自由、准确地选择形状和色彩区域,是 Photoshop 中最准确的选择工具。它可以用来保护被遮盖的区域,用蒙版选择了图像一部分时,没有被选择的区域就处于被保护状态,这时再对选择区域应用颜色变化、滤镜或者其他效果时,蒙版就能隔离和保护图像的其余区域。

因此,蒙版在 Photoshop 中的作用是保护不应被改变的像素,使其不被改变。通道和选区也是不同形态的蒙版,作用是一样的。

4）通道

通道用于存放图像像素的单色信息,在窗口中显示为一个灰度图像。通道的数目决定于图像的颜色模式,如 RGB 模式的图像有 3 个单色通道,即“红”通道、“绿”通道和“蓝”通道,以及一个由 3 个单色通道合成的 RGB 复合通道,这些不同的通道保存了图像的不同颜色信息,如图 4-25 所示。

通道分为颜色通道、Alpha 通道和专色通道 3 种类型。

颜色通道用于保存图像的颜色信息。打开一幅图像,Photoshop 会自动创建相应的颜色通道。所创建的颜色通道的数量取决于图像的颜色模式而非图层的数量。CMYK 颜色模式的图像拥有青、品红、黄、黑 4 个单色通道以及一个 CMYK 复合通道。这 4 个单色通道相当于四色印刷中的四色胶片。不同的颜色通道保存了图像的不同颜色信息,调整颜色通道即可调整图像的颜色。

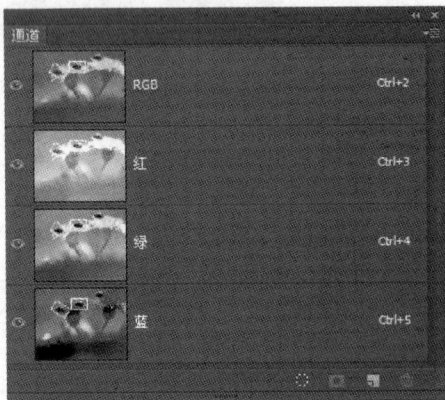

图 4-25　通道面板

Alpha 通道用于创建和存储蒙版。一个选区保存后,就成为一个蒙版,保存在 Alpha 通道中,在需要时也可以将其载入,以便继续使用。Alpha 通道中的白色区域为选区,黑色区域为非选区,而灰色区域为羽化选区。可通过“选择”菜单下的“存储选区”和“载入选区”命令将选区保存为通道及将通道作为选区载入,按 Ctrl 键单击通道,也可直接载入该通道所保存的选区。

专色通道应用于印刷领域,用于存放专色(如金色)油墨的浓度、印刷范围等信息。

通道可以通过通道面板进行管理和操作。在通道面板底部的"将选区存储为通道"按钮可以在通道中新建一个 Alpha 通道蒙版。

5)滤镜

滤镜在摄影领域中是指安装在照相机镜头前面的一种特殊的镜头,应用它可以调节聚焦和光照的效果。在 Photoshop 中,滤镜是一组完成特定视觉效果的程序,它不仅可以修饰图像的效果并掩盖其缺陷,还可以在原有图像的基础之上产生特殊效果。滤镜是 Photoshop 中功能最丰富、效果最奇特的工具。

滤镜在使用时,使用者不需要了解其内部原理,只要通过适当地设置滤镜参数即可得到不同程度的效果。滤镜的使用没有次数的限制,图像若设置选区则只对图像局部施加效果。

4. Photoshop 图像处理方法

1)图层的基本操作与实例

图层是 Photoshop 图像处理中最基本的功能,也是合成各种图像特效的重要途径。在进行图层编辑时,每个图层占有独立的内存空间,在编辑图层过程中,可以将图层信息保存以便继续编辑。含有图层的文件采用 PSD 格式。当需要打印或者显示图像时,必须合并图层,以 JPG、PNG、TIF 或者 BMP 等其他标准格式保存图像文件。

图层有很多种类型,包括背景图层、文本图层、调整图层、形状图层等。

一般情况下在 Photoshop 中打开图像时背景图层默认被锁定,在图层面板可以看到右面有一个小锁的图层,这就是背景图层,CTRL+J 快捷键默认是复制并新建图层。背景图层默认不可操作,在背景图层上双击可以将背景图层转换为普通图层。

使用文本工具建立的图层称为文本图层。

调整图层是一种比较特殊的图层,这种图层主要用来控制色调和色彩的调整,并将调整设置转换为一个调整图层单独存放到文件中,使得用户可以修改其设置,但不会永久性地改变原始图像,从而保留图像修改的弹性。调整图层由调整缩略图和图层缩略图组成,如图 4-26 所示。调整缩略图由于创建调整图层时选择的色调和色彩命令不一样而显示出不同的图像效果,图层蒙版随调整图层的创建而创建,默认情况下为白色,表示调整图层对图像中的所有区域起作用。调整图层对其下方的所有图层都起作用,而对其上方的图层不起作用,其名称也会根据创建时选择的调整命令而不同。

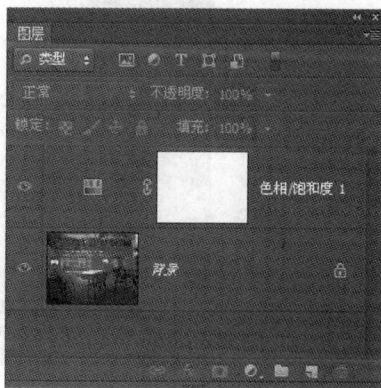

图 4-26　调整图层

图层样式是指图层中的一些特殊的艺术修饰效果。Photoshop 提供了十多种图层样式,使用它们只需要简单设置几个参数,就可以轻松地制作出投影、外发光、浮雕、描边等效果。通过这些样式不仅能为作品增色不少,还可以节省不少空间。设置图层样式的具体步骤如下:

首先选中要应用样式的图层,单击图层面板下方的"添加图层样式"按钮,或在菜单中选择"图层"→"图层样式"命令,在弹出的菜单中选择一种样式,即可弹出如图 4-27 所示的"图层样式"对话框,设置相应参数后单击"确定"按钮即可,此时图层面板会显示出相应效果。如图 4-28 所示,通过设置"高级混合"及"混合颜色带"的相关参数,可指定混合效果对某一个通道起作用。

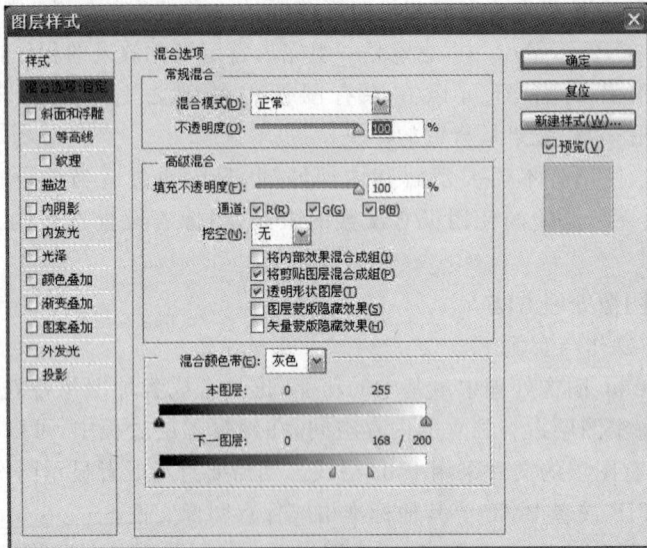

图 4-27　图层样式对话框

图 4-28　"混合选项"样式效果

　　图层混合是指通过调整当前图层上的像素属性,以使其与下面图层上的像素产生叠加效果,从而产生不同的混合效果。在 Photoshop 中,常通过设置图层透明度、调整图层混合模式及前面提到的图层蒙版混合图层,按 Ctrl＋Shift＋Alt＋E 键可以实现盖印图层,按 Ctrl＋J 键可以利用选区复制产生一个新的图层。

　　在图层面板上包括"不透明度""填充"和"混合模式"功能。其中,"不透明度"输入框可以通过输入百分比数值来设置图层之间的不透明程度,也可通过移动控制条的滑块来设置;

"锁定"功能可以对图层实现不同方式的加锁,包括锁定透明像素、锁定图像像素、锁定位置和锁定全部 4 种;"填充"程度的设置会影响图层中绘制的像素或图层上绘制的形状,但不影响已应用于图层的任何图层效果的不透明度。

图层混合模式是使用最为频繁的技术之一,Photoshop 提供了二十多种图层混合模式,它们全部位于图层面板左上角的下拉菜单中。为图像设置混合模式,只需将各个图层排列好,然后选择要设置混合模式的图层,并为其选择一种混合模式即可。比较常用的几个图层混合模式如下。

- 变暗模式。进行颜色混合时,会比较绘制的颜色(前景色)与底色之间的亮度,较亮的像素被较暗的像素取代,而较暗的像素不变,从而使叠加后的图像区域变暗。
- 变亮模式。正好与变暗模式相反,它是选择底色或绘制颜色中较亮的像素作为结果颜色,较暗的像素被较亮的像素取代,而较亮的像素不变,从而使叠加后的图像区域变亮。
- 正片叠底模式。将两个颜色的像素相乘,然后再除以 255,得到的结果就是最终色的像素值。通常执行后颜色比原来的两种颜色都深,任何颜色和黑色执行正片叠底模式得到的仍然是黑色,任何颜色和白色执行正片叠底模式后保持原来的颜色不变。所以,简单地说,正片叠底模式会屏蔽白色,突出黑色的像素。
- 滤色模式。和正片叠底效果刚好相反,它是将两个颜色的互补色像素值相乘,然后再除以 255 得到最终色的像素值。通常执行滤色模式后的颜色都变浅。任何颜色和黑色执行滤色模式,原颜色不受影响;任何颜色和白色执行滤色模式,得到的是白色;而与其他颜色执行此模式就会产生漂白的效果。简单地说,滤色模式会屏蔽黑色,突出白色的像素。
- 柔光模式。是根据图像的明暗程度来决定最终色是变亮还是变暗。当图像色比 50% 的灰要亮时,则底色图像变亮;如果图像色比 50% 的灰要暗,则底色图像就变暗。如果图像色是纯黑或纯白色,最终颜色将稍稍变暗或变亮;如果底色是纯白或纯黑色,则没有任何效果。
- 色相模式。采用这种模式,最终图像的像素值由下方图层的亮度、饱和度值及上方图层的色相值构成。

下面通过实例来介绍设置图层混合模式及图层样式的具体操作。

【例】 设置图层混合模式及图层样式添加眼影和描边。

(1)打开人像素材图像作为背景图层,然后新建一个图层 1,设置画笔大小为柔角 17,颜色为 C—50,M—100,Y—0,K—0,在新建图层 1 的人物眼睛四周位置绘制眼影的形状。

(2)设置混合选项,将两个图层混合模式设置为"色相"。

(3)选择背景图层,在背景图层上利用选框工具在眼睛部位绘制一个矩形选框,执行"选择"菜单中的"变换选区"命令变换选区后,按 Ctrl＋J 键利用变换后的选框复制一个新图层。为复制得到的新图层添加描边图层样式,参数大小为 10 像素,位置为内部,颜色为白色。

(4)用同样方式,在背景图层上再利用矩形选框绘制选区并复制得到另一个新图层,为该新图层添加描边图层样式。最终效果及图层面板效果如图 4-29 所示。

图 4-29　添加眼影和描边

2）蒙版的基本操作与实例

图层蒙版是 Photoshop 图层的精华，更是混合图像时的首选技术。使用图层蒙版可以为图层增加屏蔽效果，其优点在于可以通过改变图层蒙版中不同区域的黑白程度，以控制图层中图像对应区域的显示或隐藏，从而使当前图层中的图像与下面图层中的图像产生特殊的混合效果。如图 4-30 所示，在蒙版中，黑色部分表示隐藏当前图层的图像，下层图像能够显示出来；白色部分表示显示当前图层的图像，下层图像被遮盖；不同程度的灰色部分表示当前图层的图像半透明。

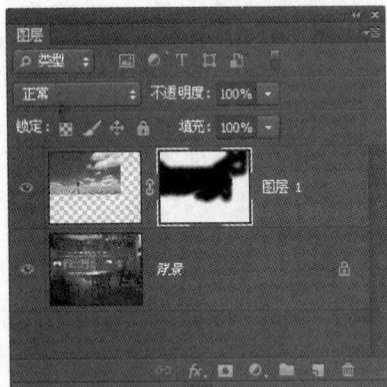

图 4-30　图层蒙版

如果图像中存在选区，也可以利用选区来创建图层蒙版，并可选择添加图层蒙版后的图像是显示还是隐藏。其方法是选择"图层"→"图层蒙版"菜单命令，从子菜单中选择相应的命令。还可以通过"编辑"→"粘贴入"菜单命令将复制的其他图像粘贴到选区内，并生成新图层。

单击蒙版缩略图即可进入图层蒙版的编辑状态，通过画笔或填充工具修改蒙版中的黑、白、灰范围，即可修改图层蒙版。这里要注意的是，如果要隐藏图像，图层蒙版中对应区域需调整为黑色；如果要显示图像，图层蒙版中对应区域需调整为白色；如果要使图像保持一定的透明度，图层蒙版中对应区域需调整为灰色。

按住 Shift 键的同时单击图层控制面板中的图层蒙版的缩略图，可暂时停用图层蒙版的屏蔽功能,将看到添加图层蒙版的图像的原始效果。停用的图层蒙版缩略图上将出现一个红色的×标记;再次按 Shift 单击该图层蒙版缩略图,即可重新启用蒙版。拖动图层蒙版到图层面板底部的"删除图层"按钮上后释放鼠标,可以删除图层蒙版。图层蒙版删除后对图像不会做任何修改。如果要单独移动图层中的图像或蒙版中的图像,可先单击图层缩略图与图层蒙版缩略图之间的链接按钮使其消失,然后分别选择并移动图像或蒙版即可。

使用蒙版的优点是:蒙版编辑是非破坏性的,编辑时只在图层蒙版上操作,不影响图层的原有像素,当对蒙版所产生的效果不满意时,可以随时删除蒙版,或者用黑白色反相处理,即可恢复图像原来的样子。

不需要蒙版效果时,可以在蒙版图标上右击,在出现的快捷菜单中选择"扔掉图层蒙版"命令将其删除。蒙版操作时要特别注意的是选中的对象是图层还是蒙版。只有当蒙版是选中状态时,所有的操作才是针对蒙版进行的,否则会对原图像产生误操作。

【例】 通过图层蒙版实现图层的融合。

(1)打开合适大小的背景素材图片和前景素材图片,使用移动工具将前景图像拖动到背景图像上,形成一个新图层"图层 1"。此时背景图片的图层面板中包含了"图层 1"和"背景"两个图层。

(2)在"图层 1"被选中的状态下,单击"图层"面板下方的"添加图层蒙版"按钮,则在"图层 1"的缩略图后面出现一个蒙版缩略图。

(3)单击该蒙版缩略图,使其成为选中状态。选择画笔工具,并将前景色修改为黑色,用画笔在图片中拖动,可以看见在蒙版缩略图中出现黑白融合。白色区域表示完全不透明,黑色区域表示完全透明,中间灰色表示半透明,图层实现融合,如图 4-31 所示。

图 4-31　图层蒙版融合效果

3)通道的基本操作与实例

通道的基本操作多利用"通道"面板完成,该面板是图层面板组中的一个标签,它列出了图形中的所有通道,首先是复合通道,然后是单个的颜色通道、专色通道,最后是 Alpha 通道。通道内容的缩览图显示在通道名称的左侧。需要注意的是,每个主通道的名称如 RGB 模式中的红、绿、蓝名称不能更改。

颜色通道用于保存图像的颜色信息。打开一幅图像,Photoshop 会自动创建相应的颜色通道。所创建的颜色通道的数量取决于图像的颜色模式,而非图层的数量。CMYK 颜色模式的图像拥有青、品红、黄、黑 4 个单色通道以及一个 CMYK 复合通道。这 4 个单色通道相当于四色印刷中的四色胶片。不同的颜色通道保存了图像的不同颜色信息,调整颜色通道即可调整图像的颜色。

Alpha 通道用于创建和存储蒙版。一个选区保存后,就成为一个蒙版保存在 Alpha 通道中,在需要时也可以将其载入,以便继续使用。Alpha 通道中的纯白色区域为选区,纯黑色区域为非选区,而灰色区域为羽化选区。可通过"选择"菜单下的"存储选区"和"载入选区"命令将选区保存为通道及将通道作为选区载入,按 Ctrl 键单击通道也可直接载入该通道所保存的选区。

分离通道可以将一幅图像中的通道分离称为灰度图像,以保留单个通道信息,可以独立进行编辑和存储。分离后,原文件被关闭,每个通道均以灰度模式成为一个独立的图像文件。合并通道可以将若干个灰度图像合并成一个图像,甚至可以合并不同的图像。

专色通道应用于印刷领域,用于存放专色(如金色)油墨的浓度、印刷范围等信息。

利用通道可以得到各种复杂的形状和透明度的选区,要提取一些和透明度复杂的图像或者具有复杂透明度层次的图像,可以利用通道操作。

【例】利用通道抠图。

(1) 打开一张合适的图片,在"通道"面板中分别查看红、绿、蓝 3 个通道中的图像,比较每个颜色通道中图像的主体和背景明暗反差,选择一个对比最明显的通道进行操作。本案例选择蓝通道。

(2) 在蓝通道上右击,在快捷菜单中选择"复制通道",生成"蓝 副本"通道。如图 4-32 所示。复制通道非常重要,绝对不能在原颜色通道上进行操作,否则会更改图像的显示。

图 4-32　复制生成"蓝 副本"通道

(3) 选中"蓝副本"通道,执行"图像"菜单下的"调整/曲线"命令,打开"曲线"对话框,调整曲线让图像主体尽量黑,背景尽量白,如图 4-33 所示。也可以使用"亮度/对比度"命令使其反差更大。

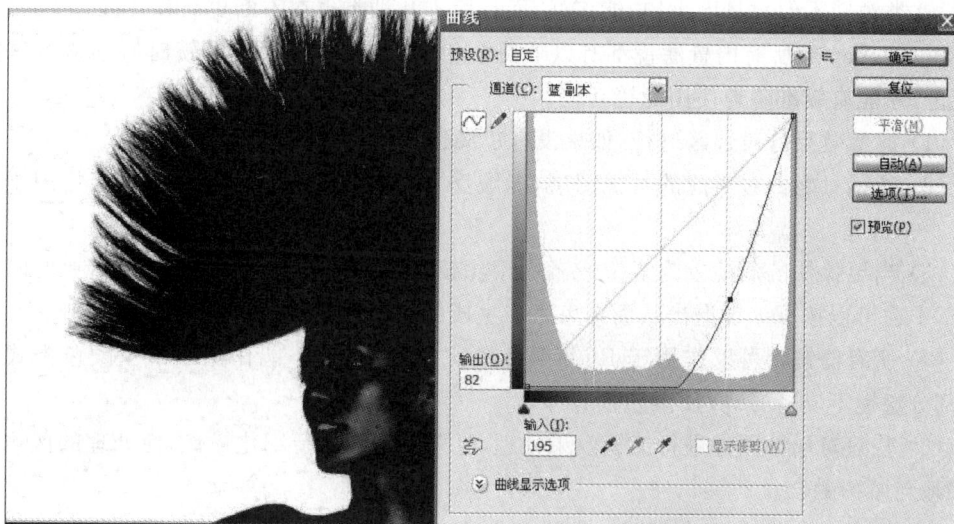

图 4-33 通过曲线调整"蓝副本"通道

（4）选择"图像"菜单下的"调整/反相"命令，使图像颜色反相，此时，通道里白色表示选区内区域，黑色表示选区外区域。

（5）使用画笔工具，设置前景色为白色，将主体内部的黑色部分涂成白色，即将全部需要抠除的内容涂成白色。再设置前景色为黑色，将所有不需要的内容涂成黑色。单击通道面板下方的"将通道载入选区"按钮，此时白色包围的区域被选中。

（6）单击 RGB 通道，恢复到彩色图像显示模式，即可通过选区将选区内的人像抠出来。如图 4-34 所示，人像抠出后就可以对其进行其他效果的处理了。

图 4-34 抠图效果

4）滤镜的基本操作与实例

Photoshop 中的滤镜分为 3 种类型：内嵌滤镜、内置滤镜和外挂滤镜。内嵌滤镜是内嵌于 Photoshop 程序的滤镜，它们不能被删除；内置滤镜是默认方式下安装 Photoshop 时自动安装在 plug-ins 目录下的那部分滤镜；外挂滤镜是除上述两种类型外，由第三方开发的滤镜,这类源镜不但数量庞大,功能多样,而且版本和种类也在不断更新和升级。

Photoshop 中所有内置滤镜都有以下几个相同的特点,在操作滤镜时必须遵守这些操作规范,才能有效准确地使用滤镜功能。

(1)滤镜效果针对选区进行,如果没有定义选区,则对整个图像进行处理。

(2)滤镜只能针对当前的可视图层,能够反复、连续地应用,但是每次只能作用于一个图层。

(3)当要操作的滤镜较为复杂或者应用滤镜的图像尺寸较大时,执行所需要的时间会很长,中途可以按 Esc 键退出从而结束正在生成的滤镜效果。

(4)所有滤镜都可以作用于 RGB 颜色模式的图像,但不能作用于索引颜色模式的图像,部分滤镜不支持 CMYK 颜色模式。

(5)若只对局部图像进行滤镜效果处理,可以对选区进行羽化操作,使处理的区域能够自然地与原图融合。

(6)绝大部分的滤镜对话框中都提供了滤镜效果预览功能,同时还可以单击在预览图下方的＋或者－按钮,达到放大或缩小预览图像显示比例的目的。

下面通过制作木纹纹理效果的滤镜实例来学习滤镜的基本操作。

【例】 滤镜特效制作下雨效果。

(1)打开背景文档,在图层面板新建图层 1,设置前景色为黑色,选择工具箱中的"油漆桶"工具在图像上单击填充,或按 Alt＋Del 快捷键填充。

(2)选择"滤镜"菜单中的"杂色"→"添加杂色"命令,在弹出的"添加杂色"对话框中设置参数,"数量"为 30,高斯分布,并勾选"单色"选项,单击"确定"按钮为图像添加杂色效果。

(3)选择"滤镜"菜单中的"模糊"→"动感模糊"命令,在弹出的"动感模糊"对话框中,设置"角度"为 70,"距离"为 72,从预览效果中可以看到斜线效果。

(4)在图层面板中选择图层混合模式为"滤色",如图 4-35 所示,下雨效果制作完成。如果参数设置不同,可看到不同的雨水线条效果。

图 4-35　下雨效果制作

5）色调调整基本操作与实例

图像色彩的调整主要包括调整图像的色相、饱和度和明度等。如图 4-36 所示，在 Photoshop 中可以通过色相/饱和度、去色、匹配颜色、替换颜色、可选颜色、通道混合器、照片滤镜、阴影/高光、色彩变化调整等操作，完成对图像色彩的调整。

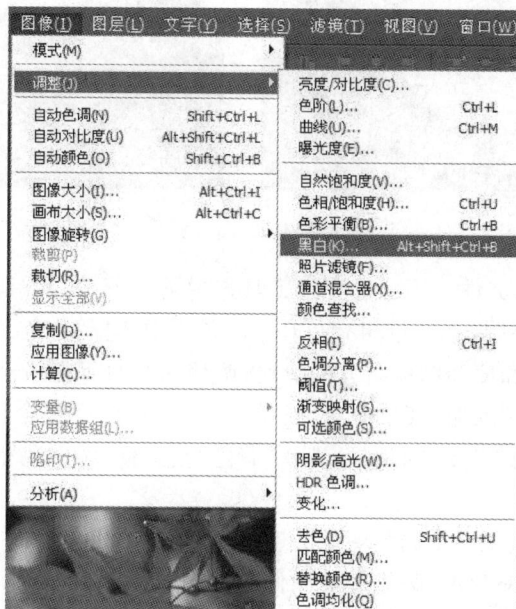

图 4-36　图像调整的相关命令

以"色相/饱和度"命令为例，打开一幅秋天景象的图像，双击背景图层将其转化为普通图层，然后选择"图像"菜单下的"调整"→"色相/饱和度"命令，分别调整设置全图或者单色的色相、饱和度和明度的参数，即可看到图像的色彩发生变化，单击"确定"按钮完成调色，使秋景即刻变成春天欣欣向荣的绿色景象，如图 4-37 所示。

图 4-37　色相/饱和度调整

利用"色相/饱和度"命令还可以完成黑白图像向彩色图像的转换，在"色相/饱和度"对话框中选择"着色"复选框，然后通过改变色相、饱和度和明度下方的滑块即可调整色彩。图 4-38 给出了为黑白图像添加色彩的效果，步骤如下：

图 4-38　着色

（1）打开黑白图像文件。用磁性套索工具选取荷花部分，然后执行"图像"→"调整"→"色相/饱和度"命令，在弹出的"色相/饱和度"对话框中选择"着色"复选框。

（2）调节色相、饱和度和明度下方的滑块，调整选取的荷花部分的颜色。

（3）执行"选择"→"反向"菜单命令，或按 Ctrl＋Shift＋I 组合键，反向选择除荷花以外的部分，再打开"色相/饱和度"对话框，选择"着色"复选框，调整色相、饱和度和明度，直到和荷花的颜色相匹配。

对图像的色调调整主要是调整图像的明暗程度，在 Photoshop CS6 中，可以通过色阶、曲线、色彩平衡、亮度/对比度、曝光度等操作调整图像色调。例如，打开"图像"→"调整"菜单下的"色阶"命令，或按 Ctrl＋L 组合键，弹出如图 4-39 所示的"色阶"对话框。

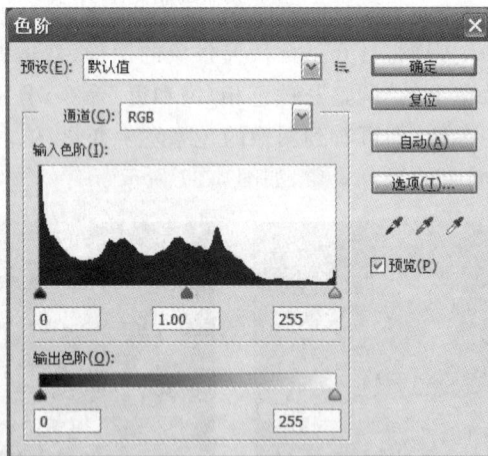

图 4-39　"色阶"对话框

图像的色调调整工具比较多，使用也非常广泛，针对不同色调问题可选用不同的工具命令，也可综合应用多种工具，读者可参考相关资料自己尝试，这里不再赘述。最后通过一些综合案例学习 Photoshop 的图像处理技巧。

【例】　综合案例：图像调整制作水墨画效果。

（1）打开素材图像，选择"图像"菜单中的"色阶"命令，调整输入色阶最右端的白色游标，完成图像色阶调整。接着选择"图像"→"调整"→"去色"命令。

（2）选择"图像"→"调整"→"反相"命令，对图像进行反相。色轮上相距 180° 的颜色互为补色，也叫补色。在色轮上的每个颜色的对面都有一个跟它成互补关系的颜色，它们的连接线经过色轮圆心。反相即将某个颜色换成它的补色，一幅图像上有很多颜色，每个颜色都转成各自的补色，相当于将这幅图像的色相旋转了 180°，原来黑的此时变白，原来绿的此时变红。

（3）选择"图像"→"调整"→"色阶"工具，输入色阶为（0，2.00，255），再次将图像提亮。

（4）选择"滤镜"→"画笔描边"→"喷溅"工具，设置喷色半径为 11，平滑度为 7。

（5）选择"图像"→"调整"→"亮度/对比度"工具命令，设置亮度为 -35，对比度为 0。

（6）新建"图层 1"，设置前景色为粉色（C—10，M—60，Y—7，K—0），使用画笔工具在荷花上涂抹，设置"图层 1"混合模式为"颜色"，完成效果如图 4-40 所示。

图 4-40　水墨综合效果图

【例】　综合案例：图像调整制作水彩画效果。

（1）打开素材图像，选择"图像"→"调整"→"亮度/对比度"命令，设置亮度为 30。

（2）选择"图层"→"新建"→"通过拷贝的图层"菜单命令，或按 Ctrl+J 快捷键复制背景层，然后选择"滤镜"→"模糊"→"高斯模糊"菜单命令，设置半径为 3px。

（3）选择"滤镜"→"像素化"→"晶格化"菜单命令，设置单元格大小为 6。

（4）设置图层混合模式为"变暗"。至此，图像调整完成，效果如图 4-41 所示。

【例】　综合案例：图像调整制作铜版画效果。

（1）打开素材图像，然后选择"图层"→"新建"→"图层"菜单命令新建"图层 1"，设置前景色为黄色，具体参数为：C—35，M—31，Y—89，K—0，利用"油漆桶"工具或按 Alt+Del 键填充。

（2）选中"图层 1"，选择"滤镜"→"杂色"→"添加杂色"菜单命令，设置数量为 6%，"分布"为平均分布，选中"单选"。

（3）选中"图层 1"，选择"滤镜"→"模糊"→"动感模糊"命令，设置角度为 0，距离为 10px。

（4）选中"背景"图层，选择"图层"→"复制图层"菜单命令，通过复制得到新建的"背景

图 4-41　水彩画效果

副本"图层,并将"背景 副本"图层放置所有图层面板中所有图层的顶层,按 Ctrl＋Shift＋U
键将图像去色。

（5）选择"图像"→"调整"→"亮度/对比度"菜单命令,打开"亮度/对比度"对话框,设置
亮度为 25,对比度为 50,单击"确定"按钮。

（6）选择"滤镜"→"风格化"→"浮雕效果"菜单命令,打开"浮雕效果"对话框,设置角度
为 145,高度为 3px,数量为 120％,单击"确定"按钮。

（7）选中"背景 副本"图层,按 Ctrl＋A 组合键全选图像,按 Ctrl＋X 组合键剪切图像;
然后打开"通道"面板,创建新通道 Alpha1,按 Ctrl＋V 组合键粘贴选区内容,此时通道面板
效果如图 4-42 所示。

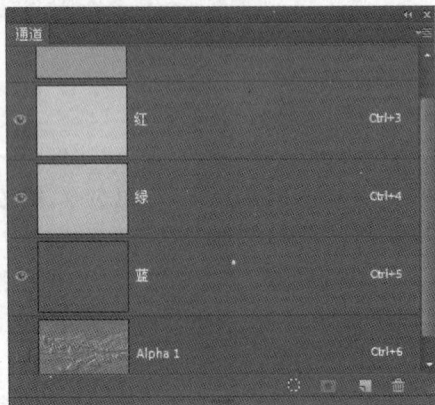

图 4-42　通道面板

（8）返回图层面板,选中"背景 副本"图层并删除,然后选择"选择"→"取消选择"命令
或按 Ctrl＋D 键取消选区。

（9）选择"图层 1",选择"滤镜"→"渲染"→"光照效果"菜单命令,在弹出的"光照效果"
对话框中,设置光照类型为全光源,强度为 21,光泽为－35,材料为 44,曝光度为－24,环境
为 46,纹理通道为 Alpha1,高度为 100。至此,图像调整完成,效果如图 4-43 所示。

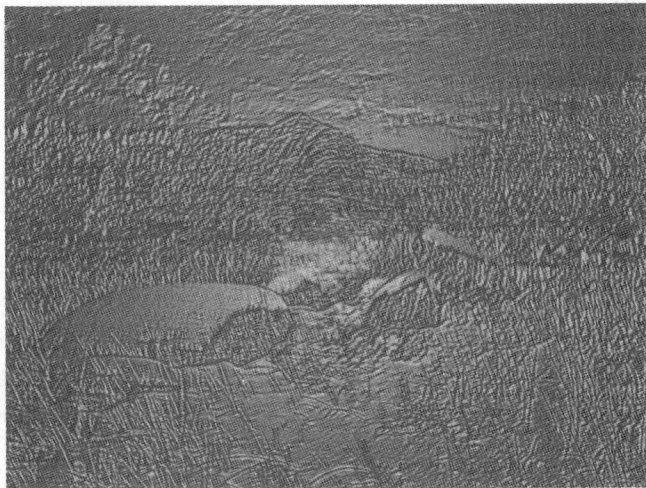

图 4-43　铜版画效果

4.4　数字动画制作

4.4.1　数字动画基础

1. 数字动画概述

动画是通过连续播放一系列画面,在视觉上造成连续变化的图画。动画制作就是采用各种技术为静态的图形或图像添加运动特征的过程。随着计算机软件和硬件的高速发展,由计算机参与的动画制作已经大大改变了传统动画的制作方式。传统动画制作者需要在纸上一页一页绘画,然后再将纸上的一页页画面拍摄制成胶片;而计算机动画则由计算机产生一系列可供实时演播的连续画面,其原理是基于传统动画设计,但全部工作由计算机完成。在多媒体产品中,适当的空间位置,配上合适的多媒体动画,将起到解释和连接多媒体应用软件中各组成部分的作用。出色的计算机动画制作在某些方面有效地提高了多媒体应用软件的整体质量。目前,计算机动画已成为多媒体软件产品中不可缺少的组成部分。

动画的基本原理和电影、电视是一样的,都是基于人眼的视觉暂留原理。医学证明,人类具有视觉暂留的特性,就是说人的眼睛看到一幅画面或一个物体后,在 1/24s 内不会消失。利用这一原理,在一幅画面还没有消失前播放下一幅画面,就会给人造成一种流畅的视觉变化效果。因此,电影采用每秒 24 幅画面的速度拍摄和播放,电视采用每秒 25 幅或 30 幅画面的速度拍摄和播放。

计算机动画是指采用图形和图像处理技术,借助编程或动画制作软件生成一系列画面,其中当前画面是对前一幅画面的部分修改。计算机动画是计算机图形学和艺术相结合的产物,它给人们提供了一个充分展示个人想象力和艺术才能的新天地。目前,计算机动画已经广泛应用于影视特效、商业广告、游戏和教学等多个领域。

2. 动画制作术语

影片：自动化制作的整部作品。

场景：一个现场展开的一段表演。

拍摄：一个场景一般可以分为一段或几段摄像机连续拍摄的录像。

镜头：摄像机拍摄的一般录像，可以分为若干个独立的分镜头。

帧：代表动画的各个时刻的不同画面。

关键帧：用来定义动画在某一刻新的状态。

过渡帧：处于两个关键帧之间，由系统自动生成的表示渐变或运动等效果的等效画面。

速度：动画中物体变化的快慢，既可以是位移，也可以是变形，还可以是颜色的改变。在变化程度一定的情况下，变化所占用时间越长，速度就越慢；时间越短，速度就越快。

速度线：一个物体运动得快时，观看者所看到的物体形象是模糊的。当物体运动速度加快时，这种现象更加明显，以至于只能看到一些模糊的线条，如风扇旋转、车轮运动等。在动画中表现运动物体，往往在其后面加上几条线强化运动效果，这些线称为速度线。有时候为了夸张和加强速度感，在某种情况下，只画速度线来表现运动而没有物体本身，这也是漫画中的效果技法。

循环动画：很多物体的变化可以分解为连续重复而有规律的变化，因此在动画制作中，可以制作几幅画面重复循环使用，长时间播放，这就是循环动画。

3. 计算机动画分类

计算机动画可以从不同的角度分类。

（1）按动画画面的性质来分，可将计算机动画分为帧动画和矢量动画。

帧动画是指构成动画画面的基本单位是帧，很多帧构成一部动画。帧动画借鉴了传统动画的概念，一帧对应一幅画面，每帧内容不同。计算机特有的自动动画只能解决移动、旋转等基本动作过程，不能解决关键帧的问题。矢量动画是指动画画面只有一帧，通过计算机计算生成变换的图形、线、文字和图案等。

（2）按计算机动画的表现形式来分，可将计算机动画分为二维动画和三维动画。

二维动画又称平面动画，是帧动画的一种。它沿用传统动画的概念，将一系列画面连续显示，使物体产生在平面上运动的效果。三维动画又称空间动画，它可以是帧动画，也可以是矢量动画，主要表现三维物体和空间运动。

4.4.2 计算机动画常用文件格式及制作软件

1. 计算机动画文件格式

计算机动画主要采用以下几种文件格式。

AVI 格式：对视频和音频文件采用一种有损压缩方式以实现动态图像和声音同步播放的视频文件格式，压缩率较高。但这种格式由于受到视频标准的制约，画面分辨率不高，画面质量也比较粗糙，目前仅在小画面显示时应用。

GIF 格式：即图形交换格式，适合网页传输的帧动画文件格式，目的是在不同平台上交流使用。它采用无损数据压缩方法中压缩率较高的 LZW 算法，文件尺寸较小，是目前互联网应用中最主要的文件格式之一。

FLIC 格式：是 FLI 和 FLC 文件格式的统称，是 Autodesk 公司在其出品的 2D/3D 动画制作软件 Animator Pro 中采用的彩色动画文件格式,其中 FLI 最初基于 320×200 像素的动画文件格式,而 FLC 是 FLI 的扩展格式,采用了更高效的数据压缩技术,其分辨率也不再局限于 320×200 像素。FLIC 文件采用的算法首先压缩并保存整个动画序列中的第一幅图像,然后逐帧计算前后两幅相邻图像的差异或改变部分并对数据进行压缩。由于动画序列中前后相邻图像的差别通常不是很大,因此可以得到相当高的数据压缩率。这种格式被广泛应用于动画图形中的动画序列、计算机辅助设计和计算机游戏应用程序中。

　　SWF 格式:是使用 Flash 软件制作的动画文件格式。它基于矢量技术而不是位图技术生成画面,因此不管画面放大多少倍,仍然清晰流畅,非常适合描述由几何图形组成的动画。由于这种格式的动画与 HTML 文件充分结合,并能添加 MP3 音乐,因此被广泛应用于网页中。

2. 常用计算机动画制作软件

最常用的计算机动画制作软件有以下几款。

Adobe Flash:是由原 Macromedia 公司(后被 Adobe 公司收购)开发的一个功能强大的二维动画制作软件,有很强的矢量图形制作能力,它提供了补间、遮罩、路径和交互的功能,能够将音乐、声效、动画融合在一起,制作出高品质的动画效果。Flash 采用时间轴和帧的制作方式,利用矢量图形和流式播放技术,通过关键帧和元件使生成的 SWF 动画文件非常小,利用 ActionScript(动作脚本)使动画具有更大的交互设计自由度,使其不仅在动画方面,而且在网页设计、媒体教学、游戏、广告等领域都有广泛的应用。无论是专业的动画设计者还是业余动画爱好者,Flash 都是一款很好的动画设计软件。

Ulead GIF Animator:是 Ulead(友立)公司出品的一个专门用于平面动画制作的软件,是一款功能强大且操作简单的 GIF 动画制作工具,非常适合非专业人士使用。该软件提供"精灵向导",使用者可以根据向导的提示一步步完成动画制作,能够套用各种文字特效、视频特效,同时还提供了众多的帧间转场效果,实现画面间的特色过渡。其主要输出文件格式为 GIF,也能够将 AVI 文件转成 GIF 文件,常用于简单标头动画的制作。

3D Studio Max:简称 3ds max,是 Autodesk 公司开发的基于 PC 系统的著名三维动画渲染和制作软件。它功能十分强大,在光线、色彩渲染等方面都很出色,造型丰富细腻,且三维造型、二维放样、帧编辑、材质编辑、动画设置等都在统一的界面中完成,目前被广泛应用于影视广告、室内外设计、多媒体制作、游戏及工程可视化等领域。

Maya:是 Autodesk 公司开发的顶级三维动画制作软件,应用对象是专业的影视广告、角色动画及电影特技等。Maya 功能完善,工作灵活,操作方便,制作效率极高,渲染真实感强,是电影级别的高端制作软件,对计算机的资源配置要求较高,随着个人计算机的性能的提高,其使用者也逐渐多了起来。

4.4.3　Adobe Flash

Flash 是由原 Macromedia 公司推出的一种基于矢量的二维动画制作软件,2005 年被 Adobe 公司并购,是一种交互式矢量图和 Web 动画的标准。Flash 通常也指 Adobe Flash Player。在 HTML 5 的快速发展下,2012 年 8 月 15 日,Flash 退出 Android 平台,正式告别移动端,逐步放弃受众较广的播放(浏览器插件)平台,转而集中在开发领域,其源文件可以直接转为 HTML 5 跨平台发布。Adobe 创意部门亚太区专业讲师 Paul Burnett 对此解释称,尽管 HTML 5 和 CSS 3 技术进步明显,甚至可以取代 Flash 进行视频播放、网页动画等工作,但都局限在浏览器前端。Flash 未来发展已经定位在网页游戏开发领域,尤其以 3D 高端网游为主的开发工作,这是 HTML 5 无法做到的。

Flash 创建动画的源文件格式是 FLA,此文件格式可以对动画绘制、图层、库、时间轴和舞台场景等进行重复编辑,且只能用 Flash 软件打开。Flash 作品完成后,默认的影片输出格式是 SWF,此文件格式的播放一般需要 Flash Player 播放器的支持。

1. Flash 动画工作环境

启动 Flash 程序后,在欢迎界面中一般分为 3 个区域,如图 4-44 所示,从左至右分别为"从模板创建""新建"和"学习"。最常见的操作是单击"新建"下面的 ActionScript 3.0 或 ActionScript 2.0,出现如图 4-45 所示的操作界面,主要包括主菜单栏、工具面板、时间轴面板、舞台、属性面板和其他常用面板等。

图 4-44　Flash CS5.5 欢迎界面

1) 主菜单栏

在主菜单栏中,包含以下 11 个菜单:

- 文件。可以执行创建、打开、保存、导入/导出文件等操作。
- 编辑。可以执行复制、粘贴、撤销、清除、查找等编辑操作。
- 视图。可以执行放大、缩小、标尺、网格等与视图有关的操作。
- 插入。可以执行插入新元素如帧、图层、元件、场景等操作。
- 修改。可以执行元素本身或元素属性的变换动作,如位图分离、对象变形等。
- 文本。可以执行设置字体、字距等与文本有关的属性设置。

图 4-45　Flash CS5.5 操作界面

- 命令。可以运行命令,导入/导出动画 XML 等操作。
- 控制。可以执行与影片过程和测试有关的操作,如测试影片、测试场景、播放和停止等。
- 调试。可以执行与动作脚本语言调试有关的操作。
- 窗口。可以对窗口和面板进行管理,如新建窗口、展开和隐藏面板等。
- 帮助。可以提供工作过程的支持。

2）工具面板

工具面板里包含选择、绘图、填充、查看、颜色和选项工具,如图 4-46 所示。拖动工具面板的边框可以改变工具面板的大小。

下面针对比较常用的工具名称和相应功能做介绍。

- 选择工具。选取场景舞台区中的文字或图像。
- 部分选取工具。选取图形的节点和路径可以改变图像的形状。
- 3D 旋转/平移工具。3D 旋转工具用于在全局 3D 空间中旋转影片剪辑对象,3D 平移工具实现在 3D 空间中通过 x、y、z 轴移动影片剪辑对象。
- 任意变形/渐变变形工具。任意变形工具可用于改变图形的尺寸、形状和角度。在"选项"里有"旋转和倾斜""缩放""扭曲"和"封套"4 种变形方式。其中,旋转要求光标放在图形 4 个顶点的黑

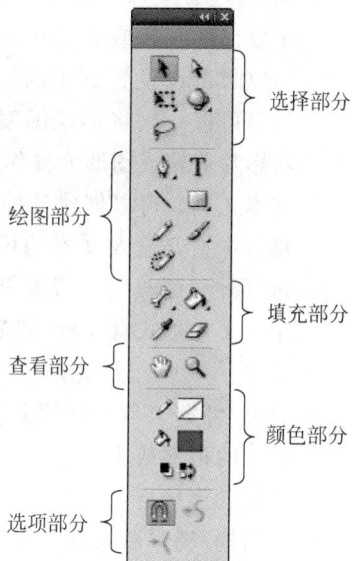

图 4-46　工具面板

多媒体技术与应用

色控制块上才可生效,旋转的中心点是图形中间的白色圆圈,位置可以随意移动;倾斜要求光标放在图形 4 条边上的黑色控制块上使用;缩放和扭曲可以在图形的任意一个黑色控制块上生效;选择"封套"方式时,图形边框上会出现很多黑色圆形节点,如图 4-47 所示,在节点上按下鼠标左键拖动可以改变图形形状。

- 填充变形工具。用于改变图形内部填充效果。图形中间的圆形控制块可以改变填充的中心,图形右上角的圆形控制块可以改变填充的方向,图形上的矩形控制块可以改变填充的宽度,如图 4-48 所示。

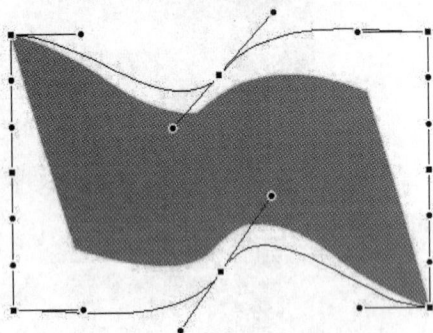

图 4-47　封套变形　　　　　　图 4-48　填充变形

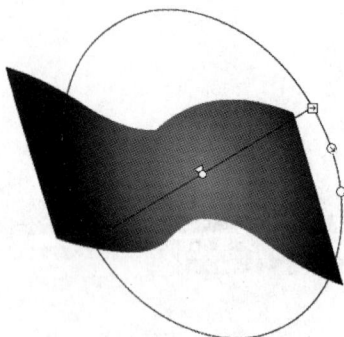

- 钢笔工具。可以用来绘制直线,也可以用来绘制精确平滑的曲线。单击钢笔工具后,光标变成钢笔形状,然后在舞台上单击定位第一个锚记点,光标移动到第二个锚记点的位置,按下鼠标左键拖动,在锚记点上会出现一条切线,通过拖动切线可以控制曲线的弧度和方向,确认后松开鼠标左键,用同样的方法绘制下一个锚记点。由钢笔工具绘制的曲线可以使用部分选取工具进行调整。用部分选取工具单击要调整的曲线,曲线上会显示绘制时的锚记点,如图 4-49 所示。

- 刷子工具/喷涂刷工具。刷子工具可以用来绘制刷子效果的线条或者填充所选对象内部的颜色,通过"选项"可以设置刷子的模式、大小和形状。喷涂刷工具可以一次将形状图案喷涂到舞台上,同时可以将影片剪辑或图形元件作为该工具的图案使用。

- 文本工具。可以创建各种文本,选择文本工具后,在舞台中想要输入文本的位置单击即可输入文本,通过"属性"面板可以设置相应文本的属性。在 Flash 中的文本形式有 3 种,即静态文本、动态文本和输入文本。

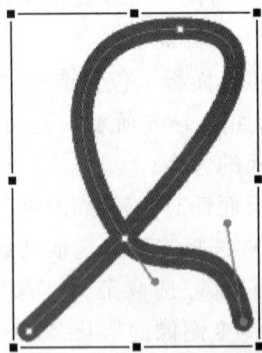

图 4-49　钢笔工具绘制的曲线

- 骨骼/绑定工具。使用骨骼工具可以使某元件成为骨架的根部或头部,然后拖动进行链接。绑定工具可以编辑单个骨骼和形状控制点之间的连接。

- 颜料桶/墨水瓶工具。颜料桶工具用来对封闭区域填充颜色。墨水瓶工具用来描绘所选对象的边缘轮廓。

- 笔触颜色。对绘图部分设置轮廓的颜色。
- 填充颜色。对填充部分设置内部填充的颜色。

3）时间轴面板

时间轴用于组织和控制文件内容在一定时间内播放,如图 4-50 所示。按照功能的不同,时间轴面板分为左右两部分,左边为图层控制区,右边为时间线控制区。

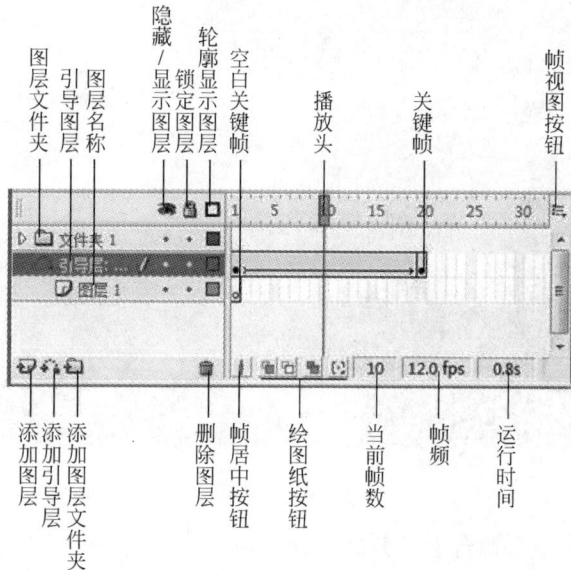

图 4-50 时间轴面板

在图层控制区中,图层按照其在时间轴中出现的次序堆叠,新建的图层在最上面,因此时间轴底部图层中的对象在舞台上也堆叠在底部。每个图层中包含的帧显示在该图层名右侧的一行中。图层控制区右边的功能按钮可以对图层进行隐藏、显示、锁定和解锁操作,并能将图层内容显示为轮廓。图像控制区下方的功能按钮可以实现新建图层、新建图层文件夹和删除图层的操作。图层也可以通过上下拖动来改变相互之间的位置,从而达到所需要的遮盖效果。

在时间线控制区中,每一帧显示为一个小方格。时间轴顶部的数字表示帧编号,播放头指示当前舞台上显示的帧。播放文件时,播放头从左向右通过时间轴。时间线控制区下方显示的是时间轴状态指示所选的帧编号、当前帧速率以及到当前帧为止的动画运行时间。时间轴可以显示文档中帧与关键帧出现的时间点以及制作的动画类型,是动画制作中必不可少的面板。

在制作连续性的动画时,如果前后两帧的画面内容没有完全对齐,就会出现抖动的现象。帧控制区下方的绘图纸工具可以用半透明的方式显示指定序列画面的内容,它可以在显示播放头所在帧内容的同时显示其前后数帧的内容,或者只显示各帧图形的轮廓线,因此是制作精确动画的必备手段。

4）舞台和场景

舞台是创建 Flash 文件时编辑和播放动画的矩形区域,是工作区中设置文件背景色的区域,如图 4-51 所示。在舞台上可以放置和编辑矢量插图、文本框、按钮、导入的位图图形、视频剪辑等对象。创作环境中的舞台相当于回放时显示文件的矩形空间。在工作时可以使用缩放功能更改舞台的视图,还可以在舞台上显示出网格、辅助线和标尺来帮助定位元件对象。

图 4-51　舞台和场景

　　一个场景表示在一个舞台上展开的一段表演,就是一段连续的动画过程。使用场景可以有效地组织动画。一般而言,在较小的动画作品中,使用一个默认场景就足够了。若要制作较长、较为复杂的动画,大量的帧集中在一个场景中则容易发生误操作,不方便编辑和管理,此时建议将整个动画分成连续的几个部分分别编辑,这样就可以包含几个场景。可以通过"窗口"→"其他面板"命令选择打开"场景"面板来控制和管理场景。

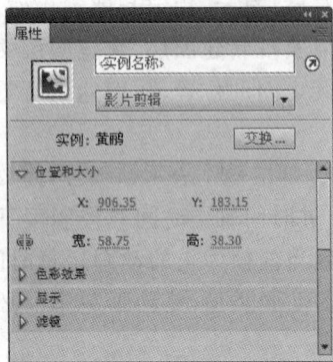

图 4-52　属性面板

　　5) 属性面板

　　属性面板是 Flash 中使用效率最高的一个面板,用户可以通过该面板来设置选取的对象。对于正在使用的工具或资源,使用属性面板可以很容易地查看和更改它们的属性,从而简化文档的创建过程。当选定单个对象时,如文本、元件、形状、位图、视频、组件、帧等,属性面板可以显示相应的信息和设置,如图 4-52 所示。当选定两个或多个不同类型的对象时,属性面板会显示选定对象的总数。

　　值得说明的是,从 Flash CS4 开始,滤镜已经成为属性面板的一个子项目,用户可以直接利用各种滤镜为文本、按钮以及影片剪辑添加有趣的视觉效果。一个对象上可以应用多个滤镜,应用的滤镜数量越多,则 Flash 要处理的计算量也就越大,因此,用户应该根据需要选择合适的滤镜数量和质量,从而保证 Flash 影片的播放性能。

　　6) 其他浮动面板

　　库面板是 Flash 中用来存储和组织元件、位图图形、声音剪辑、视频剪辑和字体的容器。各种媒体和动画元素图标不同,在库中可以根据图标轻松地识别不同的库资源。库面板是

Flash 中最有用，也是使用最频繁的界面元素之一。

Flash 中还提供了颜色面板、变形面板、动作面板等常用面板，这些面板位置是不固定的，可以展开、折叠、拖动和任意堆叠。在 Flash 主菜单的"窗口"菜单中可以打开和关闭众多面板。

2. Flash 动画制作基本概念

利用 Flash 软件制作动画时，需要了解以下基本概念。

1）图层

Flash 也是以图层的概念来存储对象的，其概念类似于 Photoshop 中的图层，区别在于后者存储静止对象，而前者存储运动对象。

在创建动画时，可以使用图层和图层文件夹来组织动画序列的组件和分离动画对象，这样它们之间就不会互相擦出、相连或分割。通常将运动方式不同的对象分别放置于不同的图层，如一个运动中的人，其头、手、脚必须位于独立的图层，这样可以使动画的条理清晰，便于编辑。通常的做法是：背景层包含静态插图，其他的每个图层中包含一个独立的运动对象。通过增加图层，可以在每一层编辑不同的效果，从而制作出较复杂的动画。

2）普通帧、关键帧

普通帧使代表整个动画中每个时刻的不同静态画面。关键帧是在动画中状态发生变化的画面，或是包括 ActionScript 语句的帧。

普通帧位于两个关键帧之间，由系统自动生成，是表示渐变或运动等效果的中间画面，普通帧的数量多少不会影响动画文件的体积。关键帧的画面和位置由设计者定义，不是系统自动生成的。由于 Flash 文件主要保存每一个关键帧的具体内容，因此，增加关键帧的数量会增大动画文件的体积。

3）元件与实例

元件是 Flash 中创建的图形、按钮或影片剪辑，它可以重复使用。元件可以包含从其他应用程序中导入的插图或者影片。任何创建的元件都会自动保存在库中。实例是元件位于场景中的实际应用，是位于舞台上或嵌套在另一个元件中的元件副本。

元件和实例的运用可以简化影片的编辑，把影片中需要多次使用的元素做成元件，当修改了元件以后，所有的实例都会随之更新，不必逐一更改；而反过来，对元件的一个实例应用效果修改则只更新该实例，因此，实例可以在颜色、大小、功能上与它所属的元件差别很大。

影片播放时，一个元件只需下载一次到播放器中，因此，影片使用了元件和实例会显著减小文件的大小，加快影片的回放速度。

4）库与公用库

在 Flash 中，库能将所有的元件保留下来，以方便用户下次再使用该元件。除元件外，库中还可以保留位图、声音、视频等多个多媒体素材，方便用户对所有用到的素材进行浏览和选择。

此外，Flash 还提供了公用库功能。利用该功能，用户可以在一个动画中定义一个公用库，在以后制作其他动画时进行链接，从而可以使用外部库文件，免去了用户多次创建元件的麻烦。

3. Flash 传统基本动画

1）逐帧动画

逐帧动画是最简单的 Flash 动画类型，是一种在时间轴上以连续的关键帧类分解动画动作的动画形式，即逐帧绘制动画内容，使其连续播放而形成动画。它的制作方法是在时间轴的每一帧都添加一个关键帧，每个关键帧的内容都由用户自己根据需要绘制，非常灵活，可以表现任何想表现的内容。由于每一幅画面都是关键帧，使得逐帧动画的工作量非常大，并且生成文件的体积较大，但这种方法制作出来的动画效果非常准确真实。

下面以骏马飞驰的效果实例来说明制作逐帧动画的步骤。

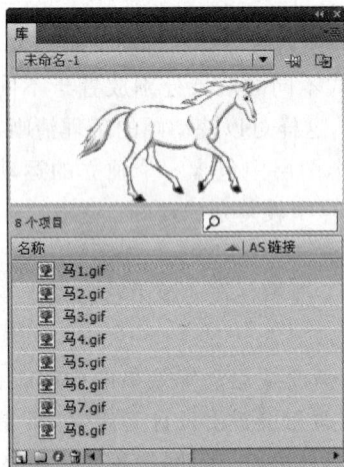

图 4-53　导入图像到库面板

【例】 逐帧动画实例：骏马飞驰。

（1）选择"文件"菜单中的"新建"命令，在弹出的对话框中或者通过欢迎界面选择"Flash 文件（ActionScript 2.0）"或者"Flash 文件（ActionScript 3.0）"，然后单击"确定"按钮，在属性面板中可以适当调整其背景颜色。

（2）选择"文件"菜单中的"导入"→"导入到库"命令，将文件夹中从"马1.gif"到"马8.gif"共8幅图像依次选择并导入，单击"确定"按钮，此时在库面板中的效果如图 4-53 所示。

（3）在场景中，选中时间轴上第1个关键帧，将"马1.gif"拖曳到舞台中央。执行"插入"菜单中"时间轴"命令中的"空白关键帧"命令或者按 F7 键插入一个空白关键帧。在时间轴上选中插入的空白关键帧，将"马2.gif"拖曳到舞台中央。如果不能确定"马2.gif"的位置，可以单击时间轴面板下方的"绘图纸外观"按钮，则可以以渐变透明的方式同时查看前后几帧的场景，如图 4-54 所示。

图 4-54　绘图纸外观效果

（4）按照同样的方法，按 F7 键插入新的空白关键帧后依次将其他马匹图像插入舞台中。按 Enter 键可以在舞台播放查看效果，按 Ctrl＋Enter 键或选择"控制"菜单下的"测试影片"命令可以测试影片播放效果，如图 4-55 所示。

图 4-55　动画效果图

（5）选择"文件"菜单下的"保存"命令，将动画保存为 FLA 格式文档。选择"文件"菜单下的"导出"→"导出影片"命令，可以将 SWF 格式的影片导出，便于直接播放查看效果。

由于 Flash 动画采用循环播放的方式，逐帧动画效果非常快，在实际制作当中，可以采用中间插入普通帧的做法进行延时操作。

2）补间动画

补间动画是一种比较有效的产生动画效果的方式，它不同于逐帧动画需要逐帧进行设计，只需在状态改变的时候创建关键帧即可，在关键帧之间的过渡帧全部由 Flash 自动生成。

Flash 补间动画有两种类型，一种是形状补间动画，另一种是动作补间动画。形状补间动画指的是图形动画，适用对象为形状，可以制作出的动画效果包括移动、缩放、旋转、渐变、变速、变形等动画；动作补间动画根据创建方式分为传统补间和补间动画，适用对象主要为元件，可以结合元件的位移、旋转、色彩和透明度的变化、明暗度的调整等，使动画更加绚丽多彩。

创建补间动画的一般方法是：先创建动画的起始和结束关键帧，然后在中间任意一帧上右击，在弹出的快捷菜单中选择"创建传统补间/创建补间动画/创建补间形状"命令。下面以两个实例分别说明动作补间动画和形状补间动画的制作步骤。

【例】　动作补间动画实例：小猪路过。

（1）选择"文件"菜单中的"新建"命令，在弹出的对话框中或者通过欢迎界面中选择"Flash 文件（ActionScript 2.0）"或者"Flash 文件（ActionScript 3.0）"，然后单击"确定"按钮，在属性面板中修改文档大小为 800 * 600。

（2）选择"文件"菜单中的"导入"命令，选择"导入到库"，将 bg.jpg 图像导入到库中，并将其拖曳到舞台中作为背景，将"图层 1"重命名为"背景"。在图层第 120 帧单击，按 F5 键或在右键快捷菜单中选择"插入帧",以维持背景所存在的时间。

（3）选择"导入"命令中的"打开外部库"命令,选择外部库.fla素材,在打开的外部库中找到小猪元件并将其拖曳到当前文件库中,如图4-56所示。

（4）在时间轴面板上新建"图层2",并重命名为"小猪"。将库中的小猪元件拖曳至舞台中产生小猪元件实例,并将其移动到左边界位置。在"小猪"层第120帧单击后按F6键插入关键帧,并移动小猪元件实例至右边界位置。

（5）在"小猪"层所在时间轴的第1帧和第120帧这两个关键帧之间任何一个位置右击,在弹出的快捷菜单中选择"创建传统补间"命令,两帧之间出现由起点关键帧指向终点关键帧的箭头,表明动作补间动画已经建立,此时时间轴面板如图4-57所示。

图 4-56　库面板

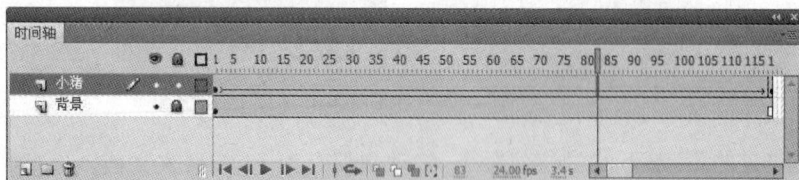

图 4-57　创建传统补间

（6）按Enter键可以在舞台播放查看效果,按Ctrl+Enter键或选择"控制"菜单下的"测试影片"命令可以测试影片播放效果。选择"文件"菜单下的"保存"命令,将动画保存为FLA格式文件pig.fla,并将SWF格式影片导出,至此,动画完成,效果如图4-58所示。

图 4-58　动画效果

制作动作补间动画的起止对象必须为符号元件,而且必须为同一个符号元件。如果一个对象不是符号元件,可以选中它,通过"修改"菜单下"转换为元件"(快捷键 F8)命令将图形、文字、对象转换为符号元件。如果舞台上没有对象,可以选择"插入"菜单下的"新建元件"(快捷键 Ctrl+F8)命令,建立一个新元件符号。

当用户创建传统补间后,会激活"属性"面板中的很多控制选项,这些选项可以帮助用户更好地创建动画。

(1)缩放。选中该复选框后,在动作补间动画中有大小渐变的效果。

(2)缓动。该滑竿用于控制对象的动作速度。当值为 0 时,对象的动作在每一帧的速度为等速;若值小于 0,则对象初期动作速度比较慢,但会越来越快;若值大于 0,则对象初期动作速度比较快,但会越来越慢。若想要改变值的设定,上下拖曳滑标,向上拖曳为加速,向下拖曳为减速。

(3)旋转。在旋转下拉列表中有 4 个选项,分别为"没有""自动""顺时针"和"逆时针",用来控制对象的旋转效果及旋转圈数。

(4)调整到路径。选取该项后,对象移动方向会随着路径的角度改变而旋转。

(5)同步。选取该项能确保实例在动作补间动画中正确地循环。

(6)贴紧。选中该选项,正在进行动画处理的元件实例会自动吸附到引导线上,通常用于引导动画制作。

【例】 形状补间动画实例:形状变文字。

(1)选择"文件"菜单中的"新建"命令,在弹出的对话框中或者通过欢迎界面选择"Flash 文件(ActionScript 2.0)"或者"Flash 文件(ActionScript 3.0)",然后单击"确定"按钮。

(2)在当前图层上选择时间轴第 1 帧,然后选择工具面板中的各种形状工具,在场景舞台中分别绘制正方形、五边形、椭圆形和三边形共 4 个图形,并分别设置不同的颜色。

(3)选择第 55 帧,右击,在弹出的快捷菜单中选择"插入空白关键帧"命令,并利用文本工具,设置字体为隶书,大小为 84,在场景中输入"天天向上"4 个字。

(4)选中文字,右击,在弹出的快捷菜单中选择"分离"命令,此时文字被打散为一个一个的单独文字。依次选中单个文字,修改文字的颜色后,再次执行"分离"命令,则文字被打散为像素点阵形状。

(5)在第 1 帧和第 55 帧中间的任一位置右击,在弹出的快捷菜单中选择"创建补间形状"命令。在两帧之间出现由起点关键帧到终点关键帧的箭头,表明已经建立了形状补间关系,如图 4-59 所示。

(6)按 Ctrl+Enter 键测试影片播放效果,选择"文件"菜单下的"保存"命令,将动画保存为 FLA 格式文件 day.fla,并将 SWF 格式影片导出。

由上述实例可以看出,创建补间形状动画有一定的限制,要求起止对象一定都是图形。用 Flash 工具栏中的工具所绘制的图都是图形,都可以直接用来制作形状动画。判断一个对象是否是图形的方法很简单,单击对象,如果该对象被斜条纹所覆盖即为图形。如果对象不是矢量图,可以选择"修改"菜单下的"分离"操作(快捷键 Ctrl+B)将其打散,打散以后这些对象便转换为图形。需要注意的是,因为符号和组合允许嵌套,因此有的时候需要经过多次分离操作,直到将它们变成图形为止,然后才可以进行形状补间动画的制作。

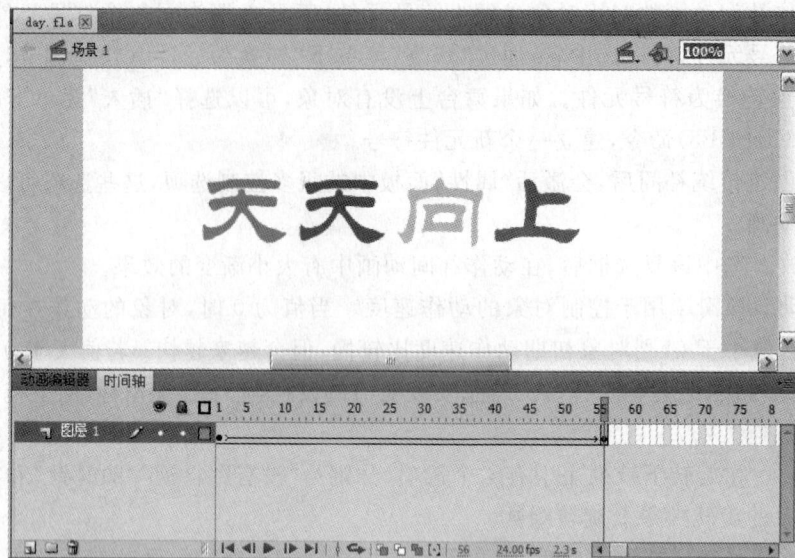

图 4-59　补间形状动画

3）遮罩动画

遮罩动画就是通过遮罩层中的图形或者文字等对象透出下面图层中的内容。简单地说，遮罩层就像一张透明的纸，可以在这张纸上设置一个区域，区域下方的物体运动的时候就产生了动画，区域以外的地方就被隐藏起来不显示。在 Flash 动画中，很多炫目的效果都是通过遮罩动画来完成的，如水波、放大镜、百叶窗等。

创建遮罩动画时，必须由两个图层完成，上面的图层称为遮罩层，下面的图层称为被遮罩层。遮罩层的作用是可以透过遮罩层中的图形看到下面图层中的内容，但是在遮罩层形状以外的区域则不能显示。

一般在遮罩层中绘制的图形不需要设置颜色，只注重其形状，这些形状是完全透明的，会显示出下面图层的内容，其他区域则完全不透明。下面通过闪烁文字的动画效果实例来理解遮罩的应用。

【例】　遮罩动画实例：闪烁文字。

（1）新建一个 Flash 文档，设置背景色为♯66CCCC，其他属性不变。

（2）选择"插入"菜单中的"新建元件"命令，新建元件 1，类型为图形。在元件编辑场景中，选择工具箱中的矩形工具，选择"窗口"→"颜色"菜单命令打开"颜色"面板。将笔触颜色类型设置"无"，填充颜色类型选择"线性渐变"，在元件编辑场景中绘制一个矩形，大小为 500×150 像素，如图 4-60 所示。

图 4-60　线性渐变矩形

（3）返回主场景。新建"图层 2"，在工具栏中选择文本工具，在场景中输入文本"闪烁文字"，通过属性面板设置为黑体，大小为 84px，颜色为黑色。打开"对齐"面板使文字置于场景中央。选择该层的第 30 帧，按 F5 键插入帧。

（4）选择"图层1"的第1帧，将库面板中的图形元件1拖入场景中。在工具箱选择任意变形工具，再选择工具箱下方的"旋转与倾斜"按钮，将元件1变形并拖动元件1使"闪烁文字"位于其最左侧。

（5）选择"图层1"的第30帧，按F6键插入关键帧，利用选择工具，在该帧处拖动元件1使"闪烁文字"位于其最右边。在图层1的第1～30帧之间任一位置右击，在弹出的快捷菜单中选择"创建传统补间"命令，如图4-61所示。

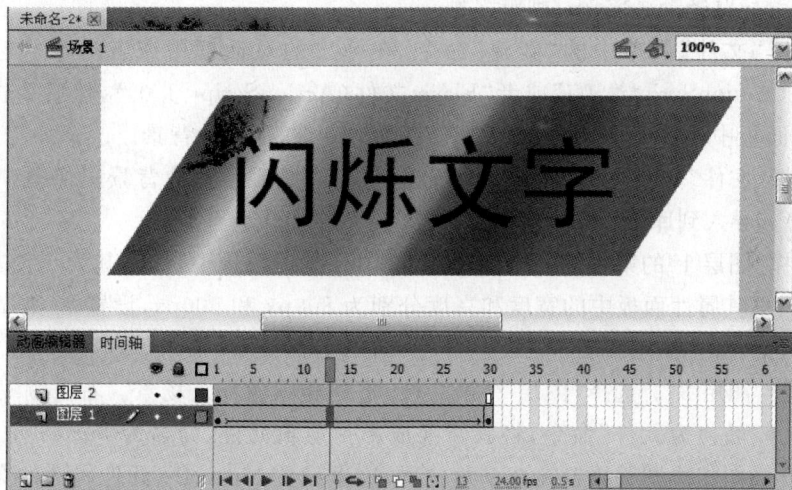

图 4-61　倾斜元件1并移动

（6）选中"图层2"，右击在弹出的快捷菜单中选择"遮罩层"命令，将该层变换成遮罩层。按 Ctrl＋Enter 键测试影片，闪烁文字的效果完成，如图4-62所示。

图 4-62　闪烁文字遮罩效果

遮罩的原理非常简单，但其实现的方式多种多样，特别是和补间动画以及影片剪辑元件结合起来，可以创建千变万化的形式。应该对这些形式进行总结概括，从而使自己可以有的放矢，从容创建各种形式的动画效果。

4）引导路径动画

和遮罩动画一样，引导路径动画一般由"引导层"和"被引导层"两个图层组成。上面一层是"引导层"，用来指示元件运行轨迹，所以内容通常是用钢笔工具、铅笔工具、线条工具、椭圆工具、矩形工具或画笔工具绘制出来的线条、图形等，被称为引导线。下面一层是"被引导层"，其内容是随着引导线运动的，可以使用影片剪辑、图形、按钮、文字块等元件。在时间轴面板的普通层上右击，选择"添加引导层"弹出菜单命令，该层的上面就会添加一个"引导层",同时该普通层缩进成为"被引导层"。

引导路径动画最基本的操作是使一个运动动画元件依附着引导线移动,因此,操作时要特别注意引导线的两端,即被引导的元件对象起始、终点的两个中心点一定要对准引导线的两个端点。同时,绘制引导线时应尽量使路径圆滑,否则很可能导致引导线断开,导致对象不能沿着引导线移动。

下面通过一个蝴蝶在花朵上飞舞的动画效果来介绍引导线补间动画的制作方法。

【例】 引导路径动画实例:蝴蝶飞舞。

(1) 选择"文件"菜单中的"新建"命令,在弹出的对话框中或者通过欢迎界面选择"Flash 文件(ActionScript 2.0)"或者"Flash 文件(ActionScript 3.0)",然后单击"确定"按钮。在属性面板中设置大小宽为 800 像素,高为 600 像素,白色背景。

(2) 选择"文件"→"导入"→"导入到库"命令,选择要用到的背景图像 bg.jpg 和蝴蝶bfly.png,将其导入到库面板中。

(3) 选择"图层 1"的第 1 帧,将背景图 bg3.jpg 拖入场景中,调整其大小使其与舞台大小一致,即调整其属性面板中的宽度和高度分别为 800px 和 600px,设置 X 和 Y 均为 0,使其刚好和舞台对齐。锁定图层 1。

(4) 新建"图层 2"。选择"图层 2"第 1 帧,将蝴蝶图像拖入场景。右击蝴蝶图像,在快捷菜单中选择"转换为元件"命令,将其转换成影片剪辑元件,命名为 butterfly。设置其大小,使其和背景图相协调并放置在右下角位置,这里设置 butterfly 元件属性的宽为 320px,高为 229px。

(5) 在库面板中,双击 butterfly 元件图标,进入元件编辑窗口。选中蝴蝶图像,选择"修改"菜单下的"分离"命令(快捷键 Ctrl+B)将图像对象分离为形状。然后分别在影片剪辑元件的第 5 帧和第 10 帧按 F6 键插入关键帧,并利用任意变形工具调整第 5 帧蝴蝶形状宽度,在第 1~5 帧和第 5~10 帧中间创建形状补间,从而可以产生蝴蝶飞舞效果,如图 4-63 所示。

图 4-63 创建蝴蝶飞舞效果

（6）返回场景 1，在场景 1 时间轴面板中右击"图层 2"，在弹出的快捷菜单中选择"添加传统运动引导层"命令，给"图层 2"添加引导层。选中引导层的第 1 帧，使用铅笔工具在引导层场景中绘制引导线，效果如图 4-64 所示。

图 4-64　添加引导层及引导线

（7）在引导层第 120 帧按 F5 键插入帧，然后分别在"图层 1"第 120 帧按 F5 键插入普通帧，在"图层 2"第 120 帧按 F6 键插入关键帧。

（8）选中"图层 2"的第 1 帧，利用选择工具，用鼠标左键按住 butterfly 元件中心拖动，将其中心圆放在引导线的起始一端，调整蝴蝶方向与线条保持一致；选中"图层 2"的第 120 帧，用鼠标左键按住 butterfly 元件中心拖动，将其中心圆放在终止一端，同样调整蝴蝶方向与线条保持一致，如图 4-65 所示。在"图层 2"第 1 帧和第 120 帧之间任一位置右击，选择"创建传统动画"命令，并勾选属性面板中的"调整到路径"选项。

（9）按 Ctrl＋Enter 键测试影片，则可以看到蝴蝶沿路径飞舞的效果，循环播放，如图 4-66 所示。提示：如果在"图层 2"第 120 关键帧中通过"动作"面板添加 stop()；全局函数，则可实现蝴蝶沿路径飞舞一周后停留的效果，具体请读者参考本书的配套电子资源中的案例。

在制作引导路径动画过程中，要注意和动画补间动画的相关参数属性相配合，如"调整到路径"属性，能保证对象随着路径的角度改变方向。还要注意的是，引导路径不能闭合且一定要平滑，否则元件将不能被引导。

4. Flash 综合动画

Flash 综合动画是指综合应用了逐帧、补间、遮罩、引导路径动画，以及在动画中嵌入了音视频和动作脚本、多场景动画等。本节将针对综合动画的设计与制作进行介绍。

图 4-65　调整到路径

图 4-66　蝴蝶飞舞效果

1）插入音频

在动画设计中，有时可能要使用到声音。例如，为播放的精美动画添加背景音乐、解说词等。Flash 提供了许多使用声音的方式。可以使声音独立于时间轴连续播放，或使动画和一个音轨同步播放，还可以向按钮添加声音。对于使用的声音还可以直接进行编辑和处理。

在 Flash 中，有两种类型的声音：事件声音和流式声音。事件声音必须完全下载后才能开始播放，除非被明确命令停止，否则它将一直连续播放。流式声音则不然，在前几帧下载了足够的数据后就开始播放，还可以通过选择压缩选项控制导出的 SWF 文件中的声音品质和大小。

使用菜单命令"文件"→"导入"→"导入到库"导入一个声音文件，导入后的声音文件并没有被直接使用，但在库面板中可以看到该声音文件。要应用导入到库中的声音，在时间轴上新建一个图层后，选中欲加入声音的起始帧，将库中的声音符号拖入舞台，再按 F5 键为声音补帧。添加声音后时间轴效果如图 4-67 所示。

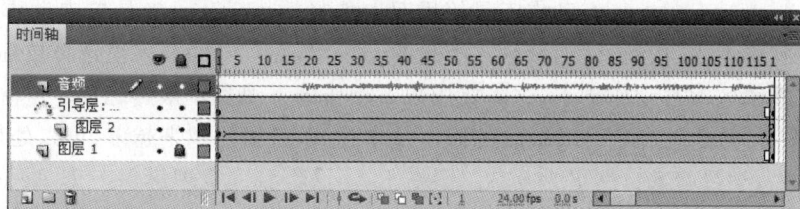

图 4-67　时间轴上的声音

选中添加了声音的帧，在属性面板中可以设置声音的属性。打开"声音"下拉列表，可以看到所有导入到库中的声音文件，用户可以在此选择或替换关联到声音层的声音文件。在"效果"（Effect）下拉列表中可以选择"无""左声道""右声道""淡入""淡出"等声音效果，也可以单击"编辑"按钮，在弹出的声音编辑窗口中对所选择的声音设置自定义效果，如图 4-68 所示。

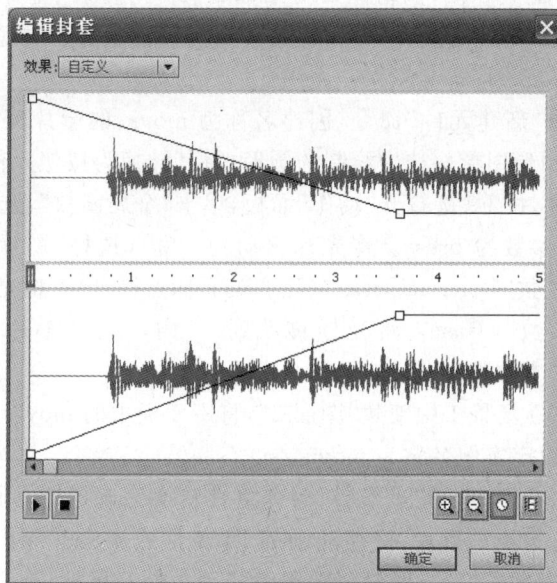

图 4-68　声音自定义效果

2）多场景动画

多场景动画是指将按多个场景创作的相互关联动画组合在一起，通过场景控制面板或脚本语句来控制播放顺序。通过选择"窗口"→"其他面板"选择"场景"菜单命令，即可打开场景控制面板，如图 4-69 所示。通过调整场景的顺序即可调整动画播放的先后次序。

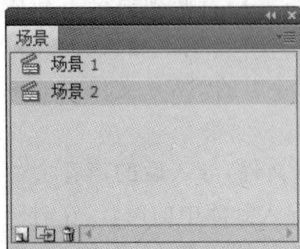

图 4-69　场景面板

3）ActionScript

在交互式动画中，可以通过键盘或鼠标使影片按预先的设置进行播放，这就需要使用到动作脚本。ActionScript 是 Flash 的脚本编写语句，能帮助用户按照自己的意愿更加精确地创建和控制动画，实现动画的交互。在 Flash 中，使用动作面板编写 ActionScript 脚本，按 F9 键可打开动作面板，仅当选中帧、按钮实例或影片剪辑实例时可以使用动作面板。

在影片中插入动作脚本可以使用以下 3 种方法：一是在动作工具箱里双击选择插入动作；二是单击动作面板的"将新项目添加到脚本中"按钮，即编辑区左上角的＋按钮，在打开的列表里选择要插入的动作；三是直接在编辑区编写动作脚本，这需要用户对动作脚本编写非常熟练。

随着 Flash 的升级，ActionScript 的版本越来越高，且语句越来越多，可以处理的事件更可谓多如牛毛，学习起来自然更为复杂。事实上，不必等到完全理解每一个 ActionScript 元素才开始编写脚本，刚开始可以使用简单的动作编写代码，边做边学，慢慢掌握动作脚本的应用。下面通过一个可拖动的遮罩动画效果介绍 ActionScript 的使用方法，其中用到来 ActionScript 2.0 版本中的 startDrag()和 stopDrag()命令。

【例】　动画中的 ActionScript 简单应用案例：可拖动的遮罩动画。

（1）新建 Flash 文档（ActionScript 2.0），设定其宽为 640 像素，高为 480 像素。选择"文件"→"导入"→"导入到库"菜单命令，将背景图像 bg2.jpg 导入到库面板中。

（2）选择"图层 1"的第 1 帧，拖动背景图像 bg2.jpg 到场景中。在背景图像上右击，在弹出的快捷菜单中选择"转换为元件"命令将其转换为图形元件。调整其位置和大小，使其刚好和场景对齐。

（3）单击"插入"→"新建元件"命令，创建名称为 movie 的影片剪辑。在影片剪辑编辑区使用椭圆工具绘制圆形图形。选中绘制的圆形，将其转换为按钮元件。

（4）选中按钮元件，按 F9 键打开"动作"面板，单击"全局函数"，选择"影片剪辑控制"列表中的 on 命令，选择参数为 press。将光标移动到{ }内，选择"影片剪辑控制"列表中的 startDrag 命令，输入参数""/movie", true"（注意英文标点符号）。将光标移动到{ }外，再次选择 on 命令，选择参数 release。将光标移动到{ }内，选择"影片剪辑控制"列表中的 stopDrag 命令，动作脚本添加完成，如图 4-70 所示。

（5）返回场景 1。在场景 1 中新建"图层 2"，将库面板中的 movie 影片剪辑元件拖入场景中，打开属性面板，设定实例名称为 movie。

（6）在"图层 2"上右击，选择"遮罩层"命令将其转换为遮罩层，则"图层 1"转换为被遮罩层。按 Ctrl＋Enter 键测试影片，保存动画的 FLA 格式源码并导出 SWF 格式动画。用鼠标左键按住影片剪辑元件拖动，影片剪辑跟随移动。松开鼠标，拖动停止，效果如图 4-71 所示。

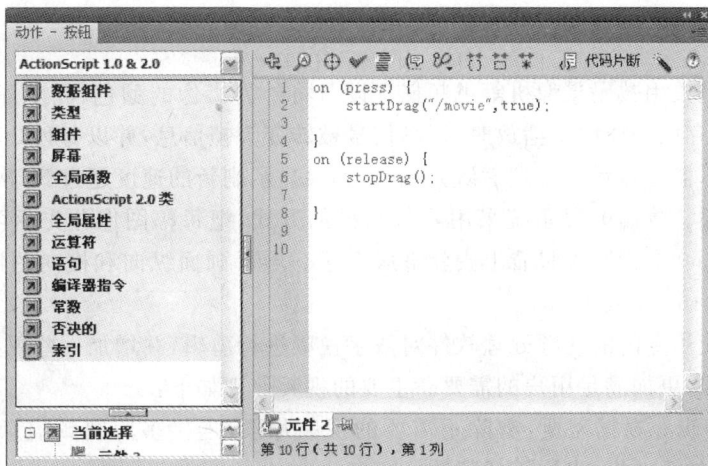

图 4-70　添加动作脚本

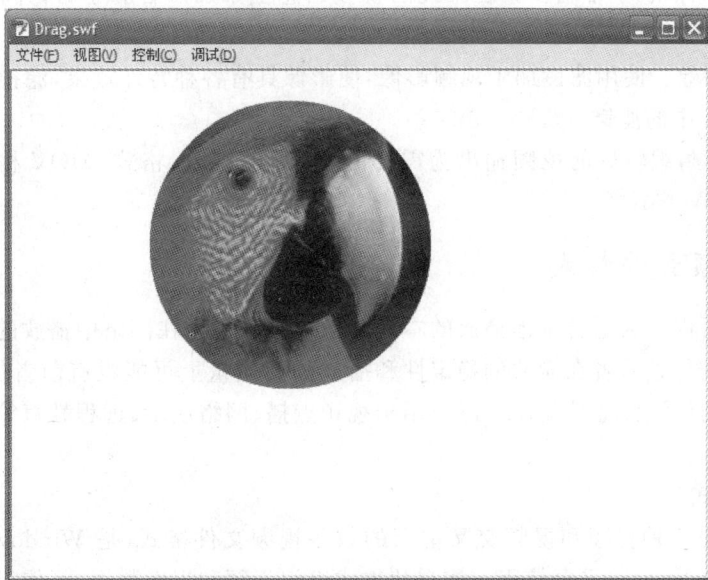

图 4-71　可拖动的遮罩动画效果

4.5　数字视频处理

　　视频是运动的图像。将传统的模拟电视信号经过采样、量化和编码,转换成用二进制数代表的数字式信号,就称为数字视频。数字视频是各种媒体中拥有信息量最丰富、表现力最强的一种媒体。与动画类似,视频也属于动态图像,是连续渐变的静态图像或图形沿时间轴顺序更换显示,由于人眼的视觉暂留现象使人们在视觉上产生一种物体在连续运动的错觉。因此,视频和动画在本质上没有区别。只是二者的表现内容和使用场合有所不同。动画序列中的每帧静止图像是人工或计算机产生的图像,而视频序列中的每帧静止图像均来自数字摄像机、数字化的模拟摄影资料、视频素材库,常用于表现真实场景。

4.5.1 视频处理过程

数字视频是先用数码摄像机等视频捕捉设备将外界影像的颜色、亮度等信息转变为电信号,再记录到存储介质中。播放时,视频信号被转变为帧信息,并以每秒25帧的速度使用逐行扫描在显示器上显示。心理学研究表明,如果显示刷新的速度超过50次/秒,人眼就察觉不到闪动现象。故而电视系统采用隔行扫描的方式,把每幅图像分先后两次来放送,这样,帧频就达到50次/秒,人眼看上去就舒服多了。屏幕画面纵向和横向的比例,称为画面纵横比,一般为16∶9或4∶3。

视频处理使用专门的视频处理软件对数字视频进行剪辑,并增加一些视频效果,使视频的可观赏性增强,更加满足用户的需要。主要的视频处理如下:

(1) 视频剪辑。根据需要,剪除不需要的视频片段,连接多段视频信息。在连接过程中,还可以添加过渡效果,也称转场特效。

(2) 视频叠加。根据需要,把多个视频影像叠加在一起。

(3) 视频和音频、字幕同步。在单纯的视频信息上添加声音和字幕,并精确定位,保证视频和声音、字幕的同步。

(4) 添加特效。使用滤镜加工视频影像,使影像具有各种特殊效果,滤镜的作用和效果类似 Photoshop 中的滤镜。

(5) 输出。将编辑好的视频输出为需要的格式,如 MPG 格式、MOV 格式、RM 格式、FLV 格式、WMV 格式等。

4.5.2 视频文件格式

视频文件可以分为适合本地播放的本地影像视频和适合在网络中播放的网络流媒体影像视频两大类。尽管后者在播放的稳定性和播放画面质量上可能没有前者优秀,但网络流媒体影像视频的广泛传播性使之广泛应用于视频点播、网络演示、远程教育等互联网信息服务领域。

1. AVI 格式

AVI 格式是一种音频和视频交叉记录的数字视频文件格式,是 Windows 系统所使用的视频文件格式,可以跨平台使用。按交替方式组织音频和视像数据,可使得读取视频数据流时能更有效地从存储媒介中得到连续的信息。其缺点是体积过于庞大,而且压缩标准不统一,不具备兼容性,用不同压缩算法生成的 AVI 文件,必须使用相应的解压缩算法才能播放出来。

根据不同的应用要求,AVI 的帧分辨率可按 4∶3 的比例或随意调整大到 $640×480$,小到 $160×120$ 甚至更低。分辨率越高,视频文件的数据流越大。

2. MPEG/MPG/DAT 格式

MPEG 文件是使用 MPEG 算法进行压缩的全运动视频图像文件格式,它采用有损压缩算法减少运动图像中的冗余信息,同时保证每秒 30 帧的图像动态刷新率,已经被几乎所有的计算机平台共同支持。这类格式包括 MPEG-1、MPEG-2、MPEG-4 等多种视频格式,MPEG-1 被广泛应用于 VCD 制作及一些网络视频片段下载,该格式刻录软件自动将 MPEG-1 转为 DAT 格式。MPEG-2 则用于 DVD 制作,也支持 HDTV 和较高要求的视频编辑处理。

3. MOV 格式

MOV 格式是美国 Apple 公司开发的一种音频、视频文件格式，默认播放器是 Apple 公司的 QuickTime Player。该文件格式具有较高的压缩率和完美的视频清晰度等特点，并且它具有跨平台性，不仅能支持 Mac OS，同样也能支持 Windows 系统。

4. ASF/WMV 格式

ASF 和 WMV 格式均为 Windows Media 视频文件格式，它们具有相同的存储格式，可以将扩展名 ASF 直接改成 WMV 而不影响视频的播放。其中，ASF 全称 Advanced Streaming Format(高级流格式)，它采用 MPEG-4 压缩算法，压缩率和图像质量都很不错，被定义为同步媒体的统一容器文件格式。WMV 全称 Windows Media Video，也是微软公司推出的一种独立于编码方式的，在 Internet 上实时传播多媒体的技术标准。

5. RM/RMVB 格式

由 Real Network 公司所制定的音频视频压缩规范称为 Real Media，可以根据不同的网络传输速率制定出不同的压缩比率，从而实现在低速率的网络上进行影像数据实时传输和播放。RM 格式采用平均压缩采样的方式，而 RMVB 格式是由 RM 视频格式升级延伸出的新视频格式，在保证平均压缩比的基础上合理利用比特率资源，在静止画面场景和动作场面少的画面场景采用较低的编码速率，从而大幅提高了运动图像的画面质量，在文件大小和画面质量之间达成了平衡。

6. FLV 格式

FLV 格式是一种新的流媒体文件格式，是 Flash Video 的简称。由于它形成的文件极小，加载速率极快，使得网络观看视频文件成为可能。它的出现有效地解决了视频文件导入 Flash 后，使导出的 SWF 格式文件体积庞大，不能在网络上很好地使用的问题。

4.5.3　Adobe Premiere

Premiere 是 Adobe 公司的专业非线性编辑软件。Premiere 提供与线性编辑机一致的操作方式，可以组接多种格式的视频和图像，提供多种镜头切换方式、视频叠加方式，可以对图像的色调、亮度等色彩参数进行调整，方便在视频图像上添加字幕和徽标、为图像配音或为语音添加背景音乐等，支持多种格式的视频输出。其窗口布局如图 4-72 所示。

Premiere 的功能主要通过其窗口和菜单命令来实现，其主要的窗口包括工程窗口、监视器窗口、时间线窗口、特效控制台等。菜单栏除了文件、编辑、窗口和帮助菜单外，其特有的菜单还有项目、素材、序列、标记和字幕等。

下面通过一个工程实例介绍用 Premiere 制作视频节目的大致过程。

【例】　数字视频制作：FM365。

(1) 新建项目工程。启动 Premiere 后，系统会提示用户选择新建项目工程的类型，这些类型有电视制式、音频采用级别、文件格式及是否实时预览的区别。这里选择 DV-PAL 标准 48kHz 的序列。

(2) 导入素材。在媒体浏览窗口中找到素材所在文件夹，在项目工程管理窗口中右击，通过快捷菜单中的"导入"命令从素材文件夹中导入视频、音频、图像等。也可以直接从媒体浏览窗口将素材拖曳到项目窗口中。

图 4-72   Premiere 窗口布局

（3）浏览素材。双击项目窗口中的相应素材，可以打开剪辑窗口，使用剪辑窗口中的
"播放"按钮浏览素材内容。这一步骤通常都是通过观看、浏览素材，对重新安排各种视频、
图像的时间顺序进行总体构思。

（4）往时间线上添加素材。影片节目所需的素材必须添加到时间线窗口中进行编
辑，可以通过鼠标直接拖曳的方式完成。如图 4-73 所示，时间线窗口的默认视频轨道共有 3
个，也可以通过"序列"菜单中的"添加轨道"命令添加视频或音频轨道。视频 2 和视频 3 通
常用来添加影片的附加素材，包括片头、字幕、徽标以及一些插图等。主素材通常添加在视
频 1 中，如果主素材还有音频，那么在时间线窗口中它的视频和音频部分长度相等而且同
步，这叫作视频和音频的硬连接。硬连接指素材的视频和音频来自同一个文件，它们以同一

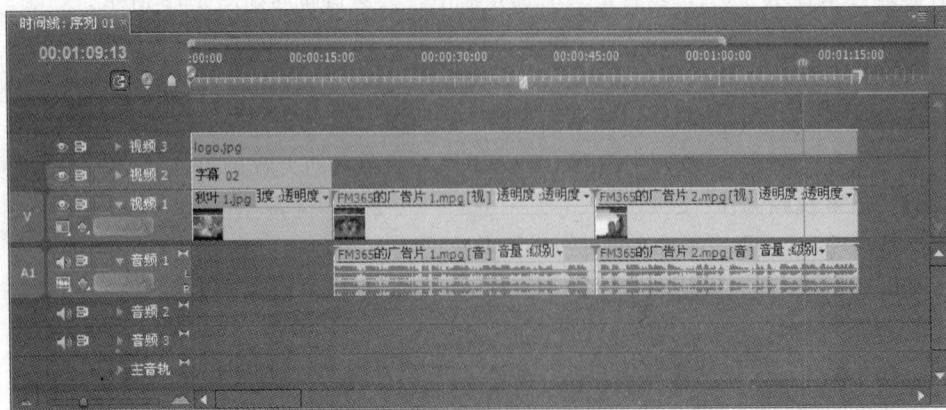

图 4-73   时间线窗口

个素材的形式呈现在时间线窗口和项目窗口中,移动它的视频或音频,另一个部分也将相应地移动。

(5) 本例中分别将图像文件拖放到时间线视频 1 轨道开始处,然后再使用拖动的方法依次将视频素材插入到时间线视频 1 轨道中。通过"字幕"→"新建字幕"菜单命令创建的字幕则添加在视频 2 轨道中,徽标图像 logo.jpg 添加在视频 3 轨道中。分别拖动轨道上素材片段的结束标记调整素材播放时间。

(6) 在监视器窗口中预览影片,如图 4-74 所示。

图 4-74　监视器窗口

(7) 添加视频切换效果。视频切换又称过渡,是场景或镜头之间的切换方式。电影中场景的变换一般都是直接切换,依靠故事本身的魅力吸引观众;而电视则需要视觉效果多样化,利用切换效果来丰富视觉变换。在 Premiere 效果窗口中选中需要添加的视频切换效果,如本例选择"擦除"切换,利用鼠标直接将其拖动到轨道视频上或视频交叉处。如图 4-75

图 4-75　视频切换效果参数设置及效果

多媒体技术与应用

所示,在"效果控制台"中可以浏览并控制切换效果。如果对添加的切换效果不满意,直接在添加的切换轨道上右击,选择"清除"操作即可。

(8) 为影片配置音乐。通常情况下添加的视频片段中的声音不是连续的,我们希望给它配上一段连续的音乐。

(9) 为有关素材添加视频特效。视频特效通过"效果"窗口打开,鼠标拖动相应工具直接作用于需要添加特效的素材即可。本例中为 logo.jpg 添加了"颜色键控"视频特效,用于屏蔽徽标背景中的亮绿色,而只保留前景中的图像。

(10) 选择"文件"菜单中的"存储"命令保存项目文件。在视频编辑过程中,项目文件应经常保存,防止信息意外丢失。

(11) 导出视频文件。选择"文件"菜单中的"导出"→"媒体"命令,弹出如图 4-76 所示的对话框。在"导出设置"里面选择相应的导出格式和预置,单击"确定"按钮后,启动 Adobe Media Encoder 即可导出所要求的视频格式文件。

图 4-76 "导出设置"对话框

习   题

一、单选题

1. 以下( )不是常用媒体类型。

    A. 感觉媒体   B. 显示媒体   C. 数字媒体   D. 存储媒体

2. 多媒体技术的基本特征不包括( )。

    A. 集成性   B. 交互性   C. 实时性   D. 可转化性

3. 数字音频属性中的音频采样级别和(　　　)有关。

　　A. 采样位数　　　　B. 采样频率　　　　C. 音频通道　　　　D. 音频旋律

4. 以下(　　　)不是常见数字音频格式。

　　A. WAV　　　　　　B. MP3　　　　　　C. TIF　　　　　　D. MID

5. Photoshop 软件保存文件的格式中,能保留图层进行再编辑的是(　　　)格式。

　　A. JPG　　　　　　B. BMP　　　　　　C. PSD　　　　　　D. PNG

6. Photoshop 中利用仿制图章工具操作时,首先要按(　　　)键进行取样。

　　A. Ctrl　　　　　　B. Alt　　　　　　C. Shift　　　　　　D. Tab

7. Photoshop 中(　　　)工具可以返回到图像初始状态。

　　A. 画笔　　　　　　B. 仿制图章　　　　C. 魔术橡皮擦　　　D. 历史记录画笔

8. Photoshop 中取消选区的快捷键是(　　　)。

　　A. Ctrl+D　　　　　B. Ctrl+T　　　　　C. Esc　　　　　　D. BackSpace

9. 在 Flash 生成的文件类型中,源文件是指(　　　)。

　　A. SWF　　　　　　B. FLA　　　　　　C. EXE　　　　　　D. HTML

10. 测试整个 Flash 影片的快捷键是(　　　)。

　　A. Ctrl+Alt+Enter　　　　　　　　　B. Ctrl+Enter

　　C. Ctrl+Shift+Enter　　　　　　　　D. Alt+Shift+Enter

11. 制作地球绕太阳转的 Flash 动画,用(　　　)较为方便。

　　A. 遮罩层　　　　　B. 运动引导层　　　C. 普通层　　　　　D. 哪个层都可以

12. 在第 1 帧画一个圆,在第 10 帧处按下 F6 键,则第 5 帧上显示的内容是(　　　)。

　　A. 一个圆　　　　　B. 空白没东西　　　C. 不能确定　　　　D. 一个半圆

13. 在 Flash 软件中,设置舞台背景可以使用(　　　)面板。

　　A. 对齐　　　　　　B. 颜色　　　　　　C. 动作　　　　　　D. 属性

14. 对下列(　　　)进行改动可以让动画播放的速度更快些。

　　A. alpha 值　　　　B. 帧频　　　　　　C. 填充色　　　　　D. 边框色

二、填空题

1. 声音在数字化过程中,需要经过＿＿＿＿＿和＿＿＿＿＿两个主要环节。

2. 利用视觉暂留现象要想看到连续的画面效果,画面刷新率每秒至少要＿＿＿＿＿帧。

3. 在 RGB 颜色模式中,RGB 表示＿＿＿＿＿3 种颜色。

4. CMYK 模式是一种减色模式,图像中的每个像素由＿＿＿＿＿4 种色彩组成。

5. 数据压缩分为有损压缩和无损压缩。JPG 格式的图像文件属于＿＿＿＿＿压缩。

6. 在 Flash 的时间轴上用小黑点表示的是＿＿＿＿＿帧。

三、简答题

1. 什么是多媒体技术?请列举出常用的多媒体处理软件有哪些。

2. 模拟音频和数字音频有什么区别?

3. 在 Photoshop 中色彩模式包括 RGB 色彩模式及 CMYK 色彩模式,它们分别包含哪几种颜色?简述两者的不同。

4. 在 Flash 中动画类型分为哪几类?各有什么特点?

第 5 章　计算机应用基础

计算机作为信息处理的工具已经渗透到社会的各个领域，办公软件则是计算机应用一个很重要的方面。本章重点介绍目前广泛应用于各领域办公自动化方面的文字处理软件 Word 2010、电子表格软件 Excel 2010 和演示文稿软件 PowerPoint 2010。Word 主要用来进行文本的输入、编辑、排版、打印等工作；Excel 主要用来进行复杂数据的计算、分析、统计、筛选及图表等工作；PowerPoint 主要用来创建、管理、使用各种演示文稿和幻灯片等。这些都是办公自动化套装软件 Office 中的组件之一。

5.1　文字处理软件 Word

Word 是微软公司推出的 Windows 环境下的办公软件，它通过提供直观的操作界面、丰富的工具和简化的屏幕布局，方便用户快速地查找和使用所需的功能，制作出具有专业水准的电子文档，因此成为目前应用最广泛的专业文字处理软件。其工作窗口中包括标题栏、快速访问工具栏、功能区、标尺、工作区、视图方式选择按钮、缩放比例滑块、状态栏等，如图 5-1 所示。

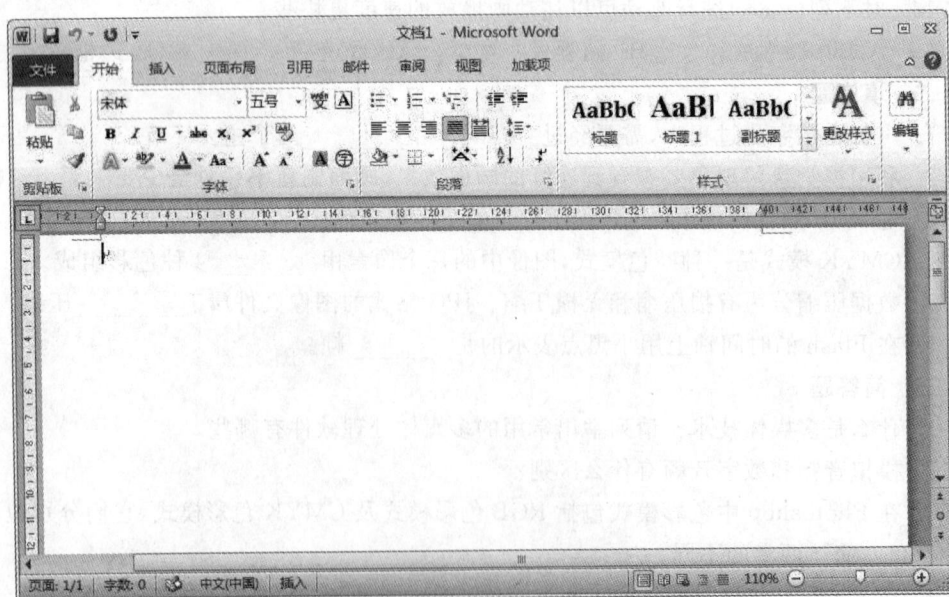

图 5-1　Word 2010 窗口界面

标题栏位于界面的最顶端,显示正在编辑的文档名和应用程序名(Microsoft Word)。

快速访问工具栏位于 Word 窗口的顶部,常用的"保存""撤销"和"恢复"等命令位于此处。在快速访问工具栏的末尾是一个下拉菜单,在其中可以添加其他常用命令。

功能区是 Word 最重要的组成部分之一,为了便于浏览,功能区包含若干个围绕特定方案或对象进行组织的选项卡,而且,每个选项卡的控件又细分为几个组,整个选项卡横跨在功能区的顶部。在通常的情况下,Word 的功能区包含"开始""插入""页面布局""引用""邮件""审阅""视图"和"加载项"8 个选项卡,如图 5-2 所示。每个选项卡都代表着一组核心任务。双击活动选项卡,组就会隐藏,使得工作区范围更大,可以在屏幕显示更多的文档内容;如果需要再次使用组中命令,双击选项卡,组就会重新显示。

图 5-2　Word 功能区

组显示在选项卡上,是相关命令的集合。组将执行某种任务的所有命令汇集在一起,并保持显示状态且易于使用。如果某个组的右下角有一个小箭头,则它代表可以为该组提供更多的选项。该箭头称为对话框启动器,单击它,就会看到一个带有更多命令的对话框或任务窗格。命令是按组来排列的,命令可以是按钮、菜单或者输入框。一般情况下,功能区上显示的命令都是最常用的命令,一些特殊的命令,如"图片工具 格式"只有在处理插入的图片时才会被显示出来。

工作区又称为文档编辑区,是输入文本和编辑文本的区域。在编辑区内闪烁的光标称为插入点,它表示输入时文字出现的位置。插入点只能在当前窗口处于活动状态时才能看到。

标尺位于工作区的上方(水平标尺)和左侧(垂直标尺)。利用标尺可以查看或者设置页边距,表格的行高、列宽,以及插入点所在的首行缩进、左缩进、右缩进及悬挂缩进等。左右缩进是对一个段落整体而言的,首行缩进是对段落的第一行而言的,悬挂缩进是对一个段落中除首行以外的其他行而言的,如图 5-3 所示。

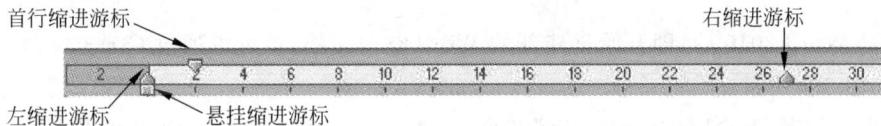

图 5-3　水平标尺

状态栏位于窗口底部,显示当前文档的有关信息,如插入点所在页的页码、文档字数、语法检查状态、中英文拼写和插入/改写状态等。

视图是指文档在屏幕上不同的显示方式。Word 2010 提供了"所见即所得"显示效果的页面视图、符合自然阅读习惯的阅读版式视图、文档在浏览器中形式的 Web 版式视图、反映文档结构的大纲视图和草稿视图。

Word 2010 除了具备文字处理软件的基本功能外,还具有自己明显的特征:如单击主

计算机应用基础

窗口上方的"视图"按钮,在打开的视图列表中,勾选"导航窗格"选项,即可在主窗口的左侧打开导航窗格;单击主窗口上方的"插入"按钮,Word 2010 内置了屏幕截图功能,并可将截图即时插入到文档中(图 5-4);当鼠标指针移到某个选项上时,"实时预览"功能会直接在文档中动态地显示对应的效果,从而可以快速地找到理想的样式。在 Word 2010 中沿用 Word 2007 版本引入的新的文件格式.docx,提高了文件的安全性,减小了文件的大小和文件损坏的可能性。

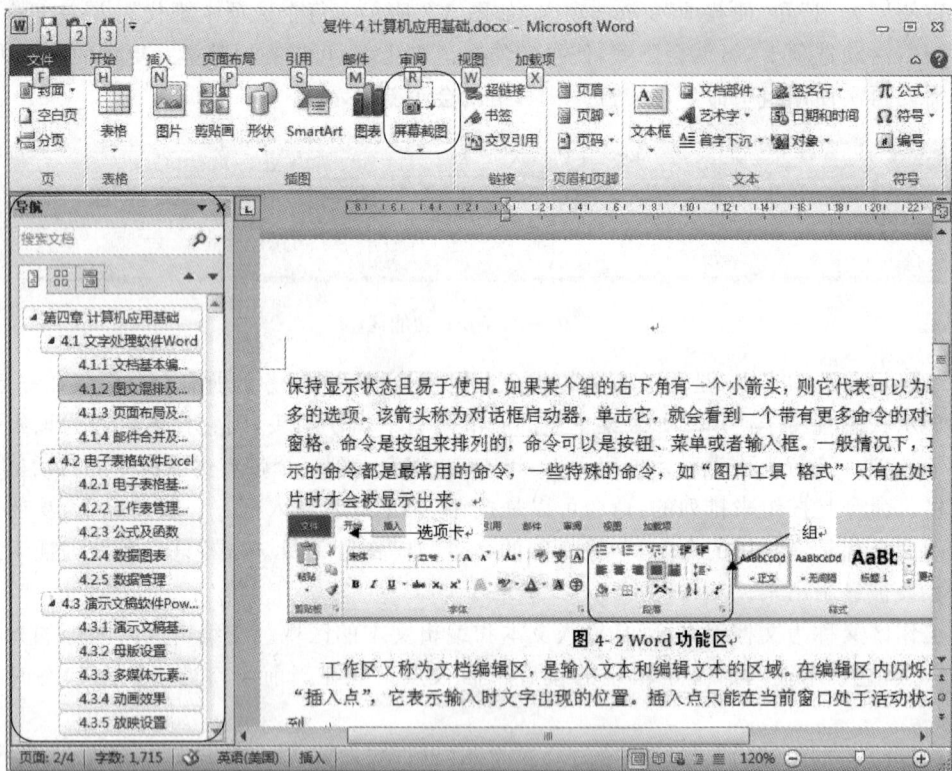

图 5-4　导航窗格及屏幕截图

5.1.1　文档基本编辑与操作

启动 Word 2010 后,即开始创建新的 Word 空白文档,也可以通过 Ctrl＋N 组合键新建文档,如图 5-5 所示。

空白文档是 Word 2010 的常用模板之一,模板提供了不含任何内容和格式的空白文本区,允许自由输入文本,插入各种对象,设计文档的格式。Word 模板通常指扩展名为.dotx 的文件。一个模板文件中包含了一类文档的共同信息,即这类文档中的共同文字、图形和共同的样式,甚至预先设置了版面、打印方式等。Word 2010 提供的模板有博客文章、书法字帖、报告、信函和传真等,也可以在 Office.com 上搜索模板。当用户选择一种特定的模板新建一个文档时,得到的是这个文档模板的复制品,即模板可以无限多次地被使用,而且用户必须注意保存新建的文件。

选择"文件"→"选项"命令,用户可以进行个性化设置,Word 2010 提供了包括常用、显示、校对、保存、版式、语言、高级、自定义功能区、快速访问工具栏、加载项及信任中心等几类设置选项，如图 5-6 所示。诸如用户界面的配色方案、用户名、格式标记符号的显示、自动回复信息时间间隔、默认文件位置等设置都可以在该命令选项中完成。

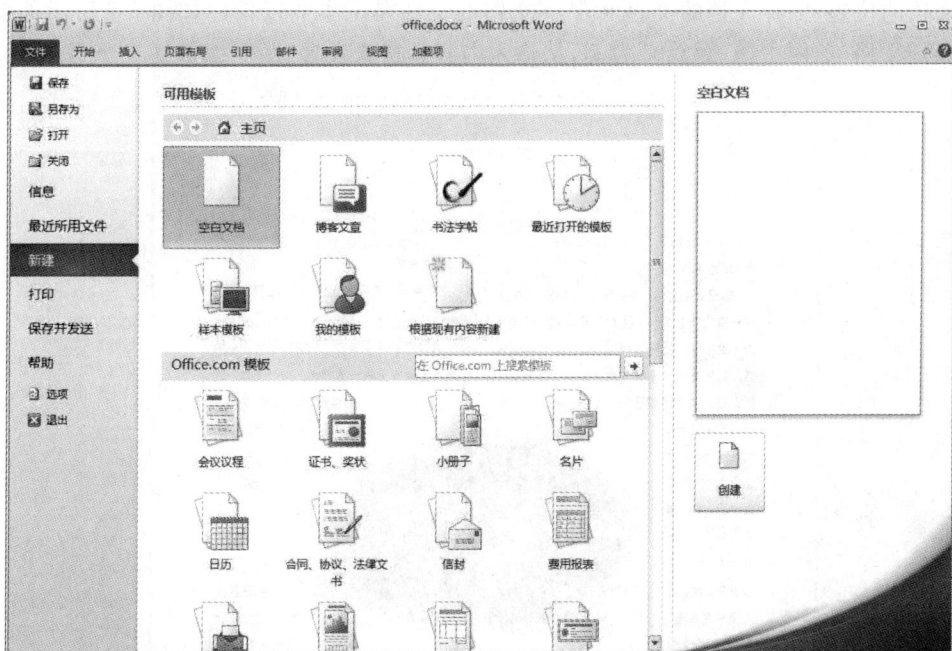

图 5-5　新建空白文档

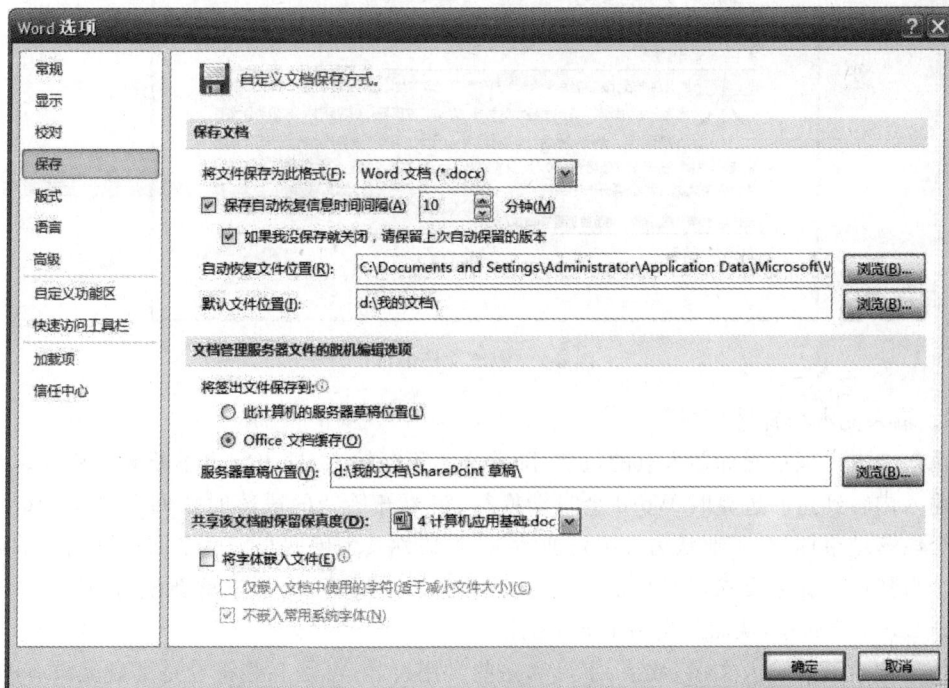

图 5-6　Word 选项

计算机应用基础

完成个性化选项设置后,就可以在空白文档中输入内容创建文档了。建议在开始创建新文档时就执行保存命令,编辑过程中要经常执行保存操作,避免因为断电或者其他故障造成信息丢失。默认的文件名为"文档1.docx",新文档第一次执行保存命令时,一定要指定保存文档的位置、保存文档的类型和保存文档的文件名。本节以创建如图5-7所示的多栏图文混排文档"美丽中国(短篇)"为例,从输入内容到格式设置、版面编排逐步介绍。

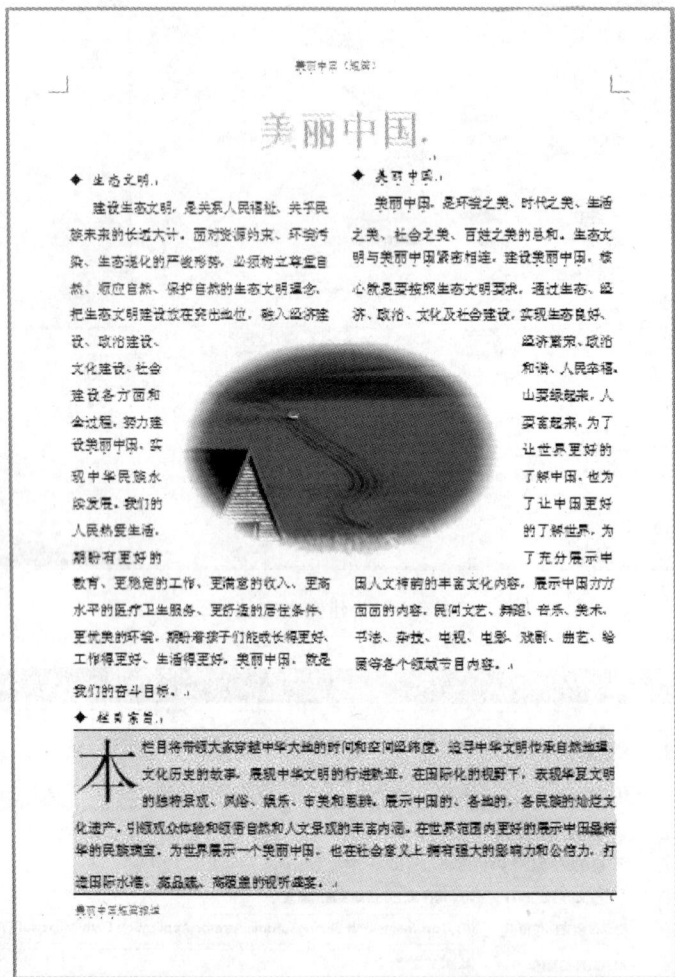

图 5-7 短篇文档编排

1. 输入文本与符号

输入文本出现在光标插入点的位置,随着文本不断输入,插入点也不断向右移动。当文档中输入内容到达右边界时 Word 会自动换行,需要开始新的段落时按回车键(Enter),产生一个段落结束标记,其形状为一个弯曲箭头,习惯称其为硬回车。两个回车键之间的内容为一个自然段。如果要求回车后的内容仍属于前一个段落,只不过重新换行,则可以通过 Shift+Enter 软回车,从而产生一个向下的箭头。

使用键盘可以输入文字、数字、字母和一些常用符号,但是有些符号是键盘上没有的,如 $\pm$、$\approx$、$\odot$、¥、¢等,这时可以通过插入特殊符号的方法来输入,选择"插入"选项卡中的"符号"命令,弹出如图 5-8 所示的"符号"对话框。利用"特殊字符"选项卡,可以输入商标、版权所有等特殊符号,其他部分符号也可以借助汉字输入方式提供的软键盘来完成。

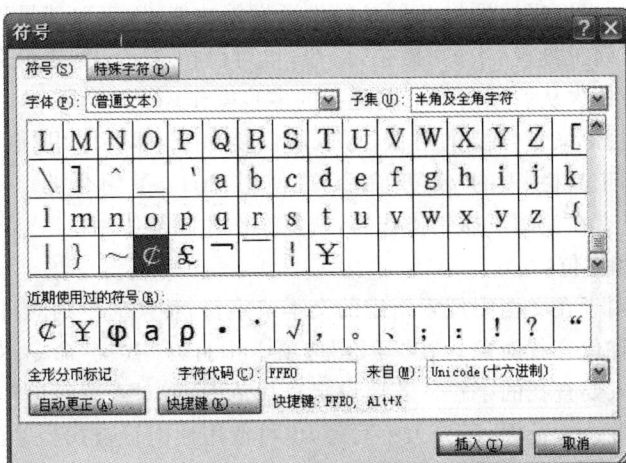

图 5-8 "符号"对话框

2. 选择、复制、粘贴

如果需要对某段文本进行移动、复制、删除、设置字体格式和段落格式等操作,就必须先选定它们,然后再进行相应的处理。在要选择的位置单击,按住左键,然后在要选择的文本上拖动鼠标是最常用的选中文本的方法。

如果要选中大段文字,可以在要选择的内容的起始处单击,然后滚动到要选择的内容的结尾处,在要结束选择的位置按住 Shift 键并单击。

按住 Alt 键,同时在文本上拖动鼠标,则可以选中一个矩形块。按 Ctrl+A 组合键选中全文档,或按住 Ctrl 键在左边选择区单击选中全文档。对于选择文中多处具有类似格式的文本,可以选中其中的一部分文本,然后右击,选择"样式"中的"选择格式相似的文本"命令来实现,Word 2010 能够自动将格式相似的文本选中,方便同时进行操作。提示:Word 在所选文字位置添加背景色以指示选择范围。

在编辑过程中,当一段文字在文档中多次出现时,使用复制和粘贴命令可以提高工作效率。选定要复制的文本,单击"开始"选项卡中的"复制"按钮,选择的文本块被放入到剪贴板中;将插入点移到新位置,单击"开始"选项卡中的"粘贴"按钮,此时剪贴板中的内容复制到新位置。复制文本框也可以通过键盘操作完成。选定要复制的文本块后,按下 Ctrl+C 组合键复制,在新位置按下 Ctrl+V 组合键粘贴。也可以在按下 Ctrl 键的同时用鼠标拖曳选定的文本到新位置,使用这种方法,复制的文本块将不被放入剪贴板。

3. 移动与删除、撤销与重复

移动是将文本或图形从原来的位置删除,插入到新的位置。移动文本时,首先要把鼠标指针移到选定的文本块中,按下鼠标左键将文本拖曳到新位置,然后放开鼠标左键。这种操作比较适合较短距离的移动,如移动范围在同屏之内。文本远距离的移动可以借助剪切和粘贴命令完成,剪切命令组合键为 Ctrl+X,粘贴命令组合键为 Ctrl+V。

删除插入点左侧的字符用 Backspace 键;删除插入点右侧的字符用 Del 按键;删除较多连续的字符或成段的文字,可以选定要删除的文本块后,按 Del 按键或选择"剪切"命令。

计算机应用基础

删除和剪切操作都可以将选定的文本从文档中去掉,但功能不完全相同:使用剪切操作时删除的内容会保存到"剪贴板"中;使用删除操作时则不会保存到剪贴板中。

在编辑过程中如果出现误操作,Word 提供了撤销功能,用于取消最近对文档进行的误操作。单击"快速访问工具栏"中的"撤销"命令,也可以按下 Ctrl+Z 组合键。当重复执行撤销命令时,程序会依次从后往前取消刚进行的多步操作。

刚撤销的操作觉得又是需要的时候,可以用恢复命令,即还原用"撤销"命令撤销的操作。单击"快速访问工具栏"中的"恢复"命令,或使用 Ctrl+Y 组合键。并不是所有的操作都可以撤销,而且只有在使用了撤销操作后,恢复操作才能被使用。

4. 查找、替换和定位

查找命令一般用于在文档中搜索指定的文本或字符,替换命令则既可以查找对象,也可以用指定的内容去替代查找对象。在"开始"选项卡中打开"查找"命令,如图 5-9 所示。在"查找内容"栏中输入要查找的字符。若要设定查找范围,或对查找对象作一定的限制时,可单击"更多"按钮设置搜索范围,区分大小写等,也可使用通配符查找。单击"查找下一处"按钮,Word 开始查找,并定位到查找到的第一个目标处,用户可以对查找到的目标进行修改,再单击"查找下一处"按钮可继续查找。

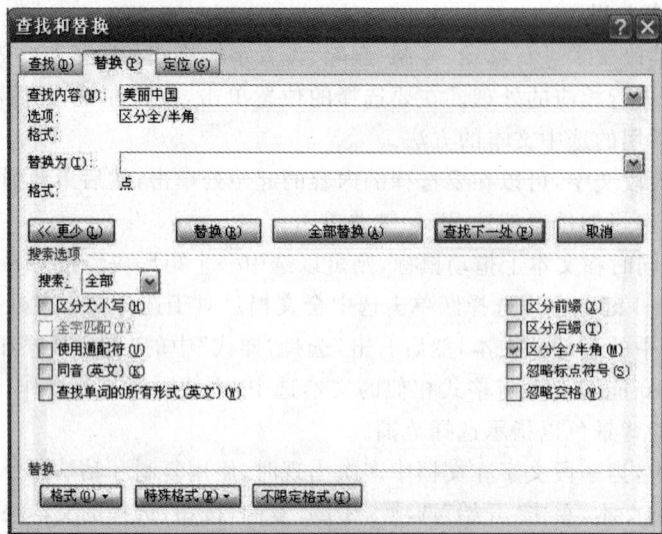

图 5-9 "查找和替换"对话框

单击"替换"选项卡,在"替换为"栏中输入要替换的文本。如果要从文档中删除查找到的内容,则将"替换为"一栏清空。单击"替换"按钮,可确定对查找到的目标字符进行替换;单击"全部替换"按钮,Word 将自动替换搜索范围中所有查找到的文本。如果需要设定替换范围,而且要对替换后的对象做一定格式上的设置,如字体、颜色、段落等,可以单击"更多"按钮,再单击"格式""特殊格式"等按钮进行设置。比较常见的一些特殊替换操作包括文本格式替换、特定格式文本替换、全部字母、全部数字、多个连续段落标记的删除、利用"剪贴板"中的图像替换文本等。

5. 字符格式

字符格式是指对字符的字体、字号、大小、颜色、显示效果等格式进行设置,也包括字符的阴影、空心、上标和下标等特殊效果,改变字符间距,为文字添加动态效果等。

在新建文档中输入内容时,默认为五号字,汉字为宋体,英文字符为 Times New Roman 字体。用户若要改变将输入的字符的格式,只需重新设定字体、字号即可;若要改变文档中已有的一部分文本的字符格式,必须先选定文本,再进行字体和字号的设定。当选中的文本中含有两种以上字体时,格式工具栏中的字体框中将呈现空白。

Word 2010 在字体组中提供的字号有两种表示方法,一种是用汉字表示,从"初号"到"八号",另一种是用阿拉伯数字表示,从 5 到 72,这两种表示方法没有本质的不同,只是为了适应不同的使用领域和使用者的习惯。在某些情况下,72 磅的字体不能满足需要,希望设置更大的字号,可以直接在字号框中输入 1~1698 之间的数字。

如果字体组中的按钮不能满足需求,可以单击"字体"工具组右下角的对话框启动器,弹出"字体"对话框,用户可以在对话框中对字体进行设置。显示的"字体"对话框有两个选项卡:"字体"和"高级"。利用"字体"选项卡可以对字体进行多样化的设置,效果显示在"预览"窗口中。"高级"选项卡中"字符间距"默认值为"标准",可输入需要的数值或利用磅值微调,"位置"栏用来设置字符的垂直位置,可相对于 Word 的基准线把文字提升或降低,提升和降低不改变字号的大小,如图 5-10 所示。

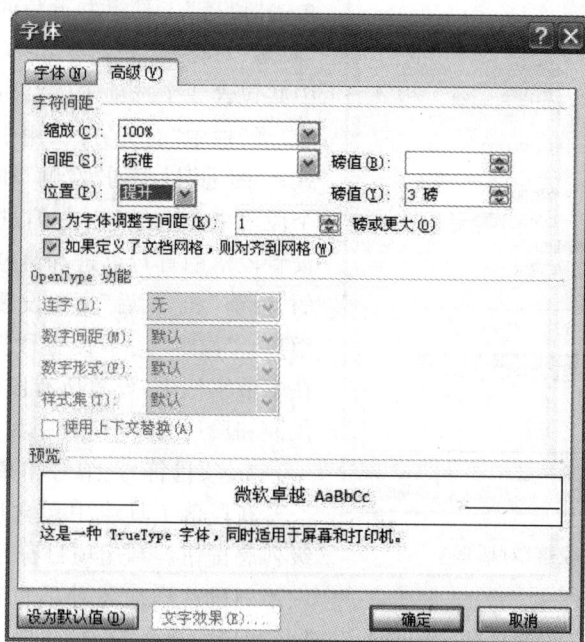

图 5-10 "字体"对话框

如果使用者希望调整文字内容的大小,而不是页面显示比例,那么除了调整字号下拉菜单中的数值以外,还可以选中文字,通过 Ctrl+[(左方括号)组合键即可缩小字体,按下 Ctrl+](右方括号)组合键即可增大字体。这时字体会"无级缩放",而且放大和缩小的范围会远远超过字号下拉菜单中的限制。这在 Excel、PowerPoint 中也适用。

用户也可以使用功能区"开始"选项卡上的"格式刷"来复制文本格式和一些基本图形格式,如边框和填充等。格式刷可以快速复制文本或对象的格式,操作方法如下:首先选择设

计算机应用基础

定好格式的文本或图形作为样本。如果要复制文本格式,请选择文本的一部分;如果要复制文本和段落格式,请选择整个段落,包括段落标记。然后在功能区"开始"选项卡上的"剪贴板"组中,单击"格式刷"按钮,这时指针会变为画笔图标。如果用户想更改文档中的多个选定内容的格式,可双击"格式刷"按钮,最后选择要设置格式的文本或图形的区域,此时文本或图形的格式会自动设置成和样本一致。要停止应用样本格式,按 Esc 键或者再次单击"格式刷"工具按钮即可。

6. 段落

段落排版是针对段落而言的,所谓段落,是指以段落标记作为结束符的文字、图形或其他对象的集合。段落标记由回车键产生,段落标记不仅表示一个段落的结束,也包含了本段的段落格式信息。段落格式设置通常包括段落对齐、行间距、段间距、缩进、制表位设置等。段落格式设置一般是针对插入点所在段落或选定的几个段落而言的。

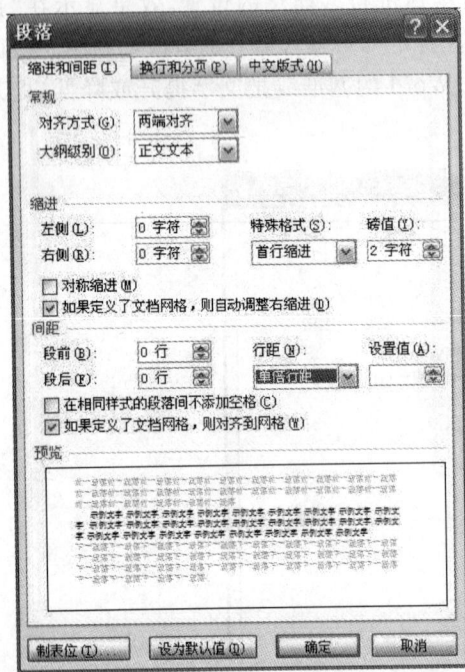

图 5-11 "段落"对话框

段落格式的设置可以利用"段落"工具组,也可以利用标尺上的首行缩进、悬挂缩进、左缩进和右缩进按钮,如图 5-3 所示。设置精确的缩进量则应使用"段落"对话框中的相应命令。单击"段落"工具组右下角的对话框启动器调出"段落"对话框,如图 5-11 所示。"段落"对话框中共包含 3 个选项卡。"缩进和间距"选项卡中"常规"栏中"对齐方式"用于设置段落的对齐方式;"缩进"栏中的"左侧"和"右侧"用于设置这个段落中的左缩进、右缩进;"特殊格式"用于设置段落的首行缩进和悬挂缩进;"间距"栏中的"段前"和"段后"用于设置段落前后空出多少距离;"行距"用于设置段落中行之间的距离。在本节案例中,设置所有段落首行缩进 2 字符,段前和段后为 0 行,行距为 1 倍。

7. 项目符号、编号和多级列表

在段落工具组中包含项目符号、编号和多级列表按钮。利用项目符号与编号可以自动给一系列段落添加各种项目符号或编号,以强调文档某一部分,同时可增强文档的可读性。选择相应的段落后单击"项目符号"按钮,就可以直接在段落前插入系统默认的项目符号。单击箭头也可以选择不同的项目样式,用户也可以"自定义"更多样式。单击"编号"按钮则段落自动按序编号,当增加或删除一段落时系统将自动重新编号。

系统默认的自动编号列表的样式为"1.、2.、3.、…"。单击箭头可选择其他样式,在"自定义编号格式"中可以选择别的编号样式或修改已有的编号样式。采用自动编号的段落系统默认的缩进方式为悬挂式,在"自定义编号格式"对话框中可以改变缩进的方式。本节中案例分别选择了"生态文明""美丽中国"和"栏目宗旨"3 个段落后,设置了项目符号类型。

5.1.2　图文混排及表格

1. 插入图片

单击"插入"选项卡,选择"插图"工具组中的相应命令即可完成对象的插入。插图组包括图片、剪贴画、形状、SmartArt、图表和屏幕截图6个命令按钮。"图片"命令可以从磁盘中选取一个图形文件插入文档,可以为多种不同格式类型的图形文件,且可以对这些图形文件进行编辑及图文混排操作。

插入的图片默认为嵌入型,即嵌入文字所在的那一层。Word 2010中的图片或图形还可以浮于文字上方或衬于文字下方。在选中图片后,选择鼠标右键快捷菜单中的"叠放次序"子菜单中的命令可以调整它们之间的层次关系。也可以通过右键快捷菜单中的"设置图片格式"对话框下的"版式"选项卡,打开如图5-12所示的对话框,在"环绕方式"选项区域中,用户可以根据需要在多种环绕方式中选择,程序提供了嵌入型、四周型、紧密型、衬于文字下方和浮于文字上方5种相对位置关系,选定一种环绕方式后确认即可。

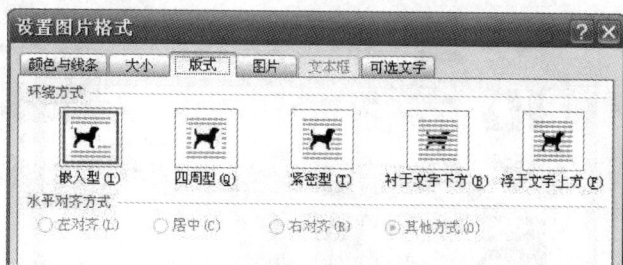

图 5-12　设置图片版式

要插入来自文件的图片,可以选择在文档中要插入图片的位置,在"插入"选项卡上的"插图"组中,单击"图片",弹出"插入图片"窗口,找到并选中要插入的图片,单击"插入"按钮或双击要插入的图片。

要插入剪贴画,在默认情况下,Word 2010中的剪贴画不会全部显示出来,而需要用户使用相关的关键字进行搜索。用户可以在本地磁盘和Office.com网站中进行搜索,其中Office.com中提供了大量剪贴画,用户可以在联网状态下搜索并使用这些剪贴画。

单击插入文档的图片或剪贴画,在功能区将显示"图片工具-格式"选项卡,如图5-13所示。单击该选项卡,选项卡中的命令将显示在屏幕上,该选项卡中包含了对图片或剪贴画的常用编辑命令,单击某个命令就能进行相应的设置。

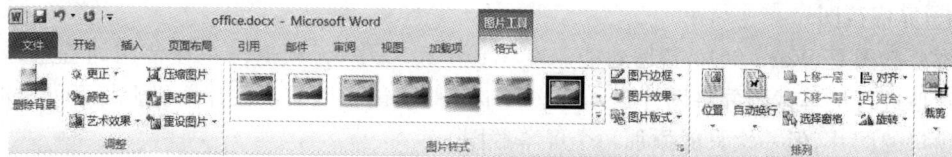

图 5-13　"图片工具-格式"选项卡

2. 形状与 SmartArt

想在Word中插入图形对象时,可以将图形对象放置在绘图画布中,绘图画布帮助用户在文档中排列绘图。绘图画布在绘图和文档的其他部分之间提供了一条框架式的边界,在

计算机应用基础

默认情况下,绘图画布没有背景和边框,但可以应用格式。画布也可以帮助用户将绘图的各个部分进行组合,这在绘图由若干个形状组成的情况下尤其有用。画布不是必需的,也可以直接在文档中插入形状。

形状命令可以应用系统提供的各种工具绘制图形,包括常用图形、线条、基本图形、箭头总汇、流程图、标注、星与旗帜等共 7 类形状,单击待选形状即可描绘图形。要创建规范的正方形或圆形,在拖动鼠标的同时按住 Shift 键即可。

SmartArt 包括列表、流程图、层次结构图、循环图、关系图、棱锥图、矩阵图等,方便以直观的方式交流信息,如图 5-14 所示。单击插入的 SmartArt 图形,可以在"SmartArt 工具"下的"设计"选项卡中修改 SmartArt 样式。

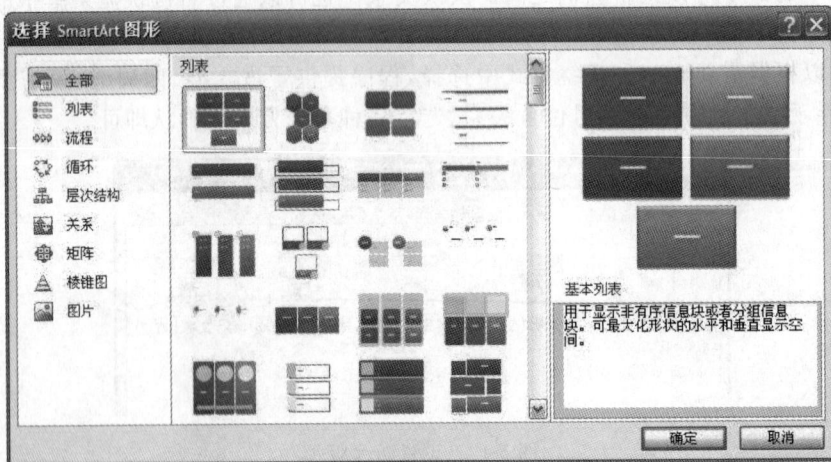

图 5-14　SmartArt 图形

3. 艺术字

艺术字是可添加到文档中的装饰性文本。通过使用绘图工具选项可以在诸如字体大小和文本颜色等方面更改艺术字。在"插入"选项卡上的"文本"组中,单击"艺术字",选择需要的艺术字样式,将"请在此放置您的文字"更改为想要插入的文字即可。在"绘图工具"下,在"格式"选项卡上的"文本"组中,用"文字方向"为文本选择新方向,也可以更改艺术字文本的方向。选定艺术字后,"格式"选项卡将调整为艺术字编辑常用工具组,该工具组主要包括文字组、艺术字样式组、阴影效果组、三维效果组、排列组、高宽组等。艺术字的字体、字号设置与普通文字设置相同。

4. 屏幕截图

屏幕截图是 Word 2010 新增功能。在 Word 2010 中,无须退出正在使用的程序,就可以快速地进行屏幕截图并将图片插入到文档中。此功能可以捕获在计算机上打开的全部或部分窗口的图片,但一次只能添加一个屏幕截图。

选择要添加屏幕截图的文档,在"插入"选项卡上的"插图"组中,单击"屏幕截图"按钮,执行下列操作之一:若要添加整个窗口,请单击"可用视窗"库中的缩略图;若要添加窗口的一部分,单击"屏幕剪辑"按钮,当指针变成十字时,按住鼠标左键以选择要捕获的屏幕区域;如果有多个窗口打开,请单击要剪辑的窗口,然后再单击"屏幕剪辑"按钮。当单击"屏幕剪辑"按钮时,正在使用的程序将最小化,只显示它后面的可剪辑窗口。

5. 文本框

在文字排版过程中,有时需要为图片或图表等对象添加注释文字,有时也需要将文档中的某一段内容放到文本框中,或改变文字方向使文字与文档中其他文字排列不同,这就需要用到文本框工具。文本框是一种可以移动的、可以调节大小的文字或图形的容器,使用文本框可以将文字放在任何需要的位置。

在"插入"选项卡中的"文字"组中,单击"文本框",然后选择一种内置的文本框样式,在文档中就会出现一个文本框,在其中输入文字即可。要将某一段文字放到竖排文本框中,可利用"插入"选项卡中"文本框"组的"绘制竖排文本框"命令;也可以在完成横排文本框基础上,选定该文本框后选择"页面布局"选项卡中"页面设置"组的"文字方向"命令,出现如图 5-15 所示的对话框,在"方向"栏中做出选择,在"预览"栏中观察效果后确认。

文本框可以像处理图形对象一样来处理,单击文本框,在功能区将出现"绘图工具-格式"选项卡,可以使用选项卡中的命令对文本框进行格式设置,如插入形状、改变文本框中文字方向、与其他图形结合叠放、三维效果、阴影、排列、大小、边框类型、填充颜色和背景等。

图 5-15 设置文字方向对话框

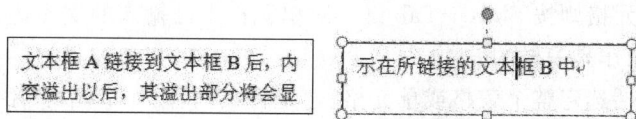

文本框和文本框之间也可以相互设置链接,其链接必须建立在一个空的文本框之上,当文本框中的内容超出显示范围时,其溢出部分内容将显示在所链接的新的文本框中,如图 5-16 所示。

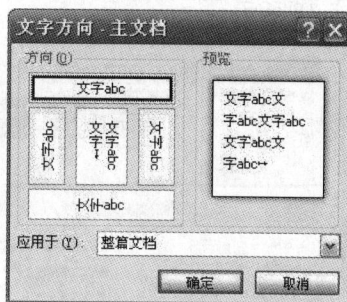

文本框 A 链接到文本框 B 后,内容溢出以后,其溢出部分将会显

示在所链接的文本框 B 中

图 5-16 文本框链接

6. 公式

在编辑科技文档或制作试卷时,经常要插入数学公式。如何在 Word 文档中插入数学公式呢? Word 2010 提供了公式编辑器,用它可以编辑各种复杂的数学公式。具体方法为:将光标置于要插入数学公式的位置,单击"插入"选项卡"符号"组中的"公式"命令按钮,选择"插入新公式"命令,此时将会出现"公式工具-设计"选项卡和"公式"编辑区。通过"公式工具-设计"选项卡选择所需要的函数和符号完成公式的编辑后,在"公式"编辑区外单击即可退出公式编辑器。"公式工具-设计"选项卡如图 5-17 所示。

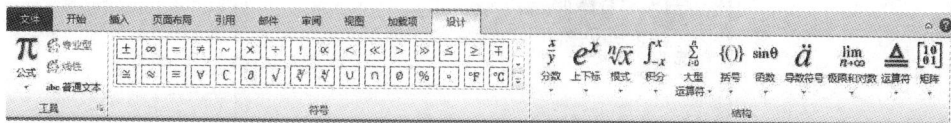

图 5-17 "公式工具-设计"选项卡

7. 表格

表格通常用来组织和显示信息,表中的内容以结构化的方式展示在文档中。表格由很

多行和列的单元格组成，单元格中可以包含文字、图形或其他表格。在 Word 2010 中可以通过从一组预先设好格式的快速表格中选择，或通过选择需要的行数和列数来插入表格。可以将表格插入到文档中或将一个表格插入到其他表格中以创建更复杂的表格。复杂的表格也可以手工绘制，当手工绘制表格时，鼠标指针变成笔形，先绘制表格的外围边框，可以拖动鼠标绘制一个矩形，此矩形就是表格的外边框，然后再绘制行和列。

鼠标指针在一个表格中时，表格的"设计"和"布局"选项卡将出现在功能区，单击"设计"或"布局"选项卡，其中的命令就显示出来，需要执行什么操作，直接单击相关命令即可，如图 5-18 所示。

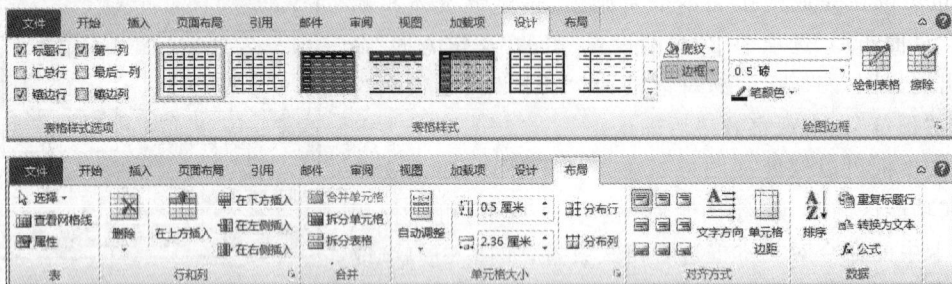

图 5-18　表格的"设计"与"布局"选项卡

要擦除表格中的一条线或多条线，可以利用"设计"选项卡的"绘制边框"组中的"擦除"选项，再在表格中单击要擦除的线条。在 Word 中插入一个空表格后，将插入点定位在某个单元格中，即可进行文本输入。若想将光标移动到相邻的右边单元格可按 Tab 键，移动光标到相邻的左边单元格则按 Shift＋Tab 键。对单元格中已输入的文本内容进行移动、删除操作，与一般文本操作是一样的。

表格的操作包括选定整个表格或单元格、选定行或列、添加单元格、添加行或列、删除单元格、删除行或列、合并及拆分单元格、设置单元格内容的对齐方式、调整表格的行高和列宽、为表格设置边框或底纹等。如图 5-19 所示，也可以通过"表格属性"调整表格、行、列、单

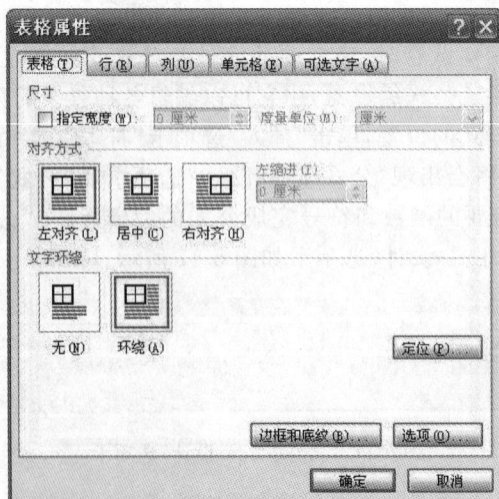

图 5-19　"表格属性"对话框

元格相关参数。采用固定格式编辑的文本文件也可以通过"文字转换为表格"命令导入到Word表格中。

利用 Word 2010 提供的函数可以对表格数据进行计算,为此可将插入点移到准备显示计算结果的单元格中,选择"布局"选项卡中"数据"组中的"公式"命令,再从弹出对话框的"粘贴函数"栏中选择一种函数进行计算。Word 中的函数在灵活性上比较欠缺,如果需要对指定的单元格进行计算,就需要用到单元格引用。单元格引用由"行号+列号"组成,行号按照 1、2、3、…标识,列号按照 a、b、c、…标识。Word 只能进行求和、求平均、求积等简单运算。要解决复杂的表格数据计算问题和统计,可利用 Excel 软件,或利用"插入"选项卡中"表格"命令下的"Excel 电子表格"按钮,直接在 Word 中使用 Excel 工作表完成。

选择"插入"选项卡中"插图"组的"图表"命令,弹出如图 5-20 所示的"插入图表"对话框,单击"确定"按钮后,在出现的"Excel 数据表"窗口中对数据进行编辑修改,便可得到需要的图表。生成的图表和插入文档的图片对象一样,选定它,可以改变其大小,移动其位置,改变图表样式等。

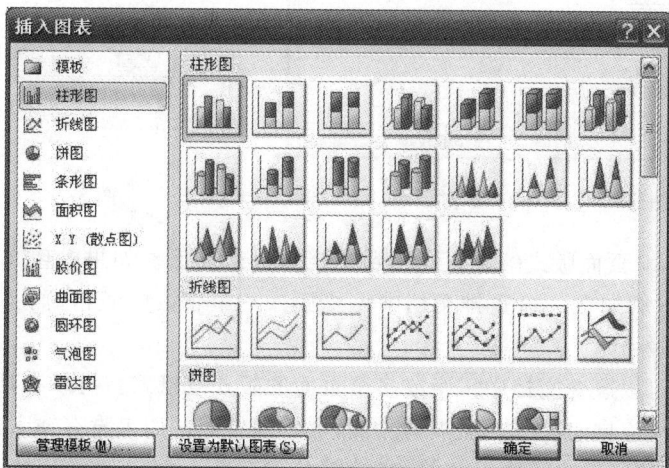

图 5-20　插入图表

5.1.3　页面布局、引用及文档打印

页面布局选项卡包含了主题、页面设置、稿纸、页面背景、段落和排列等多组命令,主要从页面的角度宏观上把握文档的布局。在"页面设置"组中可以对文字方向、页边距、纸张方向、纸张大小、分栏、分隔符及文档网格等进行设置。单击"页面设置"右下角的按钮显示"页面设置"对话框,如图 5-21 所示,对话框中包含"页边距""纸张""版式""文档网格"4 个选项卡。

页边距是页面边缘的空白区域。页面的上、下、左、右 4 边各有 1in 即 2.54cm 的页边距。这是最常见的页边距宽度,适用于大多数文档。如果想要获得不同的页边距,单击"页面布局"选项卡"页面设置"组中的"页边距"命令,将会看到显示在小图片或图标中的不同页边距大小以及每个页边距的度量值。

1. 分隔符

分隔符包含分页符和分节符两类,如图 5-22 所示。分页符主要用于标记一页的结束并开始下一页,通常用于将文档内容强制安排在两个不同的页面中,类似符号还包括分栏符和自动换行符。

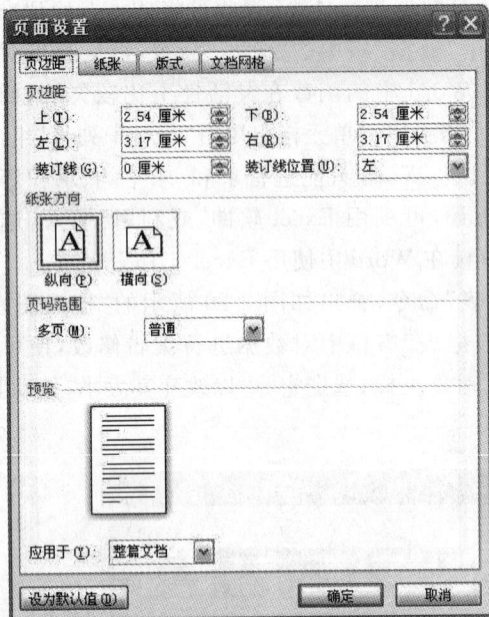

图 5-21　"页面设置"对话框

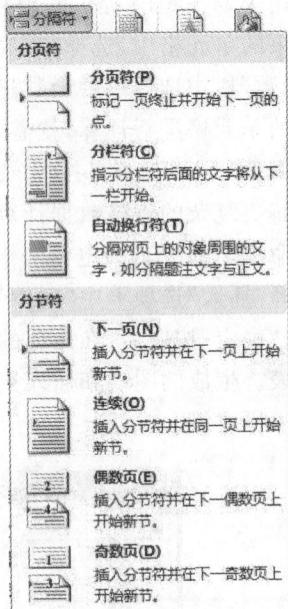

图 5-22　分隔符

　　默认情况下,对页面版式的设置应用到文档的每个页面。如果希望文档中某个或几个页面的版式不同,例如在一篇竖排文档中需要插入一个较大的表格,而且表格需要横排显示,该如何设置呢?

　　使用分节符可以改变文档中一个或多个页面的版式或格式。可以在某节里设置不同的页边距、纸张大小、方向、页面边框、页眉页脚、页码编号等。如果没有插入任何分节符,整篇Word 文档则为一节;插入一个分节符,文档被分为两节。使用分节符时,单击要更改格式的位置(一般需要在所选文档部分的前后插入一对分节符),单击"分隔符"中与要进行的格式更改类型对应的分节符类型即可。分节符类型包括下一页、连续、偶数页、奇数页 4 种。例如,如果要将一片文档分隔为几章,希望每章都从奇数页开始,可以单击"分节符"组中的"奇数页"。

2. 页眉、页脚、页码

　　页眉和页脚是文档中每个页面的顶部、底部和两侧页边距中的区域。可以在页眉和页脚中插入或更改文本或图形,包括页码、时间、日期、公司 Logo、文档标题、文件名或作者姓名等。单击"插入"选项卡中的"页眉"或"页脚"命令,进入页眉页脚编辑状态,输入要插入的内容,单击"页眉和页脚工具-设计"选项卡中的"关闭页眉和页脚"返回正文编辑状态,也可以直接双击正文内容返回。

　　内容较长的文档,如论文或图书,常常由多个单元组成,包括序言、目录、各章节、附录等,要设置各个单元的页眉和页脚各不相同,如分别用各章节的标题文字作为页眉,该如何设置呢? 在文档中,同一节的页眉和页脚是相同的,不同节的页眉和页脚可以不相同。默认整篇文档为一节,如果要在文档的不同部分设置不同的页眉和页脚,首先要插入分节符将各个部分划分开,然后再进行页眉和页脚的设置。

需要注意的是,在默认情况下,后一节的页眉是"链接到前一条页眉"的,即页眉和页脚与上一节相同,如果要设置不同的页眉和页脚,则需要先将"页眉和页脚工具-工具"选项卡"导航"组中"链接到前一条页眉"单击取消,后续章节依次重复上面的操作。

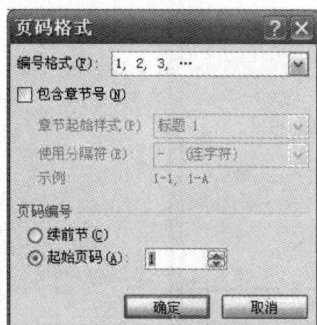

图 5-23　页码格式

通过"插入"选项卡上的"页眉和页脚"组的"页码"命令可以选择页码在文档中的显示位置。在编排较长的文档时,正文的前面有封面、目录,封面一般没有编码,目录和正文的编码应该是分开的,也就是说目录编码从 1 开始,正文的编码也从 1 开始。如果希望文档中某一部分的页码和其他部分不同,需要先将文档分节,在不同的节中,可以有不同的页面格式。单击需要重新对页码进行编号的节,在"页码"命令下单击"设置页码格式",弹出如图 5-23 所示的"页码格式"对话框,取消"续前节",在"起始页码"框中输入值即可。

有时候不希望首页上有页码,可以通过"页码布局"选项卡中单击"页码设置"对话框启动器,在弹出的对话框中单击"版式"选项卡,选中"首页不同"复选框确定即可。

3. 目录与样式

编制比较长的文档,往往需要在最前面给出文档的目录,目录中包含文档中的所有大小标题、编号以及标题的起始页码。Word 2010 提供了方便的目录自动生成功能,但必须按照一定的要求先设置文档的标题样式。因此在创建目录之前,要将文档中将要出现在目录中的文字设置不同的标题样式,不同级别的标题组织在一起构成层次结构的文档,标题按照标题的级别依次降低。

本小节以"美丽中国(长篇).docx"为例,利用前面介绍的"下一页"分节符将文档分成封面、前言、目录和 6 个不同内容章节来介绍长篇文档的编辑。然后分别选定属于第 1 级标题的内容,从"开始"选项卡的样式组内选中"标题 1"样式,其他各级标题以此类推。如果选择"标题 1"样式后没有出现"标题 2"样式,则单击右下角显示"样式"窗口,在"选项"命令对话框中勾选"在使用了上一级别时显示下一标题",如图 5-24 所示。

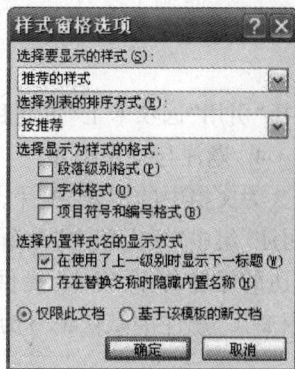

图 5-24　样式窗格选项

将插入点定位在准备生成文档目录的位置,选择"引用"选项卡中的"目录"按钮,在下拉列表中选择"插入目录"命令,将出现如图 5-25 所示的对话框。

根据需要可以选择或清除"显示页码"或"页码右对齐"复选框;在"显示级别"中设置目录包含的标题级别;在"制表符前导符"的列表中可以选择目录中的标题名称与页码之间的分隔符。最后单击"确定"按钮,目录便自动生成在插入点所在位置,如图 5-26 所示。

利用 Word 提供的目录生成功能所生成的目录,可以随时进行更新,以反映文档中标题内容、位置的变化,以及标题对应页码的变化,为此,可以在目录区单击,从快捷菜单中选择"更新域"命令,再从出现的对话框中选择"只更新页码"或"更新整个目录"单选按钮,也可以

168

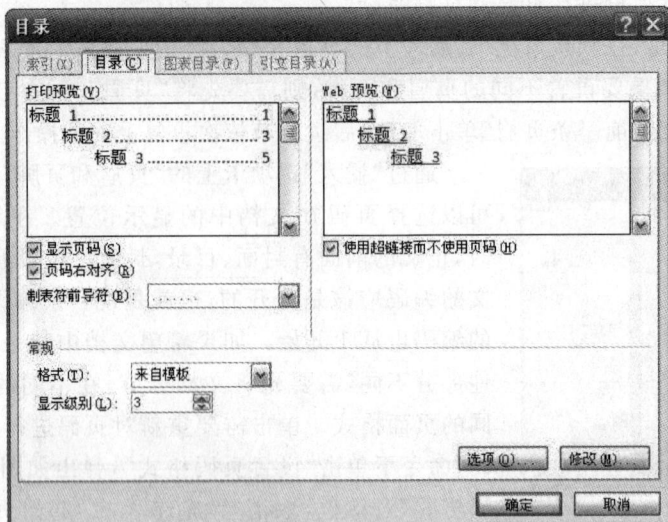

图 5-25　"目录"对话框

目　录

第一集　锦绣华南 1
第二集　云翔天边 2
第三集　神奇高原 3
第四集　风雪塞外 4
第五集　沃土中原 5
第六集　潮涌海岸 6

图 5-26　自动生成目录

选择"引用"选项卡上"更新目录"按钮对文档目录进行更新。

4. 题注与交叉引用

　　为文档中的图表、图片、表格、公式等增加题注时,需选定对象,再选择"引用"选项卡下"题注"组中"插入题注"命令按钮,弹出如图 5-27 所示的对话框。在对话框的标签栏中选择题注的标签名称,Word 提供题注标签的有图表、表格和公式等,也可以自己新建标签,如"图 2-"。题注的默认编号为阿拉伯数字,单击"编号"按钮可选择其他形式的题注编号。题注可以和一般文字一样进行修改和格式设置。

　　如果在正文中需要采用"如图 2-1 所示"方式引用相应的图表或图片,则需要添加交叉引用。选择"引用"选项卡下"题注"组中"交叉引用"命令按钮,弹出如图 5-28 所示的对话框。选择"引用类型"和"引用内容",以及所引用的是哪一个题注,单击"插入"按钮即可完成。当插入的题注及交叉引用发生变化后,相应的编号也会随之发生变化,这时可以选择文档后按 F9 键进行更新。

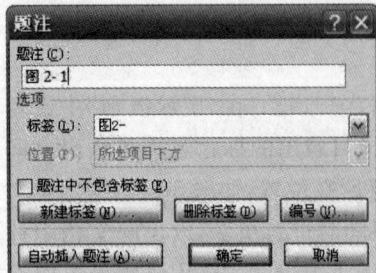

图 5-27　插入题注

5. 脚注与尾注

将插入点定位在将插入脚注或尾注的位置,选择"引用"选项卡中"脚注"组中"插入脚注/插入尾注"命令即可完成。文档中的某处插入脚注或尾注后,将出现特殊的标记,当鼠标指向这些标记时,旁边会出现注释内容提示。双击这些特殊标记,可以跳转到对应的脚注或尾注处。

6. 分栏

选定需要分栏的文本块后,利用"页面布局"选项卡中"页面设施"中"分栏"命令可以将选定部分分成两栏。执行后,在这一部分内容的前、后将自动插入分节符。利用"更多分栏"命令弹出如图 5-29 所示的对话框,设置和勾选相应的参数后,可以通过预览了解分栏效果。本节中针对"美丽中国(长篇).docx"案例的第 6 页做了分栏处理,并添加了分隔线。文本编辑状态下,只有在"页面视图"方式或"打印预览"状态下才可以查看分栏后的效果。

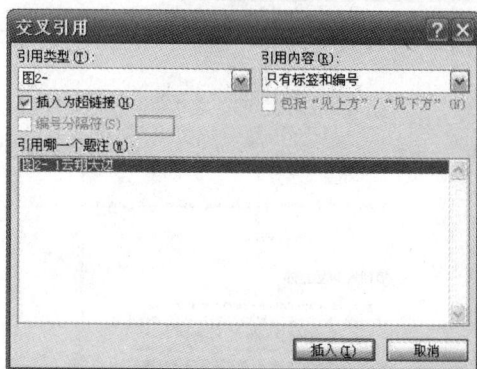

图 5-28　交叉引用

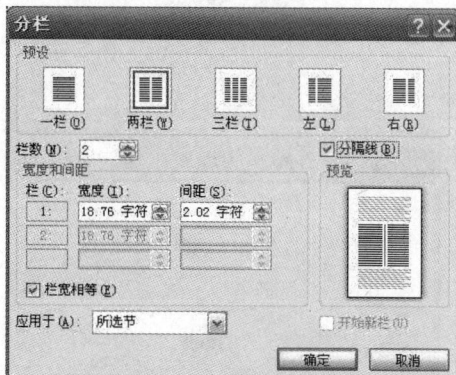

图 5-29　"分栏"对话框

7. 水印

水印是文档的文本后面显示的文本或图案,常用于向读者表明文档的状态或重要性,用户可通过在"页面布局"选项卡中单击"水印"按钮添加水印,也可以在"水印"下拉列表框中选择"自定义水印"命令,选择插入图片水印或文字水印。

8. 边框和底纹

单击"页面布局"选项卡中"页面背景"组的"页面边框"命令,可以弹出"边框和底纹"对话框。对话框中包含"边框""页面边框""底纹"3 个选项卡,通过"设置"和"样式"设置边框的样式,还可以设置颜色、宽度、艺术型等,在"应用于"下拉列表框中设置应用的范围,还可以通过单击预览图中的边框线进行边框的调整,图 5-30 是本节案例第 5 页中删除了段落两侧的边框线条的效果。

9. 打印

创建的文档常常需要打印出来进行存档或传阅。在进行文档打印之前,最好预先使用打印预览功能查看打印的效果,避免纸张的浪费。单击"文件"选项卡,选择"打印"命令按钮,弹出如图 5-31 所示的打印及预览设置对话框。在对话框中可以选择打印机,设置打印范围、打印份数、是否缩放等。如果用户需要进行正反面打印,可以选择"手工双面打印"。

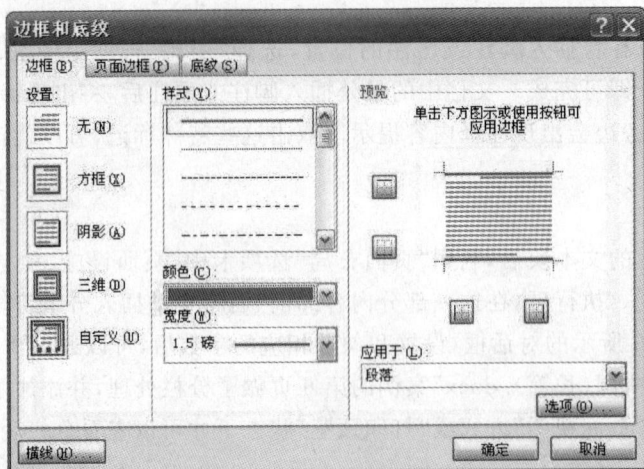

图 5-30　"边框和底纹"对话框

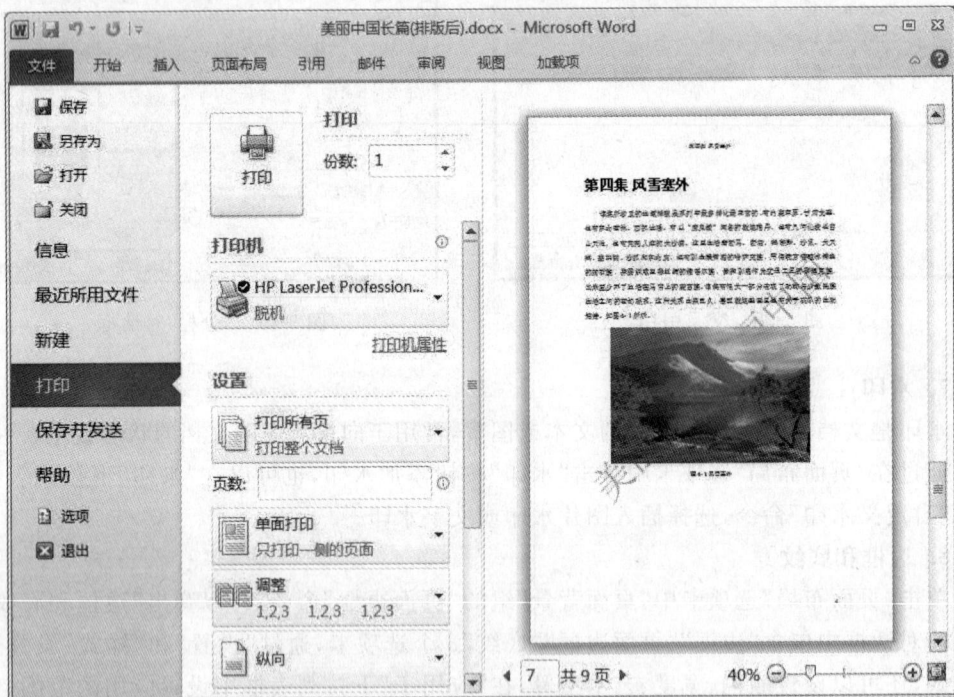

图 5-31　打印及预览

5.1.4　邮件合并及审阅

1. 邮件合并

实际工作中常需要发送一些内容、格式基本相同的通知、邀请函、电子邮件、信函等,为简化这一类文档的创建操作,提高工作效率,Word 提供了邮件合并功能。利用邮件合并一般需要创建一个用来存放共同内容和格式信息的主文档,再选择或创建一个列表文件来存放要合并到主文档中的那些变化的内容。具体邮件合并的步骤如下:

(1) 新建一个"请柬(模板).docx"的主文档,如图 5-32 所示,并进行相应的页面设置。

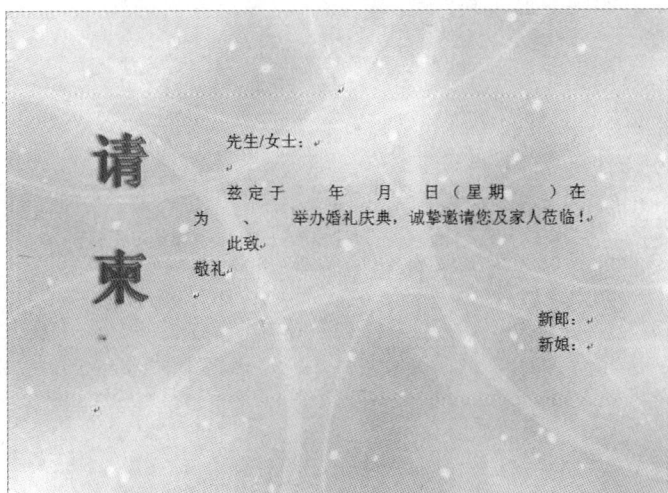

图 5-32　邮件合并主文档

(2) 依据新建主文档的内容,在 Excel 中新建"宾客单.xlsx"作为数据源文档,如图 5-33 所示,然后保存并关闭 Excel,否则无法完成邮件合并数据源导入。

图 5-33　数据源文件

(3) 打开"请柬(模板).docx"的主文档,然后选择"邮件"选项卡,该选项卡中共包括 5 个工具组,依次为创建、开始邮件合并、编写和插入域、预览结果、完成。单击"开始邮件合并"按钮,在下拉列表中选择"普通 Word 文档"。

(4) 单击"选择收件人",选择"使用现有列表"命令,在弹出的对话框中选择新建的"宾客单.xlsx"数据源文档并打开。

(5) 插入合并域。在主文档中,将光标插入点定位依次定位在要插入可变内容的位置,

计算机应用基础

单击"插入合并域"按钮,从下拉列表中选择合适的"域",然后逐个插入所有需要的"域",结果如图 5-34 所示。

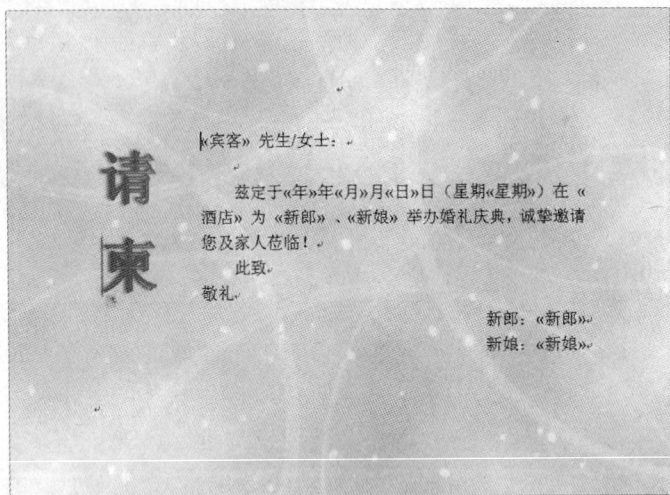

图 5-34　插入"域"后的主文档

（6）查看合并数据并执行合并。单击"完成并合并"按钮,可以对合并后的效果执行"编辑单个文档",或者选择"打印文档"合并到打印机,或者直接"发送电子邮件",邮件合并完成。

2. 拼写和语法

Word 2010 能检测文档中出现的一些拼写和语法错误。当文档中存在拼写错误时,系统会在错误文字下方以红色的下划线给予标识；若存在语法错误,则以绿色的下划线标识。如果输入的是系统不能识别的专业术语时,系统也会将其当作拼写和语法错误提示用户。

在 Word 2010 中除了使用拼写和语法检查之外,还可以使用自动更正功能来检查和更正错误的输入,设置自动更正的方法如下：单击"文件"选项卡中"选项"命令按钮,在弹出的对话框中单击左侧的"校对"标签,在右侧单击"自动更正选项"按钮,在"自动更正"对话框中可以设置"自动更正""数学自动更正""输入时自动套用格式""智能标记"等。

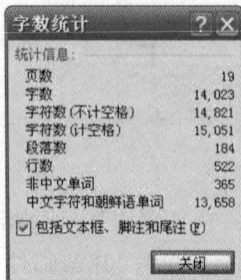

图 5-35　字数统计

3. 字数统计

字数统计属于"审阅"选项卡"校对"组中的命令,单击"字数统计"命令按钮可以统计出当前文档中字符个数,如图 5-35 所示。

4. 批注和修订

审阅者可以对文档的指定内容添加批注或修订,批注也是对文档的特殊说明,添加批注的对象可以是文本、表格或图片等文档中的所有内容。批注内容以修订者设定颜色的括号将批注括起来,背景色也会变成相同颜色。默认情况下批注显示在文档页边距外的标记区,批注和批注的文本使用与批注相同颜色的虚线连接。

单击"审阅"选项卡"批注"组中的"新建批注"按钮,此时批注的内容将会加上红色底纹,并在页边距外的标记区显示批注,在"批注"文本框中输入批注文本即可。当需要删除批注的时候,用户要先将光标定位到批注的文本内或批注的文本框中,然后单击"批注"组中的"删除"按钮即可。默认情况下 Word 2010 是显示批注的,可以通过单击"批注"组的"上一条"和"下一条"按钮进行批注的浏览。在"修订"组中"显示标记"按钮下方可以设置批注和修订的显示方式。通过"审阅窗格"可以方便地汇总查看文档批注和修订的内容,也可以直接定位到文档中的相应位置。

修订是审阅者对文档的修改意见,显示了文档中所做的诸如修改、删除、插入或其他编辑更改位置的标记。在审阅者选择了修订状态后,所做的修改将被记录下来,所修订的内容将以红色显示,包括修改、删除和插入等操作。

在选中修订文本后,单击"审阅"选项卡"更改"组中的"接受"按钮可以接受修订建议,也可以通过"拒绝"按钮不接受修订。

5. 文档保护

如果文档涉及商业秘密或个人隐私,用户不希望该文档被别人查看或修改,或者只允许授权的审阅者查看或修改文档的内容时,可以使用密码来保护整个文档。此时可以对该文档设置"打开权限密码"或"修改权限密码"。通过该设置后,只有提供了正确的密码后,才能对该文档进行相应的操作。"打开权限密码"是指审阅者必须输入密码方可查看文档;"修改权限密码"是指审阅者必须输入密码方可保存对文档的修改,即如果只设置了"修改权限密码",文档是可以被其他人打开查看的,只是在修改文档时需要密码。

5.2　电子表格软件 Excel

Excel 是微软公司推出的 Office 办公系列软件的一个组件,是一款功能强大、技术先进、使用方便且灵活的电子表格软件,可以用来制作电子表格,完成复杂的数据运算、分析、统计和汇总工作,并且具有强大的制作图表及打印设置功能等。

本节以 Excel 2010 版本为例讲解该软件的功能应用。其工作界面如图 5-36 所示。功能区包括文件、开始、插入、页面布局、公式、数据、审阅、视图及加载项等多个选项卡,每个选项卡代表用户可以在软件中执行的一组核心任务。每个选项卡都包含一些组,组将用户执行特定类型的任务时可能用到的所有命令放到一起,并在整个任务期间一直处于显示状态并且可随时使用。命令是组中用来输入信息的对话框或者菜单。

功能区下方为编辑栏。左边为名称框,显示活动单元格的名称;右边为编辑区,显示活动单元格的内容;中间包含 $\times$、$\sqrt{}$、f_x 三个按钮,分别表示取消、输入和函数公式。向单元格输入数据时,可以在单元格中输入,也可以在编辑区输入。

Excel 文档所做的工作都是在一个工作簿文档中完成的。Excel 2010 工作簿文档默认的扩展名延续了 Excel 2007 中默认的 XLSX 文档扩展名。如果需要与使用 Excel 97 到 Excel 2003 的用户共享电子表格,可以将文档扩展名另存为 XLS 类型。

工作簿中的每一张表称为工作表,一张表就是一个二维表,由行和列构成。如果把一个工作簿比作一个账簿,一张工作表就相当于账簿中的一页。每张工作表都有一个名称,显示在工作表标签上。默认情况下一个工作簿有 3 张工作表,并且分别以 Sheet1、Sheet2、Sheet3 命名,用户可以根据需要删除与添加工作表。

一张工作表有 65 535 行和 256 列。列标号由大写英文字母 A,B,…,Z,AA,AB,…,IV

图 5-36 Excel 2010 工作窗口

等标识,行标号由 1,2,3,…数字标识,行和列交叉处的矩形就称为单元格。简单地说,工作表中的每一个小方格叫单元格,单元格是存储数据的最小单位,一张表有 65 535×256 个单元格。单元格按所在的行和列的位置来命名,例如,B5 指 B 列与第 5 行交叉位置上的单元格。若要表示一个连续的单元格区域,可用该区域左上角和右下角单元格行列位置名表示,中间用英文输入法状态下的冒号":"分隔。例如,C3:E7 表示从单元格 C3 到 E7 的区域。

用户单击单元格,可使其成为活动单元格。活动单元格四周有一个粗黑框,右下角有一黑色点叫填充柄。Excel 具有连续填充的性质,利用填充柄可以填充一连串有规律的数据而不用一个一个地输入。

5.2.1 电子表格基本操作

单元格是 Excel 中保存数据的最小单位,所以在工作表中输入数据实际上是在单元格中输入。输入的方法有多种,可以在单元格或编辑栏中逐一输入,也可以利用 Excel 的功能在单元格中自动填充,或在相关的单元格区域之间建立公式和引用函数。在一个单元格中输入数据时,首先要单击该单元格选中它,使其成为活动单元格。双击鼠标在单元格内输入数据时,正文后有一条闪烁的垂直线,这条垂直线条表示正文的当前输入位置。用键盘输入数据完毕后按 Enter 键或 Tab 键确认输入,此时相邻的单元格成为活动单元格。如果要在同一个单元格内输入两行数据,可按 Alt+Enter 组合键实现换行。

1. 单元格区域的选择

(1) 选中一个单元格。打开一个 Excel 工作表,将鼠标指针移动到选中的单元格上单击即可选中该单元格,被选中的单元格四周出现黑框,并且单元格的地址出现在名称框中,内容则显示在编辑栏中。

(2)选中相邻的单元格区域。打开 Excel 工作表,选中单元格区域中的第一个单元格,然后按住鼠标左键并拖动到单元格区域的最后一个单元格后释放鼠标左键,即可选中相邻的单元格区域。

(3)选中不相邻的单元格区域。打开 Excel 工作表,选中一个单元格区域,然后按住 Ctrl 键不放,再选择其他的单元格,即可选中不相邻的单元格区域。

(4)选中整行或整列。选中整行的方法是:打开 Excel 文件,将鼠标指针移动到要选中行的行号处,单击即可选中整行;选中整列的方法是:打开 Excel 工作表,将鼠标指针移动到要选中列的列标处,单击即可选中整列。

(5)选中所有单元格。打开 Excel 工作表,单击工作表左上角的行号和列标交叉处的按钮,即可选中整张工作表。

2. 数据的输入

在 Excel 2010 中,向单元格输入数据时,又可将输入的数据分为两种类型:常量和公式。常量是指非"="开头的数据,包括数字、字符、日期、时间等;公式则以"="开头,由常量值、单元格引用、名字、函数或操作符组成。若公式中引用的值发生了改变,由公式产生的值也随之改变。在单元格中输入公式后,单元格将公式计算的结果显示出来。

- 文本的输入。在单元格内输入文本后,默认文本数据在单元格内左对齐。单元格宽度不够时只显示部分字符。
- 负数的输入。可以用"-"开始,也可以用()的形式,如(34)表示-34。
- 日期的输入。可以用"/"分隔,如 1/6 表示 1 月 6 日。
- 分数的输入。为了与日期的输入区别,一般先输入数字 0 和空格,再输入分数本身,如输入 0 1/2 表示输入 1/2。
- 纯数字文本的输入。如果需要输入 003、09010102 这种编号、学号等非计算性的数字时,需要在数字前面加英文输入法状态下的单引号"'",这时系统将其看作文本处理,类似数据还包括邮政编码、身份证号码等,都需要在数字前添加"'"。
- 长数字的输入。当输入的数字长度超过单元格的列宽或超过 11 位时,数字将以科学记数的形式表示,如 4.21E+17,若不希望以科学记数形式表示,可以通过修改数字格式定义。若单元格内出现###的符号时,可以通过列宽进行调整。
- 规律数据的输入。可以通过自动填充功能完成。

3. 自动填充数据

自动填充数据是 Excel 数据输入的快捷方式。用户可以使用该方式快速地在相邻的单元格中输入相同的数据,也可以在一个连续的单元格区域中快速地输入有规律的数据序列。

填充相同的数据时,选定同一行(列)上包含复制数据的单元格或单元格区域,将鼠标指针移到单元格或单元格区域右下角的填充柄上,将填充柄向需要填充数据的单元格方向拖动,然后松开鼠标,在填充区域右下角"自动填充选项"中选择"复制单元格"即可。

按序列填充数据时,通过拖动单元格区域填充柄填充数据,在填充区域右下角"自动填充选项"快捷菜单中选择"填充序列"可以完成,如图 5-37 所示;也可以在相邻两个单元格中分别输入两个序列数据,然后选中这两个单元格区域往下拖动填充柄,Excel 自动预测它

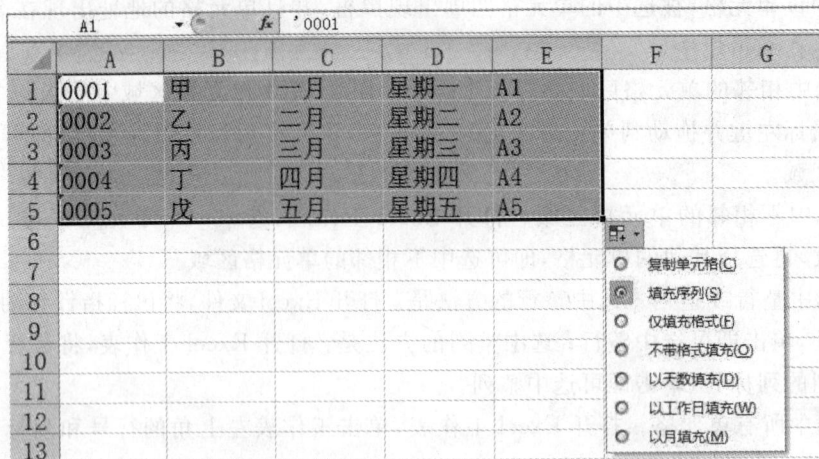

图 5-37　拖动填充柄填充数据

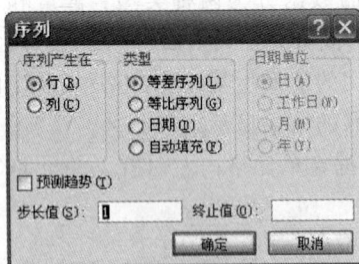

图 5-38　使用填充命令

会满足等差数列,因此会在下面的单元格中依次填充序列数据。

使用填充命令填充数据:选择功能区"开始"选项卡"编辑"组中的"填充"命令时,菜单中会包括"向下"、"向右"、"向上"、"向左"以及"系列"等命令,选择不同的命令可以将内容填充至不同位置的单元格。如果选定"系列"则以指定序列完成填充,如图 5-38 所示。

4. 编辑单元格、行和列

实际操作当中,经常需要对表格进行修改,下面介绍一些常用的单元格编辑方式。

- 删除单元格内容。选定要删除内容的单元格,按 Del 键。此方法也适合删除区域内的所有内容。
- 修改单元格内容。双击单元格,或选定单元格后单击编辑栏(或直接按 F2 功能键)。
- 删除单元格。先选定要删除的单元格,然后右击,在弹出的快捷菜单中选择"删除"命令,打开"删除"对话框,在对话框中进行相应的设置后单击"确定"按钮,即可删除单元格。
- 插入单元格。先选定要插入单元格的位置,然后右击,在弹出的快捷菜单中选择"插入"命令,会弹出"插入"对话框,如图 5-39 所示。在对话框中进行相应的设置后单击"确定"按钮,即可按刚才的设置插入空白单元格。
- 插入(删除)行或列。先用鼠标选中要插入(删除)行或列的行号或列标,然后右击,在弹出的快捷菜单中选择"插入"或"删除"命令,即可插入(删除)一个空行或空列。
- 合并单元格。选中要合并的单元格区域,然后在"开始"选项卡中的"对齐方式"组中单击"合并后居中"命令按钮即可。

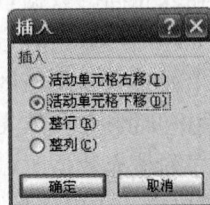

图 5-39　插入单元格、行或列

5. 数据区及单元格的删除

删除操作有两种形式：一是只删除选择区中的数据内容，而保留数据区所占有的位置；二是数据和位置区域一起被删除。

1）清除数据内容

选取要删除数据内容的区域，按 Del 键，或者单击"编辑"组中的"清除"按钮命令右侧向下的三角按钮，选择"全部清除"或"清除内容"命令，即可清除被选区的数据。选择"清除"按钮命令后的可选项还有"清除格式""清除批注"等。

2）彻底删除被选区

选取要删除的单元格、行或列，再选择"删除"按钮命令。

5.2.2 工作表管理和格式化

1. 工作表的添加、删除、重命名

选择"工作表标签"栏中"插入工作表"按钮命令，或者右击某个工作表，在弹出的快捷菜单中选择"插入"命令，打开对话框选择要插入表的类型即可。

选定要删除的工作表标签名，右击，选择快捷菜单中的"删除"命令删除当前表。

右击工作表标签名，选择快捷菜单中的"重命名"命令；或者双击工作表标签名，当其变为黑底白字时，输入新的名字后回车确定即可。

2. 工作表的移动和复制

在同一个工作簿内移动工作表，拖动工作表到合适的标签位置后放开即可；按下 Ctrl 键，拖动工作表到合适的标签位置处放开即可完成工作表复制。

若要将一个工作表移动或复制到另一个工作簿中，则两个工作簿要求必须都是打开的。在当前工作表中执行"移动或复制工作表"命令，打开对话框，在"工作簿"列表框中选择用于接收的工作簿名称，并在"下列选定工作表之前"列表框中选择被复制或移动工作表的放置位置，单击"确定"按钮即可，如图 5-40 所示。若要执行复制操作，还要选择"建立副本"复选框。

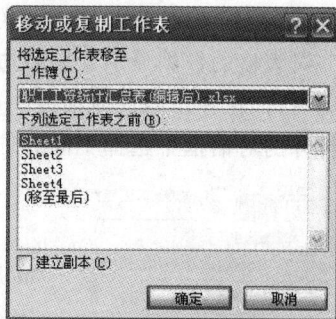

3. 工作表窗口的拆分和冻结

工作表窗口拆分和冻结，可实现在同一个窗口下对不同区域数据的显示和处理。

图 5-40 工作表复制或移动

工作表活动窗口被拆分成几个独立的窗格，在每个被拆分的窗格中都可通过滚动条来显示工作表的每一部分的内容。操作方法为：选定作为拆分窗口分割点位置的单元格，在"视图"选项卡"窗口"组中单击"拆分"按钮命令即可。移动窗格间的两条分隔线可以调节窗格大小。也可以通过拖动垂直滚动条顶端和水平滚动条右端的拆分柄拆分工作表窗口。如果窗口已拆分，再次单击"拆分"按钮即可撤销拆分窗口。

冻结窗格功能可以将工作表中选定单元格的上窗格或左窗格冻结在屏幕上，从而在滚动工作表数据时，屏幕上始终保持显示行标题或列标题。操作方法为：选定一个单元格作为冻结点，选择"冻结窗格"中的相关命令，系统用两条线将工作区分为 4 个窗格。这时，左上角窗格内的所有单元格被冻结，将一直保留在屏幕上。使用冻结窗格功能并不影响打印。

再次单击"冻结窗格"中的相关命令即可取消冻结窗格。

4. 单元格格式的设置

选择要设置格式的单元格区域,单击功能区"数字"选项卡中相应的格式按钮命令可以设置数字格式;也可以通过右击弹出快捷菜单,选择"设置单元格格式"命令打开如图 5-41 所示的对话框,选择"数字"选项卡"分类"列表中的相应类型即可。

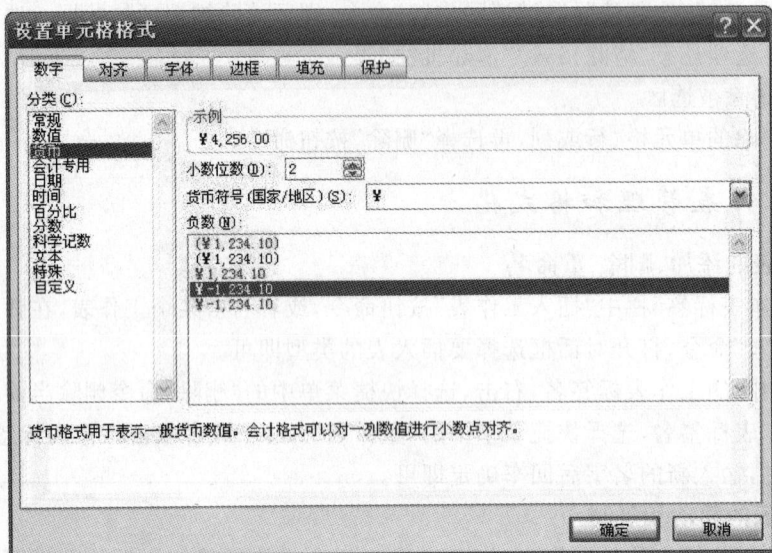

图 5-41　设置单元格格式

5. 字体、对齐方式、边框底纹的设置

对表格的数据显示及表格边框的格式可进行修饰和调整。方法是:先选定数据区域,然后右击,在弹出的快捷菜单中选择"设置单元格格式"命令,弹出如图 5-41 所示的对话框,在打开的对话框中选择不同的选项卡即可实现。

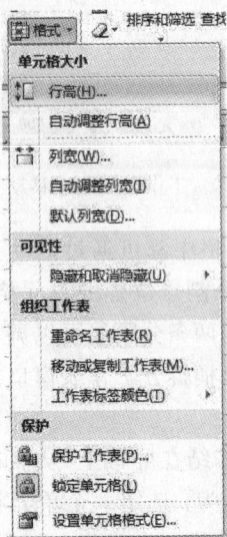

图 5-42　调整行高和列宽

6. 行高和列宽调整

在 Excel 中,系统默认单元格列宽是 72 个像素,单元格行高是 19 个像素。若输入的数据长度超过了宽度,则以多个♯字符代替;若输入数据的字型高度超出单元格高度,则可适当调整行高。

精确调整行高和列宽的方法是:选定要调整行高的行或要调整列宽的列,选择"格式"按钮命令下的"自动调整行高"或"自动调整列宽"命令,如图 5-42 所示,则系统将自动调整到合适行高和列宽。也可以通过"行高"或"列宽"对话框设置适当的数据值。

粗略调整行高和列宽的方法是:将鼠标移向所需调整行编号框线下方或列编号框线右侧的格线上,使鼠标指针变成一个带有箭头的黑色十字,按下鼠标左键拖动到所需行高或列宽即可。

7. 条件格式设置

条件格式是指单元格中数据当给定条件为真时,Excel 自动应用于单元格的格式。可以预置的单元格格式包括边框、底纹、字体颜色等。此功能可以根据用户的要求,快速对特定单元格进行必要的标识,以起到突出显示的作用。其一般的操作步骤是:选定数据区域,选择"开始"选项卡"样式"组中的"条件格式"按钮命令,选择条件格式规则,在弹出的对话框中填入相应的条件判断值即可,如图 5-43 所示为设置基本工资小于 4000 的格式设置。

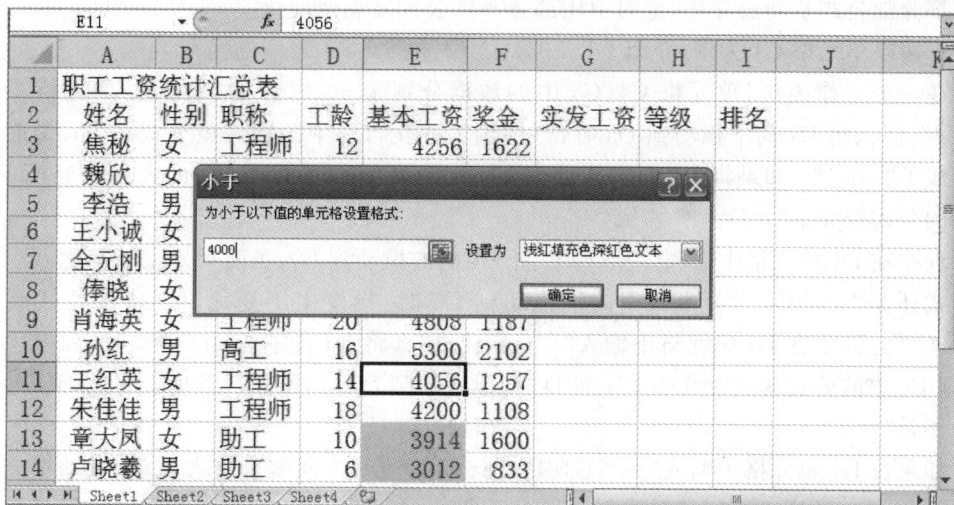

图 5-43　条件格式设置

在 Excel 2010 中,使用条件格式不仅可以快速查找相关数据,还可以通过数据条、色阶、图标显示数据大小。

5.2.3　公式及函数

公式和函数是 Excel 软件的核心。在单元格中输入正确的公式或函数后,会立即在单元格中显示计算出来的结果。如果改变了工作表中与公式有关或作为函数参数的单元格内容,Excel 会自动更新计算结果。在实际工作中,往往会有许多数据项是关联的,通过运用公式,可以方便地对工作表中的数据进行统计和分析。

1. 单元格地址及引用

每个单元格在工作表中都有一个固定的地址,这个地址一般通过指定其坐标来实现。如在一个工作表中,C3 单元格就是第 3 行和第 C 列交叉位置上的那个单元格,这是相对地址;指定一个单元格的绝对位置只需在行、列号前加上符号"$",如 $C$3。由于一个工作簿可以有多个工作表,为了区分不同的工作表中的单元格,要在地址前面增加工作表的名称,有时不同工作簿的单元格之间要建立连接公式,前面还需要加上工作簿的名称。如 [Book1.xlsx]Sheet2!C3 指定的就是 Book1.xlsx 工作簿文件中 Sheet2 工作表中的 C3 单元格。

单元格引用是指一个引用位置可代表工作表中的一个单元格或单元格区域,引用位置用单元格的地址表示。通过引用,可以在一个公式中使用工作表不同部分的数据,或者在几个公式中使用同一个单元格中的数据,甚至是相同或不同工作簿中不同工作表中的单元格数据进行引用。公式中常用单元格引用来代替单元格的具体数据,好处是当公式中被引用单元格数据发生变化时,公式的计算结果会随之变化。同样,若修改了公式,与公式有关的单元格内容也随着变化。

引用分 3 种:相对引用、绝对引用和混合引用。当把一个含有相对引用的公式复制到其他单元格位置时,公式中的单元格地址也随之发生改变。绝对引用中,单元格地址不会改变。在混合引用中,一个用相对引用,另一个用绝对引用,如 $C3 或者 C$3。公式中相对引用部分随公式复制而变化,绝对引用部分不随公式复制而变化。

下面以单元格 C4 为例,介绍 C4、$C4、C$4 和 $C$4 之间的区别。

在一个工作表中,单元格 C4、C5 中的数据分别是 60、50。如果在 D4 单元格中输入"=C4",那么将 D4 向下拖动到 D5 时,行发生了变化,D5 中的内容就变成了 50,里面的公式变成了"=C5";如果将 D4 向右拖动到 E4,则列发生了变化,E4 中的内容就变成了 60,里面的公式变成了"=D4"。

现在在 D4 单元格中输入"=$C4",将 D4 向右拖动到 E4,虽然列发生了变化,但 E4 中的公式还是"=$C4";而将 D4 向下拖动到 D5 时,行发生了变化,D5 中的公式就成了"=$C5"。如果在 D4 单元格中输入"=C$4",那么将 D4 向右拖动到 E4 时,列发生了变化,则 E4 中的公式变成"=D$4";将 D4 向下拖动到 D5 时,虽然行发生了变化,但 D5 中的公式还是"=C$4"。

如果在 D4 单元格中输入"=$C$4",那么不论将 D4 向哪个方向拖动,自动填充的公式都是"=$C$4"。故行和列前面谁带上了 $ 号,在进行拖动时谁就不变。如果都带上了$,在拖动时两个位置都不变。

2. 公式

公式是由用户自行设计并结合常量数据、单元格引用、运算符等元素进行数据处理和计算的算式。用户使用公式是为了有目的地计算结果,因此 Excel 的公式必须(且只能)返回值,如"=(A2+A3)*5"。

从公式的结构来看,构成公式的元素通常包括等号、常量、引用和运算符等元素。输入公式必须以符号"="开始,然后是公式的表达式。在实际应用中,公式还可以使用数组、Excel 函数或名称(命名公式)来进行运算。

Excel 包含 4 种类型的运算符:算术运算符、比较运算符、文本运算符和引用运算符。算术运算符用于连接数字并产生计算结果,计算顺序为先乘除后加减;比较运算符用于比较两个数值并产生一个逻辑值 TRUE 或 FALSE;文本运算符"&"将多个文本连接成组合文本。比如"美术 & 学院"的运算结果为"美术学院";引用运算符包括冒号、逗号、空格,用于将单元格区域合并运算。其中":"为区域运算符,如 C3:D4 代表 C3 到 D4 之间所有单元格的引用;","为联合运算符,如 SUM(B5,C3:D4)代表 B5 及 C3 至 D4 之间的所有单元格求和;空格为交叉运算符,产生对同时隶属于两个引用单元格区域的交集的引用。

如果在某个区域使用相同的计算方法,用户不必逐个编辑函数公式,这是因为公式具有可复制性。如果希望在连续的区域中使用相同算法的公式,可以通过"双击"或"拖动"单元格右下角的填充柄进行公式的复制。如果公式所在单元格区域并不连续,还可以借助"复制"和"粘贴"功能来实现公式的复制。

Excel 2010 在"插入"选项卡"编辑"命令组中提供了"自动求和"命令按钮 Σ ▾。若对某一行或一列中数据区域自动求和,则只需选择此行或此列的数据区域,单击"自动求和"按钮,求和的结果将存入到此行数据区域右侧的第一个单元格中,或是此列数据区域下方的第一个单元格中。单击"自动求和"按钮 **Σ** ▾ 右侧的下三角按钮,可选择求平均值、计数、最大、最小和其他函数等常用公式。

3. 函数

Excel 的工作表函数通常被简称为 Excel 函数,它是由 Excel 内部预先定义并按照特定的顺序、结构来执行计算、分析等数据处理任务的功能模块。因此,Excel 函数也常被人们称为"特殊公式"。与公式一样,Excel 函数的最终返回结果为值。

Excel 函数只有唯一的名称且不区分大小写,它决定了函数的功能和用途。

Excel 函数通常是由函数名称、左括号、参数、半角逗号和右括号构成。函数的参数是函数进行计算所必需的初始值。用户把参数传递给函数,函数按特定的指令对参数进行计算,把计算的结果返回给用户,如 SUM(B1:B10,C1:C10) 即表示求 B1 至 B10 与 C1 至 C10 所有单元格中数据的和。另外有一些函数比较特殊,它仅由函数名和成对的括号构成,因为这类函数没有参数,如 NOW() 函数、RAND() 函数等。

如果要在单元格中输入一个函数,需要以等号"="开始,接着输入函数名和该函数所带的参数;也可以利用编辑栏中的"插入函数"按钮实现函数的插入。在 Excel 2010 的"公式"选项卡的"函数库"组中,将函数分成了不同的类型,如图 5-44 所示。当进行函数输入的时候,也可以直接从中选择。在打开的函数参数对话框中,输入或选择参数后,单击"确定"按钮即可完成函数运算。

图 5-44 Excel 函数库

常用函数如下:

(1) 求和函数 SUM(区域),对所划定的单元格或区域进行求和,参数可以是常数、单元格引用或区域引用。

(2) 求平均值函数 AVERAGE(区域),计算出指定区域中的所有数据平均值。

(3) 计数函数 COUNT(区域)/COUNTIF(区域,条件表达式):求出指定区域中包含的数据个数,或者指定区域中满足条件表达式的数据个数。

(4) 最大值函数 MAX(区域):求出指定区域中最大的数。

(5) 最小值函数 MIN(区域):求出指定区域中最小的数。

(6) 条件函数 IF(条件表达式,值1,值2),根据条件表达式的满足条件取值。当条件表达式的值为真时取"值1",否则取"值2"作为函数值。

(7) 排序函数 RANK(值或区域,区域),求指定值或数据在一个特定区域范围内的排名。

(8) 随机数据函数 RAND(),求在 0～1 之间平均分布的随机数据。

注意：函数参数中涉及标点符号的，一律使用英文输入状态下的半角符号，否则报错。

5.2.4 数据图表

图表是图形化的数据，它由点、线、面等图形与数据文件按特定的方式组合而成。用一幅图或一条曲线描述工作表的数值及相关的关系和趋势，使工作表具有直观形象、双向联动、二维坐标等特点，更加便于比较和分析。一般情况下，用户使用 Excel 工作簿内的数据制作图表，生成的图表也存放在工作簿中。图表包含图表标题、数据系列、数据轴、分类轴、图例、网格线等元素。图表创建之后，在图标区中，用鼠标选定图表的标题、数据系列等元素，可以对图表进行编辑。

1. 图表的类型和生成

在"插入"选项卡的"图表"功能区，如图 5-45 所示，可以根据需要选择不同的图表图标。Excel 提供了多种标准的图表类型，每一种都具有多种组合和变换。在众多的图表类型中，根据数据的不同和使用要求的不同，可以选择不同类型的图表。图表的选择主要同数据的形式有关，其次才考虑感觉效果和美观性。下面介绍一些常见的图表类型。

图 5-45 图表功能区

- 柱形图（或条形图）。由一系列相同宽度的柱形或条形组成，通常用来比较一段时间中两个或多个项目的相对数量。例如，不同产品季度或年销售量对比、在几个项目中不同部门的经费分配情况、每年各类资料的数目等。柱形图（条形图）是应用较广的图表类型，很多人用图表都是从它开始的。

- 折线图。用来表现事物数量发展的变化。比如，数据在一段时间内是呈增长趋势的，另一段时间内处于下降趋势，通过折线图可以对将来做出预测。折线图一般在工程上应用较多，若是其中一个数据有几种情况，折线图里就有几条不同的线，比如5 名运动员在万米赛跑中的速度变化，就有 5 条折线，可以互相对比，也可以添加趋势线对速度进行预测。

- 饼图。在用于对比几个数据在其形成的总和中所占百分比值时最有用。整个饼代表总和，每一个数用一个扇形代表。比如，表示不同产品的销售量占总销售量的百分比等。饼图虽然只能表达一个数据列的情况，但因为表达清楚明了，又易学好用，所以在实际工作中用得比较多。如果想表示多个系列的数据时，可以用环形图。

- 条形图。由一系列水平条组成，使得对于时间轴上的某一点，两个或多个项目的相对尺寸具有可比性。比如，它可以比较每个季度 3 种产品中任意一种的销售数量。条形图中的每一条在工作表上是一个单独的数据点或数。

- 面积图。显示一段时间内变动的幅值。面积图可以观察各部分的变动，同时也看到总体的变化。

- 散点图。展示成对的数和它们所代表的趋势之间的关系。对于每一数对，一个数被绘制在 X 轴上,而另一个被绘制在 Y 轴上。过两个数作轴垂线,相交处在图表上有一个标记。当大量的这种数对被绘制后,出现一个图形。散点图的重要作用是可以用来绘制函数曲线,所以在教学、科学计算中会经常用到。

- 股价图。是具有 3 个数据序列的折线图,可以用来显示一段时间内一种股票的最高价、最低价和收盘价。通过在最高、最低数据点之间画线形成垂直线条,而轴上的小刻度代表收盘价。股价图多用于金融、商贸等行业,用来描述商品价格、货币兑换率和温度、压力测量等。

- 雷达图。显示数据如何按中心点或其他数据变动。每个类别的坐标值从中心点辐射。来源于同一序列的数据用线条相连。你可以采用雷达图来绘制几个内部关联的序列,很容易地做出可视的对比。比如,对于 5 个相同部件的机器,在雷达图上就可以绘制出每一台机器上每一部件的磨损量。

还有其他一些类型的图表,比如圆柱图、圆锥图、棱锥图,只是由条形图和柱形图变化而来的,没有突出的特点,而且用得相对较少,就不一一赘述。这里要说明的是,以上只是图表的一般应用情况,有时一组数据可以用多种图表来表现,那时就要根据具体情况加以选择。对有些图表,如果一个数据序列绘制成柱形,而另一个则绘制成折线图或面积图,则该图表看上去会更好些。

创建图表操作步骤非常简单:首先确保数据适合于图表,选择包含数据的区域,在"插入"选项卡的"图表"功能区,单击某个图表图标,选择图表类型,单击这些图标后,能显示出包含子类型的下拉列表。也可以选择"所有图表类型"按钮命令,弹出如图 5-46 所示的对话框进行选择。

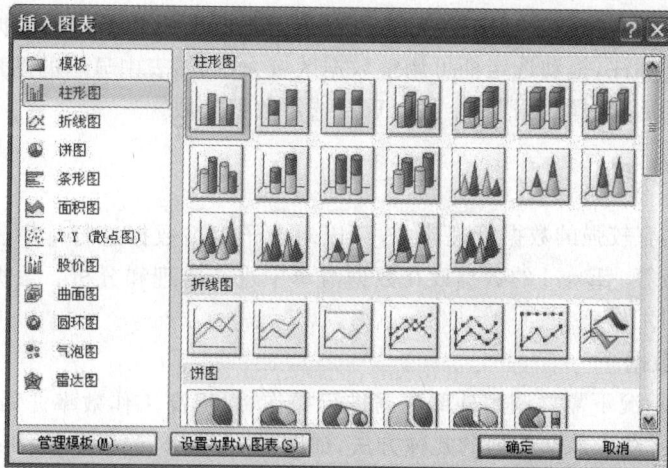

图 5-46　插入图表

2. 图表的编辑和修改

图表的编辑和修改是指按照用户的要求对图表类型、图表数据、图表布局、图表样式和外观等进行编辑和设置的操作,使图表的显示效果满足用户的需求。在 Excel 2010 中,编辑图表的操作非常直观。选中创建的图表后,功能区出现图表工具,如图 5-47 所示,可以选择相应的命令对图表进行编辑。

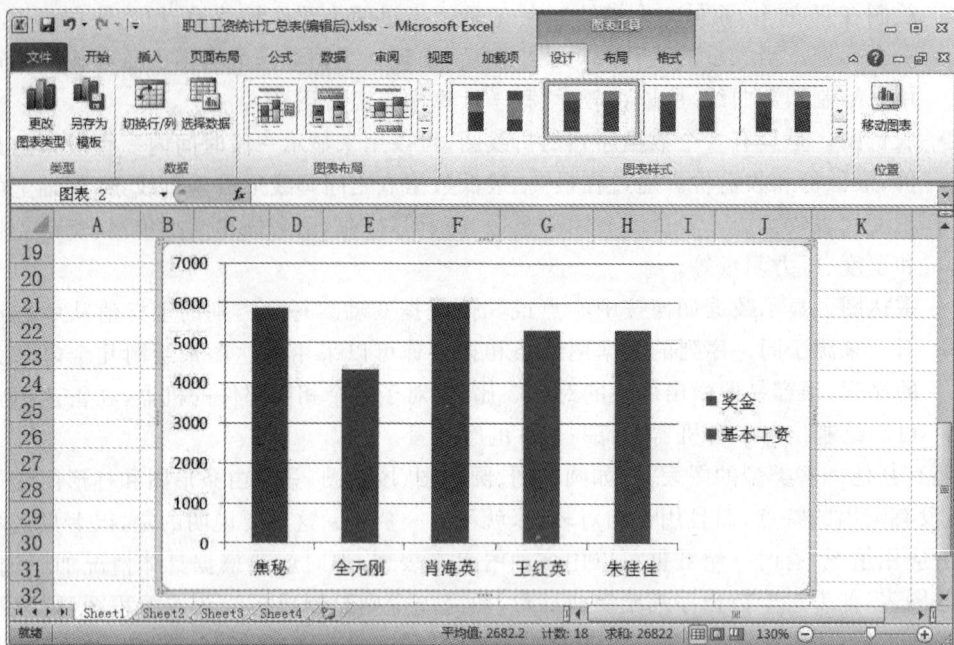

图 5-47　图表工具与编辑

例如,选定图表后,在"图表工具"的"布局"选项卡的"标签"组中,可以设置图表标题、坐标轴标题、图例、数据标签及数据表等相关属性;选中图表,其四周出现 8 个图表区选定柄,按下鼠标拖动可调整图表大小及位置;选中图表,在"设计"选项卡中选择"更改图表类型"命令可以重新选定图表类型。选中图表后,可看到图表所引用的工作表数据区域分别被带有不同颜色的线框标注,拖动选定柄可调整数据区域大小,图表中显示的图形会随表数据区的变化而变化。利用"选择数据"命令可以重新选定数据区域。

5.2.5　数据管理

Excel 2010 具有较强的数据管理能力,可以对电子表格数据进行排序、筛选、分类汇总及创建数据透视表等。Excel 的数据放在数据清单中进行管理和分析。数据清单就是包含相关数据的一系列工作表。

1. 获取外部数据

Excel 在某些情况下需要调用外部数据进行操作,以提高工作效率。Excel 2010 的"数据"选项卡中提供了获取外部数据的几种方法,如图 5-48 所示,包括自 Access、自网站、自文本、自其他来源和现有连接。选择相应的命令按钮后弹出数据选取或导入对话框,选择本节案例中提供的按特定格式保存的外部数据文件即可。

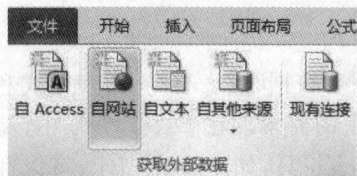

图 5-48　获取外部数据

2. 数据排序

对于工作表中的数据,不同的用户因其关注的方面不同,可能需要对这些数据进行不同的排列,这时可以使用 Excel 的数据排序功能对数据进行分析,用户只要分别指定关键字及升降序,就可以完成排序的操作。

单击数据区中的任意单元格,在"数据"选项卡"排序和筛选"组中,单击"排序"命令,出现如图 5-49 所示的"排序"对话框。

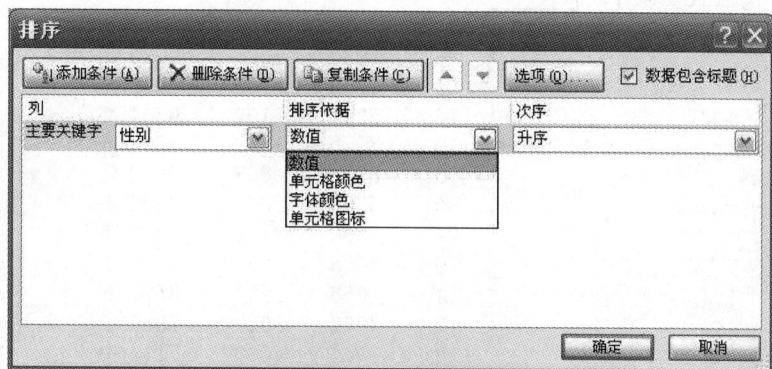

图 5-49 "排序"对话框

在该对话框中的"主要关键字"下拉列表中选定排序依据的列名,排序依据可以是数值、单元格颜色、字体颜色和单元格图标等,排序次序可以为升序、降序和自定义序列。

单击对话框中的"选项"按钮可以对数据清单的行、列数据进行排序。当某些数据按一行或一列中的相同值分组,将对该组相同值中的另一列或另一行进行排序时,用户可以通过单击"添加条件"按钮,采用多列内容组合排序的方法。此时,主要关键字和次要关键字的排序方式可以不同,先按主要关键字排序,当主要关键字内容相同时,再按次要关键字排序。在 Excel 2010 中,排序依据最多可以支持 64 个关键字。

对于排序,在 Excel 2010 中新增了按单元格中字体和填充颜色排序,或者按单元格数值使用的不同图表进行排序的功能,用户可以在"排序依据"中选择设置。

3. 数据筛选

对数据进行筛选,就是查询满足特定条件的记录。它是一种用于查找数据清单中的数据的快速方法。使用"筛选"可以在数据清单中显示满足条件的数据行,而其他行被隐藏。Excel 提供了两种筛选数据的命令:自动筛选和高级筛选。

1)自动筛选

自动筛选适用于简单的筛选条件。单击数据列表中的任意一个单元格,然后单击"数据"选项卡"排序和筛选"组中的"筛选"命令按钮,此时在表格的所有字段列中都有一个向下的筛选箭头。单击数据表中的任何一列标题行的筛选箭头,设置希望显示的特定信息,Excel 将自动筛选出包含特定行信息的全部数据,如图 5-50 所示。

在数据表中,如果单元格填充了颜色,也可以按照颜色进行筛选。

如果筛选条件有多项,如要求将案例中性别为女、职称为工程师、基本工资>4500 的数据筛选出来,可进行如下操作:

首先单击数据表中"性别"右侧的筛选箭头,选择"女"选项;再单击数据表中"职称"右侧的筛选箭头,选择"工程师"选项;最后单击数据表中"基本工资"右侧的筛选箭头,选择"数字筛选"→"大于"命令,弹出"自定义自动筛选方式"对话框,设置"基本工资"大于 4500,如图 5-51 所示,然后单击"确定"按钮。筛选结果如图 5-52 所示。

若要取消对某一列筛选操作的结果,单击该列右端的下三角按钮,从弹出的下拉菜单中

C2		fx	职称					
A	B	C	D	E	F	G	H	I

职工工资统计汇总表

姓名	性别	职称	工龄	基本工资	奖金	实发工资	等级	排名

升序(S)

降序(O)

按颜色排序(T)

从"职称"中清除筛选(C)

按颜色筛选(I)

文本筛选(F)

搜索

☑(全选)
☑高工
☑工程师
☑助工
☑(空白)

			35	5880	1575	9030	高	4
			3	4200	1108	6416	低	9
			16	5300	2102	9504	高	2
			12	3056	1272	5600	低	11
			6	3012	833	4678	低	12
			30	5320	2066	9452	高	3
			21	5300	2114	9528	高	1
			20	4808	1187	7182	中	6
			14	4056	1257	6570	低	8
			12	4256	1622	7500	中	5
			10	3914	1600	7114	中	7
			8	4203	924	6051	低	10
				4442.08	1471.7	7385.42		
				5880	2114	9528		
				53305	17660	88625		

确定　取消

图 5-50　"筛选"对话框

自定义自动筛选方式

显示行:

基本工资

大于　　4500

◉与(A)　○或(O)

可用 ? 代表单个字符
用 * 代表任意多个字符

确定　取消

图 5-51　"自定义自动筛选方式"对话框

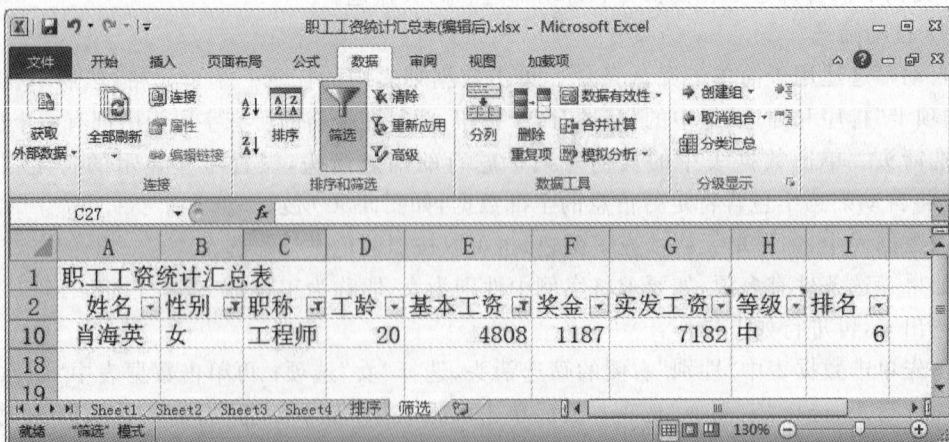

职工工资统计汇总表(编辑后).xlsx - Microsoft Excel

文件　开始　插入　页面布局　公式　数据　审阅　视图　加载项

获取外部数据　全部刷新　连接　属性　编辑链接　排序　筛选　清除　重新应用　高级　分列　删除重复项　合并计算　模拟分析　数据有效性　创建组　取消组合　分类汇总

连接　　排序和筛选　　数据工具　　分级显示

C27 fx

A	B	C	D	E	F	G	H	I
职工工资统计汇总表								
姓名	性别	职称	工龄	基本工资	奖金	实发工资	等级	排名
肖海英	女	工程师	20	4808	1187	7182	中	6

Sheet1　Sheet2　Sheet3　Sheet4　排序　筛选

就绪　"筛选"模式

图 5-52　筛选结果

选择"全选"选项,即可恢复全部数据的显示。若要取消对所有列所做的筛选操作结果,再次单击"排序和筛选"中的"筛选"命令按钮即可。

2)高级筛选

使用自动筛选,可以筛选出符合特定条件的数据。但有时所设的条件较多,用自动筛选就显得比较麻烦,这时,高级筛选更适用。如果条件比较多,可以使用高级筛选功能把想要看到的数据都找出来。

高级筛选的工作方式在几个重要的方面与"自动筛选"命令有所不同,高级筛选要求在一个工作表中数据不同的地方指定一个区域来存放筛选的条件,这个区域为条件区域。仍然以案例中性别为女、职称为工程师、基本工资>4500的数据筛选为例,通过高级筛选的操作方法如下:

打开工作表,在工作表中远离单元格数据区域的位置建立条件区域,按照数据筛选条件分别将列标志和条件输入到条件区域中。单击"排序和筛选"中的"高级"命令,屏幕会弹出如图5-53所示的"高级筛选"对话框。如果想保留原始的数据列表,须将符合条件的记录复制到其他位置,应在"高级筛选"对话框中"方式"选项中选择"将筛选结果复制到其他位置",并在"复制到"框中输入将复制的位置区域。将"列表区域"和"条件区域"分别选定,再单击"确定"按钮,就会在原数据区域显示出符合条件的记录。

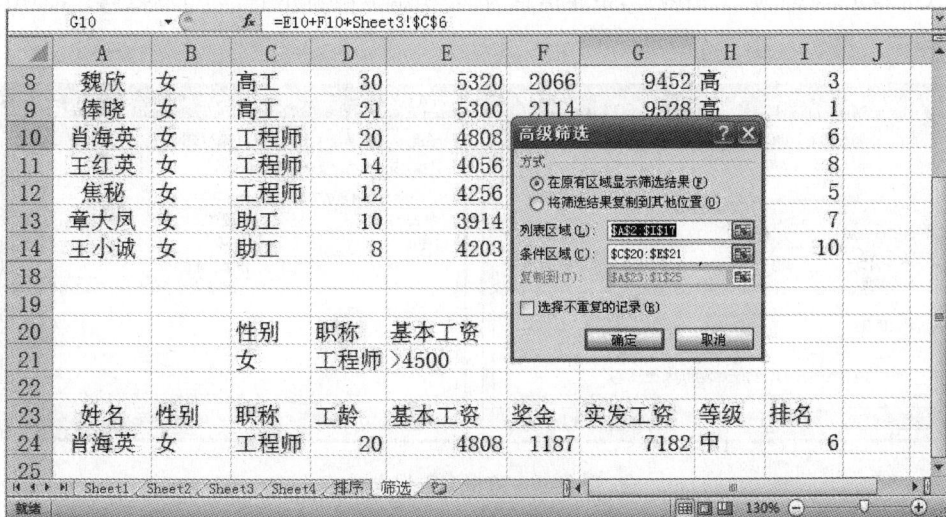

图 5-53　高级筛选

高级筛选可以设置行与行之间的"或"关系条件,也可以对一个特定的列指定3个以上的条件,还可以指定计算条件,这些都是比自动筛选优越之处。高级筛选的条件区域应该至少有两行,第一行用来放置列标题,下面的行则放置筛选条件,需要注意的是,这里的列标题一定要与数据清单中的列标题完全一样才行。在条件区域的筛选条件设置中,同一行上的条件默认是"与"条件,而不同行上的条件默认是"或"条件。

在设置自动筛选的自定义条件时,可以使用通配符,其中问号"?"代表任意单个字符,星号"＊"代表任意一组字符。如筛选出姓王的员工工资,可在表格"姓名"字段的"自定义自动筛选方式"对话框中设置姓名等于"王＊",筛选结果如图5-54所示。

图 5-54 "王 * "筛选结果

4. 数据有效性

在向工作表中输入数据时,为了防止用户输入错误的数据,可以为单元格设置有效的数据范围,限制用户只能输入指定范围内的数据,极大地减少了数据处理操作的复杂性。

在设置数据有效性时,有多处选项需要设置,下面结合案例进行介绍,设置职工公积金单元格区域内的数据范围为 200~500,具体步骤如下。

选中要设置数据有效性的单元格区域,单击"数据"选项卡中"数据工具"组中的"数据有效性"命令按钮,弹出"数据有效性"对话框。在对话框中进行有效性条件、输入信息、出错警告等设置,本例中设置了有效性条件为整数数据介于最小值 200 和最大值 500 之间,出错警告样式为停止,标题为"出错啦!",错误信息为"公积金金额须介于 200-500 之间!",如图 5-55所示。

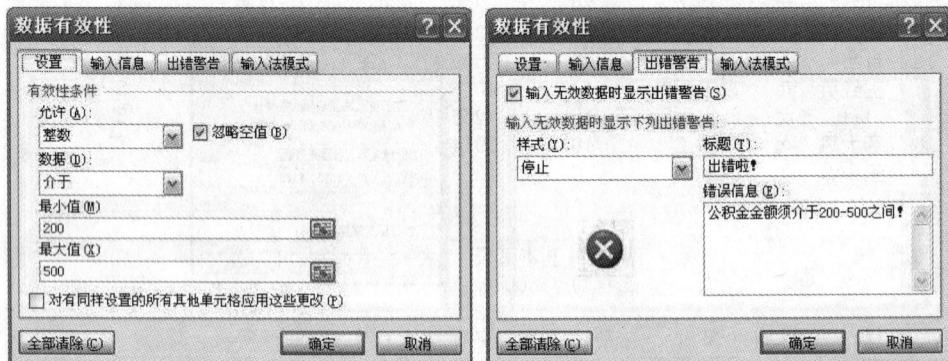

图 5-55 数据有效性设置

对单元格区域设置有效性数据后,如果输入不符合规定范围的数据,则 Excel 会弹出如图 5-56 所示的错误提示信息。

图 5-56 出错警告

5. 分类汇总

在 Excel 中,数据表格输入完成后,可以依据某个字段将所有的记录分类,把字段值相同的记录作为一类,得到每一类的统计信息。运用分类汇总功能,可以免去一次次输入公式和调用函数对数据进行求和、求平均、乘积等操作,从而提高工作效率。当然,也可以很方便地移去分类汇总的结果,恢复数据表格的原形。

要进行分类汇总,首先要确定数据表格最主要的分类字段,并依据分类字段对数据表格进行排序。例如，要求案例按照性别汇总"工龄"和"基本工资"的平均值，则首先需要按性别进行排序，否则分类汇总的数据便毫无实用意义。排序后选定数据范围内的任一单元格，单击"数据"选项卡下"分级显示"组中"分类汇总"命令按钮，弹出如图5-57所示的"分类汇总"对话框，选择"分类字段"为性别、"汇总方式"为平均值、"选定汇总项"包括工龄和基本工资，然后单击"确定"按钮，分类汇总显示结果如图5-58所示。

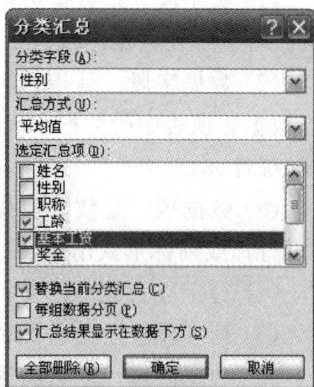

注意：必须确保要进行分类汇总的数据为下列格式：第一行的每一列都有标志，并且同一列中应包含相似的数据，在区域中没有空行或空列。

图5-57 "分类汇总"对话框

如果想在每个分类汇总后有一个自动分页符，可选中"每组数据分页"复选框；如果希望分类汇总结果出现在分类汇总的行的上方，而不是在行的下方，则取消选中"汇总结果显示在数据下方"复选框；分类汇总后，用鼠标单击分类汇总数据左边的折叠按钮，可以将具体数据折叠，单击＋号可以扩展开；如果用户要取消分类汇总，只需在"分类汇总"对话框中单击"全部删除"按钮，屏幕就会回到未分类汇总前的状态。

	A	B	C	D	E	F	G	H	I
1	职工工资统计汇总表								
2	姓名	性别	职称	工龄	基本工资	奖金	实发工资	等级	排名
3	李浩	男	高工	25	5880	1575	9030	高	4
4	朱佳佳	男	工程师	18	4200	1108	6416	低	9
5	孙红	男	高工	16	5300	2102	9504	高	2
6	全元刚	男	工程师	12	3056	1272	5600	低	11
7	卢晓羲	男	助工	6	3012	833	4678	低	12
8		男 平均值		15.4	4289.6				
9	魏欣	女	高工	30	5320	2066	9452	高	3
10	俸晓	女	高工	21	5300	2114	9528	高	1
11	肖海英	女	工程师	20	4808	1187	7182	中	6
12	王红英	女	工程师	14	4056	1257	6570	低	8
13	焦秘	女	工程师	12	4256	1622	7500	中	5
14	章大凤	女	助工	10	3914	1600	7114	中	7
15	王小诚	女	助工	8	4203	924	6051	低	10
16		女 平均值		16.43	4551				
17		总计平均值		16	4442.0833				

图5-58 分类汇总结果

6. 数据透视表

数据透视表是一种对大量数据快速汇总和建立交叉列表的交互式动态表格，能帮助用户分析、组织数据，如计算平均数、标准差，建立列联表，计算百分比，建立新的数据子集等。它能够对行和列进行转换以查看源数据的不同汇总结果，并显示不同页面以便从不同的角度查看数据，还可以根据需要显示区域中的明细数据。建好数据透视表后，可以从大量看似无关的数据中寻找联系，从而将纷繁的数据转化为有价值的信息，以供研究和决策所用。

1）数据透视表的组成

数据透视表一般由以下几个部分组成：

190

（1）页字段。是数据透视表中指定为页方向的源数据清单或表单中的字段。单击页字段的不同项，在数据透视表中会显示与该项相关的汇总数据。

（2）数据字段。是指含有数据的源数据清单或表单中的字段。它通常汇总数值型数据，数据透视表中的数据字段值来源于数据清单中同数据透视表行、列、数据字段相关的记录的统计。

（3）数据项。是数据透视表的分类，代表源数据中同一字段或列中的单独条目。数据项以行标或列标形式出现，或出现在页字段的下拉列表框中。

（4）行字段。数据透视表中指定为行方向的源数据清单或表单中的字段。

（5）列字段。数据透视表中指定为列方向的源数据清单或表单中的字段。

（6）数据区域。是数据透视表中含有汇总数据的区域。数据区中的单元格用来显示行和列字段中数据项的汇总数据，数据区每个单元格中的数值代表源记录或行的一个汇总。

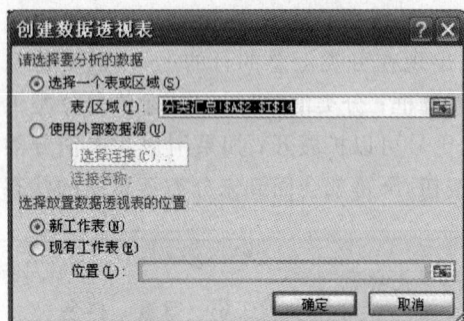

图 5-59 "创建数据透视表"对话框

2）创建数据透视表

在"插入"选项卡上的"表"组中，单击"数据透视表"命令，在弹出的"数据透视表"和"数据透视图"中，选择"数据透视表"命令，打开如图 5-59 所示的"创建数据透视表"对话框。

在"选择一个表或区域"中选择输入源数据所在的区域范围，在"选择放置数据透视表的位置"中选择"新工作表"后，单击"确定"按钮，弹出数据透视表的编辑界面，如图 5-60 所示。在右侧出现的是"数据透视表字段列表"，在该列表中选择要添加到报表的字段，即可完成数据透视表的创建。双击数据透视表中值字段，可以根据需要选择汇总方式，包括计数、平均值、最大值、最小值等。在"数据透视表工具"的"设计"选项卡中，可以设置数据透视表的布局、样式以及样式选项等，帮助用户设计所需的数据透视表。

图 5-60 数据透视表

5.3 演示文稿软件 PowerPoint

PowerPoint 是微软公司 Office 办公集成软件中的一个应用程序，能够制作集文字、图像、声音、动画及视频等多媒体元素为一体的演示文稿，是目前最实用、功能最强大的演示文稿制作软件之一，在工作汇报、企业宣传、产品推介、婚礼庆典、项目竞标、管理咨询中被广泛使用。PowerPoint 2010 无论是在创建、播放演示文稿方面，还是在保护管理信息和信息共享方面，都在原来版本的基础上新增了很多功能，如全新的直观型外观、自定义版式和精美的 SmartArt 图形等。

PowerPoint 2010 提供了普通视图、幻灯片浏览、备注页和幻灯片放映等视图模式，每种视图都包含该视图下特定的工作区、功能区和其他工具，其窗口界面如图 5-61 所示。在功能区中选择"视图"选项卡，在"演示文稿视图"组中选择相应的按钮即可改变视图模式。或者单击主窗口右下角的视图切换按钮，可以在普通视图、幻灯片浏览和幻灯片放映等视图方式之间切换。

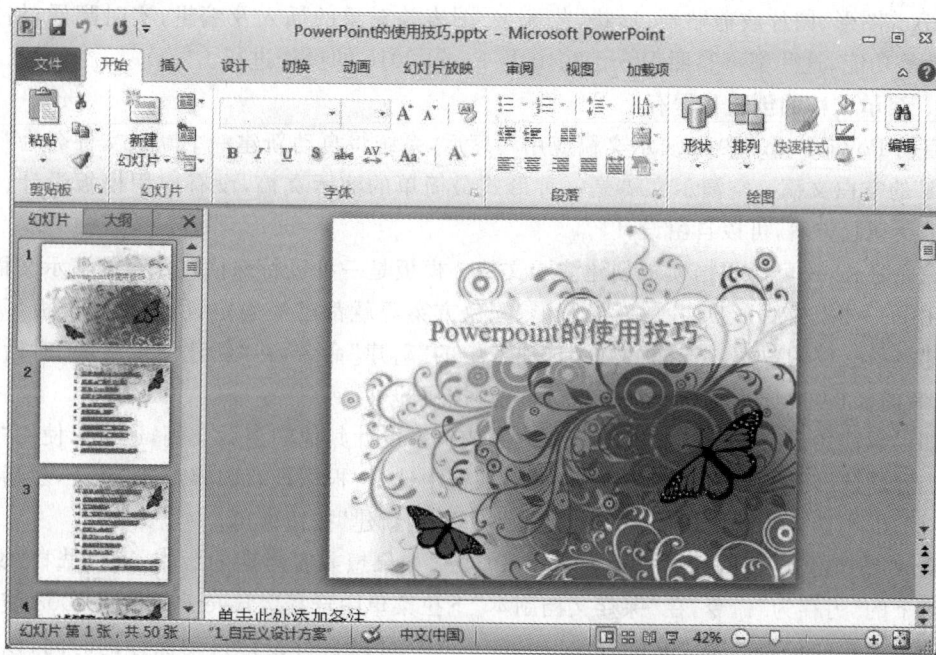

图 5-61 PowerPoint 工作窗口

普通视图是 PowerPoint 2010 最主要的编辑视图，用于设计演示文稿。该视图实际上包含了幻灯片视图、大纲视图两种视图模式。幻灯片视图主要用于对单幅幻灯片进行外观设计，编辑文本，插入图形、声音和影片等多媒体对象，并对某个对象设置动画效果或创建超级链接；大纲视图主要用于输入和修改大纲文字，当文字输入量较大时用这种视图进行编辑较为方便。

幻灯片浏览视图是缩略图形式的演示文稿幻灯片。该视图用于从整体上浏览和修改幻灯片效果，如改变幻灯片的背景设计、配色方案，调整顺序，添加和删除幻灯片，幻灯片的复制和移动等操作,但不能编辑幻灯片中的具体内容,编辑工作只能切换到普通视图中进行。

备注页视图用于为幻灯片创建备注。备注可以在普通视图下的备注区进行创建,也可以在备注页视图模式下进行创建。注意,插入到备注页中的对象不能在幻灯片放映模式下显示,可通过打印备注页打印出来。

幻灯片放映视图以全屏幕播放演示文稿中的所有幻灯片,可以听到幻灯片中的声音,看到各种图像、视频剪辑、动画和幻灯片切换效果。阅读视图与幻灯片放映视图类似,只不过在顶部增加了标题栏,并在底部增加了状态栏,可以通过状态栏中的不同按钮完成不同幻灯片和不同视图的切换。

5.3.1 演示文稿基本操作

使用 PowerPoint 创建的文件称为演示文稿,而幻灯片则是组成演示文稿的每一页,在幻灯片中可以插入文本、图像、声音、动画和影片等。PowerPoint 2010 的用户界面和基本操作,如启动和退出,缩放版面或文字,包括使用密码、权限和其他限制保护演示文稿,SmartArt 图形、图片或剪贴画、形状、艺术字、图表等对象的插入及编辑,实时翻译,格式及兼容性等功能,这些都可参照 Word 2010 及 Excel 2010 的操作进行。

1. 演示文稿的创建和保存

启动 PowerPoint 2010 演示文稿应用程序后,系统将自动新建一个默认文件名为"演示文稿 1"的空白文稿。空演示文稿是一种形式最简单的演示文稿,没有应用模板设计、配色方案以及动画方案,可以自由设计。

除此之外,还可以根据模板创建演示文稿。模板是一种以特殊格式保存的演示文稿,一旦应用了一种模板后,幻灯片的背景图形、配色方案等就都已经确定,所以套用模板可以提高创建演示文稿的效率。选择"文件"选项卡中的"新建"命令,在"新建演示文稿"对话框的"已安装的模板"中任意选择一种,单击"创建"按钮即可。

如果想使用现有演示文稿中的一些内容或风格设计其他的演示文稿,还可以使用"根据现有内容新建"功能。在"新建演示文稿"对话框中选择"根据现有内容新建"命令,然后在打开的对话框中选择需要应用的演示文稿文件,单击"新建"按钮即可。

PowerPoint 2010 版的文稿扩展名为.PPTX,如果想兼容早期的版本,可以选择"文件"选项卡下的"另存为"命令,在"保存文档副本"下拉菜单中选择"PowerPoint 97-2003 演示文稿",此时文稿的扩展名是.PPT。PowerPoint 2010 可以自行设计自动保存的时间,以尽可能减少文稿丢失造成的损失。选择"文件"选项卡下的"PowerPoint 选项"命令,弹出"PowerPoint 选项"对话框,如图 5-62 所示。在对话框中选择左侧的"保存"选项,打开"保存"选项内容,选中"保存自动恢复信息时间间隔"复选框,设置对演示文稿进行自动保存和恢复的时间间隔,如设定 10 分钟,单击"确定"按钮。

2. 设置主题

主题是一套统一的设计元素和配色方案,是为演示文稿提供的一套完整的格式集合,是主题颜色、主题字体和主题效果 3 者的组合。主题作为一套独立的选择方案应用于文件中,可以简化专业设计师水准的演示文稿的创建过程。不仅可以在 PowerPoint 中使用主题颜色、字体和效果,而且还可以在 Excel、Word 和 Outlook 中使用它们,使设计的演示文稿具备统一的风格。在 PowerPoint 2010 中内置了大量主题,用户在创建演示文稿过程中,可以直接使用这些主题创建演示文稿,如图 5-63 所示。可以从 Microsoft Office.com 下载其他主题。如果要自定义演示文稿,可以更改主题。

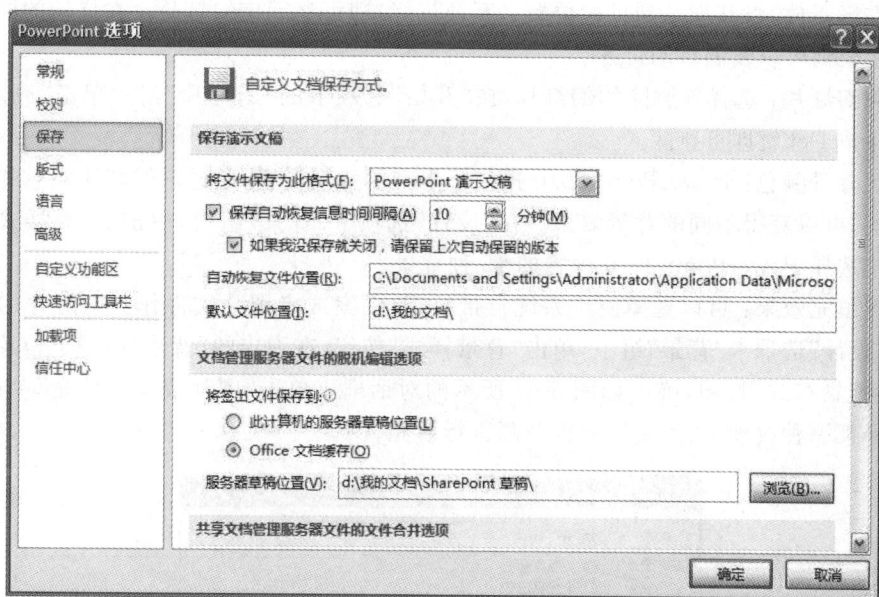

图 5-62　"PowerPoint 选项"对话框

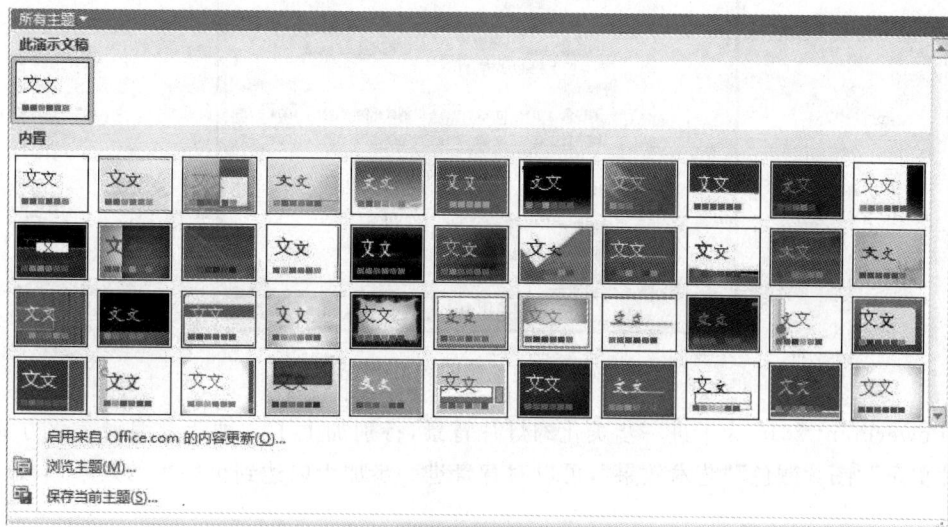

图 5-63　内置主题

在"设计"选项卡中的"主题"选项区中单击下拉按钮,弹出下拉列表,在该列表中选择要使用的主题,即可更改当前幻灯片的主题。

3. 幻灯片基本操作

演示文稿是由许多张零散的幻灯片构成的,制作好演示文稿后,可以根据需要对其布局进行整体的管理,如插入新的幻灯片、移动和复制幻灯片或者删除幻灯片等。

插入新幻灯片：在"开始"选项卡的"幻灯片"组中单击"新建幻灯片"按钮，在弹出的下拉列表中选择一种版式的幻灯片，即可在当前幻灯片下面插入一张新的幻灯片。

移动和复制幻灯片：在普通视图的"幻灯片"任务窗格中，选择要移动的幻灯片图标，按住鼠标左键不放，将其拖动到目标位置后释放鼠标，即可移动该幻灯片。在拖动的同时按住Ctrl键不放则可以复制该幻灯片。

删除幻灯片：选择要删除的幻灯片，在"开始"选项卡的"幻灯片"组中单击"删除"按钮或者直接按Del键即可删除。

设置背景颜色：PowerPoint 2010 提供了丰富的背景设置，通过对幻灯片颜色和填充效果的更改，可以获得不同的背景效果。在"设计"选项卡"背景"组中，单击"背景样式"按钮，可以直接选择 PowerPoint 2010 内置的 12 种背景。

设置填充效果：可以选择使用系统自带纹理、图案或者图片文件作为幻灯片的填充效果。在"设计"选项卡"背景"组中，单击"背景样式"按钮，在弹出的"背景样式"下拉菜单中选择"设置背景格式"选项，弹出如图 5-64 所示的对话框。单击"图片或纹理填充"单选按钮，即可选择某一种纹理、图片文件或剪贴画进行填充。

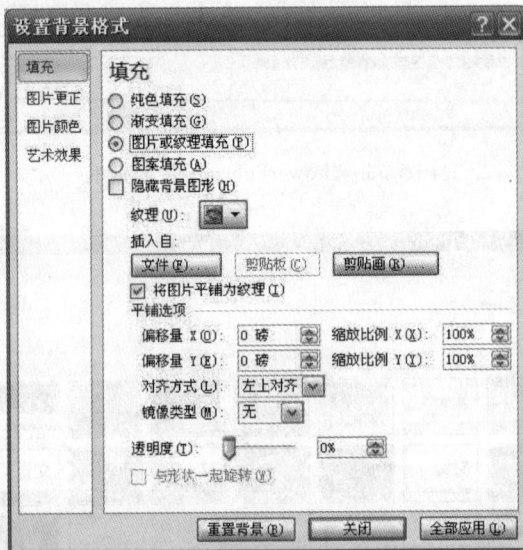

图 5-64 "设置背景格式"对话框

PowerPoint 2010 为了进一步美化幻灯片背景，特别加上了 3 种背景编辑美化方式，即"图片更正""图片颜色""艺术效果"，可以对背景进一步加工以达到更精美的效果。

5.3.2 母版设置

当需要对已有模板或主题进行调整或设计新的模板时，就会使用到"幻灯片母版"命令。幻灯片母版是幻灯片层次结构中的顶层幻灯片，用于存储有关演示文稿的主题和幻灯片版式信息，包括背景、颜色、字体、效果、占位符大小和位置等。

每个演示文稿至少包含一个幻灯片母版。修改和使用幻灯片母版的主要优点是可以对演示文稿中的每张幻灯片（包括以后添加到演示文稿中的幻灯片）进行统一的样式更改。由于无须在多张幻灯片上重复输入相同的信息，因此节省了时间。单击"视图"选项卡"母版视图"组中的"幻灯片母版"按钮即可设计和修改如图 5-65 所示的幻灯片母版。

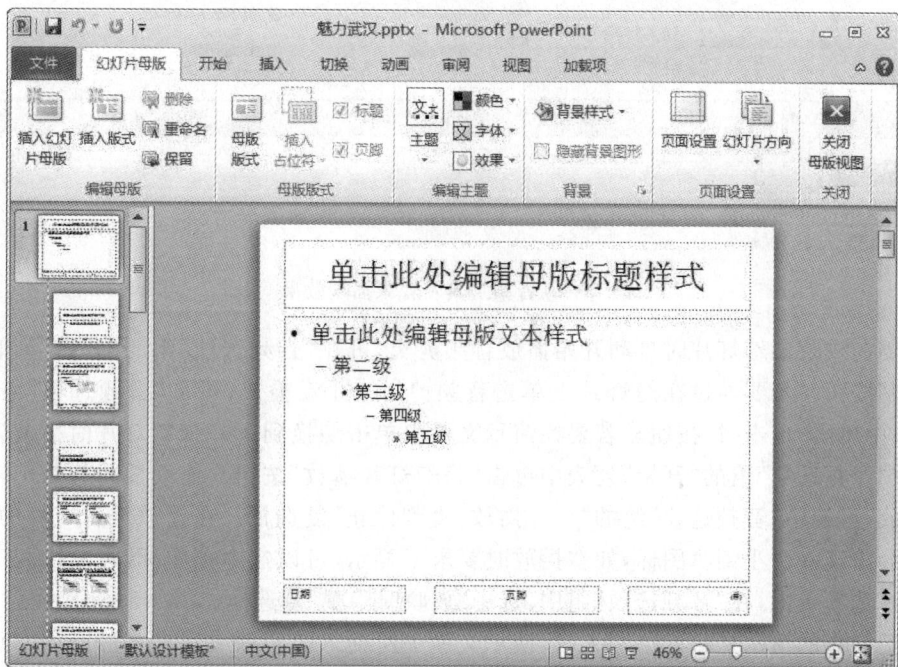

图 5-65　幻灯片母版

每个幻灯片版式的设置方式可以不同，但与给定幻灯片母版相关联的所有版式将包含相同主题效果。在开始构建各张幻灯片之前最好先创建幻灯片母版，而不是在构建了幻灯片之后再创建母版。如果先创建了幻灯片母版，则添加到演示文稿中的所有幻灯片都会基于该幻灯片母版和相关联的版式。因此，开始更改时，请务必在幻灯片母版上进行。

如果在构建了各张幻灯片之后再创建幻灯片母版，则幻灯片上的某些项目可能不符合幻灯片母版的设计风格。可以使用背景和文本格式设置功能在各张幻灯片上覆盖幻灯片母版自定义内容，但其他内容如页脚、徽标等则只能在幻灯片母版视图模式下修改。

在"幻灯片母版"选项卡上的"关闭"组中，单击"关闭母版视图"即可恢复到页面视图模式。

5.3.3　多媒体元素操作

1. 插入声音或视频

PowerPoint 2010 可以在幻灯片放映时播放音乐、声音和影片，产生声情并茂的效果。通过"插入"选项卡"媒体"组中的"视频"或"音频"功能，可以在演示文稿中插入影音文件。PowerPoint 2010 支持的声音文件格式为 WAV、MID、RMI、AIF、MP3 等，支持的影片格式为 AVI、CDA、MLV、MPG、MOV、DAT 等。双击插入的音频或视频文件，可调出音频工具或视频工具。

以插入音频为例，在"音频工具"中的"播放"选项卡上的"音频选项"组中，可以设置音频（视频）的播放起止时间，如图 5-66 所示。

195

第 5 章

计算机应用基础

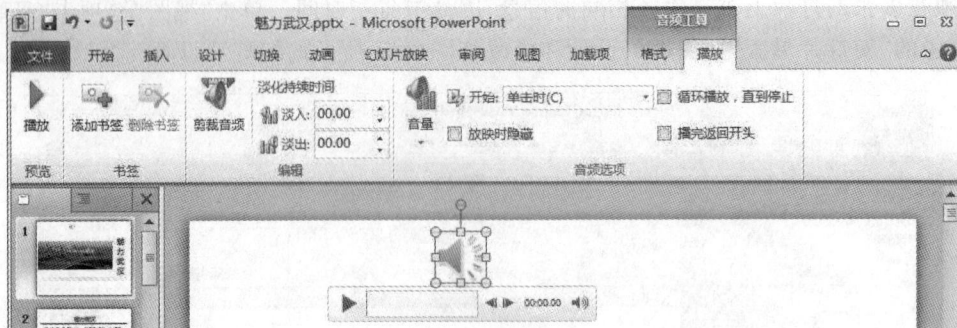

图 5-66　音频工具及音频插入效果

若要在放映该幻灯片时自动开始播放音频剪辑,可在"音频选项"组的"开始"列表中单击"自动"按钮。若要通过在幻灯片上单击音频剪辑来手动播放,可在"音频选项"组的"开始"列表中单击"单击时"按钮。若要在演示文稿中单击切换到下一张幻灯片时播放音频剪辑,可在"音频选项"组的"开始"列表中单击"跨幻灯片播放"按钮。连续播放音频剪辑直至停止播放,可选中"音频选项"组的"循环播放,直到停止"复选框。在播放声音文件的时候,屏幕中会出现一个小喇叭图标,如在播放时要求不显示,可以选中该图标,在"音频工具"中的"播放"选项卡上,在"音频选项"组中,选中"放映时隐藏"复选框。

当把制作的演示文稿发给别人时,演示文稿中所插入的音频或视频文件会因路径丢失而不能正常播放;在日常工作中,经常要带着 U 盘,将一个演示文稿通过 U 盘带到另一台电脑中,然后将这些演示文稿展示给别人。如果另一台电脑没有安装 PowerPoint 软件,那么将无法使用这个演示文稿。打包功能可以解决这个问题。

在"文件"选项卡中选择"保存并发送"命令,选择其中的"将演示文稿打包成 CD"命令,单击"打包成 CD"按钮,如图 5-67 所示,弹出"打包成 CD"对话框。

在"打包成 CD"对话框中单击"复制到文件夹"按钮,选择保存路径并命名文件夹后单击"确定"按钮,演示文稿与音频视频文件将被打包在一个文件夹内,传送文件夹给别人后可以照常播放,不会再丢失链接。这样,在 Windows 系统中没有安装 PowerPoint 软件也可以播放。

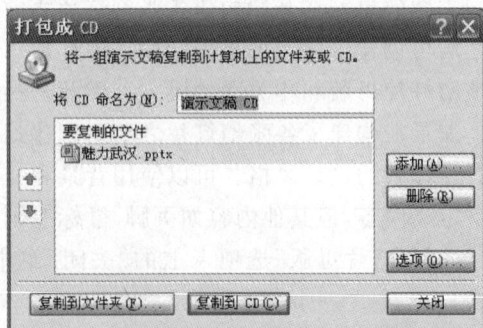

图 5-67　"打包成 CD"对话框

2. 插入 SWF 动画

PowerPoint 中也可以插入 SWF 格式的动画影片,但所采用的办法不是上述的"插入"选项卡"媒体"组中的"视频"或"音频"功能,而是须打开"文件"选项卡中"PowerPoint 选项"命令,弹出如图 5-68 所示的"PowerPoint 选项"对话框,在"自定义功能区"选项中选择"开发工具",此时在 PowerPoint 功能区中将出现"开发工具"选项卡。

打开"开发工具"选项卡,如图 5-69 所示,打开"控件"命令组"其他控件"命令,弹出如图 5-70 所示的对话框,在对话框中选择 Shockwave Flash Object 并通过鼠标在幻灯片中拖动来设定一个范围插入控件,并在控件属性设置框中设置 Movie 参数路径及名称,即可实现插入 SWF 动画效果。

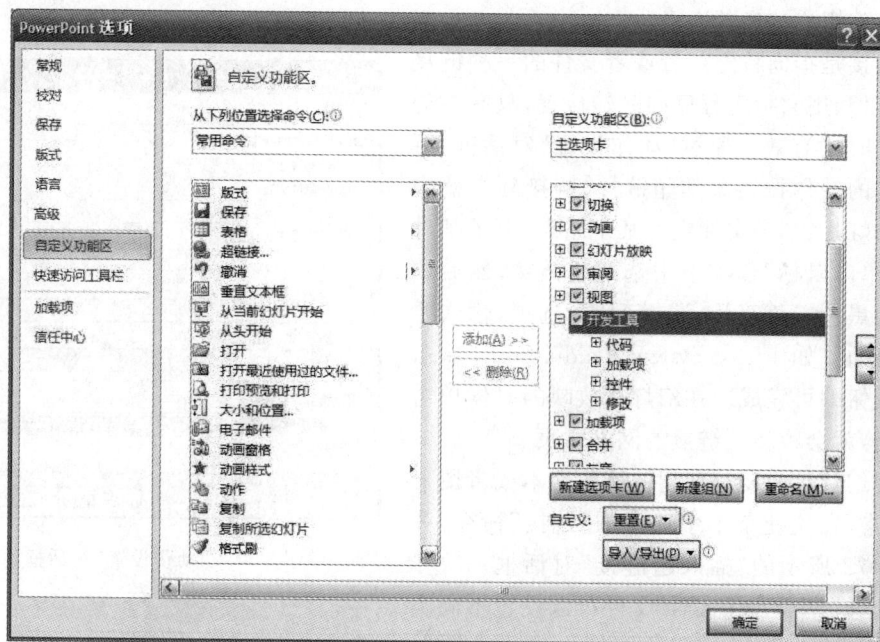

图 5-68　打开"开发工具"选项卡

图 5-69　"开发工具"选项卡

3. 创建按钮、设置超链接

在 PowerPoint 2010 中可以在演示文稿中创建超链接,实现与演示文稿中的某张幻灯片、另一份演示文稿、其他类型文档或是域名地址之间的跳转,也可以添加交互式动作,添加动作按钮实现"播放""上一张""下一张"等命令。

在"插入"选项卡的"插图"命令组中,单击"形状"按钮下方的三角形按钮,弹出"形状"下拉列表,移动滚动条到"动作按钮"列。PowerPoint 2010 提供了一组动作按钮,可以将动作按钮添加到演示文稿中,这些按钮都是 PowerPoint 2010 预定义好的。

选择一个动作按钮,在幻灯片编辑区拖动鼠标即

图 5-70　选择 Shockwave Flash
Object 控件

计算机应用基础

可绘制一个动作按钮,绘制完成弹出"动作设置"对话框,其中包括"单击鼠标"和"鼠标移过"两个选项卡设置,如图 5-71 所示。当选择"单击鼠标"时,也可以选择"播放声音",当单击鼠标时会播放用户选择的声音。

超链接是指向特定位置或者文件的一种链接方式,可以利用它指定程序的跳转位置,只有在幻灯片放映时才有效。通过"动作设置"对话框,可以为创建的动作按钮添加超链接,链接到文稿中的某张幻灯片、某个文件或者某个站点、电子邮件等。在"单击鼠标"选项卡中选择超链接,然后单击右边的黑色三角符号,选择 URL 选项,输入要链接的地址,如 http://www.baidu.com,单击"确定"按钮即可完成。在幻灯片放映的时候单击播放按钮,就会跳转到链接的网站主页。

选中幻灯片中要创建超链接的文本或者图形对象,右击,在快捷菜单中选择"超链接"命令,弹出如图 5-72 所示的"插入超链接"对话框。选择"链接到"选项中不同的链接文件可以设置不同类型的超链接。

图 5-71 "动作设置"对话框

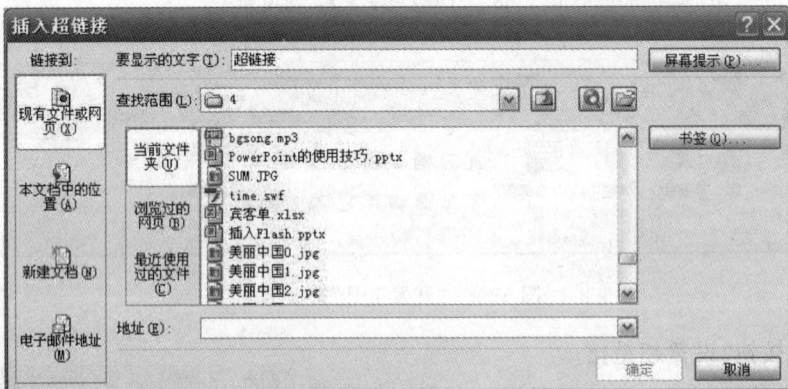

图 5-72 "插入超链接"对话框

5.3.4 动画效果

1. 设置幻灯片切换效果

在 PowerPoint 2010 幻灯片播放过程中,为了使幻灯片之间的切换变得平滑、自然,可以设置幻灯片切换效果。幻灯片切换效果是添加在幻灯片之间的一种过渡效果,是指一张幻灯片如何从屏幕上消失,以及另一张幻灯片如何显示在屏幕上的方式。可以为一组幻灯片设置同一种切换效果,也可以为每张幻灯片设置不同的切换方式。

如图 5-73 所示,在"切换"选项卡的"切换到此幻灯片"组中,单击右侧向下的"其他"按钮,即可展开 PowerPoint 2010 幻灯片切换方案列表,在列表中可以选择一种切换方案应用到当前幻灯片。若单击"全部应用"则应用到演示文稿的所有幻灯片中。

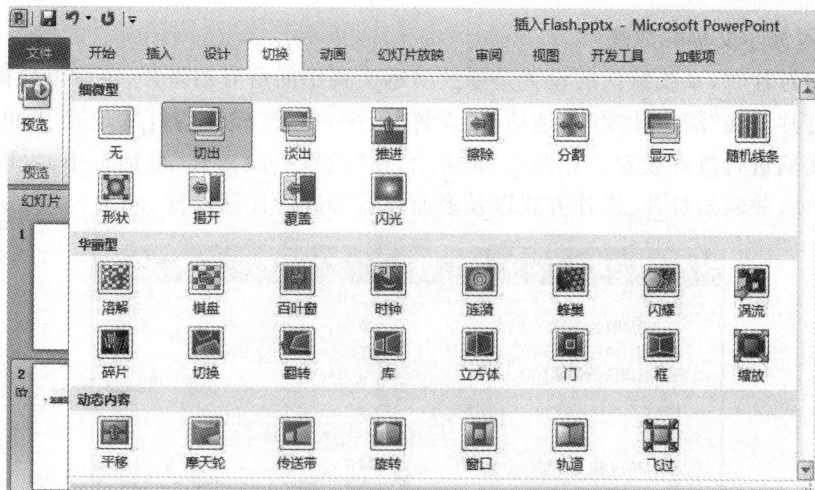

图 5-73　幻灯片切换

PowerPoint 2010 提供了 3 类切换方案：细微型、华丽型、动态内容。

2. 动画效果

在幻灯片上添加动画效果，可以动态显示文本、图形、图像和其他对象，以突出重点，提高演示文稿的趣味性。选择要设置动画效果的对象，然后选择"动画"选项卡"动画"组中右下角"其他"下拉按钮，即可展开动画样式列表，如图 5-74 所示。选择需要的动画样式应用到指定的对象，在动画效果库中选择想要的动画效果。

PowerPoint 2010 提供了 4 类动画方案：进入动画、强调动画、退出动画及动作路径。如果对当前动画方案不满意，可以在动画样式列表中选择"无"取消动画效果设置。

在"动画"选项卡的"计时"组中，在"开始"下拉菜单中选择动画激活方式，在"持续时间"中设置动画速度，在"延迟时间"中设置动画延迟的时间。

当简单的幻灯片动画不能满足演示需求时，可通过动画效果库中的"更多进入效果""更多强调效果""更多退出效果""其他动作路径"来设置所需的动画效果。在"动画"选项卡的"计时"组可设置时间和动画激活方式。

5.3.5　放映设置及打包

设计好的演示文稿可以直接在计算机上播放，浏览者不仅可以看到幻灯片上的文字、图像、影片等内容，还可以听到声音，看到各种动画效果以及幻灯片之间的切换效果。

图 5-74　添加动画

计算机应用基础

1. 设置演示文稿的放映

放映幻灯片时,系统默认的设置是播放演示文稿中的所有幻灯片,也可以只播放其中的一部分幻灯片。在"幻灯片放映"选项卡"设置"组中,单击"设置幻灯片放映"即可对准备放映的演示文稿进行放映设置。如图 5-75 所示,在"设置放映方式"对话框中,可以对放映类型、放映选项、放映幻灯片、换片方式以及多监视器等进行详细设置。

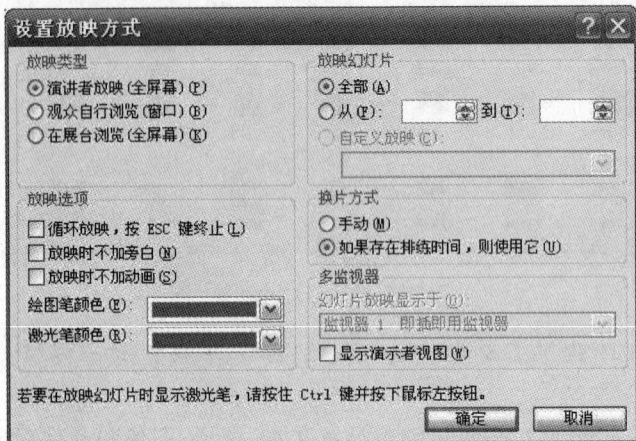

图 5-75　设置放映方式

放映幻灯片时,单击演示文稿窗口右下角的"幻灯片放映"按钮,从当前幻灯片开始放映。或者选择"幻灯片放映"选项卡中"开始放映幻灯片"组中的命令,选择"从头开始""从当前幻灯片开始""广播幻灯片""自定义放映"4 种放映方式。

开始放映后,通过 3 种方式可以结束幻灯片放映:一是通过设置幻灯片切换间隔时间,让幻灯片自动放映完毕后自动结束;二是在循环放映时按 Esc 键退出;三是在放映过程中右击,在弹出的快捷菜单中选择"结束放映"命令。

2. 控制幻灯片放映

放映幻灯片时,可以按照顺序或设置的链接,以手动或自动方式控制幻灯片的播放。

手动放映时,在放映的幻灯片上单击或按 PgDn 键放映下一张幻灯片,按 PgUp 键返回上一张幻灯片。在放映的幻灯片上右击,可以从快捷菜单中选择下一张、上一张或按标题定位。也可以在放映时单击幻灯片上设置过链接的对象,跳转到目标幻灯片。

在利用演示文稿进行演讲时,有时候需要一边播放演示文稿,一边看稿件(演讲内容与演示内容不一致时),显得很忙乱,通过设置自动方式可以使演示文稿自动演示。

在"幻灯片放映"选项卡"设置"组中提供了"排练计时"功能,在启用该功能后,幻灯片进入放映状态,当单击"播放"按钮时,PowerPoint 会记录每一张幻灯片切换的时间,并在今后使用该幻灯片进行放映时自动按照该时间设置播放幻灯片。单击"排练计时"按钮后,演示进入放映状态,在界面的左上角有显示记录时间的控件,如图 5-76 所示。

图 5-76　排练计时

在排练计时的基础上加上录制演示者声音的功能,可以供排练者事后观摩自己的讲演,以便进行改进。单击"幻灯片放映"选项卡"设置"组中的"录制幻灯片演示"按钮,弹出"录制幻灯片演示"对话框,选择"旁白和激光笔"复选框,单击"开始录制"按钮开始录制,如图 5-77 所示。

设置好排练计时和录制旁白后,还需设置放映方式,才能让演示文稿自动放映。单击"幻灯片放映"选项卡"设置"组中的"设置幻灯片放映"按钮,弹出"设置放映方式"对话框,在"换片方式"中选中"如果存在排练时间,则使用它"单选按钮,单击"确定"按钮,再放映时就会按照排练的时间及旁白进行自动演示。

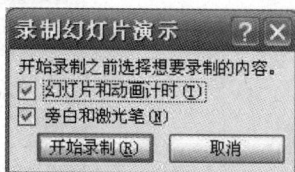

图 5-77　录制旁白

3. 打印演示文稿

对演示文稿进行打印的时候,可以选择不同的打印方式。在"文件"选项卡中选择"打印",如图 5-78 所示,可以设置打印的范围以及打印的份数。同时,还可以选择打印的类型,可供选择的有幻灯片、讲义、备注页和大纲。在选择打印讲义类型后,还可以选择每页打印几张幻灯片的内容。

图 5-78　打印设置

打印时幻灯片的打印预览将显示在屏幕的右侧。若要显示其他页面,可以单击打印预览屏幕底部的箭头进行翻页。

使用位于打印预览界面右下角的缩放滑块,增加或减小显示大小,可以更改打印预览缩放设置。

如果要设置幻灯片页面方向、大小,则需要在"设计"选项卡的"页面设置"组中设置页面方向,并打开"页面设置"对话框进行大小设置,如图 5-79 所示。

计算机应用基础

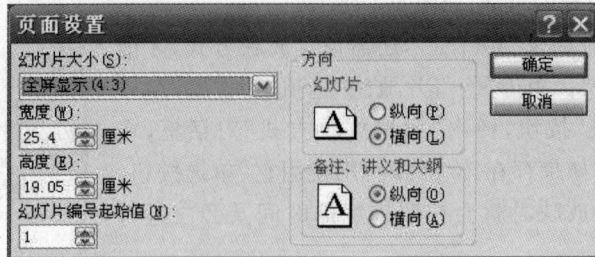

图 5-79 "页面设置"对话框

习 题

一、单选题

1. 下列不属于 Microsoft Office 软件包的软件是（　　）。

A. Excel　　　　　B. Word　　　　　C. Photoshop　　　　D. PowerPoint

2. 当插入点在 Word 文档中时，按 Del 键将删除（　　）。

A. 插入点所在的行　　　　　　　　　B. 插入点所在的段落

C. 插入点左边的一个字符　　　　　　D. 插入点右边的一个字符

3. 以下（　　）不是 Word 中的文档后缀。

A. DOCX　　　　　B. XLSX　　　　　C. DOCM　　　　　D. DOTM

4. 在编辑 Word 文档时，重复上一次的操作应按下（　　）键。

A. Ctrl+Z　　　　　B. Ctrl+T　　　　　C. F3　　　　　　D. F4

5. 在 Excel 单元格 E3 中有公式"=C3+D3"，将 E3 单元格的公式复制到 D4 单元格内，则 D4 单元格的公式是（　　）。

A. =B2+C2　　　　B. =B3+C3　　　　C. =B4+C4　　　　D. =B5+C5

6. Excel 工作表数据发生变化时，相关联的图表（　　）。

A. 断开连接　　　　B. 自动更新　　　　C. 保持不变　　　　D. 图表损坏

7. 若在 Excel 的同一单元格中输入的文本有两个段落，在第一段落输入完成后，应使用组合键（　　）在单元格内实现换行。

A. Ctrl+Enter　　　　　　　　　　　B. Tab+Enter

C. Alt+Enter　　　　　　　　　　　D. Shift+Enter

8. 在某个 Excel 工作表的 A9 单元格中输入（　　）并回车后，不能显示 A4+A5 的结果。

A. =SUM(A4,A5)　　　　　　　　　　B. =SUM(A4:A5)

C. =SUM(A4_A5)　　　　　　　　　　D. =A4+A5

9. 在 Excel 单元格中输入分数 1/2，正确的输入方法是（　　）。

A. 0 1/2　　　　　B. 1/2　　　　　C. '1/2　　　　　D. ％1/2

10. 在 PowerPoint 幻灯片演示过程中，要想终止演示，可按（　　）键。

A. Delete　　　　　B. Alt+F4　　　　C. Esc　　　　　D. 以上都可以

二、填空题

1. 在 Word 中,若发生误操作,可以按_____组合键进行恢复。

2. Word 2010 版本创建的文件,另存为兼容 Word 97-2003 版本,其文件扩展名为_____。

3. 在 Word 文档中,若只打印文档的第 5 页到第 9 页,应在"打印"对话框中的"页码范围"中输入_____。

4. 在 Excel 中,统计 A3 到 C3 单元格中所有数据的平均值,可以使用函数表达式_____。

5. 在 Excel 中,在单元格插入公式要以_____开始。

6. 在 Excel 中,工作表分类汇总前必须先按照分类字段对工作表进行_____。

7. 若要求只显示满足特定条件范围的数据,可以使用 Excel 的_____功能。

8. 在 PowerPoint 中,_____为演示文稿提供完整的格式集合,包括颜色、字体、效果等。

9. 在 PowerPoint 中,修改和使用_____可以对演示文稿中每张幻灯片进行统一的样式更改。

三、简答题

1. 你所学过的微软的 Office 办公软件主要包含哪几个? 各有什么用途?

2. 在 Word 文档中,使用"查找/替换"功能将文档中的文本"链接"替换成红色、黑体,请写出具体操作步骤。

3. 在 Excel 中,单元格的引用方式分为哪两种? 分别有何特点? ＄C＄2 属于哪一种引用?

简述幻灯片母版的用途。

4. 下图为某 Excel 成绩表。上机和期末成绩为百分制,分别占总评成绩的 40％和 60％,请写出以下问题的具体方法及函数引用。

(1) 如何输入使得学号首位为 0?

(2) 如何使用公式和填充柄在 E2 到 E6 单元格内求出"总评"成绩?

(3) 如何利用函数和填充柄在 C7 到 E7 单元格内求出"各部分平均值"?

(4) 如何使用函数在 C8 单元格中求出总评成绩及格人数?

	A	B	C	D	E
1	学号	姓名	上机40%	期末60%	总评
2	0415001	张正	75	70	72
3	0415003	许晶晶	80	85	83
4	0415005	李强	95	95	95
5	0415007	王希林	30	70	54
6	0415009	李四化	68	48	56
7	各部分平均值		69.6	73.6	72
8	及格人数		3		

第6章　计算机网络应用

随着计算机网络的飞速发展与网络应用的不断更新，网络所能够提供的资源和便利已使得网络技术与社会生活结合日益紧密，网络已成为重要的社会基础设施。本章从网络的基本概念入手，讲述网络的发展、分类、网络协议及常见的网络传输介质和网络设备。重点探讨基于互联网的 HTTP 应用、FTP 应用、E-mail 应用及其常用工具软件，介绍网络安全及防范措施，网络文明及网络道德，最后针对网络文献检索知识和技巧进行详细阐述。

6.1　网络基本概念

6.1.1　计算机网络定义

计算机网络是计算机技术和通信技术紧密结合的产物，它的诞生对人类社会的进步和发展产生了深远的影响。如今，计算机网络无处不在，从手机中的浏览器到具有无线接入服务的机场，从具有宽带接入的家庭网络到每张办公桌都有联网功能的传统办公场所，再到联网的汽车、联网的传感器、互联网等，可以说计算机网络已成为人类日常生活与工作中所必不可少的一部分。那么到底什么才是计算机网络呢？

根据网络的发展现状，可以将其定义为：计算机网络是指将地理位置不同、具有独立功能的多台计算机及其外部设备通过一定的通信设备和线路连接起来，借助功能完善的网络软件实现资源共享和信息传递的计算机系统。

早期的计算机网络采用主机之间直接互联，是以数据交换为主要目的。现代计算机网络可以认为是由互联的数据处理设备和数据通信控制设备组成的。从逻辑功能上看，整个计算机网络可以分为资源子网和通信子网两大部分，如图 6-1 所示，这两部分连接是通过通信线路实现的，以资源共享为主要目的。

计算机网络包括硬件和软件两大部分。网络硬件提供的是数据处理、数据传输和建立通信通道的物理基础，而网络软件是真正控制数据通信的，二者缺一不可。计算机网络的组成又主要包括下述 4 个部分：

(1) 计算机设备。是网络设备中最基本的组成元素。

(2) 通信设备和通信线路。通信设备是指网络连接设备和网络互联设备，包括网卡、交换机、路由器和调制解调器等，如图 6-2 所示。通信线路是指传输介质及其介质连接部件。传输介质分为有线介质和无线介质两大类，有线介质包括双绞线、同轴电缆和光纤等，如

图 6-3 所示；无线介质包括无线电波、红外线等，如图 6-4 所示。

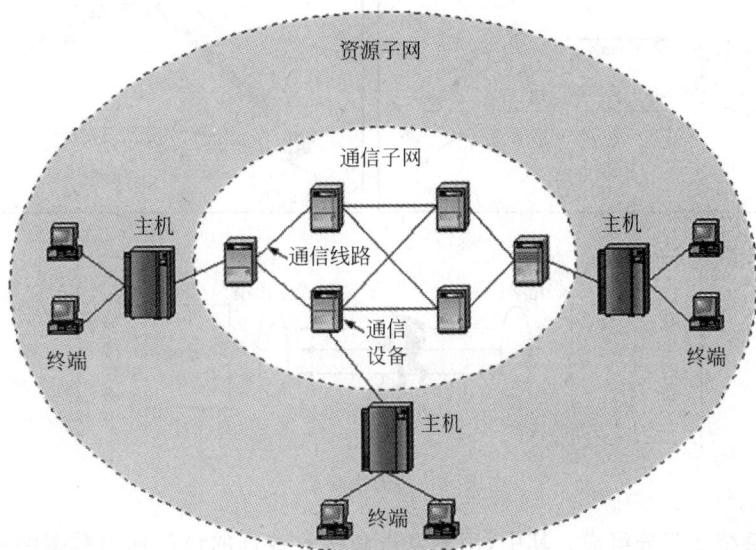

图 6-1　计算机网络组成

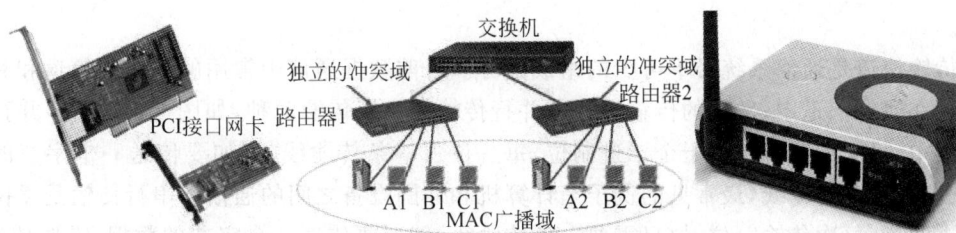

图 6-2　通信设备

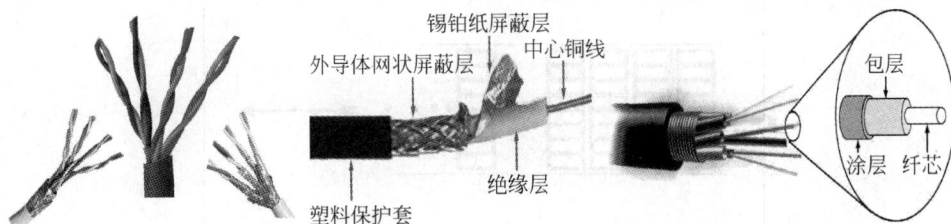

图 6-3　有线介质

（3）网络协议。是互联的计算机系统之间实现通信必须遵循的一个约定和具有特定语义的一组通信规则。

（4）网络软件。是在计算机网络环境中用于支持数据通信和各种网络活动的软件。根据网络软件的功能，可以将其分为网络系统软件和网络应用软件两大类。

数据通信是计算机网络的基础，没有数据通信技术的发展，就没有计算机网络的今天。数据通信系统是通过数据电路将分布在远地的数据终端设备与计算机系统连接起来，实现数据传输、交换、存储和处理的系统。比较典型的数据通信系统主要由数据终端设备、数据

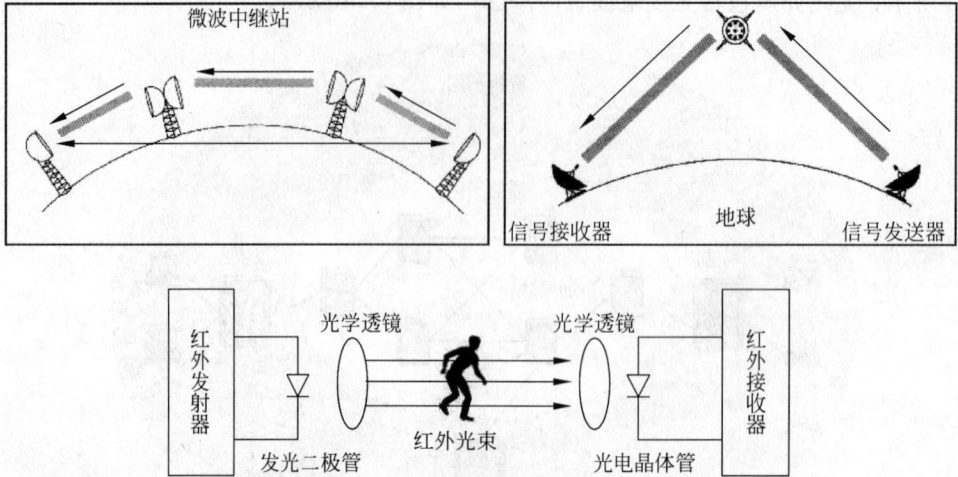

图 6-4　无线介质

电路、计算机系统 3 部分组成。其中,用于发送和接收数据的设备称为数据终端设备,用来连接数据终端设备与数据通信网络的设备称为数据通信设备。数据终端设备发出的数据信号不适合信道传输,所以数据通信设备的功能就是完成数据信号中模拟信号与数字信号的变换。

　　传输信道是通信系统必不可少的组成部分。目前数据通信中常用的有无线信道和有线信道。在通信信道中,数据的传输方式有并行传输和串行传输两种,如图 6-5 所示。并行传输方式中,每次同时传送若干个二进制位,每一位占一条传输线,例如要传送一个字节的数据,就需要 8 条传输线,最常见的例子是计算机和外围设备之间的通信。串行传输是逐位传送二进制位,每次传输一位,故只需要一条传输线,例如要传送一个字节的数据,需要传送 8次。在远距离传输中,为了降低成本,通常采用串行传输方式。

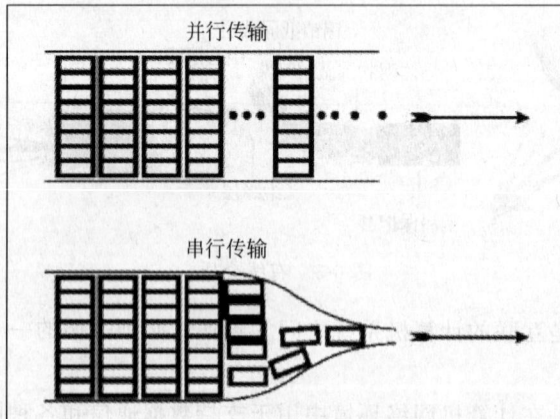

图 6-5　并行传输与串行传输

6.1.2　网络分类

　　从不同的角度出发,计算机网络的分类也不同,常见的分类方法有以下几种:

（1）按网络覆盖地理范围分类，计算机网络可以分为3种基本类型。

① 局域网（Local Area Network，LAN）。能在有限的地理区域内提供连接，如学校的计算机实验室、办公室网络等，通常覆盖范围为一栋大楼或相邻几栋大楼，由单位或部门专有。

② 城域网（Metropolitan Area Network，MAN）。覆盖范围在几公里到几十公里的高速公共网络，用于将同一个区域内的多个局域网互联起来的中等范围计算机网络，包括地区网和行业网络等。

③ 广域网（Wide Area Network，WAN）。覆盖范围通常是几十到几千公里，可以跨越海洋，可能是一个国家或地区甚至全球。广域网有国家网和洲际网络之分。

Internet是全球最大的互联网，是网络的网络，不属于以上分类。

（2）按网络的拓扑结构分类，计算机网络可分为总线型网络、环形网络、星形网络、树状网络和网状网络等，如图6-6所示。网络的拓扑结构是指网络系统中的节点和通信线路构成的几何形状。

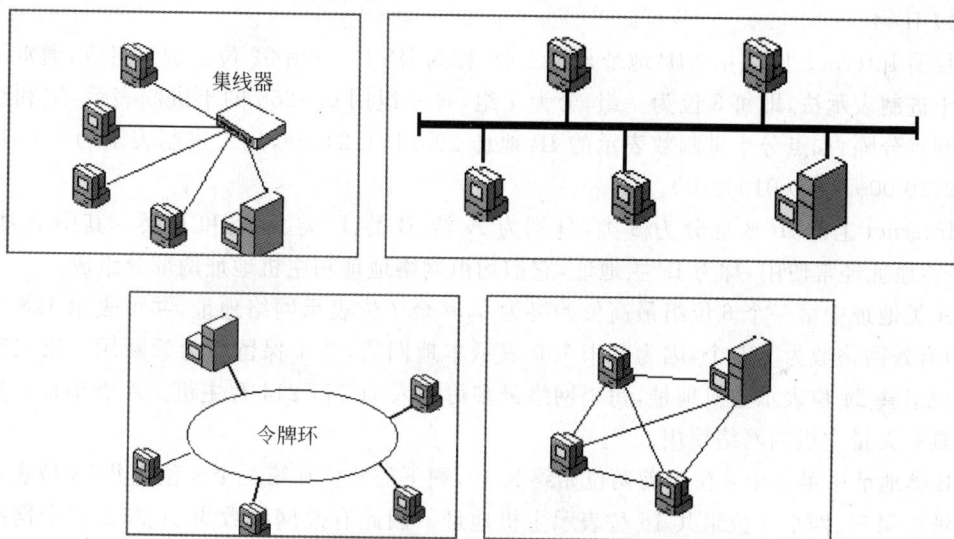

图 6-6　网络拓扑结构

（3）按照网络的逻辑功能可以分为资源子网和通信子网。

资源子网是指网络用户的接入部分，主要提供共享的资源；通信子网一般由电信部门组建管理，主要提供传输用户数据的线路和设备。

（4）按照网络的使用角色可以分为公用网和专用网。公用网是指国家的电信公司出资建造的大型网络，如163网；专用网是指以某个单位为本单位的工作需要而建立的网络，一般不为外单位提供服务，如校园网、企业网等。

6.1.3　网络协议及域名系统

1. TCP/IP协议

网络协议是通信双方必须遵守的一组约定。TCP/IP就是这样一组约定，它实际上是一个协议集，包括TCP、IP、UDP、ICMP、ARP、HTTP、FTP、SMTP和Telnet等多个协议，详情如下所述,其中最有名的协议就是 TCP(传输控制协议)和 IP(网际协议),故整个协议集称为 TCP/IP。Internet 就是基于 TCP/IP 协议构建的。

(1) HTTP:超文本传输协议,负责 Web 服务器与 Web 浏览器之间的通信。

(2) SMTP:简易邮件传输协议,用于电子邮件的传输。

(3) POP:邮局协议,用于从电子邮局服务器向个人电脑下载电子邮件。

(4) FTP:文件传输协议,负责计算机之间的文件传输。

(5) DHCP:动态主机配置协议,用于向网络中的计算机分配动态 IP 地址。

2. IP 地址

就像每一部电话都有唯一的电话号码一样,互联网上的每一台计算机都有唯一的一个 IP 地址。IP 协议使用 IP 地址在计算机之间进行传递信息,这是 Internet 运行的基础。而网关,顾名思义,就是一个网络连接到另一个网络的"关口",实质上是一个网络通向其他网络的接口 IP 地址。网关的 IP 地址是具有路由功能的设备的 IP 地址,并且该设备连接至少两个以上的网络。能担当网关工作的网络设备可以是路由器、交换机等。

1) IPv4

目前 Internet 上使用的 IP 地址是第 4 版,称为 IPv4。它由 32 位二进制组成,通常采用点分十进制表示法,即每 8 位为一组,分为 4 组,每一组用 0~255 的十进制表示,组和组之间用圆点分隔,如点分十进制数表示的 IP 地址 202.114.24.68,用二进制表示为 11001010 01110010 00011000 01000100。

Internet 上的 IP 地址分为 5 类,分别为 A 类、B 类、C 类、D 类和 E 类。其中 A 类、B 类、C 类地址经常使用,称为 IP 主地址,它们均由网络地址和主机地址两部分组成。

A 类地址中第一个 8 位组最高位始终为 0,其余 7 位表示网络地址,共可表示 128 个网络,但有效网络数为 126 个,因为其中全 0 表示本地网络,全 1 保留作为诊断用。第二至四个 8 位组共 24 位表示主机地址,每个网络最多可连入 16 777 214 台主机。A 类地址一般分配给具有大量主机的网络使用。

B 类地址中第一个 8 位组前两位始终为 10,剩下的 6 位和第二个 8 位组共 14 位表示网络地址。第三、四个 8 位组共 16 位表示主机地址。因此有效网络数为 16 382,每个网络有效主机数为 65 534,这类地址常分配给中等规模主机数的网络。

C 类地址中第一个 8 位组前 3 位始终为 110,剩下的 5 位和第二、三个 8 位组共 21 位表示网络地址。第四个 8 位组共 8 位表示主机地址。因此有效网络数为 2 097 150,每个网络有效主机数为 254。C 类一般分配给小型的局域网使用。

2) IPv6

IPv6 是下一个版本的互联网协议,它的提出背景是:随着互联网的迅速发展,IPv4 定义的有限地址空间将被耗尽,地址空间的不足必将影响互联网的进一步发展。IPv4 采用 32 位地址长度,而 IPv6 采用 128 位地址长度,几乎可以提供数量不受限制的地址。

3. 子网掩码

子网掩码与 IP 地址密切相关。子网掩码也是一个 32 位二进制串,它用来区分网络地址和主机地址。如果一个 IP 地址的前 N 位为网络地址,则其对应的子网掩码前 N 位为 1,后 32-N 位为 0,对应 IP 地址中的主机地址部分。

例如,如果用户 IP 地址为 202.114.24.68,其子网掩码为 255.255.255.0,那么表示 IP

地址中的 202.114.24 为网络地址,而 68 为网络上主机地址。

4. 域名系统

IP 地址虽然可以唯一标识主机的地址,但不方便记忆,也不能反映主机的用途,因此互联网还提供了易于记忆的域名系统(Domain Name System,DNS),为主机分配一个由多个部分组成的域名。它采用层次结构,每一层构成一个域,用圆点隔开。它的层次从左到右逐级升高,其一般格式如下:

计算机.组织机构名.二级域名.顶级域名

顶级域也称第一级域,通常分为两类:通用域和地理域。通用域用于表示主机提供服务的性质,如 com(商业机构)、edu(教育机构)、gov(政府机构)、net(网络服务机构)、mil(军事机构)、org(非营利机构)、aero(航空业)。地理域用于区别主机所在的国家和地区,如 cn(中国)、jp(日本)、de(德国)、kr(韩国)、hk(中国香港)。

在每个顶级域名下可以建立二级域名。我国将二级域名划分为"类别域名"和"行政区域名"。其中"类别域名"共 6 个,分别为 ac、com、edu、gov、net、org。"行政区域名"共 34 个,适用于我国的各省、自治区、直辖市和特别行政区,如 bj 为北京、sh 为上海、hb 为湖北等。

二级域名下可以进一步设置三级域名,通常为具体组织机构名称。例如 edu.cn 的下级域名通常为学校域名,如 tsinghua(清华大学)、pku(北京大学)、whu(武汉大学)、hifa(湖北美术学院)等。每个机构为各主机分配主机域名,如湖北美术学院 WWW 服务器的主机名为 www,则其域名全称为 www.hifa.edu.cn。

Internet 通过域名系统将域名地址解析成 IP 地址,用户只需记住域名地址就可以了。

6.1.4 局域网及其典型应用

局域网是一种将小区域内的通信设备互联在一起的通信网络,其建网成本低,传输速率高,传输质量好。正是局域网的出现,使得计算机网络被大多数人所认识。迄今出现过的主要局域网技术有很多,现在应用于局域网的技术就是两种:以太网和无线局域网。无线局域网是有线局域网的扩展和补充。

1. 局域网软件设置

在局域网中,需要进行相应的软件设置才能实现各机器应用程序之间的通信和资源共享。要想与其他 Windows 主机进行资源互访,通常需要机器上安装有"Microsoft 网络客户端""Microsoft 网络的文件和打印机共享""Internet 协议(TCP/IP)"等组件。"Microsoft 网络客户端"允许本机访问 Microsoft 网络上的其他资源;"Microsoft 网络的文件和打印机共享"可以让其他计算机通过 Microsoft 网络访问本机上的资源;"Internet 协议(TCP/IP)"则是默认的网络协议,用于提供跨越多种互联网络的通信。

通过控制面板或单击任务栏右下角"Internet 访问"图标,在弹出窗口中选择"打开网络和共享中心"命令,打开"网络和共享中心"窗口,如图 6-7 所示。

单击左侧"更改适配器设置"选项,在"本地连接"上右击,在弹出的快捷菜单中选择"属性"命令,弹出如图 6-8 所示的"本地连接 属性"对话框,在"网络"选项卡的项目列表中可以安装和卸载网络组件。

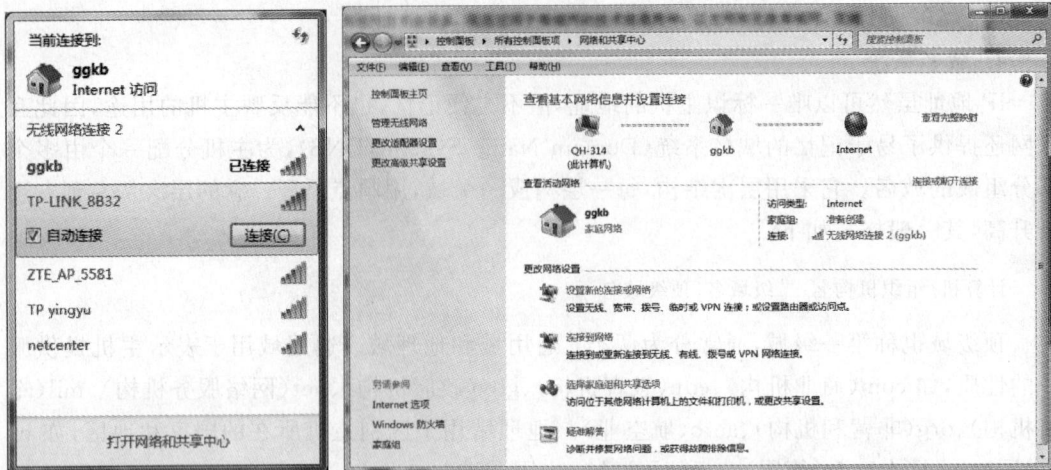

图 6-7　网络和共享中心

通过 TCP/IP 协议进行主机之间的通信,还需要为每台主机配置合适的 IP 地址。IP 地址必须唯一,且不能重复,同一个局域网里配置的 IP 地址其网络地址部分是相同的。

在"本地连接 属性"对话框中,选中"Internet 协议版本 4(TCP/IPv4)",单击"属性"按钮,打开如图 6-9 所示的对话框,在此对话框中设置 IP 地址和子网掩码。

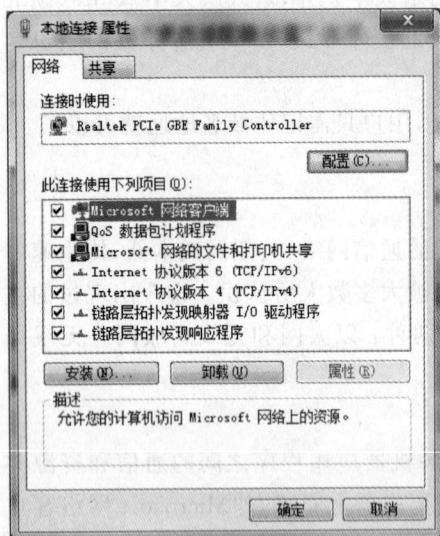

图 6-8　"本地连接 属性"对话框

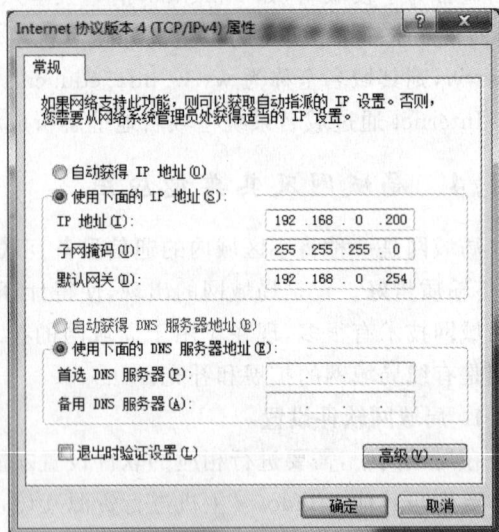

图 6-9　"Internet 协议版本 4(TCP/IPv4)属性"对话框

如果局域网内有 DHCP(动态主机配置协议)服务器,可以为其他机器提供动态分配 IP 地址的服务,则其他机器就可以选择"自动获得 IP 地址""自动获得 DNS 服务器地址"即可,这样就可以省去每台机器手工配置静态 IP 地址和 DNS 服务器地址的麻烦。

一旦局域网中的主机可以正常通信,就可以设置网络共享来实现整个局域网内部的资源共享。在局域网中可以实现软件资源、硬件资源的共享,常见的功能是共享文件和打印机。

2. 共享文件夹

要让网络中的计算机彼此共享资源,首先需要网络上的计算机将资源共享出来。以

Windows 7系统环境为例,两台计算机共享一个文件夹,需要满足以下基本条件:

(1)所有客户机设置在同一网段内,如都在192.168.1.＊网段内(假设路由器IP是192.168.1.1)。

(2)所有客户机设置在同一工作组内,如都在WORKGROUP工作组内。该选项可以通过"计算机"属性查看和修改。

(3)Windows 7系统取消默认的密码共享保护。方法如下:打开网络和共享中心,单击更改高级共享设置;右面鼠标拉到最下面,关闭密码保护共享。

(4)在其中一台计算机中选择要共享的文件,右击,在快捷菜单中选择"共享"→"特定用户"命令。

(5)选择输入Everyone,单击"添加"按钮,并设置其后的权限级别;选择Everyone,单击"共享"按钮。

(6)在另一台计算机中打开桌面上的网络,双击对方计算机名进行连接,双击共享的文件夹即可访问文件夹里的内容。在资源管理器地址栏中输入"\\主机名\共享名",也可获得相同的效果。如果提供共享资源的用户没有开放Guest账户,则在连接时需要输入用户名和密码。

一旦进入共享文件夹,就可以像使用本地资源一样,对共享资源进行打开、复制、修改和删除等操作,前提是对方对上述操作提供了"允许"权限。

3. 共享打印机

在局域网内通过共享打印机,可以使得多个用户共同使用打印机资源。共享打印机的过程与共享文件夹类似。在安装有本地打印机的计算机上,选择"开始"→"设备和打印机",找到要共享的打印机图标,右击该图标,在弹出的快捷菜单中选择"打印机属性"命令,弹出如图6-10所示的对话框。选择"共享"选项卡,勾选"共享这台打印机"并在"共享名"栏中输入相应的共享名称,即可将该打印机共享给网络中的其他用户使用。

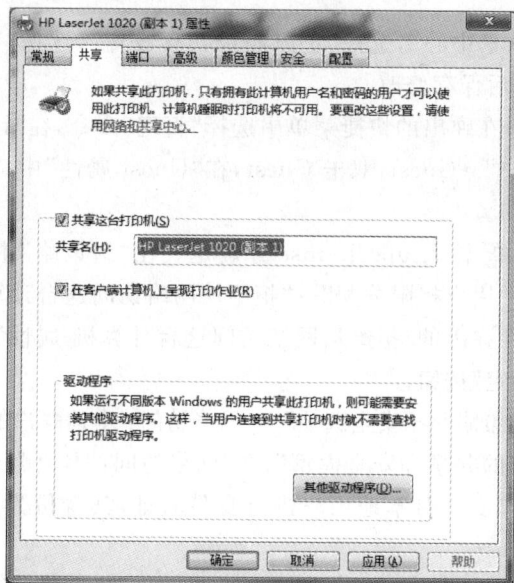

图6-10 共享本地打印机

计算机网络应用

要使用网络中共享的打印机,需要先安装远程打印机。在"设备和打印机"对话框中选择"添加打印机"菜单命令,弹出如图 6-11 所示"添加打印机"对话框,选择"添加网络、无线或 Bluetooth 打印机"选项,单击"下一步"按钮,则系统会自动在局域网内搜索共享的打印机供用户选择。

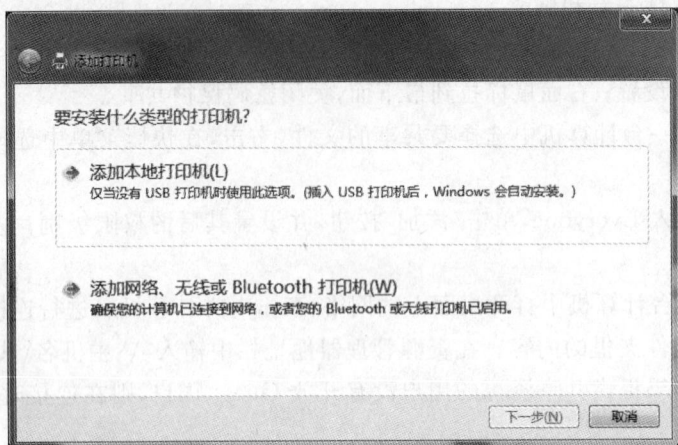

图 6-11 "添加打印机"对话框

选好要使用的共享打印机后,只需再选择是否将其设置为默认打印机,即可完成网络打印机的安装。安装好网络打印机后,就可以像使用本地打印机一样使用该共享打印机。在需要实施打印的应用程序中,也可以将共享打印机设置为当前打印机就可以了。

要取消已共享的网络资源,可以直接右击共享资源,按照设置共享时的相同方法打开共享设置对话框,选择"不共享该文件夹"或"不共享这台打印机"即可。

若局域网中系统无法共享打印机或无法访问需共享的打印机时,可以参照以下思路解决共享问题。

(1)打开"网络和共享中心",选择"更改高级共享设置",选择"启用网络发现"和"启用文件和打印机共享",然后保存修改。

(2)右击"计算机",在弹出的快捷菜单中选择"管理"命令,在"计算机管理"中依次选择"本地用户和组"→"用户"→Guest,双击 Guest,在"Guest 属性"中,将"账户已禁用"取消勾选,然后单击"确定"按钮。

(3)打开"开始"菜单,输入 gpedit.msc 并确定。在"组策略"中打开"本地安装策略",依次选择"本地策略"→"用户权限分配"→"拒绝从网络访问这台计算机",并双击"拒绝从网络访问这台计算机"。在弹出的"拒绝从网络访问这台计算机 属性"对话框中,选中 Guest,将其删除,然后单击"确定"按钮。

(4)依次选择"本地策略"→"安全选项"→"网络访问:本地账户的共享和安全模型",并双击"网络访问:本地账户的共享和安全模型",在"网络访问:本地账户的共享和安全模型 属性"对话框中,选择"仅来宾—对本地用户进行身份验证,其身份为来宾",单击"确定"按钮退出。

(5)找到需要在局域网中共享的文件或文件夹,在右键菜单中依次选择"共享"→"特定用户"命令。在下拉列表中选择 Guest,然后单击"共享"。到此为止,Windows 7 局域网共享设置就完成了。

6.2 网络应用服务

互联网已经渗透到社会生活的方方面面,给我们的学习、生活和工作带来了极大的便利,其所提供的大多数服务都遵循客户机/服务器模式。服务器是提供服务的一方,必须运行服务器程序;客户机是访问服务的一方,需要运行相应的客户端软件。作为服务器的计算机必须始终处于运行状态。以下为几种常用的互联网应用服务的介绍。

6.2.1 WWW 服务

1. HTTP 应用

HTTP(Hyper Text Transfer Protocol)称为超文本传输协议,是互联网提供的最独特、最富有吸引力的服务,也是使用最广泛、最方便的服务,采用超文本方式,可以提供交互方式图形界面信息服务的 WWW(World Wide Web),具有强大的信息链接功能。

WWW 不是传统意义上的物理网络,是基于 Internet 的、由软件和协议组成的、以超文本文件为基础的全球分布式信息网络。WWW 上的信息通过以超文本为基础的页面来组织。所谓超文本是相对文本而言的,是指包含了链接的文本,通过链接可以从一个信息主题跳转到另一个信息主题。网页需要使用超文本标记语言 HTML(Hyper Text Markup Language)。HTML 对文件显示的具体格式进行了规定和描述,正是这些超链接使得分布在全球不同主机上的超文本文件能够链接在一起。

WWW 是以 C/S(客户机/服务器)模式工作的,供用户浏览的超文本文件被放置在 Web 服务器上,用户通过 Web 客户端即 Web 浏览器发出页面请求,Web 服务器收到该请求后,经过一定处理返回相应的页面至用户浏览器,用户就可以在浏览器上看到自己的请求了。整个传输过程中双方按照超文本传输协议(HTTP)进行交互。

WWW 上的信息浩如烟海,如何定位到要浏览的资源所在的服务器是首先要解决的问题。统一资源定位器(Uniform Resource Locator,URL)就是文件在 WWW 上的地址,它用于标识互联网上的主机地址。URL 格式如下:

协议类型://主机域名或 IP 地址[:端口号]/路径/文件名

其中,协议类型可以是 http、ftp 或 telnet 等。例如,URL 为 http://www.hifa.edu.cn/zy.htm,其中 http 为协议类型,www.hifa.edu.cn 为湖北美术学院的域名,zy.html 为网站首页超文本文件名。

URL 通常显示在浏览器地址栏中,浏览器是 Web 客户端软件,常用的浏览器包括微软的 Internet Explorer、Mozilla 的 Firefox、Apple 的 Safari、Opera 欧朋、谷歌浏览器 Google Chrome、Green Browser 浏览器、360 安全浏览器、搜狗浏览器等。下面以 IE 为例,介绍浏览器的使用和技巧。

2. IE 浏览器

1) IE 浏览器界面

IE 浏览器的主窗口界面如图 6-12 所示,由标题栏、菜单栏、地址栏、收藏夹栏、命令栏、工具栏、状态栏等组成,其中菜单栏、收藏夹栏、命令栏、工具栏和状态栏可以通过"查看"菜单设置。

图 6-12　IE 浏览器窗口

标题栏用于显示当前网页的标题,最右侧分别为最小化按钮、还原按钮、关闭按钮。当窗口处于还原状态时,拖动窗口的标题栏,可以使窗口移动,将鼠标置于窗口四角,出现双箭头时,可以使窗口大小改变。

菜单栏包括"文件""编辑""查看""收藏夹""工具""帮助"等多个菜单项,当鼠标单击某一菜单项时,该菜单项的内容会弹出,可以完成对 IE 的几乎所有操作。

工具栏是一些常用菜单的快捷按钮,单击按钮可以完成相应的操作。

地址栏显示当前网页的 URL 地址,在地址栏输入新的 URL 地址即可访问相应的网站。由于浏览器会将刚浏览过的页面保存在本地机器的硬盘上,所以使用地址栏的"返回"和"前进"按钮查看浏览过的页面要比重新下载该页面快得多。

状态栏显示当前 IE 的工作状态,从状态栏中可以了解 Web 页面的下载状态及下载过程。

2)浏览网页

在桌面上双击 IE 图标或单击"开始"菜单下的 Internet Explorer,启动浏览器后,在地址栏输入想要访问站点的网页,如 http://www.hifa.edu.cn,然后按回车键或单击地址栏上的"转到"按钮,即可打开相应网页,如图 6-13 所示。每个网页上都会有一些添加了超链接的文本,当鼠标单击这些文本时,就会从当前网页跳转到其他链接网页进行访问。

IE 浏览器对于输入不完整的地址还有自动补齐功能,例如在 URL 地址栏中输入 163,按 Ctrl+Enter 组合键,那么浏览器自动将地址改为 http://www.163.com 并打开相应的网页。

3)设置浏览器主页

打开 IE 浏览器时,系统会自动进入默认主页,如果要改变这个主页,可以通过以下 2 种方法。

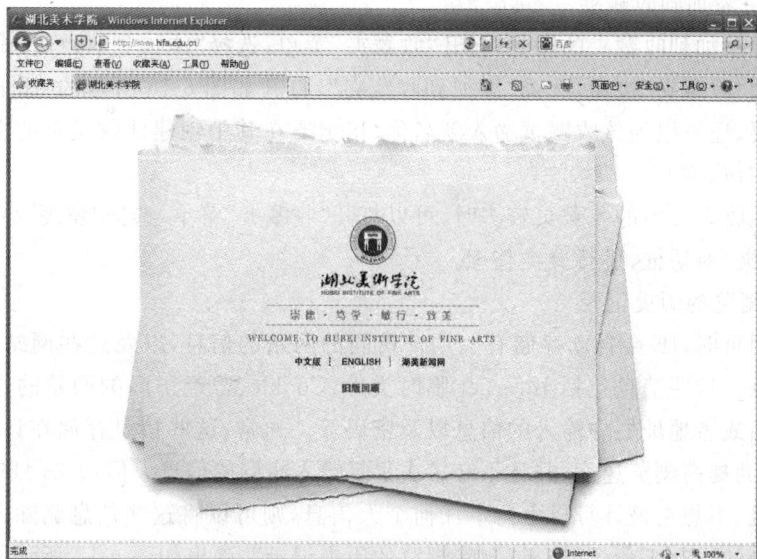

图 6-13　浏览网页

方法 1：打开要设置的主页界面，然后单击命令栏上"主页"按钮右侧的下拉箭头，选择"添加或更改主页"，弹出如图 6-14 所示的"添加或更改主页"对话框进行设置。

方法 2：在浏览器中打开"工具"菜单，选择"Internet 选项"，打开如图 6-15 所示的"Internet 选项"对话框，在"常规"选项卡的"主页"框中输入相应的地址即为主页地址。单击"使用当前页"按钮，设置当前打开的 Web 页为主页。单击"使用默认页"按钮，设置首次安装 IE 时使用的主页替换当前主页。单击"使用空白页"按钮，设置空的 HTML 页面为当前主页。最后单击"确定"按钮。

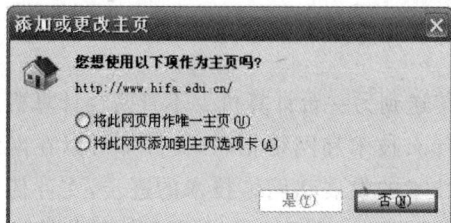

图 6-14　"添加或更改主页"对话框

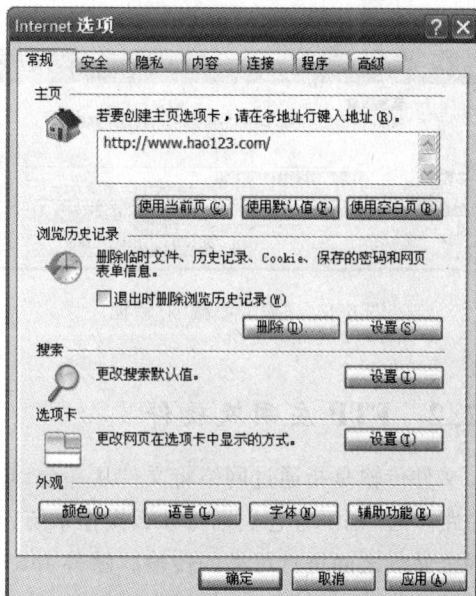

图 6-15　"Internet 选项"对话框

4）将网页添加到收藏夹

打开需要添加到收藏夹的网页，打开"收藏夹"菜单，选择"添加到收藏夹"命令，或者单击工具栏中的"收藏夹"按钮，选择"添加到收藏夹"，打开如图 6-16 所示的"添加收藏"对话框。如果需要，还可以为该收藏页输入新名称，指定要在其中创建此收藏页的文件夹，然后单击"添加"按钮。

当保存在收藏夹中的收藏页较多时，可以打开"收藏夹"菜单，选择"整理收藏夹"命令打开"整理收藏夹"对话框，进行分类整理。

5）删除浏览的历史记录

在浏览网页时，IE 会自动存储有关用户访问的网站的信息，以及这些网站经常要求用户提供的信息。这些信息包括 Internet 临时文件、Cookie、曾经访问的网站的历史记录、用户曾经在网站或者地址栏中输入的信息以及密码等。通常，这些信息存储在计算机上是有用的，可以帮助提高浏览速度，并且不必多次重复输入相同的信息。但如果用户在网吧或使用公用计算机，不想在该计算机上留下任何个人信息，则可以将这些信息删除。方法如下：打开菜单栏中的"安全"命令，选择"删除浏览的历史记录"，弹出如图 6-17 所示的对话框，选择要删除的信息，单击"删除"按钮即可。删除浏览历史记录并不会删除收藏夹列表中的内容。

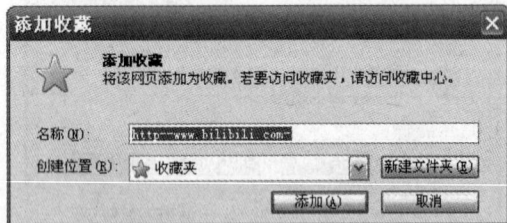

图 6-16 "添加收藏"对话框

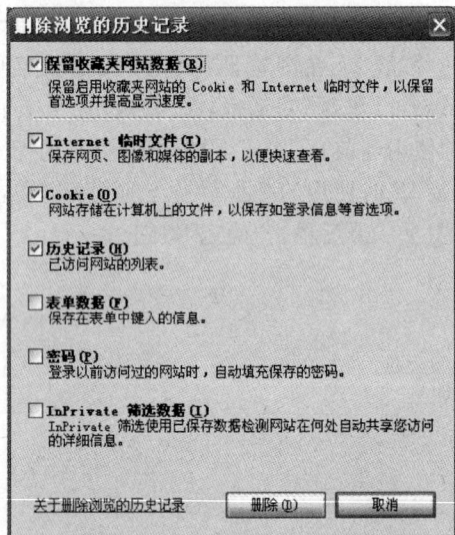

图 6-17 "删除浏览的历史记录"对话框

6.2.2 FTP 应用及软件

文件传输是指通过网络将文件从一台计算机传送到另一台计算机。不管两台计算机之间相距多远，也不管它们运行什么操作系统，采用什么技术和网络相联，文件都可以在网络上两个站点之间进行可靠的传输。随着 Internet 技术的发展和网络技术的进步，文件传输已经从传统单一的形式变得更加多样化，除传统的 FTP 外，P2P 技术也为文件的传输注入了新的活力。

1. FTP 应用

FTP 是文件传输协议(File Transfer Protocol),简单说就是把本地计算机上一个或多个文件传送到远程计算机,或从远程计算机上获取一个或多个文件。从远程主机传送文件到本地计算机称为"下载",将文件从本地计算机上传送至远程主机上称为"上传"。

与大多数 Internet 服务一样,FTP 服务也是采用客户机/服务器(C/S)模式。用户通过一个支持 FTP 协议的客户端程序,连接到远程服务器上的 FTP 服务端程序。用户通过客户端程序向服务器发出命令,服务器程序执行用户所发出的命令,并将执行的结果返回给客户机。

访问 FTP 服务器首先必须通过身份验证,在远程主机上获得相应的权限后,才能上传或者下载文件。在 FTP 服务器上一般有两种用户:普通用户和匿名用户。普通用户是指注册的合法用户,必须先经过服务器管理员的审查,然后由管理员分配账号和权限。匿名用户是 FTP 系统管理员建立的一个特殊用户名 anonymous,任意用户均可以用该用户名进行登录。当一个匿名 FTP 用户登录到 FTP 服务器时,用户可以用 Email 地址作为密码。

当 FTP 客户端程序和 FTP 服务器程序建立连接后,首先自动尝试匿名登录。如果匿名登录成功,服务器会将匿名用户主目录下的文件清单传给客户端,然后用户可以从这个目录中下载文件。如果匿名登录失败,一些客户端程序会弹出如图 6-18 所示的"登录身份"对话框,要求用户输入用户名和密码,尝试进行普通用户方式的登录。

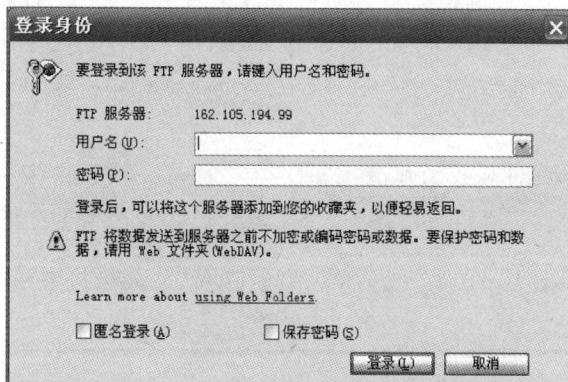

图 6-18　FTP 登录身份认证对话框

多数 FTP 服务器都开辟有一个公共访问区,对公众即匿名用户提供免费的文件信息服务。匿名用户可以直接利用资源管理器窗口或者 IE 等软件,在地址栏中输入相应的 FTP 地址,如 ftp://162.105.194.99,回车,即可登录到 FTP 服务器,看到 FTP 服务器中允许用户查看的内容,如图 6-19 所示。

2. FTP 软件

用户在使用 FTP 服务时,可以在本地计算机上运行 FTP 客户端软件,通过 FTP 客户端软件连接到 FTP 服务器并执行相应的操作。FlashFXP 就是一种基于图形界面方式的 FTP 客户端工具,其功能强大,操作简单,主窗口如图 6-20 所示。

无论是上传或是下载,都需要先建立 FTP 站点标识,即建立相应的 FTP 站点服务器的相关信息,也可以通过"快速连接"按钮命令,弹出如图 6-21 所示的对话框,在其中设置站点

图 6-19　FTP 登录后的界面

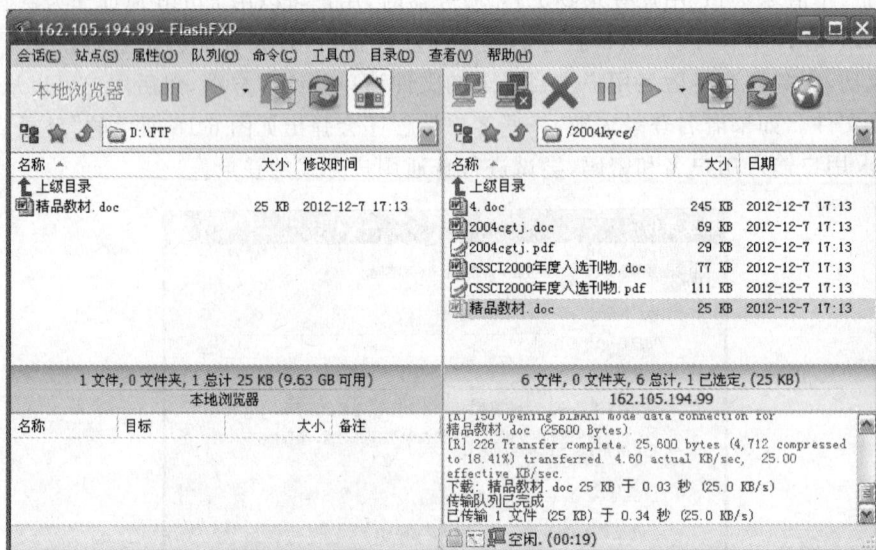

图 6-20　FlashFXP 主窗口

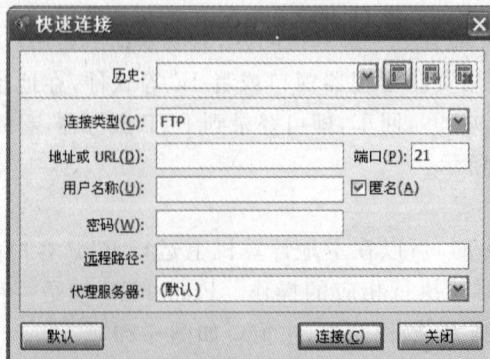

图 6-21　快速连接

或 URL 地址、用户名、密码等信息。FTP 地址可以是域名,也可以是 IP 地址。在"用户名称"和"密码"文本框中输入给定的登录验证信息,如果使用的是匿名信息,则选中"匿名"选项。设置完成后,单击"连接"按钮,系统即可利用填写的信息进行连接。

成功登录以后,如果要下载远程服务器的文件或文件夹,先在"服务器目录"窗格中找到它们的位置,选中文件或文件夹,直接将其拖曳到本地文件夹目录中即可。上传的操作与下载则刚好相反,在本地文件夹目录中选中文件或文件夹,用鼠标直接将其拖曳到"服务器目录"中即可。上传和下载文件的操作也可以在选择文件或文件后,通过工具栏中的"上传"和"下载"命令完成。

当用户被授予"读取"权限时,只能浏览和下载服务器站点的文件和文件夹。当用户被授予"读取"和"写入"权限时,不仅可以浏览和下载该服务器站点的文件和文件夹,还可以在该站点上新建文件、删除、重命名和上传文件及文件夹等。

6.2.3　Email 应用及软件(Foxmail)

1. 电子邮件简介

电子邮件,简称 Email,是一种通过电子手段进行信息交换的通信方式,电子邮件的内容可以包含文字、图形、图像、声音等多种信息。

在 Email 系统中有两个服务器,POP3 服务器和 SMTP 服务器。POP3(Post Office Protocol,邮局协议)负责接收邮件,SMTP(Simple Mail Transfer Protocol,简单邮件传输协议)负责发送邮件。它们都是由性能高、速度快、容量大的计算机担当,Email 系统内所有邮件的收发都必须经过这两个服务器。

需要使用电子邮件服务的用户,首要条件是要拥有一个电子邮箱。电子邮箱是通过电子邮件服务机构为申请用户建立的,当用户申请 Email 账号时,就等同于在 Email 服务器上为用户开辟一块专用的存储空间,用来存放该用户的电子邮件。当用户发送邮件时,实际上是先发送到自己的 SMTP 服务器的信箱中,再由 SMTP 服务器转发到对方的 POP3 服务器。收信人只需打开自己的 POP3 服务的信箱就可以接收信件了。

2. Email 地址

每个电子邮箱都有一个邮箱地址,称为 Email 地址,Email 地址用来标识用户信箱在邮件服务器上的位置。电子邮件的格式大体上可分为 3 种:邮件头、邮件体和附件。

邮件头相当于传统邮件的信封,它包括收件人地址、发件人地址和邮件主题。

邮件体相当于传统邮件的信纸,用户在这里输入邮件的正文。

附件则是传统邮件中所没有的东西,它相当于在一封信之外,还附带一个"包裹",这个"包裹"是一个或多个计算机文件,可以是数据文件、声音文件、图像文件或者软件程序文件等。

用户的 Email 地址格式为 username@hostname。其中,username 代表用户名,对于同一个邮件服务器来说,这个用户名必须是唯一的。@(发 at 音)是分隔符,hostname 是邮件服务器的域名。例如,在 mail. qq. com 服务器上有一个名为 10035154 的账户,那么该用户的完整 Email 地址就为 10035154@qq. com。

3. 常见的电子邮箱和电子邮件处理软件

互联网上提供电子邮件服务的网站有很多,有收费的,也有免费的。很多门户网站都提供邮件服务,用户只需要在这些网站的邮件服务网页上,按照系统提示输入相关信息,如申请的用户名、密码和个人基本信息等,就可以获得自己的邮箱。常见的电子邮箱有 Hotmail(微软)、Gmail(谷歌)、QQ Mail(腾讯)、163 Mail(网易)、126 Mail(网易)、188 邮箱(网易)、139 邮箱(移动)、189 邮箱(电信)、新浪邮箱等。

常见的电子邮件处理软件有 Foxmail、Outlook 2010、KooMail、梦幻快车 DreamMail、MailWasher、电子邮件聚合器等。

4. 邮件客户端软件

收发电子邮件的一种方法是通过 Web 邮件系统。用户需要先登录 Web 邮件系统的服务页面,如 mail.qq.com,再输入自己的账号和密码进入邮件管理页面进行邮件的收发。使用这种方法,由于所有的邮件都保存在服务器上,所以用户必须上网才可以看到以前的邮件;如果用户有多个不同域名的邮箱地址,则需要分别登录每个邮箱的服务页面,才能收到所有邮箱的邮件。

收发邮件的另一种方法是通过邮件客户端软件。通常邮件客户端软件比 Web 邮件系统提供更为全面的功能,速度更快。使用邮件客户端软件还可以将已收邮件和已发邮件都保存在自己的机器中,不用上网也可以对以前的邮件进行阅读和管理。邮件客户端还可以同时快速收取用户所有不同域名下的邮箱中的邮件。

在使用邮件客户端软件之前,需要用户先登录 Web 邮件服务系统的服务页面进行相应的设置,开启 POP3 和 SMTP 功能。以腾讯邮箱为例,登录 mail.qq.com,在邮箱选项中设置 POP3 和 SMTP 服务,如图 6-22 所示。在开启 POP3 和 SMTP 功能时可参考 Web 邮箱提示设置相关邮件客户端软件。

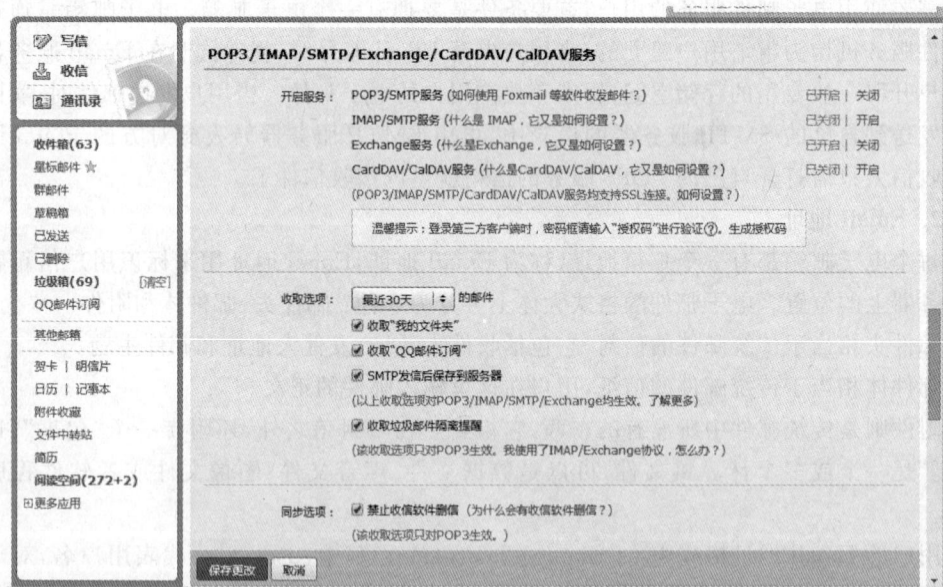

图 6-22　开启 POP3/SMTP 服务设置

Foxmail 是一款中文版的邮件客户端软件,其设计优秀,使用方便,运行高效稳定,支持全部的电子邮件功能。其主窗口界面如图 6-23 所示。

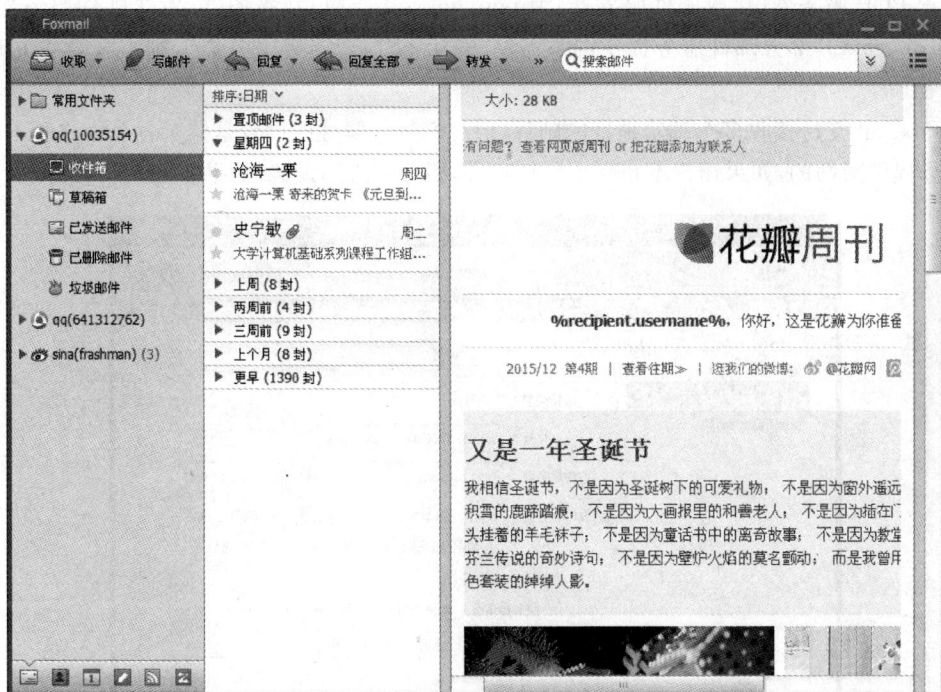

图 6-23　Foxmail 主窗口

接下来以 Foxmail 软件为例介绍如何利用客户端软件收发邮件。

1) 设置邮箱账号及属性

启动 Foxmail 后,用户需要添加邮箱账号才可以进行邮件的收发。单击"系统设置"选项中的"账号"选项,弹出"账号"对话框,在对话框中单击"新建"按钮命令,弹出如图 6-24 所示的"新建账号"对话框,可手动设置新的邮箱账号。

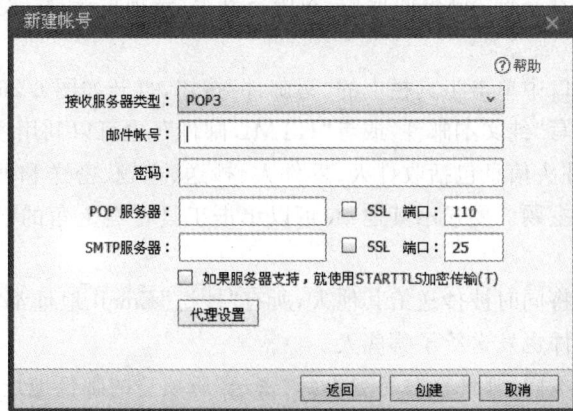

图 6-24　"新建账号"对话框

其中,"邮件账号"文本框中需要输入完整的 Email 地址,如 10035154@qq.com,在"密码"文本框中输入邮箱的密码,如果不填写,则在每次启动 Foxmail 后,第一次收取邮件时需要输入密码。邮件服务器的地址可以从邮箱提供网站的 Web 邮件系统服务页面中获得,这里设置 POP 服务器(接收邮件服务器)为 pop. qq. com,SMTP 服务器(发送邮件服务器)为 smtp. qq. com。部分邮件服务提供网站需要"使用 SSL 来连接服务器",则需要设置相应的端口号。

Foxmail 支持接收多个邮箱地址的邮件,但邮箱账号属性的设置是针对各个账户和不同邮件服务提供网站的,如果用户不止一个邮箱账号,要分别进行设置,效果如图 6-25 所示。

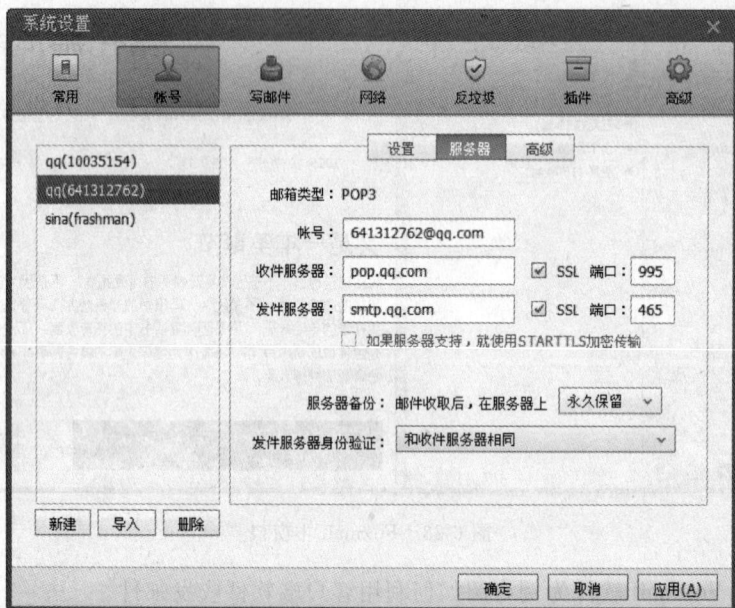

图 6-25　邮件账号属性设置

部分邮件服务器系统为了限制非本系统的正式用户利用本系统散发垃圾邮件或进行其他不当行为,发送邮件时需要进行身份验证,否则不能发送。同时,注意设置在邮件服务器上保留备份,在"服务器备份:邮件收取后,在服务器上"选项后选择"永久保留"即可。

2) 撰写邮件

在 Foxmail 主窗口中单击工具栏上的"写邮件"按钮,打开如图 6-26 所示的"写邮件"窗口。用户可以在此撰写"纯文本邮件"或者"HTML 邮件",也可以利用模板写邮件。

撰写邮件时,邮件头信息包括收件人、发件人、抄送、主题、密送和回复等。默认情况下只显示收件人、抄送、主题。要显示其他项,可以单击工具栏右上角的"选项"按钮,选择"邮件头信息"设置。

"抄送"表示邮件将同时被抄送给其他人,所有"抄送"Email 地址都将以明文传送,邮件接收者可以看到此邮件也发送给了哪些人。

"密送"与"抄送"不同,邮件接收者看不到"密送"所填写的邮件地址。

在邮件正文栏输入邮件的正文内容,其中文本可以进行多种格式的设置。

附件是随同邮件一起寄出的文件,文件的格式不受限制,要添加附件,可以单击工具栏上的"附件"按钮,在打开的对话框中选择要添加的附件文件,可以是单个,也可以是多个。选取完毕后,单击"打开"按钮,附件文件就显示在窗口的附件区了。另外,也可以通过拖动文件的方式添加附件。选择要作为附件的一个或多个文件,用鼠标将文件拖动到"写邮件"

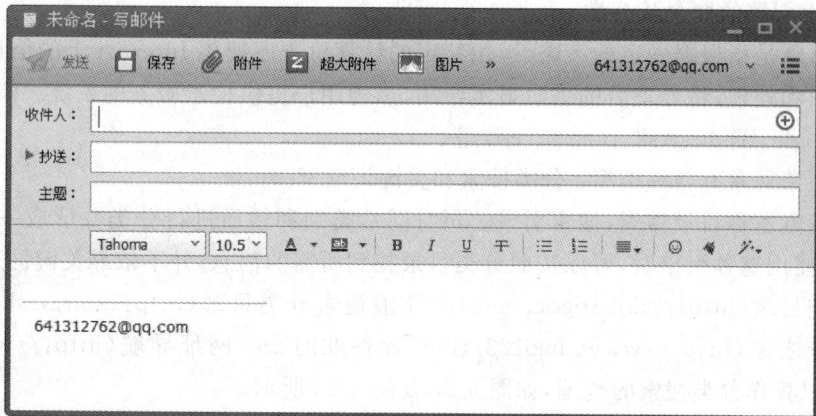

图 6-26　"写邮件"窗口

窗口中,放开鼠标即可。

3) 保存、发送、收取、回复及转发邮件

如果一个邮件还没有写完就被迫中断,可以单击工具条上的"保存内容"按钮将其保存在发件箱中。用鼠标双击它可以重新打开继续编辑。

邮件撰写完成后,单击工具栏上的"发送"按钮,即可将邮件发出。正常发送出去的邮件会保存在"已发送邮件"中,而暂缓发送和发送失败的邮件会被保存在"发件箱"中。

单击工具栏上的"收取"按钮,将弹出一个收取邮件的对话框,收取当前邮箱所有账户的邮件。收取邮件结束后,单击邮箱账号下的"收件箱"即可查看所有已经阅读和还未阅读的所有邮件。还未阅读的邮件前有一个未拆开的信封标识的图标,单击邮件,该邮件内容即可显示在"内容预览窗"中,双击邮件,将打开该邮件的阅读窗口。

如果邮件包含了附件,窗口中将会自动显示出附件的文件图标和名称。双击附件图标,将弹出"附件"对话框。可以直接单击"打开"按钮打开该文件,也可以单击"保存"按钮,还可以直接将选中的附件图标拖动到桌面或者指定文件夹中完成保存。右键选中以后还可以选择执行"删除"命令。

选中要回复的邮件,单击工具栏上的"回复"按钮,打开"写邮件"窗口,系统会自动帮用户填好收件人地址和主题,并在邮件正文区的末尾显示来信内容。邮件写完后,单击工具栏中的"发送"按钮即可发送。

选中要转发的邮件,单击工具栏上的"转发"按钮,可以将邮件转发给其他人。打开的"写邮件"窗口中包含了原邮件的内容,如果原邮件包含有附件也会自动附上,用户还可以编辑修改邮件的内容。在"收件人"文本框中填入要转发的邮件地址,单击工具栏上的"发送"按钮即可发送。

6.2.4　搜索引擎应用

Internet 上的信息浩如烟海,用户在上网时遇到的最大问题就是如何快速、准确地获取有价值的信息。那么如何在数以百万个网站中快速、准确地查找到所需要的信息呢? 搜索引擎的应用解决了这个问题。

1. 搜索引擎的概念及分类

搜索引擎是指根据一定的策略、运用特定的计算机程序搜集 Internet 上的信息,并对信息进行组织和处理,将处理后的信息显示给用户,为用户提供检索服务的系统。流行的搜索引擎有 Google、Baidu、Ask、Bing、Lycos 等。

搜索引擎通常有两种类型:分类搜索和关键词搜索。

分类搜索也称目录搜索,搜索引擎公司对网站类别和性质进行分类并形成一个链接列表,用户在使用这种引擎时,可以按照分类目录找到所需的信息,并不依靠关键词进行查询,如搜狗分类目录(http://dir.sogou.com)和新浪搜索分类目录(http://dir.iask.com)等。百度的网址之家(http://www.hao123.com)及谷歌的 265 网址导航(http://www.265.com)也可以算作分类搜索的范围,如图 6-27 及图 6-28 所示。

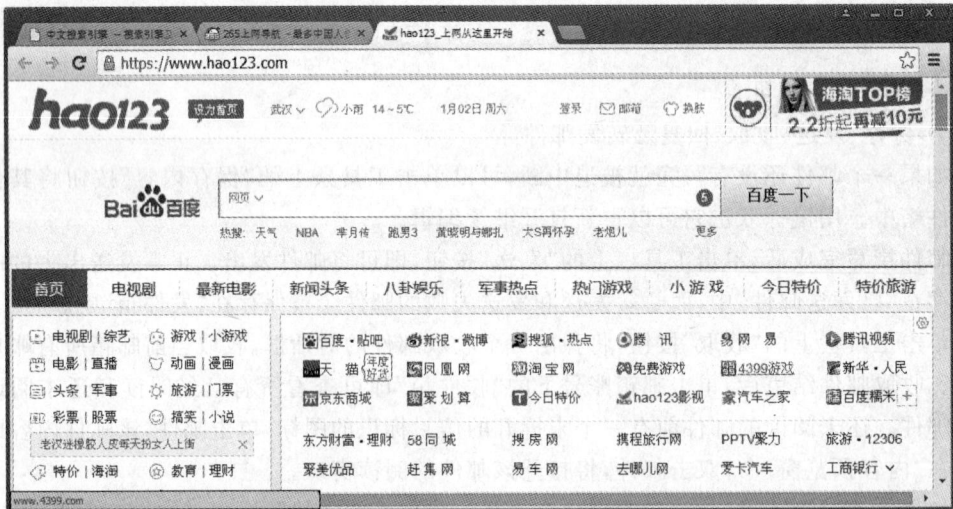

图 6-27　百度的网址之家 hao123

图 6-28　谷歌 265 网址导航

关键词搜索也称全文搜索。这种方式是名副其实的搜索引擎,典型代表是国际上的 Google 和国内的 Baidu。它们主动地从 Internet 上提取各个网站的信息,建立起索引数据库,能检索与用户查询关键词相匹配的记录,按照一定的排列顺序返回结果。根据搜集结果来源的不同,全文搜索引擎也可分为两类:一类拥有自己的网页抓取、索引和检索系统,通过独立的蜘蛛、爬虫或搜索机器人程序,建立网页数据库,搜索结果直接从自身的数据库中调用,如 Google 和 Baidu 就属于此类;另一类则是租用其他搜索引擎的数据库,并按照自定的格式排列搜索结果,如 Lycos 搜索引擎。关键词搜索的典型网站如图 6-29 及图 6-30 所示。

图 6-29　百度搜索引擎

图 6-30　谷歌搜索引擎

2. 常用的搜索技巧

搜索引擎的使用可以帮助用户很方便地查询网上信息,但是当输入关键词后,出现了成百上千个查询结果,而且这些结果中并没有多少是用户真正想要的内容,这不是因为搜索引擎没有用,而是由于用户没有合理地使用搜索引擎而已。

1) 单关键词搜索

在搜索引擎中输入关键词,如"版画技法",然后单击搜索按钮就行了,系统很快会返回查询结果,这是最简单的查询方法,使用方便,但是查询的结果可能包含很多无用的信息,并不精确。

2) 多关键词搜索

多关键词搜索通常利用布尔检索。所谓布尔检索,是指通过标准的布尔逻辑关系来表达关键词和关键词之间的逻辑关系的一种查询方法,这种检索方法允许用户输入多个关键词,各个关键词之间的关系可以用逻辑关系词来表示。

and,称为逻辑"与",用 and 连接关键词,表示它所连接的两个关键词必须同时出现在查询结果中,例如输入"版画技法 and 教程",它要求查询结果中必须同时包含"版画技法"和"教程"。

or,称为逻辑"或",它表示所连接的两个关键词中任意一个出现在查询结果中就可以。例如"木刻版画 or 丝网版画",就要求查询结果中可以只有木刻版画,或者只有丝网版画,或者同时包含木刻版画和丝网版画。

如果要表示所连接的两个关键词中应从第一个关键词概念中排除第二个关键词,也可以用到关键词之间的逻辑关系"非",例如构造关键词"木刻版画-价格",就要求查询的结果中包含"木刻版画",但同时不能包含"价格"信息。

3) 强制搜索

如果要搜索的关键词的长度较长,搜索引擎可能会在经过分析后,对查询关键词进行拆分后再进行搜索,这样搜索出来的结果往往是不符合用户需求的,此时可以强制让搜索引擎不拆分查询关键词进行查询,只需给查询关键词加上双引号"",就可以达到这种效果。

4) 指定类型文件的搜索

可以利用 google 等搜索引擎提供的文档搜索语法"filetype:文档类型"来实现,不仅能搜索一般的文字页面,还能对一些特定格式的文档进行检索。比较容易支持的文档类型包括微软公司的 Office 文档(如 doc、xls、ppt 等)、Adobe 文档(如 swf、pdf 等)。如搜索有关版画技法的 doc 文档,可以构造如下关键词"版画技法 filetype:doc",在 Baidu 搜索引擎中查询结果如图 6-31 所示。

5) 限定在 URL 链接中搜索

网页 URL 中的某些信息常常有某种有价值的含义。如果对搜索结果的 URL 做某种限定,可以获得较好的效果。搜索引擎提供的查询语法为"关键词1 inurl 关键词2",其中的关键词2 必须是在 URL 中出现的关键词。例如,Internet 上各种论坛的 URL 中通常会包含 forum,这时可以使用"版画技法 inurl:forum"作为关键词,就可以查到有关版画技法的论坛信息。注意:"inurl:"和后面所跟的关键词之间不能有空格,与前面的关键词之间需要有空格。在百度中查询的结果如图 6-32 所示。

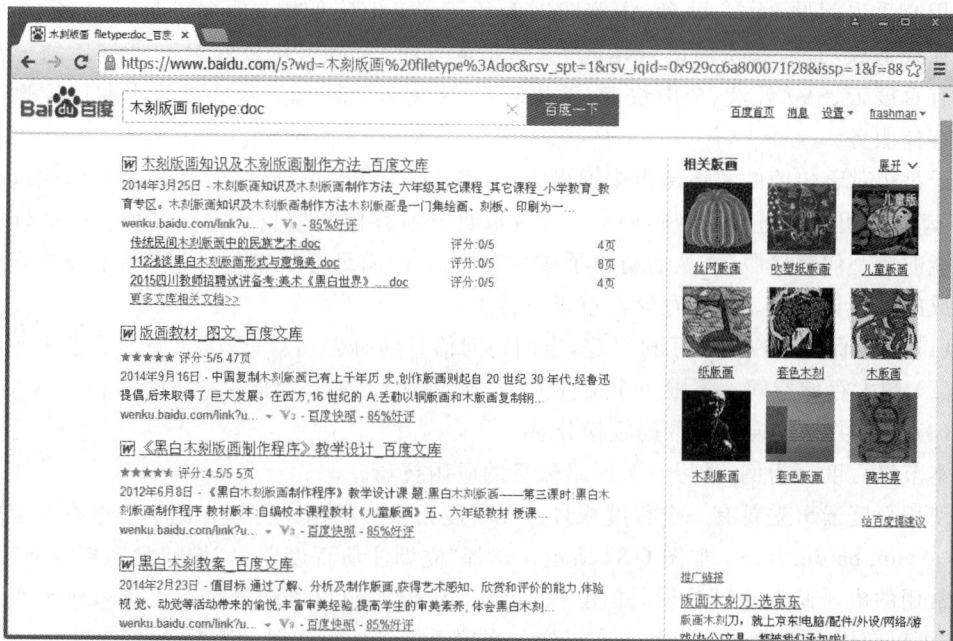

图 6-31　指定类型文件的搜索

图 6-32　限定在 URL 链接中搜索

6.2.5　网络云

　　云盘是互联网存储工具,是互联网云技术的产物,它通过互联网为企业和个人提供信息的存储、读取、下载等服务,具有安全稳定、海量存储的特点。网络云盘最大的好处就是可以实现随时随地只要联入网络就可以帮助用户保存、分享一些重要文件资源,而不用担心丢失问题,无需 U 盘,内容时时触手可及,永不丢失。现在云盘有很多,有些还支持在线播放功能、备份通讯录功能等,都非常方便。目前,比较知名而且好用的云盘服务商有百度云、360 云盘、金山快盘、够快网盘、天翼云、微云等,这些都是当前比较热门的云端存储服务。

云盘相对于传统的实体磁盘来说更方便,用户不需要把存储重要资料的实体磁盘带在身上,却一样可以通过互联网轻松从云端读取自己所存储的信息。它提供拥有灵活性和按需功能的新一代存储服务,从而防止了成本失控,并能满足不断变化的业务重心及法规要求所形成的多样化需求。云端存储具有以下特点:

(1) 安全保密。密码和手机绑定,空间访问信息随时告知。

(2) 超大存储空间。不限单个文件大小,支持 10TB 独享存储。

(3) 好友共享。通过提取码轻松分享。

本节以百度云为例,学习有关网络云盘的应用技巧。

使用百度云事先要有一个百度账号。无百度云账号的用户可以在浏览器中打开百度云 http://yun.baidu.com/,如图 6-33 所示。选择"立即注册百度账号"按钮跳转到注册页面,利用常用的电子邮箱进行注册,如图 6-34 所示,注册时也可以选择填写手机号作为账号注册,还可以使用右方发送短信的方式得到一个用手机号快速注册的账号。

图 6-33　百度云主页

注册以后,利用账号和密码进入百度云,即可使用网盘、个人主页、群组功能、通讯录、相册、人脸识别、文章、记事本、短信、手机找回等功能。例如,登录成功后,在云盘管理界面选择全部文件,单击"上传"按钮右侧的下拉箭头,选择"上传文件"命令,弹出"打开"对话框,选择需要上传的文件,如图 6-35 所示。上传成功以后,就可以在任何联网的地方查看并下载已上传的文件了。

百度云还提供了手机端应用和电脑端百度云管家,用户可跨终端随时随地查看和分享。

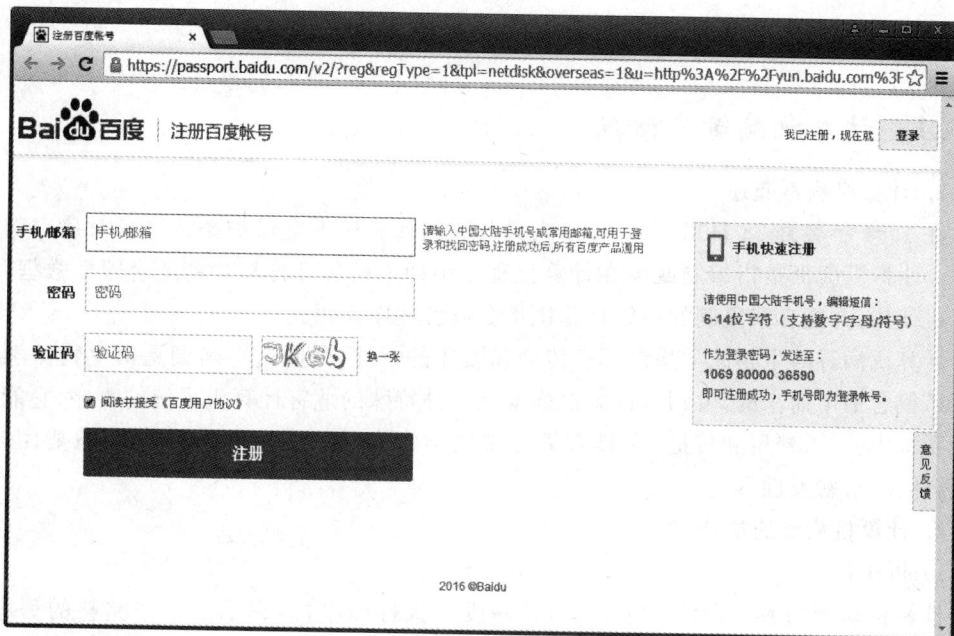

图 6-34　注册百度账号

图 6-35　上传文件到网盘

第
6
章

计算机网络应用

6.3 网络安全与网络道德

6.3.1 计算机病毒与防范

1. 计算机病毒概述

在1994年2月28日出台的《中华人民共和国计算机安全保护条例》中,对病毒的定义如下:计算机病毒是指编制或者在计算机程序中插入的破坏计算功能或者毁坏数据,影响计算机使用,并能自我复制的一组计算机指令或者程序代码。

计算机病毒与生物医学病毒都有传染和破坏的特性,因此这一名词是由生物医学上的"病毒"概念引申而来的。因此,计算机病毒是一种特殊的危害计算机系统的程序,它能在计算机系统中驻留、繁殖和传播,它具有类似生物学病毒的某些特征:传染性、隐蔽性、潜伏性、破坏性、可触发性等。

2. 计算机病毒的特征

1) 可执行性

计算机病毒与其他合法程序一样,是一段可执行程序,但它不是一个完整的程序,而是寄生在其他可执行程序上,因此它享有一切程序所能得到的权力。在病毒运行时,与合法程序争夺系统的控制权。计算机病毒只有当它在计算机内得以运行时才具有传染性和破坏性等特性。也就是说,计算机的CPU控制权是关键问题。若计算机在正常程序控制下运行,而不运行带病毒的程序,则这台计算机总是可靠的,整个系统是安全的。相反,计算机病毒一经在计算机上运行,在同一台计算机内病毒程序与正常系统程序或与其他病毒程序争夺系统控制权时往往会造成系统崩溃,导致计算机瘫痪。反病毒技术就是要提前取得计算机系统的控制权,识别出计算机病毒的代码和行为,阻止其取得系统控制权。

2) 传染性

计算机病毒的传染性是指病毒具有将自身复制到其他程序中的特性,这是计算机病毒最重要的特征,是判断一段程序代码是否为计算机病毒的依据。病毒可以附着在其他程序上,通过磁盘、U盘、计算机网络等载体进行传播,被传染的计算机又成为病毒生存的环境及新传染源。病毒程序一旦侵入计算机系统就开始搜索可以传染的程序或存储介质,然后通过自我复制迅速传播,因而具有极强的传染性。

3) 隐蔽性

计算机病毒是一种具有很高编程技巧、短小精悍的可执行程序,一般只有几百或几千字节大小。它通常依附在正常程序之中或磁盘引导扇区中,或者一些空闲概率较大的扇区中,这是它的非法可存储性。计算机病毒想方设法隐藏自身,就是为了防止用户觉察,其隐蔽性表现在两个方面:

一是传染的隐蔽性,大多数计算机病毒在进行传染时速度是极快的,一般不具备外部表现,不易被人发现。

二是计算机病毒程序存在的隐蔽性,一般的计算机病毒程序都夹在正常程序之中,很难被发现,而一旦病毒被激活,往往已经给计算机系统造成了不同程度的破坏。

4) 潜伏性

计算机病毒的潜伏性是指计算机病毒具有依附其他媒体而寄生的能力。依靠病毒的寄生能力，病毒传染合法的程序和系统后，并不会立即发作，而是悄悄隐藏起来，然后在用户不易觉察的情况下进行传染。这样，病毒的潜伏性越好，在系统中存在的时间也就越长，传染的范围也就越广，其危害性也越大。

潜伏的第一种表现是指，计算机病毒程序不用专用检测软件是检查不出来的；第二种表现是指，计算机病毒的内部往往有一种触发机制，不满足触发条件时，计算机病毒除了传染外不做什么破坏。触发条件一旦满足，计算机病毒就开始破坏系统。

5) 非授权可执行性

用户通常调用执行一个程序时，把系统控制交给这个程序，并分配给其相应系统资源如内存等，从而使之能够运行完成用户的需求。因此，程序的执行过程对用户是透明的。但由于计算机病毒隐藏在合法的程序或数据中，当用户运行正常程序时，计算机病毒伺机窃取到系统的控制权，得以抢先运行，欺骗用户让其还以为在执行正常程序。

6) 破坏性

无论何种病毒程序一旦侵入系统都会对系统的运行造成不同程度的影响。即使不直接产生破坏作用的病毒程序，也会占用系统资源，包括占用内存空间、占用磁盘存储空间及系统运行时间等。一些病毒程序甚至会删除文件，摧毁计算机系统和数据系统使之无法恢复，造成不可挽回的损失。病毒程序的破坏性体现了计算机病毒设计者的真正意图。

7) 可触发性

计算机病毒一般都具有一个或几个触发条件。满足其触发条件或激活病毒的传染机制，使之进行传染；或激活病毒的表现部分或破坏部分。触发的实质是一种条件的控制，病毒程序可以依据设计者的要求，在一定条件下实施攻击。这个条件可以是输入特定字符、使用特定文件、某个特定日期或特定时刻，或者是病毒内置的计数器达到一定次数等。

8) 变种性

某些计算机病毒在传播过程中自动改变自己的形态，从而衍生出另一种不同于原版病毒的新病毒，这种新病毒称为计算机病毒变种。具有变形能力的计算机病毒能更好地在传播过程中隐蔽自己，使之不易被反病毒程序发现及清除。有些病毒甚至能产生几十种甚至更多变种病毒，其后果比原版病毒严重得多。

3. 计算机病毒的分类

按照计算机病毒的特点及特性，计算机病毒的分类方法有很多种，因此，同一种病毒可能有不同的分类方法。

1) 按寄生方式分类

(1) 引导型病毒。该类型病毒利用操作系统的引导模块放在某个固定的位置获得控制权，并将真正的引导区内容搬家转移或替换，待病毒程序被执行后，再将控制权交给真正的引导区内容，使得这个带病毒的系统看似正常运转，而实际上病毒已隐藏在系统中伺机传染。引导型病毒几乎清一色都会常驻内存中，差别只在于内存中的位置。

(2) 文件型病毒。该类型病毒主要以感染文件扩展名为 .com、.exe 等可执行程序为主，借助于病毒的载体程序，即要运行病毒的载体程序，方能把文件型病毒引入内存。已感染病毒的文件执行速度会减慢，甚至完全无法执行。有些文件被感染后，一旦执行就会遭到删除。大多数的文件型病毒都会把自己的代码复制到其宿主文件的开头或结尾处。感染病毒的文件被执行后,计算机病毒就会伺机再对下一个文件进行感染。

(3) 复合型病毒。是指具有引导型病毒和文件型病毒寄生方式的计算机病毒。这类病毒扩大了病毒程序的传染途径,既感染磁盘的引导记录,又感染可执行文件,因此在检测和清除这类型病毒时候,必须全面彻底地根治才行。

2) 按破坏性分类

(1) 良性病毒。是指那些只是为了表现自身,并不彻底破坏系统和数据,但会大量占用CPU 时间,增加系统开销,降低系统工作效率的一类计算机病毒。

(2) 恶性病毒。是指那些一旦激活后就会破坏系统和数据,造成计算机系统瘫痪的计算机病毒。这种病毒危害性极大,有些病毒激活后会给用户造成不可挽回的损失。

4. 计算机病毒的传播

计算机病毒的传播途径主要有以下几个:

(1) 通过不可移动的计算机硬件设备进行传播,这些设备通常有计算机的专用 ASIC 芯片和硬盘等。这种病毒虽然极少,但其破坏力极强,目前尚没有较好的检测手段。

(2) 通过移动存储设备来传播,如光盘、U 盘、移动硬盘等。在移动存储设备中,现在的U 盘是使用最广泛的移动存储介质,因此也成了计算机病毒寄生的温床。

(3) 通过计算机网络传播。现在信息技术的巨大进步使得空间距离不再遥远,但也为计算机病毒的传播提供了新的途径。计算机病毒可以通过网页浏览、电子邮件、文件下载等多种方式感染计算机系统。在网络使用越来越普及的情况下,这种方式已成为病毒传染最主要的途径。

(4) 通过点对点通信系统和无线通道传播。随着移动互联网技术的发展和手机上网的普及,计算机病毒通过点对点通信及无线通信传播的方式也变得极为普遍,可以预见不久的将来这种传播途径一样成为计算机病毒扩散最主要的途径。

5. 计算机病毒的防范

计算机病毒与反病毒是两种以软件编程技术为基础的技术,这两种技术的发展是交替进行的,因此对计算机病毒应以预防为主,防止计算机病毒的入侵要比计算机病毒入侵后再去发现和排除要好得多。根据计算机病毒的传播特点,防治计算机病毒关键需要注意以下几点:

(1) 要提高对计算机病毒的认识。计算机病毒不再像过去单机时代一些无关紧要的小把戏,在计算机应用高度发达、计算机网络高度普及的时代,计算机病毒对信息网络的破坏所造成的危害越来远大。

(2) 养成使用计算机的好习惯,有效地防止计算机病毒入侵。不在计算机上随意使用来历不明的盗版光盘及 U 盘,经常用杀毒软件检测硬盘和外来磁盘,慎用共享软件和绿化软件,对系统重要文件进行备份和写保护,不在系统盘上存放数据和程序,新引进的软件需要确认不带病毒方可使用。

(3) 充分利用和正确使用现有的杀毒软件,特别是及时升级杀毒软件病毒库,更新杀毒软件升级版本。

(4) 开启计算机病毒查杀软件的实时监测功能,这样特别有利于及时防范利用网络传播的病毒,特别是一些恶意脚本程序的传播。

（5）有规律地备份系统关键数据，保证备份的数据能够准确、迅速地恢复。

6. 防火墙技术

防火墙技术是为了保证网络路由安全性而在内部网和外部网之间的界面上构造的一个保护层。所有的内外部连接都强制性地经过这一保护层接受检查过滤，只有被授权的通信才允许通过。因此，防火墙不是杀毒软件，也不是通过杀毒来保障网络的安全，而是被设计为只运行专用的访问控制软件从而隔离内部网络和外部网络的设备和服务。

防火墙通常包含软件部分和硬件部分的一个系统或多个系统的组合，是一种逻辑隔离部件，而不是物理隔离部件。它所遵循的原则是，在保证网络通畅的情况下，尽可能地保证内部网络的安全。防火墙是在已经制定好的安全策略下进行访问控制，所以一般情况下它是一种静态安全部件，也可以根据实际情况进行动态的策略调整。

防火墙的功能主要包括访问控制功能、内容控制功能、全面的日志管理功能、集中管理功能和自身的安全性和可用性。防火墙也有以下几种基本类型：嵌入式防火墙、基于软件的防火墙、基于硬件的防火墙和特殊防火墙。

6.3.2　信息安全与知识产权

1. 信息安全

信息安全本身包含的范围很大，大到国家军事政治等机密安全，小到防范商业企业机密泄露，防范青少年对不良信息的浏览，个人信息的泄露等。网络环境下的信息安全体系是保证信息安全的关键。网络信息安全是一个涉及计算机科学、网络技术、通信技术、密码技术、信息安全技术、应用数学、数论、信息论等多种学科的边缘学科。从广义上讲，凡是涉及网络上信息的保密性、完整性、可用性、真实性和可控性的相关技术和理论都是网络信息安全所研究的领域。通用的定义如下：

网络信息安全是指网络系统的硬件、软件及其系统中的数据受到保护，不会由于偶然的或者恶意的原因而遭到破坏、更改、泄露，系统能够连续、可靠、正常地运行，网络服务不中断。

信息安全是指保证信息系统中的数据在存取、处理、传输和服务过程中的保密性、完整性和可用性，以及信息系统本身能连续、可靠、正常地运行，并且在遭到破坏后还能迅速恢复正常使用的安全过程。

早期的信息安全主要是确保信息的保密性、完整性和可用性。随着通信技术的发展和计算机技术的不断更新，特别是二者结合所产生的网络技术的不断发展和广泛应用，对信息安全问题又提出新的要求。现在的信息安全通常包括5大属性，即信息的可用性、可靠性、完整性、保密性和不可抵赖性，即防止网络自身及其采集、加工、存储、传输的信息数据被故意或偶然地非授权泄露、更改、破坏或使信息被非法辨认、控制，确保经过网络传输的信息不被截获、破译或篡改，并且能被控制和合法使用。

通过数据加密可以有效保障信息安全。所谓数据加密，就是将要保护的信息变成伪装信息，使未授权者不能理解它的真正含义，只有合法接收者才能从中识别出真实信息。所谓伪装就是对信息进行一组可逆的数学变换。伪装前的信息称为明文，伪装后的信息称为密文，伪装的过程即把明文转换为密文的过程。

密码学是信息安全的核心。要保证信息的保密性，使用密码对其加密是最有效的办法。

要保证信息的完整性,使用密码技术实施数字签名,进行身份认证,对信息进行完整性校验是当前实际可行的办法。在很多情况下,数据加密是保证信息保密性的唯一办法。

按照收发双方密钥是否相同来分类,可以将加密系统分为对称密钥密码系统和非对称密钥密码系统。在对称密钥密码系统中,收信方和发信方使用相同的密钥,并且该密钥必须保密。在非对称密钥密码系统中,给每个用户分配两把密钥:一个是私有密钥,是保密的;另一个是公共密钥,是公开的。

为解决收发双方对信息的否认、伪造、篡改以及冒充等问题,通信双方在网上交换信息时可用公钥密码进行身份认证,这就是数据签名技术。在数据签名技术出现之前,曾经出现过一种"数字化签名"技术,简单说就是通过在手写板上签名,然后将图像传输到电子文档中,这种"数字化签名"由于容易被非法剪切和复制,是不安全的。数字签名技术与数字化签名技术是两种截然不同的安全技术,数字签名与用户的姓名和手写签名形式毫无关系,它实际使用了信息发送者的私有密钥变换所需传输的信息,利用公开密钥加密技术验证报文发送方。

通过一定的验证技术,确认系统使用者身份以及系统硬件的数字化代号真实性,这个过程称为认证,其中对系统使用者身份的验证技术过程称为身份认证。目前主要的认证技术包括口令核对、基于智能卡的身份认证、基于生物特征的身份认证等。其中生物特征是人类自身唯一的生理和行为特征,如指纹、掌形、虹膜、视网膜、面容、语音、签名等。

2. 知识产权

知识产权就是人们对自己的智力劳动成果所依法享有的权利,是一种无形财产。知识产权分为工业产权和版权两大类,工业产权包括了专利权、商标权、制止不当竞争等。提高社会公众的知识产权意识,建立一个尊重知识、尊重知识产权的良好的市场秩序,是政府、企业和用户的共同愿望。作为软件开发者,应该了解拥有的权利以及如何保护自己的权利免受侵害。作为软件使用者,应该了解软件知识产权内容,从而正确使用软件和维护自己的切身利益。软件知识产权保护可以使软件开发者和软件使用者的利益均获得有效保障。

目前大多数国家采用著作权法来保护软件,将包含程序和文档的软件作为一种作品。源程序是编制计算机软件的最初步骤,文档则是用来描述程序的内容、组成、设计、功能规格、开发情况、测试结果和使用方法的文字资料和图表等。为了保护计算机软件著作权人的权益,调整计算机软件在开发、传播和使用中发生的利益关系,国务院根据《中华人民共和国著作权法》,特别制定了《计算机软件保护条例》。与一般著作权一样,软件著作权包括人身权和财产权,这是法律授予软件著作权的专有权利。人身权是指发表权、开发者身份权;财产权是指使用权、许可权和转让权。

软件的开发需要大量的智力和财力的投入,软件本身是高度智慧的结晶,与有形财产一样,也应受到法律的保护,以提高开发者的积极性和创造性,促进软件产业的发展,从而促进人类社会的进步。打击侵权盗版、保护软件知识产权,关系到中国软件产业的发展和软件企业的存亡。作为新一代的青年大学生,更应该主动和自觉地加入到软件知识产权保护的队伍中来。

在实际生活中,软件的保护也是一个综合的保护,还可以通过专利法、合同法和反不正当竞争法来进行保护。

6.3.3 网络文明与道德

道德是由一定的社会组织借助于社会舆论、内心信念、传统习惯所产生的力量,使人们遵从道德规范,达到维持社会秩序、实现社会稳定目的的一种社会管理力量。在信息技术日新月异的今天,人们无时无刻不在享受着信息技术给人们带来的便利与好处。然而,随着信息技术的深入发展和广泛应用,网络中已出现许多不容回避的道德和法律问题。我们不能为了维护道德规范而拒绝网络空间闯入我们的生活,也不能听任网络道德处于失范无序状态,或消极地等待其自发的道德运行机制的形成。因此,在充分利用网络提供的历史机遇的同时,抵御其负面效应,大力进行网络道德建设已刻不容缓。

网络道德的基本原则是诚信、安全、公开、公平、公正、互助。网络道德的三个斟酌原则是全民原则、兼容原则和互惠原则。作为当代人,上网时还应该遵守以下网络道德标准:

(1) 要加强思想道德修养,自觉按照社会主义道德的原则和要求规范自己的行为。

(2) 要依法律己,遵守"网络文明公约",法律禁止的事坚决不做。

(3) 要净化网络语言,坚决抵制网络有害信息和低俗之风,健康合理科学上网。

(4) 严格自律,学会自我保护。

以下是有关网络道德规范的要求:

(1) 不应该用计算机去伤害他人。

(2) 不应干扰别人的计算机工作。

(3) 不应窥探别人的文件。

(4) 不应用计算机进行偷窃。

(5) 不应用计算机作伪证。

(6) 不应使用或复制没有付钱的软件。

(7) 不应未经许可而使用别人的计算机资源。

(8) 不应盗用别人的智力成果。

(9) 应该考虑自己所编的程序的社会后果。

(10) 应该以深思熟虑和慎重的方式来使用计算机。

(11) 为社会和人类作出贡献。

(12) 避免伤害他人。

(13) 要诚实可靠。

(14) 要公正并且不采取歧视性行为。

(15) 尊重包括版权和专利在内的知识产权。

(16) 尊重他人的隐私。

(17) 保守秘密。

以下是在网络上的不道德行为:

(1) 有意造成网络交通混乱或擅自闯入网络及其相联的系统。

(2) 商业性或欺骗性地利用大学计算机资源。

(3) 偷窃资料、设备或智力成果。

(4) 未经许可而接近他人的文件。

(5) 在公共用户场合做出引起混乱或造成破坏的行动。

235

（6）伪造电子邮件信息。

6.4 网络资源及文献检索

随着互联网的迅猛发展，网络上的信息资源呈指数级增长，人们信息需求的日益多样化、个性化，使网络成为人们获取信息的重要渠道。现代信息社会中，人们总是不断在学习和更新自己的专业知识。在学习过程中，除了图书馆资源之外，还有哪些可利用的学习资源？又怎样才能找到它们呢？网络资源及文献检索可以帮忙解决这个问题。网络资源是利用计算机系统通过通信设备传播和网络软件管理的信息资源，包括书目、索引、文摘、网络期刊、网上图书等。通俗来讲，文献可以理解为具有历史价值或学术价值的图书资料，现代意义上的文献是用文字、图形、符号或用音频、视频等技术手段记录人类知识的一切物质，也可以将文献理解为固化在某种物质载体上的知识。但面对浩瀚的网络资源和文献资料，我们又该如何利用呢？

可以通过一个案例来分析和学习。例如，要查找本专业 2007—2015 年关于"绘画技法"的文献。分析如下：①范围——本专业；②主题——绘画技法。可以从这两方面着手进行查找和整理资料。从网上获取资料是一个系统过程，具体如下：

（1）明确要检索的主题和范围。

（2）对所要检索的主题和范围进行分析和筛选。

（3）根据需要，选择合适的搜索引擎或数据库，确定检索关键词进行检索。

（4）对检索结果进行分析。

6.4.1 网络资源类型

如图 6-36 所示，网络资源可分为如下几种类型。

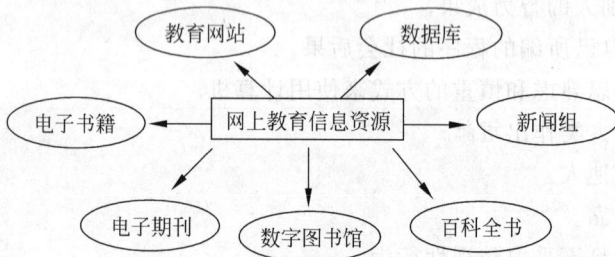

图 6-36　网络资源类型

1. 电子书籍

常见的电子书籍网站有超星电子图书馆、e 书时空、中国典籍网、国家百科全书网、北极星书库以及世界数字图书馆等。图 6-37 为世界数字图书馆（http://www.wdl.org/zh）的首页。

2. 电子期刊

电子期刊是网上的重要信息资源，主要有电子报纸类、电子杂志和期刊类、电子新闻和信息服务类（NIS）3 类。图 6-38 为中国期刊网的首页。

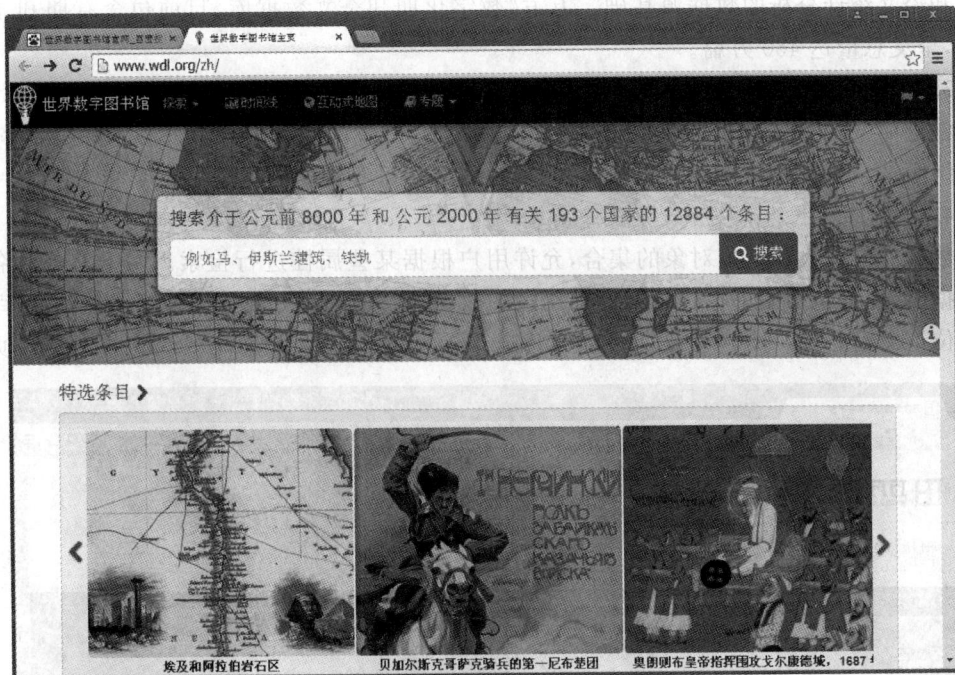

图 6-37　世界数字图书馆

图 6-38　中国期刊网

　　万方数字化期刊全文数据库以中国数字化期刊群为基础,整合了中国科技论文与引文数据库及其他相关数据库中的期刊条目部分内容,基本包括了我国文献计量单位中自然科学类统计源刊和社会科学类核心源期刊,不仅是我国网上期刊的出版联盟,而且是核心期刊测评和论文统计分析的数据源基础。万方《数字化期刊全文数据库》目前包含有期刊 4500 多种，全文总量达 450 万篇。

3. 百科全书

常见的电子百科全书网有韦式在线辞典网、辞典百科网、我国《英汉-汉英科技大辞典》的网络版、大不列颠百科全书网、知识在线网、网络知识百科全书网等。

4. 数据库

数据库是指大量信息对象的集合，允许用户根据某些属性进行检索。网上有各种各样的数据库，通常包括图书馆目录和专门用途的数据库。中国万方数据库包括法律法规库、中文学位论文篇名等。图 6-39 为万方数据库（http://www.wanfangdata.com.cn/）的首页。

图 6-39　万方数据库

万方数据库是中国唯一完整的科技信息群。它汇集科研机构、科技成果、科技名人、中外标准、政策法规等近百种数据库资源，信息总量达 1500 万篇，为广大科研单位、公共图书馆、科技工作者、高校师生提供最丰富、最权威的科技信息。

5. 教育网站

常见的教育网站有美国的 K-12 教师教案资源网、英国的开放大学、新东方教育在线、中国高等学校教学资源网等。图 6-40 为中国高等学校教学资源网（http://www.cctr.net.cn/）的首页。

6. 数字图书馆

常见的数字图书馆有中国国家图书馆、清华大学数字图书馆、英国的爱丁堡工程学图书馆、美国总统图书馆以及美国国会图书馆等。其中，美国国会图书馆是世界上最大的图书馆，其网站也自然是网上最大的网站之一，提供了丰富的信息资源。图 6-41 为中国国家图书馆（http://www.nlc.gov.cn/）的首页。

数字资源检索系统是国家图书馆最新推出的数字资源综合检索平台，旨在有机地整合

图 6-40　中国高等学校教学资源网

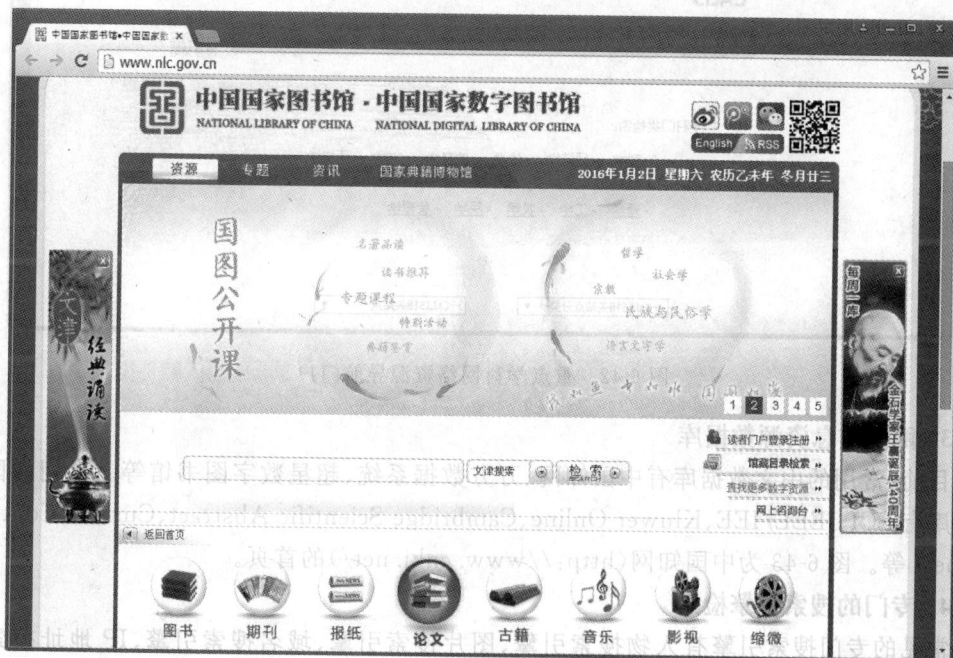

图 6-41　中国国家图书馆

国家图书馆收藏的多文种、多学科、多载体、多类型且分布式存在的印刷型和数字化的信息资源，面向社会公众提供方便快捷的一站式检索和信息获取服务。该系统实现了查找文章、查找电子书、查找期刊、查找数据库的整合检索。用户可以直接在该系统内一次对多个数据库进行检索，还可以通过检索结果获得所需的电子原文；查找电子书可以在多个数据库中同时进行。可以通过所属学科、期刊名称、ISSN 号等查找电子期刊；可以通过数据库类型、学科分类、数据库名称等方式查找数据库。

6.4.2 网络资源获取途径

1. 搜索引擎

目前较为优秀的中文搜索引擎有百度、天网、搜狐、雅虎中文（简）、北极星等，而知名度较高的国外搜索引擎则有 AltaVista、Google、Infoseek、GoTo、LookSmart、Excite、Yahoo 等。

2. 虚拟图书馆

由专业机构搜集的网络信息一般反映为虚拟图书馆。在国内，人们通常称其为学科导航。图 6-42 为重点学科网络资源导航门户（http://navigation.calis.edu.cn/cm/main.jsp）的首页。

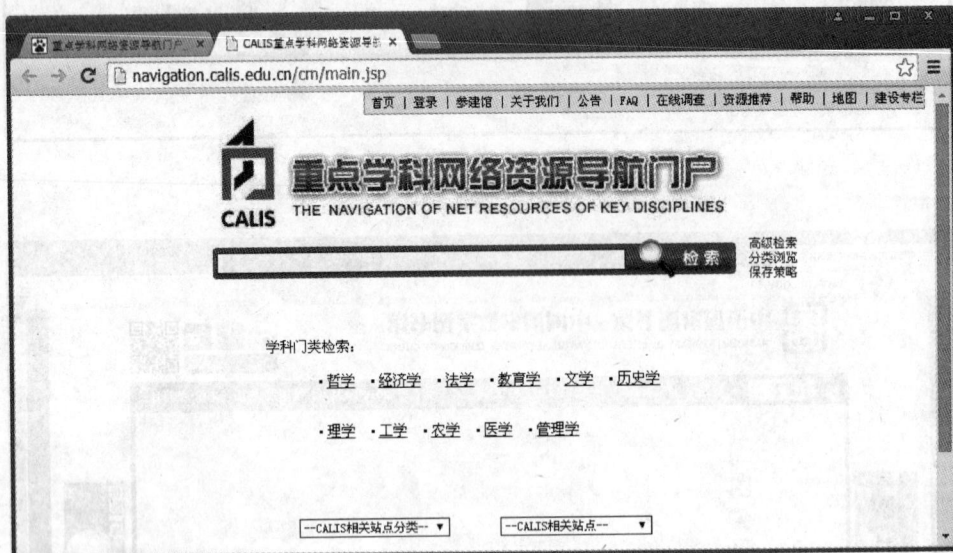

图 6-42 重点学科网络资源导航门户

3. 网络信息资源数据库

目前，常用的中文数据库有中国知网、万方数据系统、超星数字图书馆等。常用的国外数据库有 SCI、IEEE/IEE、Kluwer Online、Cambridge Scientific Abstract、Current Contents Connect 等。图 6-43 为中国知网（http://www.cnki.net/）的首页。

4. 专门的搜索引擎检索

常见的专门搜索引擎有人物搜索引擎、图片搜索引擎、域名搜索引擎、IP 地址搜索引擎、网址搜索引擎、主机名搜索引擎、商业搜索引擎以及 FTP 搜索引擎等。

6.4.3 网络资源检索技巧

1. 选择合适的搜索引擎

互联网上的搜索引擎较多，各个搜索引擎的功能不尽相同，在进行网络检索时，选择一

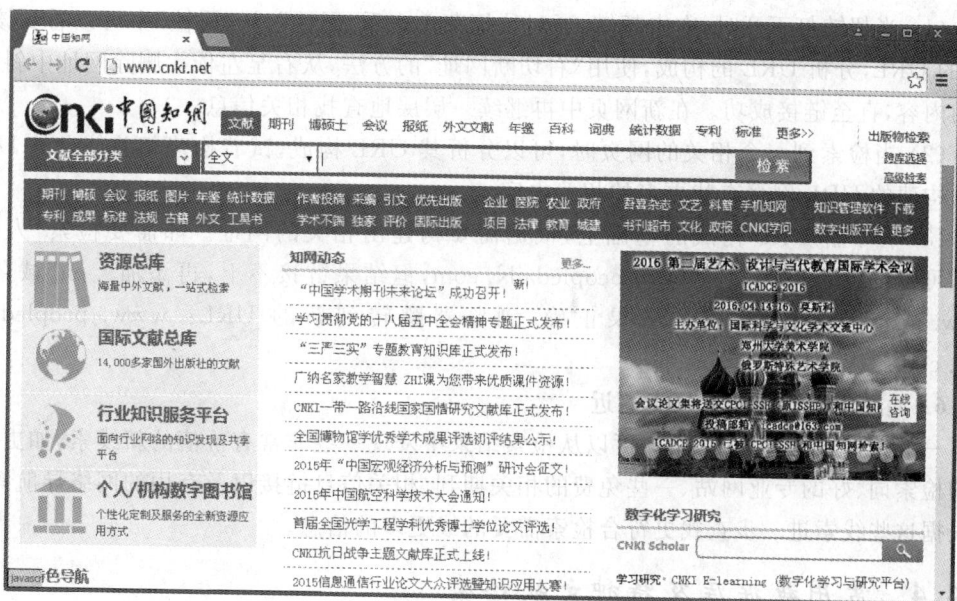

图 6-43　中国知网

个合适的搜索引擎非常重要。一般而言,选择搜索引擎可以考虑以下几方面因素:①搜索引擎的功能和适用性;②搜索引擎的查全率与查准率,覆盖网页的多少;③搜索引擎的熟练掌握程度;④如果有专业搜索引擎,应尽可能选用专业搜索引擎;⑤若检索结果不理想,则可考虑更换搜索引擎或使用多个搜索引擎检索。

2. 确定正确的主题或检索关键词

确定的主题或检索关键词的正确与否是检索网络信息成败的关键。主题和关键词的确定方法和步骤如下。

(1) 用清晰、简洁的句子(中文或英文)表达出自己的信息需要。

(2) 从句子中抽取最重要的概念作为检索关键词(主题词)。

(3) 了解信息需求的大主题(宽泛的主题)和小主题(缩小的主题),确定适当的检索主题。

3. 充分利用搜索引擎的功能和各种检索语法

互联网上的搜索引擎种类很多,各种搜索引擎都有各自的检索功能和检索语法,但是它们都具备分类主题的浏览检索和关键词检索两种检索方式,用户在具体的检索过程中,可以综合利用这两种方式,不必拘泥于其中一种方式。

4. 及时调整检索策略,必要时进行扩检和缩检

在检索结果不如意的情况下,要及时调整检索策略,必要时可以根据检索情况进行扩检和缩检。在检索结果较少情况下可以进行扩检,扩检主要有两种方法:一是利用检索词的上位词或广义词(概念上外延更宽广的词)进行检索。二是利用检索词的同义词、近义词或俗名等其他名称进行扩检。在检索结果较多的情况下,可以使用检索词的下位词或狭义词进行缩检,也可以利用搜索引擎的条件限定功能进行缩检。

5. 跟着超链(URL)走

利用超链进行网络信息的搜寻主要有以下方法:

241

第 6 章

（1）当超链打不开时，右击超链，通过快捷菜单查看"属性"，从"属性"中可以看到该"超链"的 URL，分析 URL 的构成，使用"右切断网址"的方法，从右至左依次删除网址中斜杠后面的内容，直至链接成功。在新网页中再继续一层层地查找相关信息。

（2）当检索到一个相关的网页时，可以分析其 URL 构成，试着构建相关信息的 URL，进入构建的 URL 网页查找更多的相关内容。

（3）在了解 URL 构成的基础上，根据需要构建出相关的网址。如需要检索"人民日报"，可以设想其 URL 为 www.peopledaily.com，但结果链接不上，再添加".cn"域名，为 www.peopledaily.com.cn，结果正确，浏览器跳转到新的 URL：www.peopledaily.com.cn。

6. 通过分析检索结果逐步逼近

一般在检索的过程中，用户可以从检索结果中发现一些非常有价值的新线索，如更加贴切的检索词、好的专业网站、一些免费的相关期刊、相关信息链接以及有用的网络导航等，可以根据这些线索进一步查找更符合检索需要的或更多的信息。

6.4.4　常用数据库及特种文献检索

特种文献包括学位论文、专利文献、科技报告、会议文献、标准文献、政府出版物、产品样本、技术档案、艺术品等。

1. 学位论文的检索

学位论文是大学生或研究生为获得学位而提交的学术研究论文，它们的研究水平较高，所以在科学研究中有很好的参考价值。目前可以检索到学位论文的数据库有 6 种。

（1）中国优秀博硕士学位论文数据库（http://www.cnki.com）。

（2）CALIS 高校学位论文库（http://162.105.138.230）。

（3）万方数据资源系统。

（4）国家科技图书文献中心的中外文学位论文数据库。

（5）中国民商法律网（http://www.civillaw.com.cn/thesis）。

（6）台湾博硕士论文资讯网（http://www.datas.ncl.edu.tw）。

2. 专利文献的检索

目前，利用网上专利数据库检索系统是搜集、获取专利信息的一条重要途径。中国有多个网站提供中国专利信息检索服务，主要有国家知识产权局专利检索系统、中国专利信息检索系统、中国知识产权网、中国专利信息网等网站。

（1）国家知识产权局网站（http://www.sipo.gov.cn/）。

（2）中国专利信息网（http://www.patent.com.cn/）。

3. 科技报告检索

科技报告按内容可以分为报告书（Report）、札记（Notes）、论文（Papers）、备忘录（Memorandum）、通报（Bulletin）等，按发行密级可分为秘密报告（Confidential Reports）、机密报告（Secret Report）、绝密报告（Top Secret Report）、非密限制发行报告（Restricted Report）、非密公开报告（Unclassified Report）、解密报告（Declassified Report）等。

提供科技报告检索服务的数据库有两个：中国科技成果数据库、全国科技成果交易数据库（NDSTRTI）。

4. 会议文献检索

提供国内会议文献网络检索服务的数据库如下：

(1) 中国知网的《中国重要会议论文集全文数据库》。

(2) 万方数据资源的《中国学术论文库》(CACP)。

(3) 国际科技图书文献中心的《中文会议论文数据库》(http://www.nstl.gov.cn/)。

5. 标准文献的检索

标准按使用范围可分为国际标准、区域性标准和国家标准，国家标准又分为行业标准、地方标准和企业标准。按内容和性质可分为技术标准和管理标准。按成熟度可分为强制性标准、推荐性标准，还有试行标准和草案标准。

国内标准文献信息的主要网站如下：

(1) 万方数据资源系统。

(2) 中国标准服务网(http://www.cssn.net.cn/)。

(3) 国内外标准信息服务网(http://www.fjqi.gov.cn/webtest/access/user/index.asp)。

(4) 中国标准信息网(http://www.chinaios.com/BZ-jiansuo/index.htm)。

6. 艺术作品专门检索

常用的艺术作品检索系统有 CAMIO 艺术博物馆在线数据库(http://camio.oclc.org/)、CNKI 学术图片知识库(http://image.cnki.net/)、雄狮美术知识库(http://km.lionart.com.tw/)、华艺世界美术资料库(http://www.airitiart.cn/)等。这些网址收录了世界各地丰富多样的艺术作品，其中 CAMIO 艺术博物馆在线数据库其内容及描述由数十家世界级知名博物馆提供。CAMIO 数据库馆藏丰富，涵盖公元前 3000 年至今的 10 万余件艺术作品的精美图像，包括照片、绘画、雕塑、装饰和实用物品、印刷品、素描和水彩画、珠宝和服饰、纺织物、建筑等。CAMIO 展示了各种美术和装饰艺术等作品资料，为教育、研究和欣赏提供高质量的艺术图像。

习 题

一、单选题

1. 计算机网络最突出的优点是（　　）。

　　A. 精度高　　　　　　　　　　　　B. 运算速度快

　　C. 存储容量大　　　　　　　　　　D. 共享资源

2. 下列选项中正确的 IP 地址是（　　）。

　　A. 202.18.21　　　　　　　　　　B. www.hifa.edu.cn

　　C. 202.266.18.21　　　　　　　　D. 202.201.18.21

3. 计算机病毒是一种（　　）。

　　A. 生物病毒　　　　　　　　　　　B. 计算机部件

　　C. 游戏软件　　　　　　　　　　　D. 特殊的有破坏性的计算机程序

4. 电子邮件地址由两个部分组成：用户名@（　　），如 lym@sina.com。

　　A. 文件名　　　B. 域名　　　　C. 匿名　　　　D. 设备名

5. 主机域名 www.hifa.edu.cn 由 4 个子域组成,其中(　　)子域是最高层次域。

 A. www   B. hifa   C. edu   D. cn

6. 计算机病毒是一种(　　)。

 A. 生物病毒   B. 被破坏的程序

 C. 已损坏的磁盘   D. 具有破坏性的计算机程序

7. Internet 上的通信协议为(　　)。

 A. IPX   B. WINS   C. TCP/IP   D. DNS

8. 计算机病毒的特征不包括(　　)。

 A. 潜伏性   B. 传染性   C. 破坏性   D. 免疫性

9. FTP 是(　　)。

 A. 超文本标识语言   B. 超文本文件

 C. 文件传输协议   D. 超文本传输协议

10. 在浏览器地址栏中输入网址,最前面出现的 http 是(　　)。

 A. 文件传输协议   B. 超文本传输协议

 C. 超文本标记语言   D. 超文本

二、填空题

1. 计算机网络包括资源子网和_____子网。

2. 一条 20M 带宽的网线,理论下载速度是_____ Mb/s。

3. IP 地址由网络地址和_____两部分组成。

4. 局域网常见拓扑结构有总线型结构、环形结构、_____结构和混合型结构。

5. 网络按照地理覆盖范围可以分成_____、城域网和广域网。

三、简答题

1. 什么是计算机网络? 按照覆盖范围划分,实验室机房构建的网络属于哪一种?

2. 什么是计算机病毒? 为了防范计算机病毒,我们在日常使用计算机时应采取哪些措施?

3. 请简述防火墙与杀毒软件的区别。

第 7 章 网页设计与制作

随着 Internet 的发展及移动终端设备的不断进步,网络已经成为当今社会不可或缺的交流方式,网页作为获取 Internet 信息与资源的主要平台之一,正日益成为 Internet 时代每一个不甘落伍的人们熟悉和了解的媒介单元。本章首先介绍网页组成基本元素、网页设计的基本原则和布局方法,接着对构成网页最基本的符号——超文本标记语言(HTML)做详细讲解,并阐述利用可视化制作工具软件 Photoshop 和 Dreamweaver 设计网页的方法,最后利用案例帮助读者理解和掌握网站重构与 DIV+CSS 网页布局方法。

7.1 网页设计原则与布局

7.1.1 网页的本质

随着互联网技术的蓬勃发展,Web 应用与服务得到迅速普及,Web 网页、URL 地址、浏览器、搜索引擎、网络云等也成为我们应知应会的知识内容。Web 是由很多网页和网站构成的庞大的信息资源网络,而网站设计与制作是构建这个资源体系的重要技术。网页设计和制作既是一项创意思维活动,也是一种技术活动,是按照设计与工程的规范,从前期准备,到方案实施,再到后期维护等流程的一项系统工程。每个人都有拥有一个网站的梦想,更多的人希望设计出属于自己的独特网页效果,但要做到这些,必须要弄清楚一个问题:网页的本质是什么?

在回答这个问题之前,先来认识有关互联网和网页的几个基本概念。

1. WWW

WWW 是英文 World Wide Web 的缩写,中文名字叫万维网,简称 Web,是基于超文本的信息查询和信息发布系统。其中 WWW 服务器采用超文本链接来链接信息页,通过超文本传输协议(HTTP)传送给使用者,浏览者通过单击链接来获得资源并实现在各个网页中间的跳跃。用户利用 WWW 不仅能访问到 Web 服务器的信息,而且可以访问到 FTP、Telnet 等网络服务,其核心部分包括统一资源定位符(URL)、超文本传输协议(HTTP)、超文本标记语言(HTML)及网络浏览器构成。

2. URL

URL(Uniform Resource Locator,统一资源定位符)也被称为网页地址,是 Internet 上标准的资源的地址,是用于完整地描述 Internet 上网页和其他资源的地址的一种标识方法。在 Internet 中,无论浏览或检索哪种类型的网络资源,如网页、文件、图片或视频等,URL 都是统一的,一般都遵循以下格式:

协议类型：//主机域名或 IP 地址[：端口号]/路径/文件名

例如，http://tech. sina. com. cn/focus/wyhbxz/index. shtml，其中 http 为超文本传输协议，tech. sina. com. cn 是服务器名，/focus/wyhbxz/是服务器文件夹，index. shtml 是文件名。

3. HTTP

HTTP(HyperText Transfer Protocol，超文本传输协议)通常出现在 URL 最前边，是用于从 WWW 服务器传输超文本到本地浏览器的传输协议，它保证计算机快速准确地在网络上传输超文本文档。例如网址 http://www. qq. com/中，http://用于请求 qq. com 服务器显示 Web 页面，通常由网络浏览器默认输入，访问者输入网址时可以省略。

4. HTML

HTML 是 HyperText Markup Language(超文本标记语言)的缩写，它是构成 Web 页面的主要工具，是用来统一全球网上发布信息的符号标记语言。通过 HTML，将所需要表达的信息按某种规则写成 HTML 文本，通过网络浏览器来识别，并将这些 HTML 翻译成可以识别的信息，就是我们所见到的网页。

浏览者打开一个网页后，如图 7-1 所示，在页面空白位置右击，在快捷菜单中选择"查看页面源代码"可以看到网页的 HTML 源代码。

图 7-1　网页及其源代码

5. 浏览器

浏览器是指可以显示网页服务器或者文件系统的 HTML 文件内容，并让用户与这些文件交互的一种软件。现阶段个人电脑上比较流行的网页浏览器包括微软的 IE、Mozilla 的 Firefox、Apple 的 Safari、Opera 欧朋、谷歌浏览器 Google Chrome、Green Browser 浏览器、360 安全浏览器、搜狗高速浏览器、天天浏览器、腾讯 TT、傲游浏览器等，图 7-2 是常用浏览器的图标。

综上可以看出，网页的本质是由 HTML 及其他脚本、数据库连接语句等组成的超文本文档，通常以 HTML 或 HTML 为文本文档的扩展名，可以使用记事本、写字板等编辑工具来完成编写，使用<标签名></标签名>来表示标签的开始和结束。

7.1.2　网页组成元素

尽管网页千差万别，但网页的基本构成元素是固定的。组成网页的最基本设计元素大致包括"视听元素"和"版式设计"两大类，"视听元素"主要包括标志(logo)、图像、文本、页

图 7-2 常用网页浏览器

头、页脚、背景、按钮、动画、表格、表单、声音和视频等,这些视听元素在浏览器中都可以显示、收听或播放,其综合应用大大丰富了网页的表现力,展现更加完美的视听效果;而"版式设计"能将众多的视听多媒体元素进行有机的排列组合,将理性思维个性化地表现出来,在有效传达信息的同时,使浏览者获得感官上的美感和享受,网页设计中的具体体现即为网站链接结构、导航栏、视觉空间中的点线面和网页版式等。

1. 网站标志

网站标志是网站的象征,是网站特色和内涵的集中体现,设计元素往往来源于网站的域名、代表图形、中文名称或不同字母字体的变形组合等,网站标识应体现网站的特色、内容及其内在的文化内涵和理念,如图 7-3 所示的新浪网站以 sina和大眼睛作为标志,追求的是以简洁的、符号化的视觉艺术形象传达网站的形象和理念。

图 7-3 新浪网标志

2. 导航栏

导航栏是网站设计中最重要的元素之一,既要表现网站的结构和内容分类,又要方便用户对网站的浏览。一般来说,导航栏在网站各个页面中的位置相对固定,通常位于页面左侧或上部等比较醒目的位置,一些比较大型的网站甚至可能会有多个导航栏存在。同时为了页面美观,也有部分网站将导航栏和网站标志综合考虑布局,如图 7-4 所示。

图 7-4 导航栏

网页设计与制作

3. 页头和页脚

页头的作用是定义页面的主题,站点的名称往往显示在页头中。网页页头主题明确,重点文字突出,有时也将网站导航合并其中,使浏览者在浏览站点时能快速地在页面间进行切换。页脚是和页头相呼应,是放置作者或公司、版权等相关信息的地方。页头和页脚的巧妙运用,使整个网页构成整体统一的效果,更能体现出一个设计者的创意风格、个性及艺术造诣。

4. 文本和图像

文本和图像是网页设计中必不可少也是最常用的设计元素之一,具有直观和色彩丰富的特点,并可以传达丰富的信息,凸显创意风格。网页中的文字一般采用约定俗成的字体和大小,不要利用罕见字体或明亮色彩,防止在客户端无法显示效果或引起浏览者的视觉疲劳。图像通常采用 JPG、GIF、PNG 三种格式之一,图像来源主要有两种:一种是独立完整的图像,另一种就是利用软件切片处理后的分割图像。

5. 动画

动画是网页构成的重要元素之一,网页设计中的动画常用的有 GIF 动画和 Flash 动画。动画能提供信息、展示作品、装饰网页、动态交互等,有的网站纯粹采用 Flash 制作完成。考虑目标客户的需要,从绘图学观点来说,如果希望网站给浏览者留下深刻的印象,使用 Flash 的确是一种好方法。然而,很多事实证明,Flash 网站通常不会在搜索引擎中获得好的排名,解决这个问题的一种方法是利用 HTML 5 设计网页。

6. 声音和视频

声音是多媒体网页的一个重要组成部分,直到现在,仍然不存在一项旨在网页上播放音频的标准,网络上使用范围最广的音频格式主要有 MP3、OGG 和 WAV 等。大多数音频是通过插件(比如 Flash)来播放的。然而,并非所有浏览器都拥有同样的插件,为改变这种局面,HTML 5 规定了一种通过 audio 元素来包含音频的标准方法,audio 元素能够播放声音文件或者音频流。

网页制作中常见的格式有 ASF、WMV、MP4 和 OGG 等。视频文件的采用让网页变得更加精彩且有动感,许多优秀的网站还是提供了在线视频,如图 7-5 所示。HTML 5 规定了一种通过 video 元素来包含视频的标准方法,刚好解决了 HTML 4 版本之前所遇到的使用第三方插件显示视频的问题,能够提供优质的视频查询和视频点播服务。

7. 表单

表单通常用于填写申请或提交信息的交互页面,如电子邮箱、主页空间、QQ 密码等申请页面以及论坛、留言簿等都是通过表单来实现交互的。通常表单的用途是:收集联系信息,接收用户要求,获得反馈意见,设置访问者签名,让浏览者输入关键字去搜索相关网页,让浏览者注册会员或以会员身份登录等。

8. 超链接

超链接技术是 WWW 流行起来的最主要原因。单击网页中带链接的一行文本或一幅图片,就会有一个新的页面被打开,这就是超链接技术。超链接由链接源和链接目标构成,链接源可以是带下划线的文本,也可以是图像或按钮,甚至可以是一些不可见的程序代码,当链接源被单击激活后,其链接目的端将会显示在 Web 浏览器上,并根据目的端的类型不同选择以不同的方式打开。

图 7-5　网络在线视频

　　为了让浏览者清晰地知道自己所在页面在网站内的位置,并迅速指引浏览者查阅本网站的其他网页或者转向其他网站,在网站结构设计中,通常网站首页和一级页面采用星状链接结构,一级和二级页面之间采用树状链接结构,两者可以达到相互补充的目的,使浏览者既可以方便地看到自己需要的页面,同时又大大地提高了浏览速度。

7.1.3　网页布局方法与工具

　　网页布局本质上是以浏览器作为阅读平台的电子出版物的图文排版,与传统报刊排版不同,网页排版布局在单一静止的图文编排基础之上,又添加了新的交互元素和多媒体元素。但网页设计更多的时候是设计者个性思维的展示,没有固定的网页版式模式,设计者可以根据自己的喜好随心所欲地设计。它的页面呈现效果是动态的,甚至是有声音的,可以互动参与的,最为惊奇的是无法预知下一秒将呈现出怎样的页面效果,这也是网页设计与平面设计最大的区别。当前的网页设计工具中,最流行的当属 Dreamweaver,在网页图形图像及效果图处理方面一般采用 Photoshop 或 Fireworks 软件,相关的动画类表现则依托 Flash 软件完成。

1. 设计步骤

　　网页设计一般包括前期准备、草案设计、方案实施及后期维护这样几个步骤。

　　前期准备工作中,需要对与网站相关的互联网市场进行调查和分析,包括用户需求分析、自身情况分析及竞争对手情况调查分析等。同时,收集和整理资料为网站建设做准备,并不断补充和完善,不断丰富网站内容。

　　草案设计属于网站设计创意阶段,首先以粗略的线条勾画出创意的轮廓,不讲究细腻工整,不必考虑细节功能,甚至也不必太过在意页面元素的安排,主要表达设计者关于"意象"

249

第
7
章

网页设计与制作

方面的一些思路。在草案的基础上,根据策划要求将主要的功能模块安排到页面上,在这个阶段应该完全以设计软件进行绘制。在此环节中要依据设计美学和浏览者的阅读心理安排各模块间的主从位置。根据上一步的设计创意采用一定的网页布局设计方法进行精加工,仔细调整页面元素位置,特别是图片及色彩部分的效果,并为下一步切分并用于 HTML 网页的生成做准备。

方案实施过程中,首先需要根据网站的规划将网站定位全面落实,明确开发网站的软硬件环境,网站的内容栏目和布局,内容栏目之间的相互链接关系,页面创意风格和色彩,以及网站的交互性、用户界面友好性等。规划越详细,方案实施就越规范。同时,完成静态网页和动态网页的制作,并将各部分按照整体规划进行集成和整合,形成完整的站点。

后期工作则包括网站建成后的测试、发布、推广和维护等一系列事情。

2. 布局方法

1) 表格布局

表格布局网页使用的主要布局元素是 table 元素,通过单元格的分区和嵌套来实现定位,再通过诸如 align、valign、cellspacing、cellspadding 等属性控制内容显示,采用 border=
"0"属性来隐藏表格的边框并将图片和文本放在这个无形的网格中,利用分隔 GIF 来进行留白,用隐藏表格来控制布局,从而设计出绚丽的网页效果。

2) DIV+CSS

采用表格布局最大的坏处就是将格式数据混入内容中,这使得重新设计或更新现有站点和内容变得极为复杂,不利于结构和表现的分离,而使用 DIV+CSS 能很好地解决这个问题,其最大的好处就是样式是由 CSS 来控制。图 7-6 为使用 DIV+CSS 定义的页面结构。

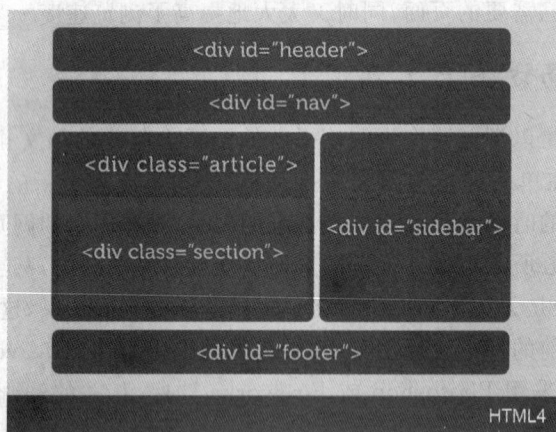

图 7-6　DIV+CSS 布局

3) HTML 5+CSS 3

通过 DIV+CSS 来构建页面结构时,ID 作为一种原始的伪语义结构,导致浏览器的解析器查找标签上的 ID 属性并区分内容级别变得非常困难,网页解析效率低。HTML 5 增加了一些语义标签,采用比 DIV 标签更直接的方式来定义布局。CSS 3 是 CSS 规范的最新版本,CSS 3 添加了一些新特性,帮助前端设计人员解决以前存在的问题,如更强大的选择器,新增的边框、背景、变形、过渡及动画特效等方面的应用。图 7-7 为使用 HTML 5 元素定义的页面结构。

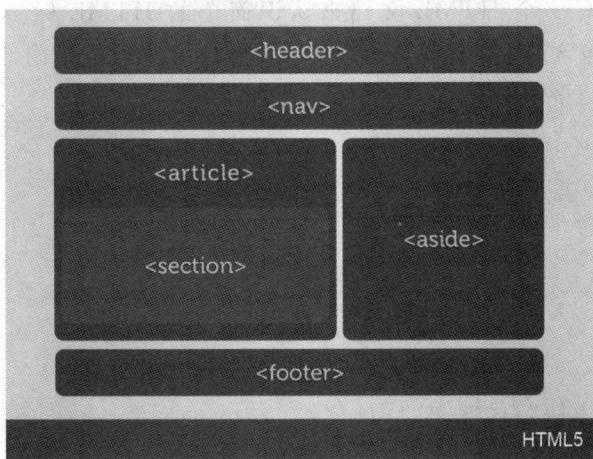

图 7-7　HTML 5＋CSS 3

3. 布局基本类型

网页布局实际上就是页面构图设计,网络上的布局类型各不相同却又各有特色,常见的类型包括骨骼型、满版型、分割型、中轴型、对称型、焦点型、自由型等,浏览者可以通过观察和对比网页版式布局,从而掌握版式设计的一般法则。

7.1.4　网页设计原则与色彩

网页设计和网站的开发有多种多样的方式和技巧,但要完成一个完美的,既让浏览者爱好又便于日后维护的网站,在设计时必须要牢记以下网页设计原则:内容第一,形式第二;有清晰的导航结构;网页文件的命名要规范;设置合理的网站目录;确保链接的有效性;确保流利的访问速度和良好的兼容性;善用多媒体元素;保留真实有效的客服信息。

色彩是网页设计的重要情感语言之一,在网页设计中占有非常重要的地位。网页中的色彩应用通常可以按照下面的思路进行思考:确定网站的风格色彩,在颜色心理感受与网站风格之间做一道连线题;根据网站的风格和选好的主色选择辅助色,色彩的位置关系确定也是以色彩的心理平衡为主要依据;在设计的过程中,随着布局的不同感觉画面中色块的"轻重关系",合理运用色相对比、明度对比、纯度对比及冷暖对比,注重色彩的心理学特征。在网站色彩的编排上,既要根据网站欲传达的内容,又要结合既有的品牌印象来进行色彩的搭配,注重色彩的周期性及色彩数量,力求通过最简单的色彩表达最丰富的含义,使页面具有深刻的艺术内涵。

7.2　超文本标记语言 HTML

7.2.1　简单 HTML 网页

网页本质上其实就是 HTML 文档,而 HTML 文档是在普通文本中加上标签(或标记)。标签是 HTML 技术中最基本的单位,也是 HTML 技术最重要的组成部分,浏览器打开一个 HTML 文档时,会根据标签的含义解析从而达到预期的显示效果。本节通过文本编辑器"记事本"编写一个 HTML 文档来认识简单的 HTML 标签,理解一个完整的 HTML 文档结构所包含的主要标签。选择"开始"→"所有程序"→"附件"→"记事本"选项,打开记事本程序,在记事本中输入以下代码:

```
< html >
< head >
< title >插画 enakei – 简单 HTML 网页</title >
</head >
< body >
< h2 align = center >人生像花儿一样绽放</h2 >
< hr/>
< p align = center >
< img src = 4. jpg width = 272 height = 374 />
< img src = 5. jpg width = 272 height = 374 />
< img src = 6. jpg width = 272 height = 374 />
</p >
</body >
</html >
```

然后将"记事本"中的代码保存为 HTML 文档。步骤为:选择"文件"→"另存为"命令,文件名为 sy1. html,保存类型为"所有文件",编码为 UTF-8,如图 7-8 所示。

图 7-8 "另存为"对话框

打开保存的 HTML 文档,浏览器会自动显示刚才编辑的 HTML 文档,如图 7-9 所示。如果需要对保存的 HTML 文档进行修改,可以在文档打开方式中选择"记事本"程序,再次编辑。

图 7-9 简单 HTML 文档

注意:

(1) 文件扩展名必须为.html 或.htm,不要将网页文件保存在系统默认文件夹或桌面上,建议在硬盘中建立单独的文件夹来保存网页及其配套文件。

(2) 文件夹、网页文件以及网页中所使用到的图片等网页元素保存时要注意文件名及扩展名命名的规范性,并确保相对路径的正确性。本例中图片和网页存放在同一个文件夹中。

(3) 通常情况下,系统会隐藏已知文件类型的扩展名。为了方便查看,同时也为了防止保存的文件出现多个后缀名,可以取消文件夹选项设置里面的"隐藏已知文件类型的扩展名"选项,然后再保存 HTML 文件,设置步骤如图 7-10 所示。

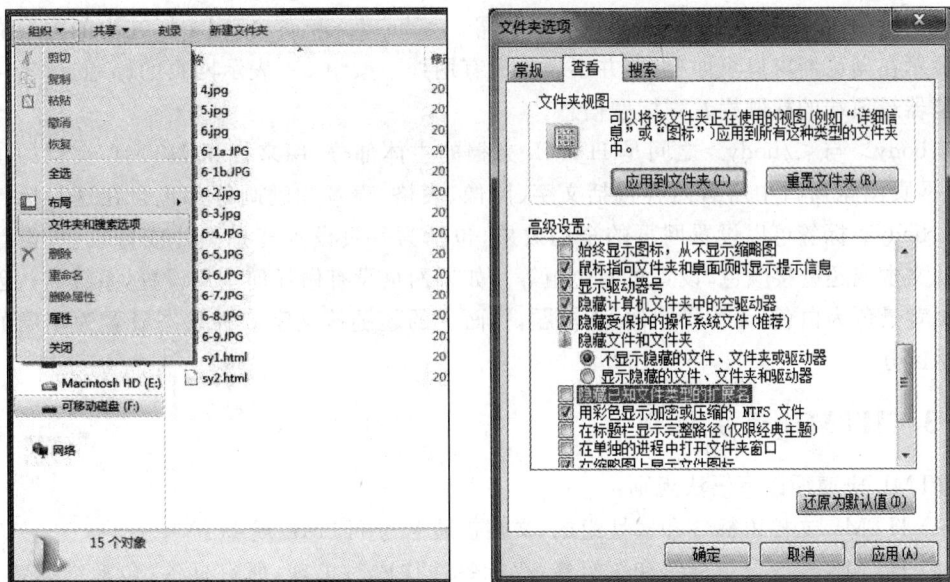

图 7-10 显示已知文件类型的扩展名

文档中<html>标签的作用是告诉浏览器这是 HTML 文档,文档的最后一个</html>标签表示 HTML 文档到此结束。在<head>和</head>之间的内容是头(Head)信息,用来说明文档的相关信息。在<title>和</title>之间的内容是这个文档的标题,可以在浏览器最顶端的标题栏看到这个标题。在<body>和</body>之间的信息是正文,正文可以在浏览器中显示。<p>和</p>是分段标签,段之间的距离较大,相当于换行后又空一行。

标签的属性可以为页面中的 HTML 元素提供附加信息,属性可以有多个,被放置在标签的起始标签中,无先后次序,也可以省略。如<p align=center>表示该段落内的内容居中对齐。align 属性表示对齐方式,其值可取 left(左对齐,默认值)、center(居中对齐)、right(右对齐),其功能在最新版本的 HTML 5 中采用 CSS 实现。<img>为图像标签,要在页面上显示图像,需要使用 src 源属性,src 指 source,其值是图像的 URL 地址,即存储图像的位置,例如<img src="images/aa.jpg" width=200 height=300>表示引用 images 目录中的 aa.jpg 图像,并按照宽度 200 像素、高度 300 像素大小在浏览器中显示。

7.2.2 HTML 文档结构

实例 sy2.html 是一个 HTML 文档的基本结构,通过分析其 HTML 源代码可以看出,一个标准 HTML 文档一般由 html、head 和 body 三大元素构成,其源代码如下:

```
<html>
<head><title>HTML 文档结构</title></head>
<body>这里显示网页的内容,包括文字、图片、声音、动画、视频等</body>
</html>
```

在代码中,<html>是最外层的元素,表示文档的开始,浏览器从<html>开始解释,到</html>结束,所有网页内容都包含在<html>和</html>之间。

<head>是 HTML 文档头标签,出现在<html>标签后面,用来说明文档基本信息,包括文档标题、文档搜索关键字、文档生成器等。<head>和</head>标签内的内容有一些不显示在浏览器窗口页面上,但并不表示没有用处。<title>表示网页的标题,读者可以在浏览器最顶端的标题栏看到标题信息。

<body>与</body>之间是 HTML 文档的主体部分,用来标识 HTML 文档的正文信息,网页浏览窗口中所有内容包括文字、图像、表格、声音和动画等都包含在这对标签之间。<body>标签可以设置网页的全局效果,包括为网页设置背景图片或背景色,设置页面内的文本或超链接颜色,设置页面边距等。如果网页没有做任何全局设置,系统默认创建的网页背景色为白色、无背景图像、无标题,页面上的超链接文字 3 种状态设置为不同的颜色以示区分。

7.2.3 HTML 语法规则

HTML 应遵循以下语法规则:

(1) HTML 文档由标签和属性组成,文档扩展名为 HTML 或 HTM。

(2) HTML 标签分单标签和双标签,双标签往往成对出现,所有标签(包括空标签)都必须关闭,如
、<img/>、<p></p>等。

（3）HTML 标签不区分大小写，即<HTML>和<html>是相同的。

注意：虽然 HTML 文档中标签大小写通用，市面上也有 HTML 标签大小写混用的教材，但本书建议使用小写的 HTML 标签，因为 W3C 组织推荐 HTML 4 和 XHTML 使用小写标签。

（4）多数 HTML 标签可以嵌套，但不允许交叉。如下面的嵌套写法是错误的，head 的闭合标签和 title 的闭合标签位置颠倒了。

```
<html>
<head><title>这里是网页标题</head></title>
<body>这里是网页内容</body>
</html>
```

（5）HTML 文件一行可以写多个标签，一个标签也可以分多行写，但标签中的一个单词不能分两行写。

（6）HTML 源文件中的换行、回车符和空格在显示效果中是无效的，需要借助替换符。

7.2.4　常用 HTML 标签

在 7.2.3 节中的实例 sy1.html 中，除了用来描述 HTML 文档基本结构的 html、head、body 三大元素之外，还包括以下几个重要的标签。

（1）<title></title>，网页标题标签。网页标题可以简明地概括网页的内容，点明网页的主题，它位于浏览器窗口的顶部，又作为浏览器中书签的默认名称，同时也是搜索引擎 robots 搜索时的主要依据。

（2）<h2></h2>，HTML 标准中 6 个级别的标题之一。标题标签被定义在<h1>～<h6>的范围内，用来设置正文标题字体的大小，通常情况下文档的内容显示为 2 或 3 级标签即可。

（3）<hr/>，水平分割线标签。同
标签一样属于 HTML 中的单标签，在使用时采用
和<hr/>的方式合理闭合。
标签在网页中产生一个换行。

（4）<p></p>，段落标签，效果为新建一个段落并加上一个空行。

（5）<img/>，在网页中插入图像，其属性包括图片的路径、宽、高和替代文字等。基本语法格式为<img src="URL" alt="XXX">。其中，src="URL"代表图片的路径，分绝对路径和相对路径两种表示方式。alt="XXX"代表替代文字说明，在浏览器尚未完全读入图片或图片无法显示时，在图片位置显示指定的替代文字。<img/>属于 HTML 中的单标签，在使用时也须合理闭合。

注意：网页设计过程中所使用的任何资源，建议都先复制到网站文件夹中，尽量使用相对路径；网页中若图像无法显示，可能是文件路径不对或文件名称不正确（特别要注意扩展名），也有可能在路径中含有中文或非法字符导致服务器无法识别。

除此之外，常用的 HTML 标签还有很多，本节选择最常用的几个通过实例进行讲授。

（1）<ol>和<li>，或<ul>和<li>。在 HTML 中用<ol>和<li>配合使用创建一个有序列表，用<ul>和<li>配合使用创建一个无序列表。在默认情况下，有序列表是从数字 1 开始计数，通过 start 属性予以修改；无序列表的前导符号没有一定的次序，而是使用黑点、圆圈、方框等一些特殊符号。两者都可以通过标签的 type 属性来定义前导符号。

无论是有序列表还是无序列表,在列表内部都可以实现嵌套,如图 7-11 中的实例 sy3.html 所示。

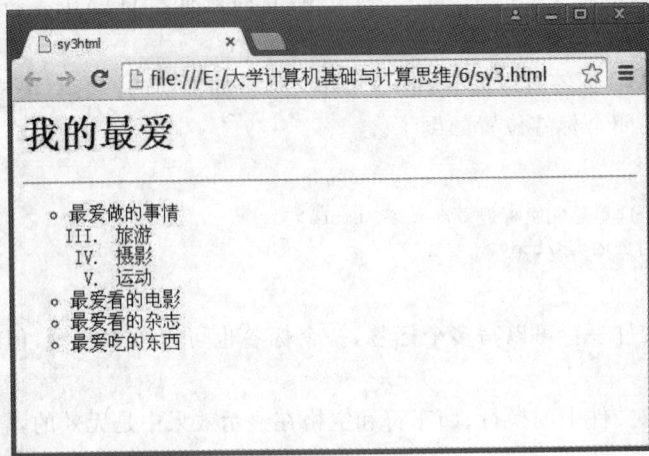

图 7-11　列表嵌套

其核心代码如下:

```
<body>
<h1>我的最爱</h1>
<hr/>
<ul type = "circle">
    <li>最爱做的事情
      <ol type = "I" start = "3">
        <li>旅游</li>
        <li>摄影</li>
        <li>运动</li>
      </ol>
    </li>
    <li>最爱看的电影</li>
    <li>最爱看的杂志</li>
    <li>最爱吃的东西</li>
</ul>
</body>
```

(2)<div>和<span>。两者的作用都是用于定义样式的容器,本身没有具体的显示效果,由其 style 属性或 CSS 来定义,不过两者在使用方法上存在着很大的区别。<div>是一个通用的块状容器标签,用它可以容纳各种元素,包括段落、标题、表格、图片乃至章节等,其默认的状态是占据整个一行。<span>是一个行内元素标签,在<span>与</span>中间同样可以容纳各种 HTML 元素形成独立的对象,但其默认状态是行间的一部分,占据行的长短由内容的多少来决定。如图 7-12 中的实例 sy4.html 所示。

其核心代码如下:

```
<body>
<p>div 标签不同行: </p>
    <div><img src = "2.jpg"></div>
```

```
    <div><img src = "2.jpg"></div>
<p>span 标签同一行: </p>
    <span><img src = "2.jpg"></span>
    <span><img src = "2.jpg"></span>
</body>
```

注意: <span>标签没有结构上的意义,纯粹是应用样式,当其他行内元素都不合适时,就可以使用<span>元素。<span>标签可以包含于<div>标签之中成为它的子元素,而反过来则不成立,即<span>标签不能包含<div>标签。通常情况下,对于页面中大的区块使用<div>标签。

(3) <a>…</a>。超链接标签,用来创建超链接的对象。创建格式如下:<a href = "url" target = "value">链接源</a>,其中<a>又称为锚,单击<a>和</a>标签之间的文本文字可以实现网页的浏览访问。href 属性用于设置链接的目标,属性值为 url。target 指定打开链接的目标窗口,当 target = "_self"时,表示在原窗口显示链接页面;当 target = "_blank"时,表示在新窗口显示链接页面。默认在原窗口中打开链接,仅在 href 属性存在时使用。

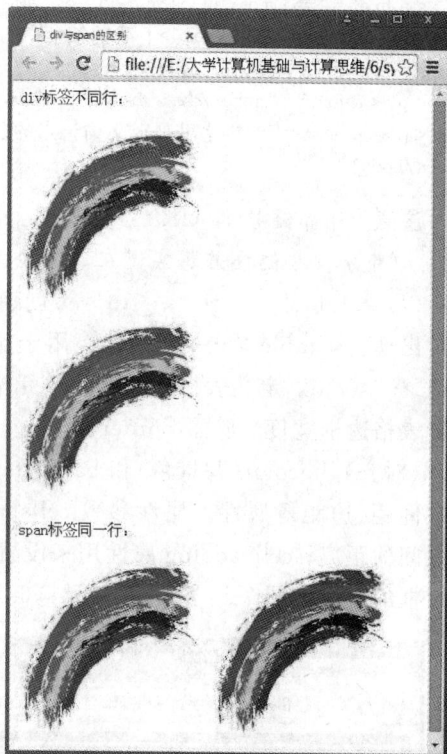

图 7-12   <div>与<span>的区别

按照链接目标的不同,超链接可以分为页面链接、图片链接、E-mail 链接、下载链接和锚记链接等,不同的链接目标设置超链接的方式也不一样,如图 7-13 中的实例 sy5. html 所示。

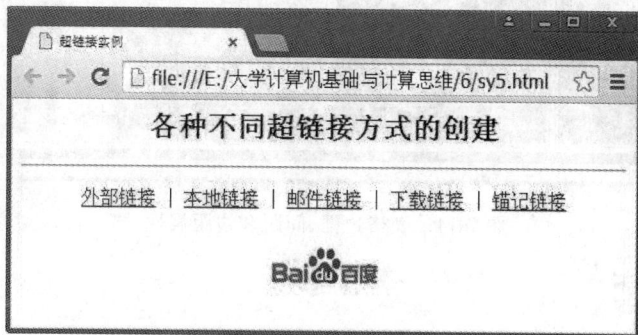

图 7-13   不同类别超链接的创建

其核心代码如下:

```
<body>
<h2 align = "center" >各种不同超链接方式的创建</h2>
<hr/>
<p><a href = "http://www.baidu.com">外部链接</a> |
<a href = "new_page.html">本地链接</a> |
```

网页设计与制作

```
<a href = "mailto:10035154@qq.com">邮件链接</a> |
<a href = "download.rar">下载链接</a> |
<a href = "#mj">锚记链接</a></p>
<p><a href = "http://www.baidu.com"><img src = "baidu_logo.gif" /></a></p>
<p><a name = "mj">这里是定义锚记点的位置</a></p>
</body>
```

注意：外部链接的 URL 应该写完整，如 http://www.baidu.com，不能忽略前面的 http://部分。超链接若想实现在新窗口中打开链接，设置 target="_blank"即可。

（4）<table>、<tr>、<td>。创建表格使用的基本标签，三者在使用时都是双标签成对出现。<table>…</table>用于定义一个表格，<tr>…<tr>定义表格中的行，<td>…</td>定义表格中的普通单元格。可以通过 border 为<table>标签添加边框并设置表格边框宽度。除了 border 属性外，表格还有很多属性，包括 width（宽）、height（高）、align（对齐）、bgcolor（背景色）和 background（背景图像）等。此外，表格中的行和单元格还存在间距、边距等属性。属性参数 cellspacing 用来设置单元格的间距，即指定表格中单元格之间的距离；cellpadding 属性用来设置单元格的边距，即指定单元格里的内容距离单元格边框的距离。图 7-14 给出了实例 sy6.html 的效果。

图 7-14　表格边框、间距和边距属性

其核心代码如下：

```
<table border = "10" cellspacing = "5" cellpadding = "2">
<tr>
<td><img src = "shoe/shoe1.jpg"/></td>
<td><img src = "shoe/shoe2.jpg"/></td>
<td><img src = "shoe/shoe3.jpg"/></td>
<td><img src = "shoe/shoe4.jpg"/></td>
</tr>
<tr>
<td><img src = "shoe/shoe5.jpg"/></td>
<td><img src = "shoe/shoe6.jpg"/></td>
```

```
<td><img src="shoe/shoe7.jpg"/></td>
<td><img src="shoe/shoe8.jpg"/></td>
</tr>
</table>
```

通常在用表格进行网页的布局时,会使用表格嵌套。所谓表格嵌套,就是在一个大的表格的单元格中再嵌入一个或几个小的表格。表格嵌套时,为了防止表格因为内容尺寸过大而变形,最外围的表格宽度一般要固定,采用像素值的方法设置属性值,如用 width="960px"限定最外围表格宽度像素。内部嵌套表格的宽度一般要用百分比,如 width="100％"的形式,这样就可以把单元格的内部填满,不会留下空隙。

(5)<iframe/>。浮动框架标签,可以将 frame 窗口置入一个 HTML 文件的任何位置,内容完全由设计者控制。使用时 src 属性用于设置嵌入框架内容的源;name 属性用于标签框架名,标签完成后,网页中<a>标签链接可以通过 target="name"将链接目标打开窗口设置为浮动框架;scrolling 用于设置框架滚动条,取值 yes、no 或 auto;width 和 height 用于设置浮动框架像素宽度和高度。图 7-15 给出了当 sy7.html 的超链接被激活后的效果。

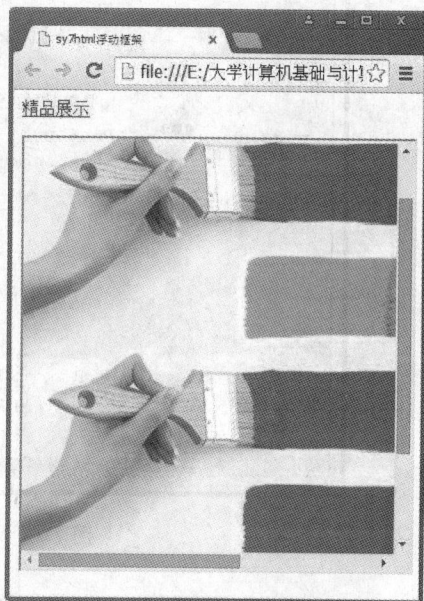

图 7-15 浮动框架

其核心代码如下:

```
<body>
<p><a href="paint.jpg" target="a">精品展示</a></p>
<iframe height="400" width="375" name="a"/>
</body>
```

利用浮动框架也可以嵌入一个页面或互联网某个功能应用等一些复杂的网页效果,通过在百度地图标注地址后复制百度地图提供的地址代码,实例 sy8.html 以在某个联系地址网页嵌入一个指向百度网站的地图链接,效果如图 7-16 所示,其核心代码如下:

```
<iframe src="http://j.map.baidu.com/GRy1D" width=700px height=400px />
```

(6)<marquee>…</marquee>。滚动标签,可以使内部元素在网页中移动,<marquee>并不是标准标签,但目前几乎所有浏览器都开始支持<marquee>标签及其属性。其基本属性包括 direction(移动方向)、behavior(移动方式取值 scroll、slide、alternate)、loop(循环次数)、scrollamount(移动速度)及 width、height(限定区域宽度和高度)等。图 7-17 为实例 sy9.html 的效果。

其核心代码如下:

```
<marquee behavior="alternate">
<img src="wine.gif" align="middle" />图像文字都可以移动哦
</marquee>
```

网页设计与制作

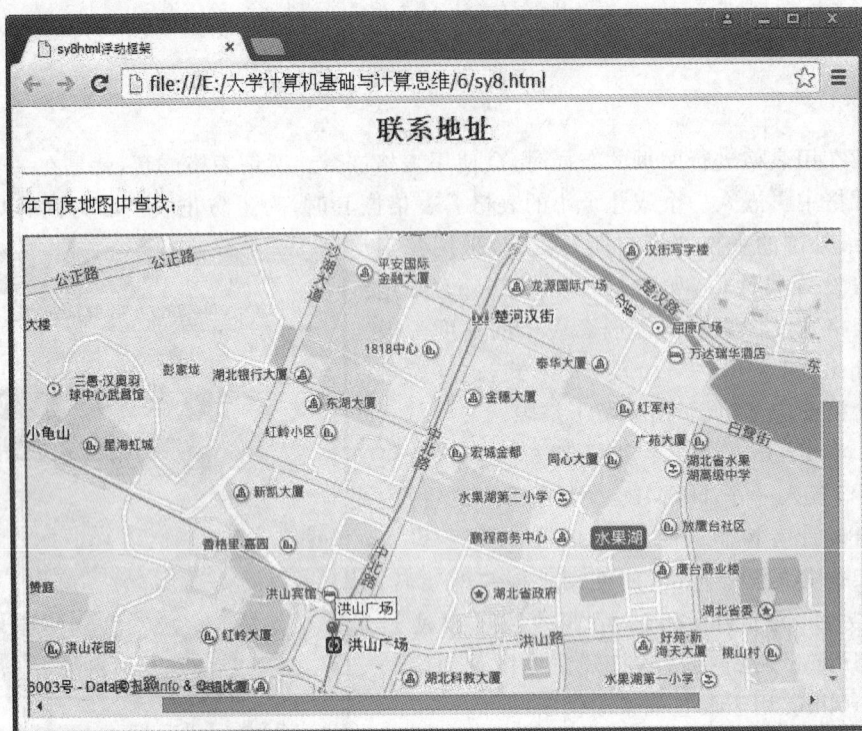

图 7-16　嵌入百度地图的浮动框架

图 7-17　滚动标签

（7）＜embed/＞。多媒体标签，本质上该标签可以在页面中嵌入任何类型的文档，前提是用户的机器上必须已经安装了能够正确显示文档内容的程序，一般常用于在网页中插入多媒体元素，属性包括 src（多媒体资源）、autostart（自动播放控制）、loop（循环播放控制）及 width（宽度）、height（高度）等。如实例 sy10.html，通过＜embed/＞标签嵌入声音后，网页中会出现播放音频控制的声音控制器。其核心代码如下：

```
< embed src = "bgsong.mp3" width = "0" height = "0" autostart = "true" />
```

浏览者可以通过音频控制器在网页中控制声音的播放和停止。有时浏览者不希望看到音频控制器,那么可以通过<embed/>标签的 hidden 属性将其隐藏,但在隐藏了音频播放控制器后,应该将 autostart 属性值设置为 true,以便浏览器自动播放所设置的背景音乐。网页中最常用的音频格式有 OGG、MP3、WAV 等。

注意:在网页中使用音乐需要注意,周而复始的背景音乐往往容易让浏览者产生厌倦而对网页失去兴趣。如果一定要整个网站使用一个背景音乐,可以采用上下结构框架完成,要求背景音乐在下框架且下框架高度为 1px,同时还要注意上框架中超链接的打开目标设置,但这并不是一种推荐做法,读者酌情用之。

<embed/>也可以直接在网页中播放视频。常用的视频格式有 OGG、MP4、WMV 和 FLV 等,网络中播放的视频多为流媒体视频,即边下载边播放,不需要在整个文件下载完成后再播放。如实例 sy11.html,通过<embed/>标签嵌入视频插件后,网页中会出现播放视频控制的视频控制器。其核心代码如下:

```
< embed src = "Draw_With_Me.wmv" width = "600" height = "450" autostart = "true" />
```

现在很多网站也提供体积较小的 Flash 动画在线播放。在网页中应用的 Flash 动画文件的格式要求为 SWF。Flash 动画是流行的网络动画,在网页设计过程中有着广泛的应用,它体积较小,可边下载边播放。实例 sy12.html 给出了在网页中播放 Flash 动画的典型代码:

```
< body >
< embed src = "obj.swf" quality = "high"
pluginspage = " http://www.adobe.com/shockwave/download/download.cgi? P1 _ Prod _ Version =
ShockwaveFlash" type = "application/x - shockwave - flash" width = "800" height = "500" ></embed>
</body >
```

网页效果如图 7-18 所示。

图 7-18　网页中的动画

网页设计与制作

有时候，Flash 动画的背景被设置成透明的，但 Flash 动画本身是黑色背景，通过参数 wmode 设置属性值 transparent 实现，即在＜embed/＞中设置 wmode＝"transparent"参数，设置后动画显示效果如图 7-19 中的实例 sy13.html 所示。

图 7-19　透明背景动画

7.3　网页制作工具

7.3.1　Photoshop

在浏览器中任意打开一个网页，细心的读者就会发现，网页都是可以被分成若干不同功能区域的。通过单击不同功能区域中的隐藏在按钮、文字及图片中的超链接，浏览者可以打开连接的子页面，并进行浏览、查询、注册等操作。本节通过 Photoshop 的切片工具来划分网页的不同功能区域，同时介绍如何将 Photoshop 创建的网页构图导入到 Dreamweaver 中进行编辑和使用。

1. 设计网页基本构图

网页设计的第一步是完成素材的收集、整理及页面布局的构思与描绘。页面布局可以先通过手绘草图的方式完成各版块的定位设置，然后再通过 Photoshop 软件结合相关素材实现。在 Photoshop 中完成一个页面基本构图的步骤如下。

启动 Photoshop，新建一个空白文档，在弹出的"新建"对话框中设置文档名为 index，宽为 1000px，高为 1000px，分辨率为 72 像素/英寸，8 位 RGB 颜色图像模式，背景内容为白色。单击"确定"按钮建立新文档。选择渐变工具，设置前景色为 ♯e7b3c8，背景色为 ♯ffffff，对画布从上到下设置从前景色到背景色的渐变。

将素材 picx.jpg 导入到画布中,选择椭圆选框工具,设置羽化值为 32 px,在图片上方绘制一个椭圆形选区,如图 7-20 所示。

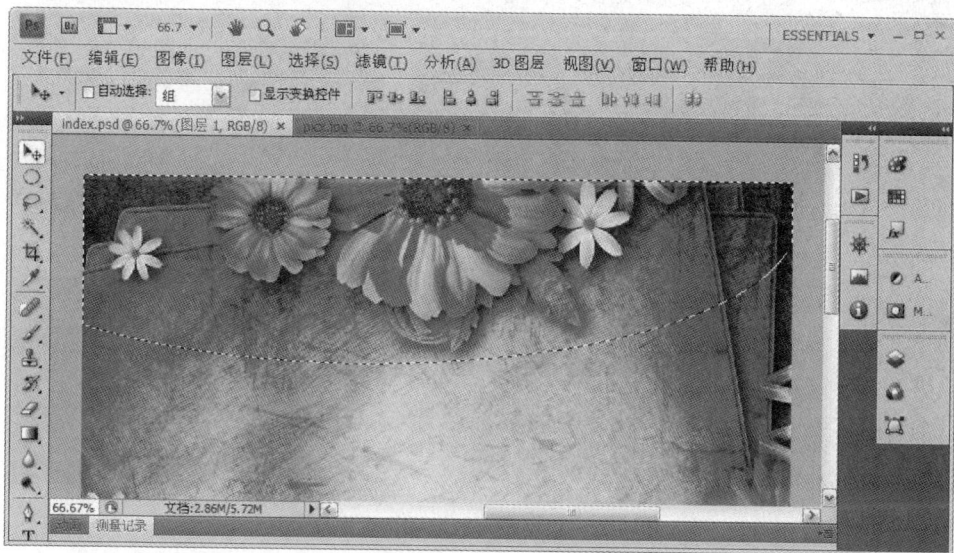

图 7-20　绘制椭圆选区

执行"选择"→"反向"菜单命令,按 Del 键删除图片下半部分,按 Ctrl+D 键取消选区,效果如图 7-21 所示。

图 7-21　删除多余部分后的效果

新建"图层 2",使用矩形选框工具在画布右侧绘制一个灰色矩形,并填充颜色值为 ♯fcf5f7,在"图层"面板中调整"图层 2"到"图层 1"的下方,如图 7-22 所示。

新建"图层 3",选中矩形选框工具在画布左上角绘制一个矩形,并填充颜色为白色,在"图层"面板中设置"图层 3"的透明度为 60%。用文本工具在矩形区域输入网站名称"春华秋实",黑体,大小为 60,效果如图 7-23 所示,这样就基本完成了网页构图。

图 7-22　绘制矩形区域并调整图层

图 7-23　输入文本名称

2. 切割网页图形

完成网页构图后,接下来需要利用 Photoshop 的"切片"工具来进行切割,将网页拆分为不同的功能区,如图 7-24 所示。

利用切片工具将网页划分为不同的功能区后,还可以通过"切片选项"对话框对切片的超链接进行设置和编辑。选择工具箱中的切片选择工具,在切片上右击,在弹出的快捷菜单中选择"切片选项"命令,弹出如图 7-25 所示的对话框。

图 7-24　切片拆分

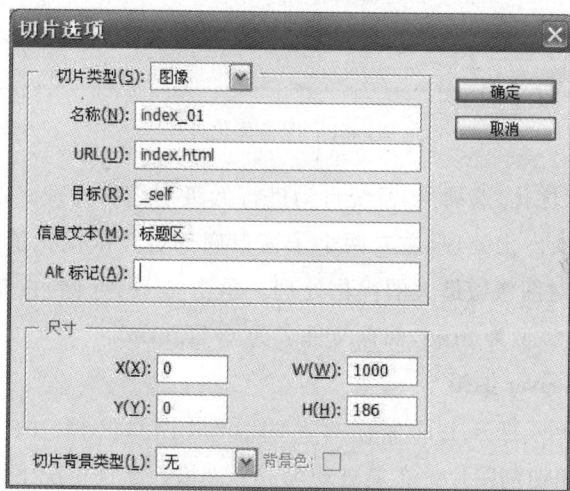

图 7-25　"切片选项"对话框

在"切片选项"对话框的 URL 文本框中输入完整的超链接地址,在"目标"文本框中输入_blank 或_self 选项,用来设置链接文件窗口的打开方式,在"Alt 标记"文本框中输入有关该链接的提示说明。虽然这样具备为切片设置超链接的功能,但并不推荐读者在这里设置,一般情况下还是将其发布为网页后,在 Dreamweaver 中编辑完成后设置超链接。单击"确定"按钮并将当前文件存储为 PSD 格式。

网页制作完成后,就可以对其发布为网页文件,以供别人浏览,这只需要将其编辑完成的文件存储格式为 HTM 或 HTML 的网页文件即可。另外,如果网页在编辑过程中使用了大量图片,可能会导致浏览速度减慢,所以在存储前应对其进行优化处理,以减小其大小。选择"文件"→"存储为 Web 所用格式"命令,打开"存储为 Web 所用格式"对话框,如图 7-26所示。

图 7-26　图像优化处理

选择 Optimized(优化)选项卡,系统自动进行低级别优化处理。选择 2-Up(双联)选项卡,对图像进行进一步优化处理,左右两个子窗口底部会显示优化前后的文件大小。选择 4-Up(四联)选项卡,对图像做最大的优化处理。单击 Save(存储)按钮,在打开的对话框中设置保存文件的格式类型为 html,保存文件名为 sy14.html。

3. 导入 Dreamweaver 编辑

利用 Dreamweaver 打开上面保存的 sy14.html 网页文档。在 Photoshop 中输出的 HTML 文档已经按照切割图片的布局自动生成了表格。默认情况下,网页主体位于窗口的左侧,如果不希望访问者看到这样的效果,可以将它设置为居中。全部选中网页表格,在属性面板中单击"对齐"下拉菜单,选择"居中对齐"选项,效果如图 7-27 所示。

鼠标单击某个切片发现,此时所有的切片图片占满了网页表格及单元格,如果需要在网页中插入其他网页元素及文本,则需要在对切片进行编辑或者将切片转化为单元格背景图才可以。单击需要转化的切片,在其"属性"面板中"源文件"选项中查看并复制切片名称及路径,然后切换到拆分编辑状态,在对应的源代码<td>标签中添加 background 属性,如图 7-28 所示。

最后再删除选择的切片图像源文件,在其单元格中插入所需要的网页元素即可。这里插入了一个导航 SWF 文件,背景透明,并设置大小与切片相同,即刚好占满整个单元格,同时插入了一幅图像,保存后网页效果如图 7-29 所示,其余功能区域读者可自由安排。

图 7-27　居中对齐

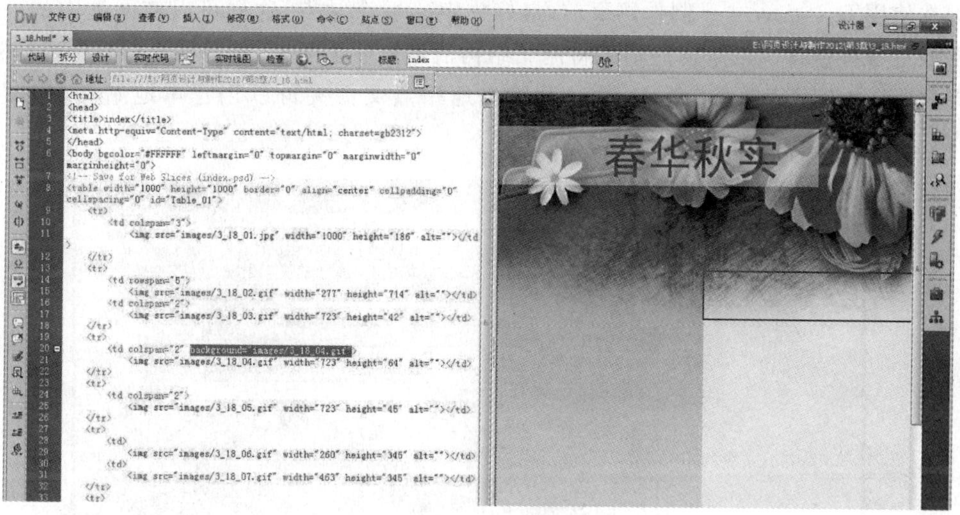

图 7-28　切片转化为背景图

7.3.2　Dreamweaver

Dreamweaver 是 Adobe 公司旗下一款优秀的网页设计软件，是集网站管理和网页创建于一体的可视化网页编辑工具，它既可以在可视化编辑环境下制作网页，又可以通过它提供的 HTML 代码编辑器手工编写代码，界面友好、人性化且易于操作，是网页设计的理想工具。

图 7-29   Dreamweaver 软件编辑后的预览效果

1. Dreamweaver 基础

在使用 Dreamweaver 制作网页前,最好先定义一个站点,这样可以使网站内的一系列文档通过各种链接以目录树的形式将网站结构清晰地显示出来,利用站点对文档进行管理。选择"站点"→"管理站点"命令,通过设置本地站点文件夹可以创建本地站点,如图 7-30 所示。

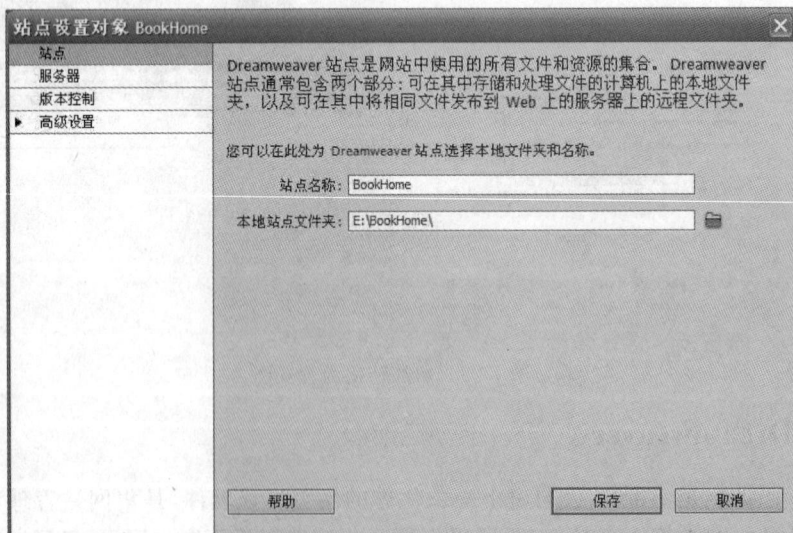

图 7-30   设置本地站点文件夹

站点创建完成后,就可以利用文字、图片及超链接来创建简单的静态网页了。选择"新建"命令,页面类型选择 HTML,单击"创建"按钮新建一个网页文档,通过设置页面属性可以控制页面的背景颜色、背景图像、文本及链接样式等,如图 7-31 所示。本着结构与表现分离的原则,网页默认采用 CSS 将参数设置保存在代码中。从 Dreamweaver 8.0 开始,默认页面的文档类型即为 XHTML 1.0 Transitional,表示比较宽松的过渡型文档类型。编码默认状态为 Unicode(UTF-8)。

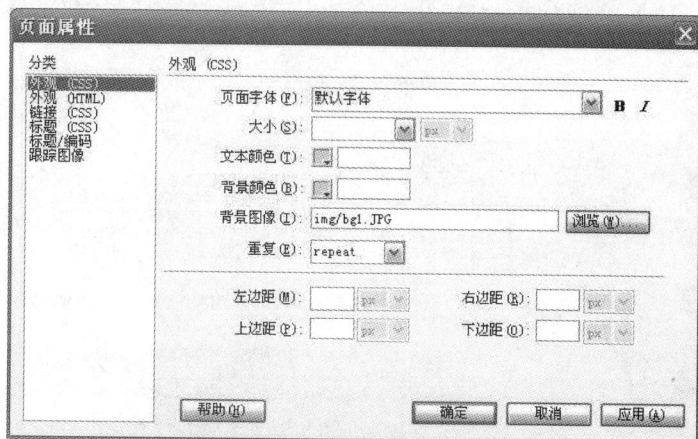

图 7-31　页面属性设置

　　完成页面设置后,保存网页为 sy15.html,实例中通过属性框设置背景,添加水平线和表格,设置表格边框为 1,边距和间距均为 0,水平居中,经过插入图像和超链接等一系列过程,效果如图 7-32 所示。

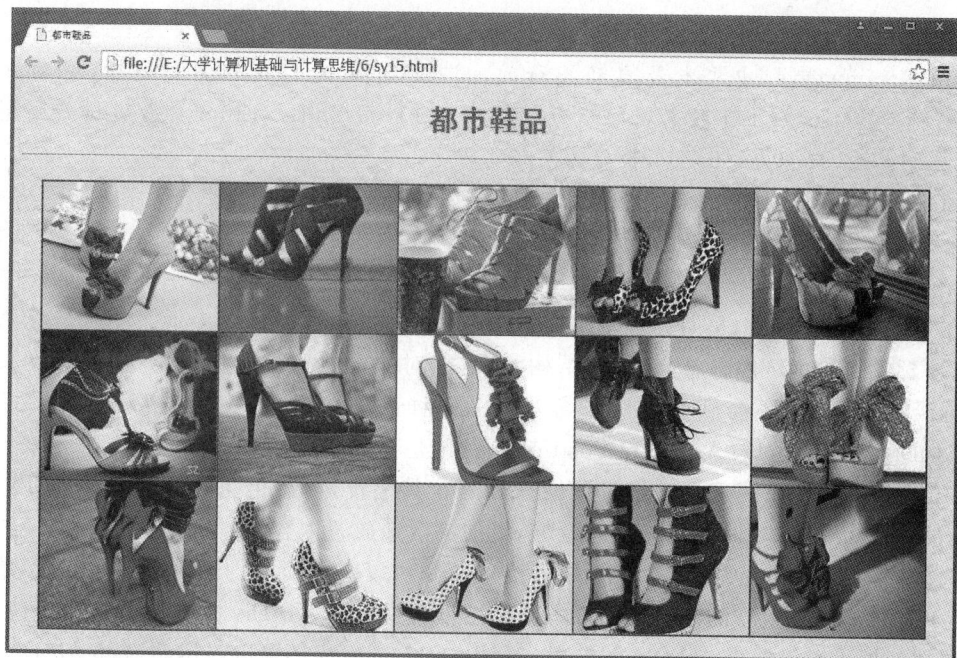

图 7-32　网页效果

超链接是网站的灵魂,Dreamweaver 中可以创建文本、图像、下载、电邮及命名锚记等多种链接形式。在页面中选中要创建超链接的文本或图像,通过对象的属性面板中"链接"文本框选择,或文本框右边的指向文件图标拖动鼠标指向站点内文件来创建超链接。实例 sy16. html 即为鼠标单击图片 1 所对应的超链接网页。如图 7-33 所示,页面中图像和文字的位置调整通过设置图像属性的"左对齐"选项完成。

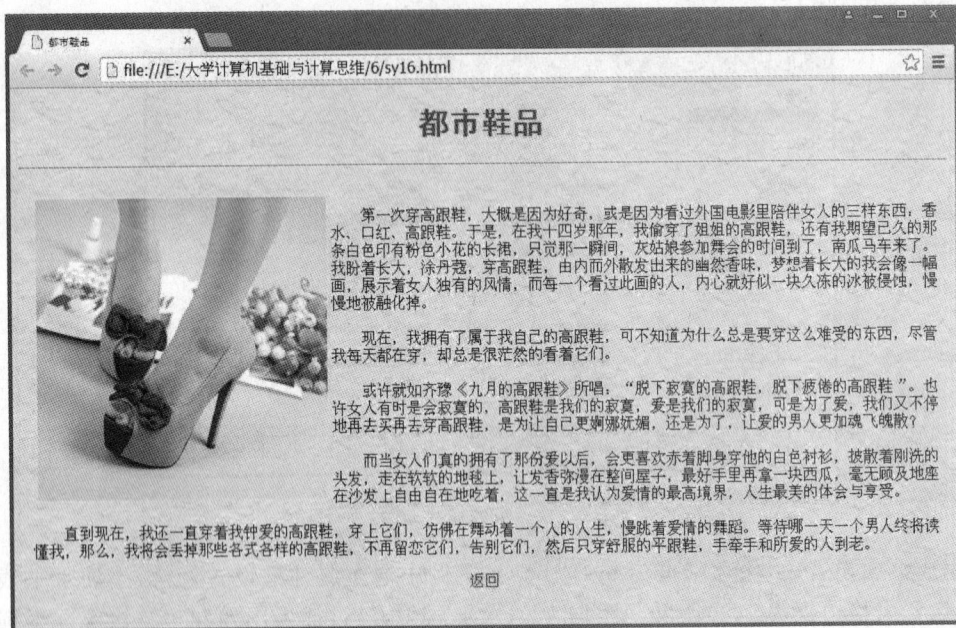

图 7-33　链接网页效果

注意:

(1) Dreamweaver 中文本是自动换行的,用 Enter 键进行换行另起一段,它对应的 HTML 标签为<p>,上下段落行间距为一行。也可以用 Shift+Enter 组合键进行强制换行,对应 HTML 标签为
,换行的间距比较小。

(2) Dreamweaver 中输入多个连续空格需要先将"编辑"菜单中的"首选参数"下"常规"选项中的"允许多个连续的空格"打钩。图像文件也要确保被保存在站点文件夹中。

2. AP Div 对象

在 Dreamweaver 中,早期经常使用表格来完成页面布局,现在更多地采用 Div 元素完成。Div 标签又称为区隔标签,是一种结构元素,能对网页元素进行精确定位,但在网页通过浏览器浏览的时候不会显示出来,配合 CSS 是一种优秀的布局方案。

AP Div 是绝对定位(Absolute Position)元素,是指绝对定位的 HTML 页面元素。在 Dreamweaver 中文本、图像及表格等元素只能固定其位置,不能相互叠加在一起,使用 AP Div 功能,可以从二维空间向三维空间延伸,更加灵活地放置内容。

选择"插入"→"布局对象"→"AP Div"菜单命令可以在页面中创建一个 AP Div。单击在 AP Div 边框的左上方的"回"字形标志图标可以选择激活 AP Div 并拖动鼠标改变位置,通过属性面板可以设置该 AP Div 的参数。利用 AP Div 面板还可以显示和隐藏 AP Div,如果 AP 元素面板中启用了"防止重叠"选项,那么在移动 AP Div 时将无法使其相互重叠。

AP Div 允许嵌套,嵌套可以将若干 AP Div 封装在一起进行定位。嵌套的 AP Div 可以随其父级 AP Div 一起移动,并且可以继承其父级的相关属性,但并不意味着嵌套 AP Div 必须要在父级 AP Div 的内部,不能仅从位置上判断两者是否嵌套,可以通过代码进行观察。将插入点放置在一个现有的 AP Div 中,执行"插入"→"布局对象"→"AP Div"菜单命令,即可创建一个嵌套 AP Div。实例 sy17.html 利用 AP Div 布局网页,并将其他所有 AP Div 嵌套在一个 apDiv1 中,通过对 apDiv1 及其所在页面的 body 标签做适当的 CSS 调整从而实现页面居中效果,如图 7-34 所示。

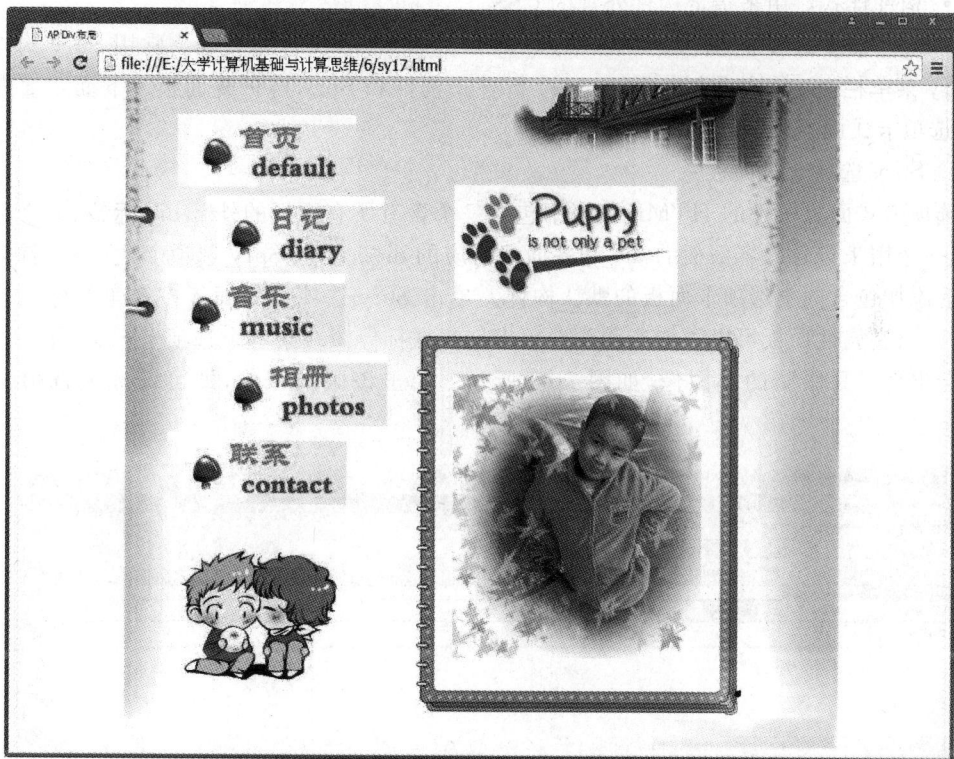

图 7-34　AP Div 布局网页

调整 apDiv1 并实现页面居中的核心 CSS 代码如下:

```
#apDiv1 {
    position:relative;
    margin:0 auto;
    width:778px;
    height:700px;
    z-index:1;
    background-image: url(img/main3.jpg);
    text-align:left; }
body {
    text-align:center; }
```

最后,将准备的素材依次插入到嵌套的 AP Div 中,调整嵌套 AP Div 的相对位置,使网页元素排列相对固定。到此,整个页面的布局基本完成。

3. Spry 构件

Spry 构件是一个页面元素,是 Spry 框架支持的一组用标准 HTML、CSS 和 JavaScript 编写的可重用构件,通过启用用户交互来提供更丰富的用户体验。在 Dreamweaver 中可以方便地插入这些构件(采用最简单的 HTML 和 CSS 代码),然后设置构件的样式。

Spry 构件由以下几个部分组成:

- 构件结构。用来定义构件结构组成的 HTML 代码块。
- 构件行为。用来控制构件如何响应用户启动事件的 JavaScript。
- 构件样式。用来指定构件外观的 CSS。

Spry 框架中的每个构件都与唯一的 CSS 和 JavaScript 文件相关联。常用 Spry 构件包括 Spry 菜单栏、Spry 选项卡式面板、Spry 折叠式构件和 Spry 可折叠面板。下面主要介绍 Spry 选项卡式面板及 Spry 折叠式构件。

1) Spry 选项卡式面板

选项卡式面板构件的 HTML 代码中包含一个含有所有面板的外部 div 标签、一个标签列表、一个用来包含内容面板的 div 和各面板对应的 div。插入 Spry 选项卡式面板,就会在页面上添加包含两个选项卡面板的默认构件。单击 Spry 选项卡式面板左上角的标识选中该构件,通过属性面板可以添加或删除选项卡。当鼠标停留在某一个选项卡上时,在该选项卡上会出现一只眼睛的小图像,如图 7-35 所示。单击该眼睛图像,即可修改该选项卡的属性。

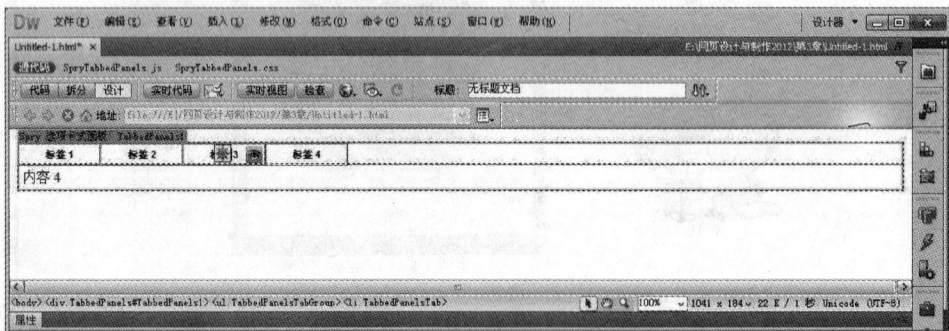

图 7-35　Spry 选项卡式面板

通过修改相关的 CSS 样式设置可以优化构件。实例 sy18.html 修改了选项卡内容和样式,设置了网页布局,并添加了背景图片,网页效果如图 7-36 所示。

2) Spry 折叠式构件

折叠式构件是一组可折叠的面板,当浏览者单击不同的选项卡时,折叠式构件的面板会相应地展开或收缩。在折叠式构件中,每次只能有一个内容面板处于打开且可见的状态。折叠式构件的默认 HTML 中包含一个含有所有面板的外部 div 标签以及各面板对应的 div 标签,各面板的标签中还有一个标题 div 和内容 div。折叠式构件可以包含任意数量的单独面板。

插入 Spry 折叠式布局对象,即可在页面中插入一个包含两个面板的折叠构件。单击构件左上角的标识选中该构件,在其"属性"面板中单击"面板"后面的加号(＋)按钮可以增加面板数目,面板的名称和内容可直接在编辑区修改,如图 7-37 所示。

图 7-36　自定义 Spry 选项卡式面板

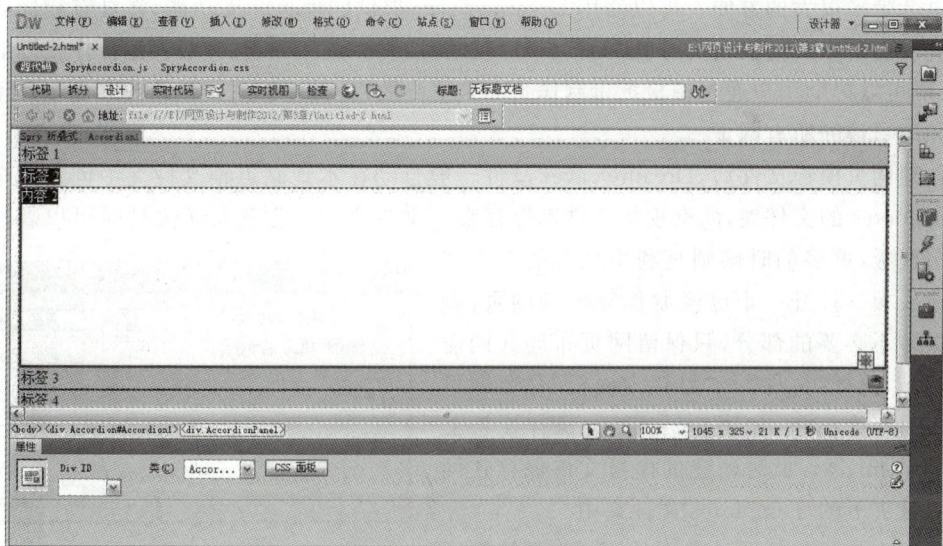

图 7-37　Spry 折叠式

将鼠标指针移到要在"设计"视图中打开的面板的选项卡上，然后单击出现在该选项卡右侧的眼睛图标，或者选中折叠式构件，然后在"属性"面板中单击要编辑的面板的名称，即可打开面板进行编辑。图 7-38 即为插入一个编辑过的 Spry 折叠式构件的网页效果图。

4. 网页模板

当需要制作大量布局基本一致的网页时，使用模板是最好的办法，对日后的升级与维护

图 7-38　Spry 折叠式效果

网站也会带来很大的方便。可以使用 Dreamweaver 提供的模板和库功能，将具有相同版面结构的页面制作成模板，将相同的元素（如版权信息）制作成库项目，存放在站点中供随时调用，这样可以帮助用户通过模板批量制作页面来提高效率，并能够方便地修改和更新应用了模板和库项目的所有网页。

　　创建网页模板文件后，Dreamweaver 软件一般自动在本地站点根文件夹中创建一个名为 Templates 的文件夹，所有模板文件都保存在该文件夹中。创建模板文件时可以新建一个空白模板，更多的时候则是利用现有的网页文档创建模板。打开一个已经制作完成的网页，删除网页中不必要的部分，只保留网页布局共同需要的区域，选择"文件"→"另存为模板"命令即可将网页另存为模板，如图 7-39 所示，保存模板文件为 muban.dwt，此时新建的模板文件保存在网站根文件夹下的 Templates 文件夹中。

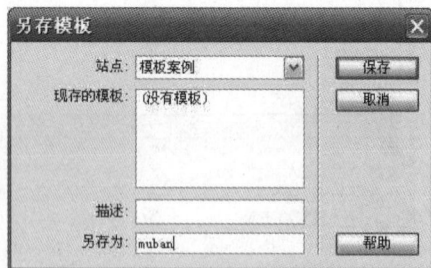

图 7-39　"另存模板"对话框

　　模板中主要包括两种类型的区域：可编辑区域和不可编辑区域。可编辑区域能改变以模板为基础的文档内容，只有在可编辑区域里，才可以编辑网页内容。模板文件保存在自动创建的 Templates 文件夹中，其后缀名为 .dwt，如果模板中没有定义任何可编辑区域，在关闭时会显示警告信息。在文档窗口中，选中需要设置为可编辑区域的部分，单击"插入"→"模板对象"→"可编辑区域"菜单命令，在弹出的"新建可编辑区域"对话框中给选定区域命名，如图 7-40 所示。

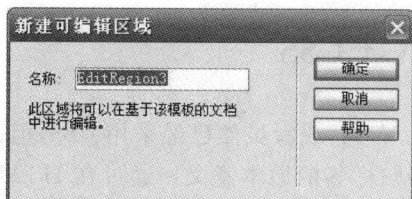

图 7-40 "新建可编辑区域"对话框

新添加的可编辑区域有蓝色标签,标签上是可编辑区域的名称。如果要删除可编辑区域,只要将光标置于要删除的可编辑区域内,选择"修改"→"模板"→"删除模板标记"命令,光标所在区域的可编辑区即被删除。其他类型的区域,包括可选区域、重复区域、可编辑可选区域、重复表格等,都可以通过类似方法获得。

在 Dreamweaver 中新建空白 HTML 文档,打开资源面板,单击资源面板中的"模板"按钮,在资源面板中可以看到上面创建的 muban.dwt 文件。选中 muban.dwt 并按住鼠标左键直接拖曳到空白页面窗口中,在可编辑区修改网页内容并保存,即可快速制作出一个如图 7-41 所示的 sy20.html 网页。

图 7-41 模板创建网页

当设计者将创建的模板应用到页面制作之后,就可以通过修改一个模板实现修改所有应用此模板的网页。具体操作步骤为:在"资源"面板的"模板列表"中选择修改过的模板文件,右击,在弹出的快捷菜单中选择"更新站点"命令,打开如图 7-42 所示的"更新页面"对话框。在第一个列表框中选择整个站点,在第二个列表框中选择模板所在站点名称,勾选"模板"复选框,单击"开始"按钮即可更新当前站点中与这个模板有关的网页。

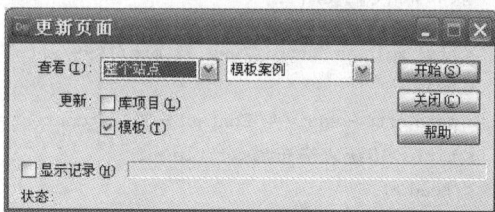

图 7-42 "更新页面"对话框

网页设计与制作

7.4 网站重构 DIV+CSS

网站重构是把未采用 CSS,大量使用 HTML 定位、布局,或者虽然已经采用 CSS,但是未遵循 HTML 结构化标准的站点进行改善,让标签回归标签的原本意义。通过在 HTML 文档中使用结构化的标签及采用 CSS 控制页面表现,使页面的实际内容与它们所呈现的格式相分离的站点的过程就是网站重构。其目的是让网站符合 Web 标准,实现结构、表现和行为三个层次的分离及优化。目前主要是不采用 table 标签来布局页面,而改用 DIV+CSS 实现。

7.4.1 布局思考方式

在传统网页布局中,通常是利用表格(table)并隐藏边框来控制页面元素布局,这种方法最大的坏处就是页面的结构部分和表现部分混杂在一起,后期维护比较麻烦。而在标准布局中,结构部分由 XHTML 控制,表现部分由 CSS 控制,实现了表现和结构相分离。这是两种截然不同的网页布局思考方式,下面详细介绍两种思考方式的具体区别。

1. 传统布局

在传统布局中使用的主要布局元素是 table 元素。一般用 table 元素的单元格将页面分区,然后在单元格中嵌套其他表格定位内容。通常使用 table 元素的 align、valign、cellspacing、cellspadding 等属性控制内容的位置,用 border=0 来隐藏表格的边框显示。下面是用 table 元素进行布局的简单示例,对单元格网页的浏览效果如图 7-43 所示。

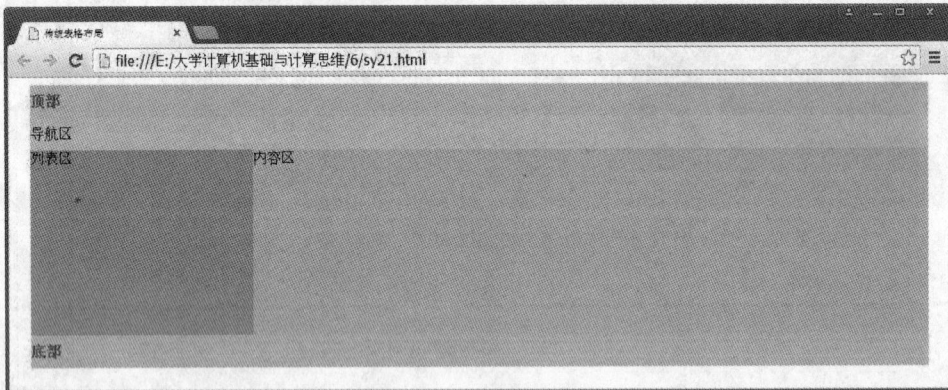

图 7-43 传统表格布局

该布局代码如下:

```
< html xmlns = "http://www.w3.org/1999/xhtml">
< head >
< meta http - equiv = "Content - Type" content = "text/html; charset = utf - 8" />
< title >传统表格布局</title>
</head>
< body >
< table width = "1000" border = "0" align = "center" cellpadding = "0" cellspacing = "0">
```

```
  <tr>
    <td height = "35" bgcolor = "#9DD8FF"><font color = "#FF0000"><strong>顶部</strong>
</font></td>
  </tr>
  <tr>
    <td height = "35" bgcolor = "#FFCC66">导航区</td>
  </tr>
  <tr>
    <td><table width = "100%" height = "200" border = "0" cellpadding = "0" cellspacing = "0">
      <tr>
        <td width = "25%" valign = "top" bgcolor = "#9EBC76">列表区</td>
        <td width = "75%" valign = "top" bgcolor = "#CCCC99">内容区</td>
      </tr>
    </table></td>
  </tr>
  <tr>
    <td height = "35" bgcolor = "#9DD8FF"><font color = "#FF0000"><strong>底部</strong>
</font></td>
  </tr>
</table>
</body>
</html>
```

在代码中使用了 font 和 strong 元素来控制顶部和底部文本的显示效果,这就是典型的表现和结构混杂的用法。当制作了数目繁多的类似页面之后,修改页面表现就显得尤为困难。例如要修改文本颜色为 blue,则就需要更改页面中所有的 font 元素的 color 属性值,这样的操作会花费大量的时间且很容易遗漏。

2. Web 标准布局

在 Web 标准布局中,结构部分和表现部分是各自独立的。结构部分是页面的 XHTML 部分,表现部分是调用的 CSS 文件。XHTML 只用来定义内容的结构,所有表现的部分放到单独的 CSS 文件中。对于初次使用 DIV+CSS 进行网页设计的新手,推荐采用遵循 Web 标准布局的编辑工具,例如 Dreamweaver,它是目前支持 CSS 标准最完善的工具。

在 Dreamweaver 中选择"编辑"→"首选参数"菜单命令,在弹出的对话框中选择"新建文档"分类,如图 7-44 所示。

可以看出,Dreamweaver 将 XHTML 1.0 Transitional 作为默认文档类型,Dreamweaver 将 XHTML 过渡型标准作为目前网页设计的标准语言,同时还支持 XHTML 1.1 和 HTML 5 在内的所有文档类型。利用 Web 标准对上例进行重构,在保证同样网页效果的情况下,采用 DIV+CSS 布局格式的代码如下:

```
<!DOCTYPE html PUBLIC "-//W3C//DTD XHTML 1.0 Transitional//EN" "http://www.w3.org/TR/
xhtml1/DTD/xhtml1-transitional.dtd">
<html xmlns = "http://www.w3.org/1999/xhtml">
<head>
<meta http-equiv = "Content-Type" content = "text/html; charset = utf-8" />
<title>DIV+CSS 典型布局</title>
<style type = "text/css">
body{margin: 10px;
```

```
            padding: 0px;}
    #top, #nav, #mid, #footer{
        width:1000px;
        margin:0 auto;}
    #top, #footer{ height: 35px;
        background-color: #9DD8FF;
        color: #F00;
        font-weight: bold;}
    #nav{ height: 35px;
        background-color: #FC6;}
    #mid{ height: 200px;}
    #list{ width: 25%;
        height: 200px;
        background-color: #9EBC76;
            float: left;}
    #content{ width:75%;
        float:right;
        height: 200px;
        background-color: #CCCC99;}
</style>
</head>

<body>
<div id="top">顶部</div>
<div id="nav">导航区</div>
<div id="mid">
    <div id="list">列表区</div>
    <div id="content">内容区</div>
</div>
<div id="footer">底部</div>
</body>
</html>
```

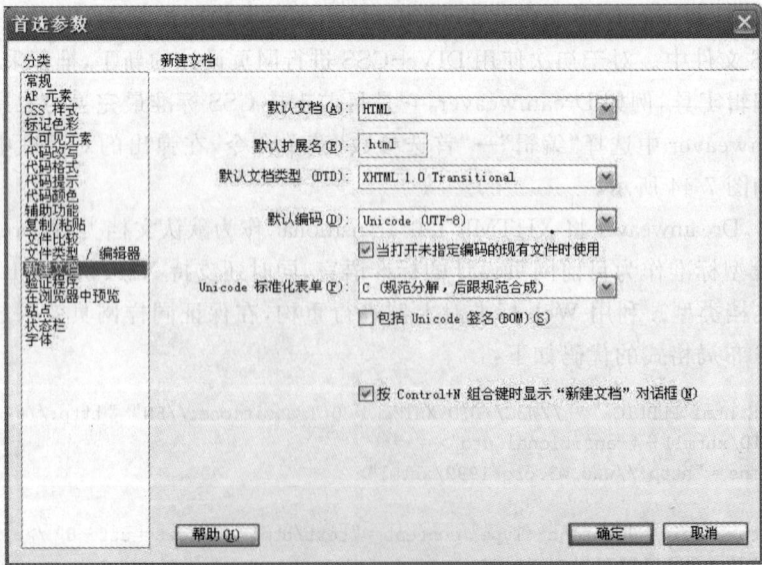

图 7-44　默认文档类型

其中,代码

```
<! DOCTYPE html PUBLIC " - //W3C//DTD XHTML 1.0 Transitional//EN" " http://www.w3.org/TR/
xhtml1/DTD/xhtml1 - transitional.dtd">
< html xmlns = " http://www.w3.org/1999/xhtml">
< meta http - equiv = "Content - Type" content = "text/html; charset = utf - 8" />
```

用于制作符合标准站点时的 DOCTYPE 声明、名字空间声明及定义语言编码,通过 Dreamweaver 编辑器创建的页面会自动添加,这样做的目的是为了能被浏览器正确解释和通过 W3C 代码校验。

通过分析以上两个示例的代码可见,在布局效果一致的情况下,表格布局导致结构与样式混杂,条理混乱,不易维护,而 DIV+CSS 布局将内容与样式分离,代码的重用性较高,如果网站中所有的页面调用相同的 CSS 文件,那么更改网站中同一表现只需要更改一句代码即可。语义清楚的 XHTML 和合理的 CSS 使得网站的改版相对变得非常容易。

注意:

(1) 使用 Web 标准布局,并不是简单地用 div 元素代替 table 元素,而是要从根本上改变对页面的理解方式,达到结构和表现相分离。

(2) 表格虽然不提倡用作布局,但并不代表 XHTML 排斥表格的使用,只是在需要显示表格数据的时候使用表格标签,把表格用在合适的地方,以保持结构的清晰。

7.4.2 CSS 样式表应用

CSS 英文全称为 Cascading Style Sheets,即通常所说的层叠样式表。它通过对网页中的每个元素进行美化,将网页变得更加美观,维护更加方便。

CSS 通过定义规则并将其应用到文档中同一类型的元素,这样就可以减少网页设计者的工作。每个样式表都由一系列规则组成,每条规则有两个部分:选择器和声明。每条声明又是属性和值的组合,如图 7-45 所示。选择器告诉浏览器网页中的哪个元素或哪些元素要设置样式,可以有多种形式,声明块用来设置具体的属性和值。

多个 CSS 样式组成样式表,样式表按照其在网页中使用位置和方式的不同可以分为外部样式表、内部样式表及行内样式表 3 种类型,下面来看看这 3 种样式表的不同使用方式。

图 7-45 CSS 规则语法

1. 外部样式表

外部样式表可以集中控制和管理多个网页的格式和布局,省去了对这些网页的每个标签都要进行格式化的麻烦。一般情况下,网站选择外部样式表比较好,有助于使网页打开速度更快。网页只包含基本的 HTML 代码,浏览器的缓存中会保存外部样式表文件,当浏览者链接跳转到使用同一个样式表的其他网页时,浏览器就不必再次下载样式表,只要从缓存中把这个外部样式表调出来就可以了,可以节省网页打开的时间。这种方式下,外部样式表将 CSS 规则写成一个文本文件,它不包含任何 HTML 代码,以 .css 作为文件扩展名,在 HTML 文档头中通过链接或导入的方式引用该文件进行样式控制。

调用外部样式表一般是在<head>标签内使用<link>标签将样式表文件链接到 HTML 文件内,例如:

网页设计与制作

```
< link href = "sy22.css" rel = "stylesheet" type = "text/css">
```

这里需要 3 个属性,href 指向外部样式表的位置及名称,rel＝"stylesheet"表示链接的类型是样式表,type＝"text/css"表示包含 CSS 的文本。这一段代码必须放在＜head＞和＜/head＞之间。

也可以使用 CSS 语言自身的@import 指令通过导入方式来链接样式表,例如:

```
< style type = "text/css">
@ import url(sy22.css);
</style >
```

这里要注意路径使用的是 url 而不是 href。但在使用中,某些浏览器不支持这种外部样式表的@import 声明,因此这种方法不推荐使用。

2. 内部样式表

内部样式表使用＜style＞＜/style＞标签把样式表的内容直接放到 HTML 页面的 head 区域内定义样式,内部样式表只对所在的网页一次性有效,可针对具体页面进行具体调整。例如:

```
< style type = "text/css">
<! --
p {
text - align: left;
color: #FF0000;
}
-->
</style >
```

其中,＜style＞标签用来说明所要定义的样式,type＝"text/css"说明这是一段 CSS 样式表代码,＜!--与-->标签是为了防止一些低版本的浏览器不支持 CSS,不能识别＜style＞标签而将＜style＞与＜/style＞之间的 CSS 代码当作普通的字符串显示在网页中。

注意:内部样式表和外部样式表可以相互转换,只需要将内部样式表中＜style＞与＜/style＞之间的代码剪切,保存在一个以.css 为后缀名的文本文件中即可。同理反向操作,也可以实现外部样式表向内部样式表的转换。

3. 行内样式表

内部样式表定义的样式对网页中所有同名的 HTML 标签都有效,如上例中＜p＞标签中的所有文字都是左对齐效果,其字体为红色。如果只想控制网页中某一个标签,可以采用行内样式表的方式。行内样式表是定义在＜html＞标签内,只对所在的标签有效。行内样式表直接对 HTML 的标签使用 style 属性,然后将 CSS 代码直接写在其中。

例如,如果只想控制一段文字为红色居中显示,行内样式表代码如下:

```
< p style = " text - align: center; color: #FF0000">行内样式表的用法</p>
```

又如给一个图像添加模糊滤镜特效,代码如下:

```
< img src = "img/img2.jpg" style = "filter: Blur(Strength = 50)">
```

行内样式表是最为简单的 CSS 使用方法,优势在于可以灵活地改变元素样式,但由于需要为每一个标签设置 style 属性,后期维护成本依然很高,而且网页容易过于臃肿,失去了样式表的优势,将内容和形式相混淆了,一般这种方法只是在个别元素需要改变样式时使用。

综合以上各 CSS 样式表的应用方法,在使用中各有长短,推荐读者采用外部样式表的方法,这样可以使网页的内容与表现真正实现分离。在多个页面共同调用同一个 CSS 文档时,每个页面独立的样式部分还是使用内部样式表,内部样式表的优先级高于外部样式表,而行内样式表的优先级又高于内部样式表。当出现多种插入 CSS 的方式时,浏览器会遵循"最近优先"的原则,即最靠近标签对象的样式优先级别最高。

7.4.3　CSS 选择器

在 Dreamweaver 中选择"窗口"→"CSS 样式"打开"CSS 样式"面板,单击该面板中的"新建 CSS 规则"按钮,打开"新建 CSS 规则"对话框,如图 7-46 所示。

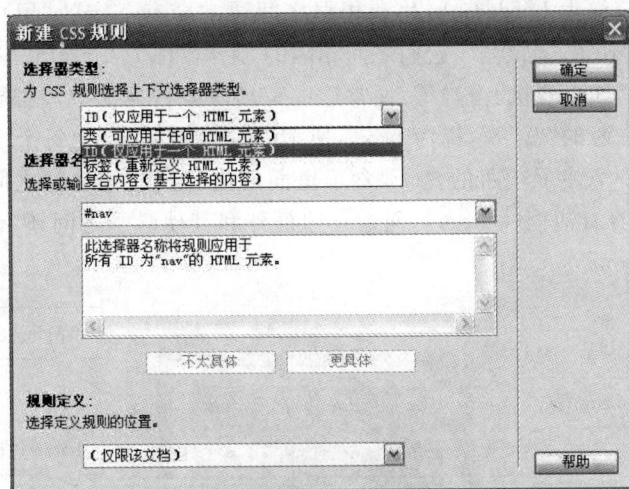

图 7-46　新建 CSS 规则对话框

选择器类型主要包括 4 个选项:类(可用于任何 HTML 元素)、标签(重新定义 HTML 元素)、ID(仅应用于一个 HTML 元素)和复合内容(基于选择的内容)。

标签选择器可以声明哪些标签采用哪种 CSS 样式,本质上是对 HTML 元素进行重新定义。如 p 选择器,就是声明文档中所有<p>标签的样式风格。HTML 中所有标签都可以作为标签选择符,因此,在"新建 CSS 规则"对话框的"选择器名称"下拉列表中的正是 HTML 标签。

类选择器能够把相同的元素分类定义成不同的样式,对 HTML 标签均可以使用class=""的形式对类属性进行名称指派,且允许重复使用。与标签选择器不同的是,类选择器的名称可以由用户自定义,在定义类选择器时,名称前面需要加一个点号(.)。

ID 选择器的使用方法和类选择器基本相同,不同之处在于 ID 选择器只能在 HTML 页面中使用一次,因此其针对性更强,只用来对单一元素定义单独的样式。在定义 ID 选择器时,要在 ID 名称前面加一个♯号。ID 选择器使用时只需要将类选择器的 class 换成 id 即可。对于一个网页而言,其中的每一个标签均可以使用 id=""的形式对 id 属性进行名称的指派。当类选择器与 ID 选择器同时作用时,ID 选择器的优先权要高于类选择器。

复合内容选择器包括群选择器、通配符选择器、派生选择器、伪类和伪元素选择器等。这些选择器及其规则的设置都可以在 Dreamweaver 中的 CSS 面板中定义完成,有兴趣的读者可以进一步学习。

7.4.4　DIV+CSS 网页设计

网页中的元素都占据一定的空间,除了元素内容之外还包括元素周围的空间,一般把元素和它周围空间所形成的矩形区域称为盒子(box)。从布局的角度讲,网页是由很多盒子组成的,根据需要将诸多盒子在网页中排列分布,就形成了网页布局。盒模型是 CSS 样式布局的一个重要概念,只有掌握了盒模型及其使用方法,才能够控制网页中各种元素。

1. 盒模型

在学习盒模型之前,先搞清楚一些概念。假设将照片放入一个相框中,对于照片来说,就有了一个"边框",称为 border;照片和相框之间通常会有一定的"留白",称为 padding;相框彼此之间一般不会紧贴摆放,它们之间相隔的"距离"称为 margin。这样的形式存在于生活中的各个地方,如电视机、窗户等,通常这些矩形对象占据的空间都要比单纯的内容要大,就像一个装了东西的"盒子",称为 box。所谓"盒模型",就是把每个 HTML 元素(特别是块级元素)看作一个装了东西的盒子,盒子里面的内容到盒子边框之间的距离即为填充(padding),盒子本身有边框(border),而盒子边框外和其他盒子之间还有边距(margin),如图 7-47 所示。

图 7-47　盒模型

浏览器将每一个 HTML 标签都作为盒子来处理,但不是所有盒子都是相同的。如 p、h1、div 等块级标签显示为一块框内容,而 span、a 等内联标签则显示为一行内框内容,但可以通过 display:block 属性改变生成框的类型,让内联标签表现得像块级标签一样。一个元素的实际宽度=左边距+左边框+左填充+内容宽度+右填充+右边框+右边距。默认情况下,盒子无边框,背景透明,所以默认情况下看不到盒子,只有通过 CSS 样式设置才可以勾勒网页布局。

在 CSS 中,可以通过设定 width 和 height 来控制盒子 content 的大小,并且对于任何一个盒子,都可以分别设置四边各自的 border、padding 和 margin。

边框(border)是指围绕在元素周围的直线,它就像表格一样,可以将文字、图片等网页元素包装起来。边框的 CSS 样式不但影响到盒子的尺寸,还影响到盒子的外观。

边距(margin)设置元素和元素之间的距离，与边框 border 属性类似，边距的取值有 3 种方式：长度、百分比和 auto。复合边距属性 margin 必须按照上、右、下、左顺时针顺序，不能乱序。

填充(padding)用来控制边框和内容之间的空白距离，类似于 HTML 中表格单元格的填充属性。padding 的所有属性和 margin 属性类似，既可以使用复合属性，也可以使用单边属性，可以接受长度和百分比，但不能使用负值。

2. 布局方法

在 DIV＋CSS 布局中，<div>标签是盒模型的主要载体，具有分割网页的功能。CSS 样式中的 position 属性和 float 属性决定这些<div>标签的相互关系和分布位置。

1) position 属性

在 CSS 样式中，position 属性定义元素区域的相对空间位置，可以相对其上级元素，或相对于浏览器窗口，包括 4 种属性值：static、relative、absolute、fixed，它们决定了元素区域的布局方式。

(1) Static(静态定位)。默认值，网页元素遵循 HTML 的标准定位规则，即网页元素按照前后相继的顺序进行排列和分布。

(2) Relative(相对定位)。网页元素相对于原始标准位置设置一定的偏移距离。在这种定位方式下，网页元素定位仍然遵循标准定位规则，只是发生了偏移而已。

(3) Absolute(绝对定位)。网页元素不再遵循 HTML 的标准定位规则，以该元素的上级元素为基准设置偏移量进行定位。在此定位方式下，网页元素的位置相互独立，没有影响，可以随意移动及重叠，前文中的 apDiv 即为绝对定位方式的 AP 元素。

(4) Fixed(固定定位)。与绝对定位类似，也脱离了前后相继的定位规则，元素的定位以浏览器窗口为基准进行。当拖动浏览器窗口滚动条时，该元素位置始终保持不变。

2) float 属性

float 属性定义了元素浮动方向，在标准定位规则中，它使网页元素进行左右浮动直到其边缘碰到父元素的边框或另一个浮动元素边缘。CSS 中包括 div 在内的所有元素都可以以浮动方式进行显示，其优点是浮动框不在文档的普通流中，这使得内容的排版变得简单，而且具有良好的伸缩性。

float 浮动属性值可以设置为 left、right、none 和 inherit。如果将 float 属性的值设置为 left 或 right，元素就会向其父元素的左侧或右侧边缘浮动。如果设置属性值为 inherit，则表示继承父元素的属性。clear 属性与 float 属性配合使用，清除各种浮动效果。clear 属性包括 3 个属性值：left 清除向左浮动，right 清除向右浮动，none 不清除。

3. 常见布局

在 DIV＋CSS 布局中，"上中下"和"左中右"布局是最常用的网页布局形式。

1) "上中下"布局

在"上中下"布局中，<div>标签按照前后相继的顺序排列，分割网页空间，不需要使<div>浮动，其大小和外观由 CSS 样式控制。案例 sy23. html 布局要求如图 7-48 所示，案例添加网页元素后 sy24. html 的效果如图 7-49 所示。

2) "左中右"布局

在"左中右"布局中，首先插入若干个<div>标签，并按照前后相继顺序排列；然后，设

置 CSS 样式的 float 和 clear 属性，使＜div＞浮动起来，实现"左中右"的布局；最后，设置
CSS 样式其他属性控制＜div＞标签外观。案例 sy25.html 布局要求如图 7-50 所示，案例添
加网页元素后 sy26.html 的效果如图 7-51 所示。

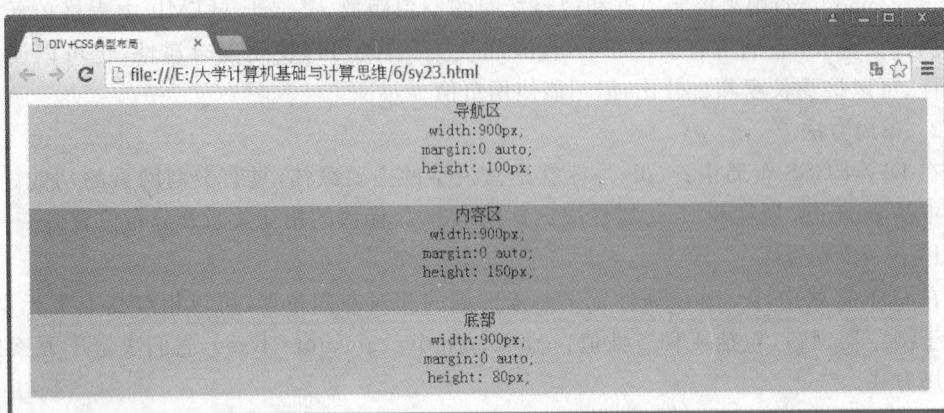

图 7-48　"上中下"布局要求

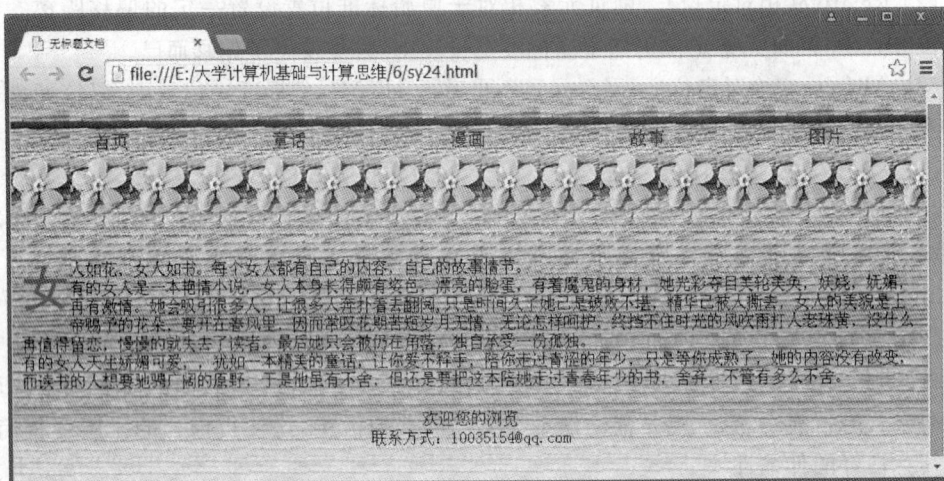

图 7-49　案例效果

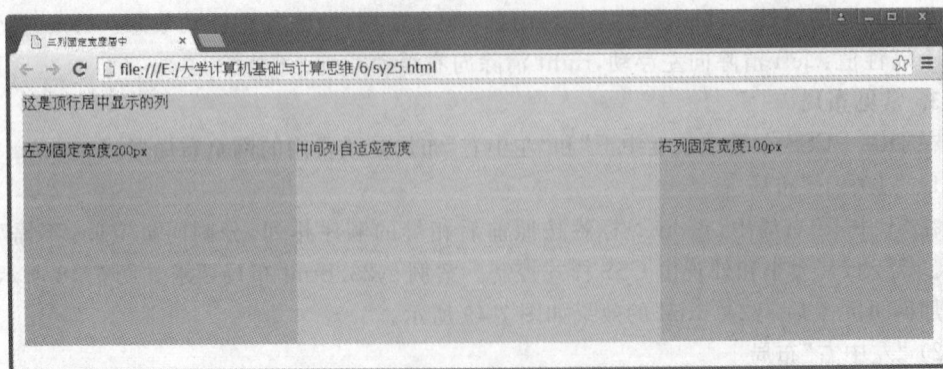

图 7-50　"左中右"布局要求

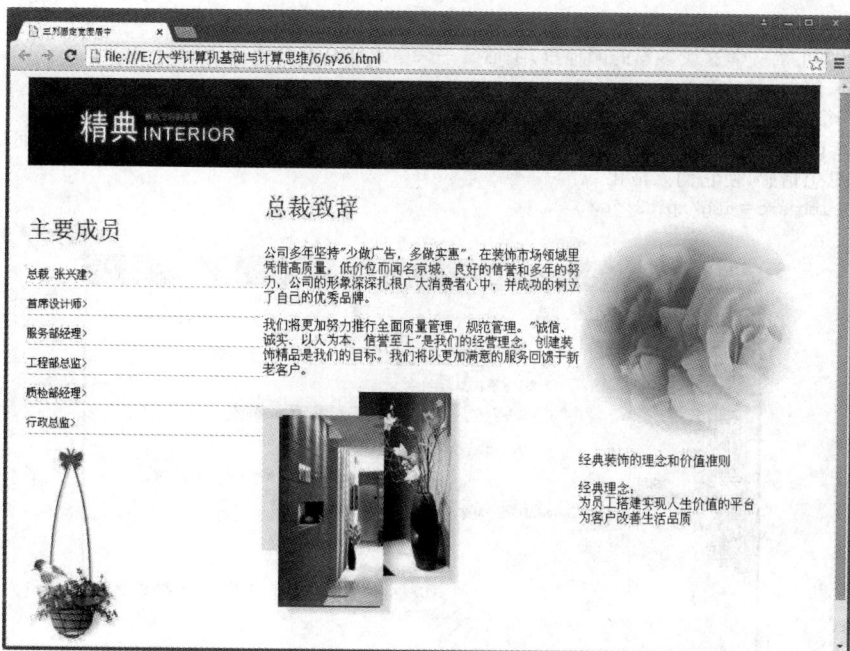

图 7-51　案例效果

7.5　HTML 5 构建页面

　　HTML 5 新增的语义化元素改变了以往单纯地使用 table 或 div 构建网页布局的方式,采用语义化的结构元素配合 CSS 来实现网页布局。使用新增的 HTML 语义化元素(包括 header、nav、section、article、aside 和 footer)后,代码变得更加清晰易于阅读,新增的元素可以更加明确地标识出页面中元素的作用和含义,从而可以使这些页面与搜索引擎、移动设备及其他自动化内容分析工具更好地兼容。

　　下面利用 HTML 5 标准创建第一个页面,使读者对 HTML 5 页面有一个初步认识。本书借助于 Dreamweaver 网页编辑工具创建代码并测试页面,但需要对 Dreamweaver 默认文档类型做一些调整。选择"编辑"菜单下的"首选参数"命令,在打开的对话框中选择"分类"中的"新建文档",设置默认文档类型(DTD)的值为 HTML 5,默认编码为 UTF-8,如图 7-52 所示。新建文档,切换到代码或拆分视图状态,即可发现 HTML 页面采用 HTML 5 新规则指定了页面的 DOCTYPE 声明、html 标签不带命名空间形式及 meta 字符集编码,代码如下:

```
<! DOCTYPE HTML >
< html >
< meta charset = utf - 8 >
```

　　参考实例 sy27. html,这里使用"<title>第一个 HTML 5 页面</title>"设置标题,并在页面中添加了标题、水平线、列表、图像及一个文本段落,具体代码如下。

```
<! DOCTYPE HTML >
< html lang = "zh - cn">
< meta charset = utf - 8 >
<title>第一个 HTML5 页面</title>
```

网页设计与制作

```
<h1>关于童话</h1>
<h3>在儿童文学这块多彩的园地里,童话是一朵引人注目的奇葩.</h3>
<hr/>
<ul><li>童话起源<li>童话历史<li>童话故事<li>童话人物</ul>
<p>童话往往采用拟人的方法,举凡花鸟虫鱼,花草树木,整个大自然以及家具、玩具都可赋予生命,
注入思想情感,使它们人格化
<p><img src=img/xpic2.jpg />
```

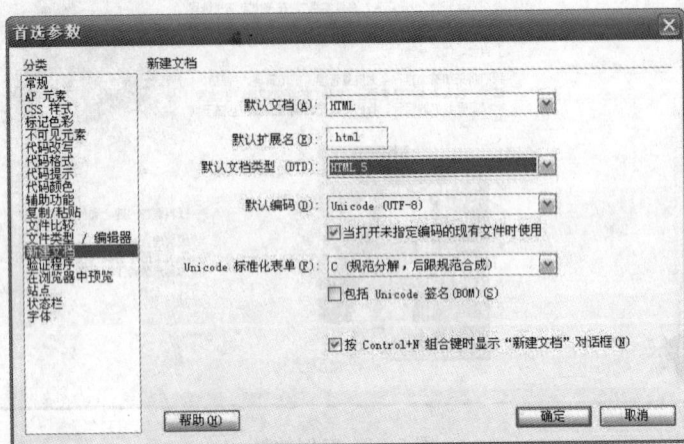

图 7-52   默认 HTML 5 文档类型

这样第一个使用 HTML 5 新标准的页面就创建好了。通过代码可以发现,与 HTML 4.01 比较起来,HTML 5 代码增加了语义元素后显得要简洁明了很多。图 7-53 为网页在 Chrome 中的浏览效果。

图 7-53   HTML 5 的页面效果

习　题

一、单选题

1. 统一资源定位器缩写为(　　)。

    A. HTTP　　　　　　B. URL　　　　　　C. HTML　　　　　　D. WIN

2. 以下关于 HTML 语法规则的说法错误的是(　　)。

    A. HTML 文档由标签和属性组成

    B. HTML 标签不区分大小写

    C. HTML 标签可以嵌套

    D. HTML 文件一行不能写多个标签

3. 下列有关 HTML 标签的说法正确的是(　　)。

    A. <iframe/>浮动框架标记可以将 frame 窗口置入一个 HTML 文件的任何位置

    B. <ul>和<li>配合可以创建一个有序列表

    C. <span>是一个块元素标记

    D. <table>…</table>用于定义一个表格,<tr>…<tr>定义表格中的单元格

4. Spry 构件的组成不包括以下(　　)部分。

    A. 构件样式　　　　B. 构件链接　　　　C. 构件结构　　　　D. 构件行为

5. 选择器类型不包括以下(　　)。

    A. 类　　　　　　　B. 标签　　　　　　C. 域　　　　　　　D. ID

二、填空题

1. 网页的本质是_____。

2. 网页组成元素包括视听元素和_____两大类。

3. HTML 文档一般由_____和_____组成,文档扩展名一般为_____。

4. _____标签用于在网页中插入图像,其属性包括图片路径、宽、高和替换文字等。

5. 在 HTML 源代码中,换行、_____和_____需要借助替换符才能显示效果。

6. HTML 5 采用新增的_____结构元素配合 CSS 来实现网页布局。

三、简答题

1. 常见的网页组成元素有哪些?

2. 网页制作过程中,常用的网页布局方法有哪些? 各有什么优缺点?

3. 什么是 CSS 样式表? 请简述其 3 种不同使用方式。

4. 试采用 DIV+CSS 布局方法实现一个网页效果。

参 考 文 献

[1]　陈国良,等.计算思维导论[M].北京:高等教育出版社,2012.

[2]　汪同庆,等.大学计算机概论[M].武汉:武汉大学出版社,2010.

[3]　战德臣,等.大学计算机——计算思维导论[M].北京:电子工业出版社,2013.

[4]　伍棠棣,等.心理学[M].3 版.北京:人民教育出版社,2003.

[5]　何宁,等.计算机应用基础[M].武汉:武汉大学出版社,2012.

[6]　Jeannette M Wing. Computational Thinking. Communications of the ACM,2006,49(3):33-35.

[7]　许延浪.科学与艺术(人类心灵的浪漫之旅)[M].西安:西北工业大学出版社,2010.

[8]　马传渔,等.艺术数学[M].北京:科学出版社,2012.

[9]　张瑜,等.多媒体技术与应用[M].北京:清华大学出版社,2015.

[10]　张燕翔.当代科技艺术[M].北京:科学出版社,2007.

教学资源支持

敬爱的教师：

感谢您一直以来对清华版计算机教材的支持和爱护。为了配合本课程的教学需要，本教材配有配套的电子教案（素材），有需求的教师请到清华大学出版社主页（http://www.tup.com.cn）上查询和下载，也可以拨打电话或发送电子邮件咨询。

如果您在使用本教材的过程中遇到了什么问题，或者有相关教材出版计划，也请您发邮件告诉我们，以便我们更好地为您服务。

我们的联系方式：

地　　　址：北京海淀区双清路学研大厦 A 座 707

邮　　　编：100084

电　　　话：010－62770175－4604

课件下载：http://www.tup.com.cn

电子邮件：weijj@tup.tsinghua.edu.cn

教师交流 QQ 群：136490705

教师服务微信：itbook8

教师服务 QQ：883604

（申请加入时，请写明您的学校名称和姓名）

用微信扫一扫右边的二维码，即可关注计算机教材公众号。

扫一扫
课件下载、样书申请
教材推荐、技术交流